NATIONAL GEOGRAPHIC

Unsere Erde

Baden-Württemberg

7|8

Gymnasium

Herausgegeben von
Martina Flath
Ellen Rudyk

in Zusammenarbeit
mit der Verlagsredaktion

Cornelsen

Autorinnen und Autoren: Dorothee Belling, Henriette Dieterle, Peter Fischer, Martina Flath, Kerstin Hepp, Karin Hölscher, Lynnette Jung, Rolf Krüger, Rolf Maroske, Ute Mathesius-Wendt, Ellen Rudyk und Johanna Schockemöhle
Redaktion: Michael Kunz
Bildassistenz: Franziska Becker
Atlasteil: Michael Kunz
Webcodes: Sebastian Fischer, Bersenbrück
Grafik: Volkhard Binder, Franz-Josef Domke, Elisabeth Galas, Otto Götzl, Dietmar Griese, Oliver Hauptstock, Matthias Pflügner, Volkmar Rinke, Dieter Stade, Karl-Heinz Wieland, Hans Wunderlich, Wolfgang Zieger
Karten: Oliver Hauptstock, cartomedia, Dortmund;
Peter Kast, Ingenieurbüro für Kartographie, Wismar

Umschlaggestaltung: Corinna Babylon, Berlin
Layout und technische Umsetzung: Visuelle Gestaltung Katrin Pfeil, Mainz
Titelfoto: Kaieteur-Wasserfälle, Guyana (Südamerika)
(Foto: © INTERFOTO/Latitude Stock, Fotograf: Ian Brierley)

www.cornelsen.de

1. Auflage, 1. Druck 2017

Alle Drucke dieser Auflage sind inhaltlich unverändert und können im Unterricht nebeneinander verwendet werden.

Druck: Firmengruppe APPL, aprinta Druck, Wemding

ISBN 978-3-06-064343-1 (Schülerbuch)
ISBN 978-3-06-065292-1 (E-Book)

PEFC
PEFC/04-32-0928

PEFC zertifiziert
Dieses Produkt stammt aus nachhaltig bewirtschafteten Wäldern und kontrollierten Quellen.

www.pefc.de

Inhaltsverzeichnis

* Die Inhalte der Seiten gehen über die Vorgaben des Bildungsplans hinaus.

Unsere erde – dein Geographiebuch

Jedes Kapitel startet mit einem großen Bild, auf dem es viel zu entdecken gibt.

In der rechten Spalte erfährst du, was du zum Ende des Kapitels wissen und können solltest.

- Ein **roter Spiegelstrich** fordert dich dazu auf, dich in Räumen zu orientieren.
- Der **gelbe Spiegelstrich** zeigt dir, welches geographische Wissen du beherrschen sollst.
- Der **grüne Spiegelstrich** gibt an, welche Methoden du in diesem Kapitel anwenden wirst.
- Der **blaue Spiegelstrich** zeigt dir, welche geographischen Sachverhalte und Probleme du bewerten und beurteilen sollst.

Das klappt – eine **ausklappbare Kartenseite** zu Kapitelbeginn. Du klappst sie aus und kannst dich bei den einzelnen Themen des Geographiebuches jederzeit orientieren, wo Städte, Landschaften, Flüsse und Länder liegen.

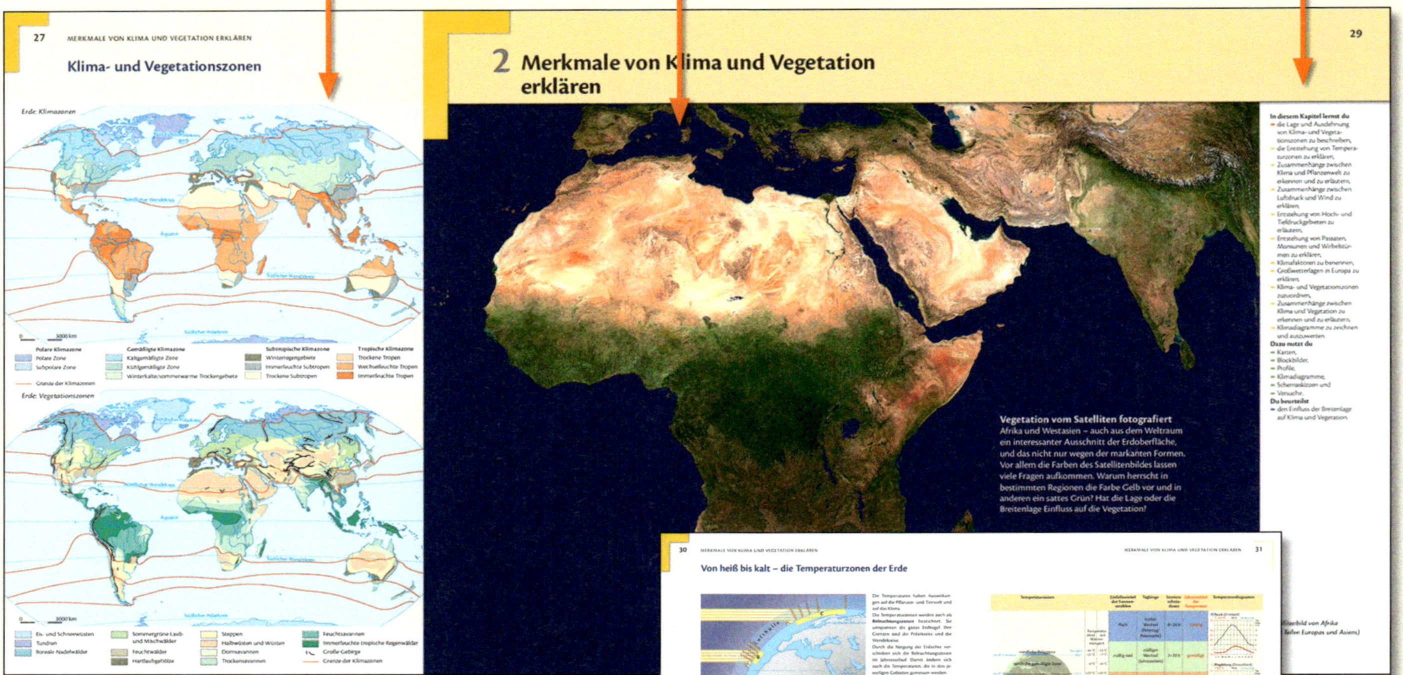

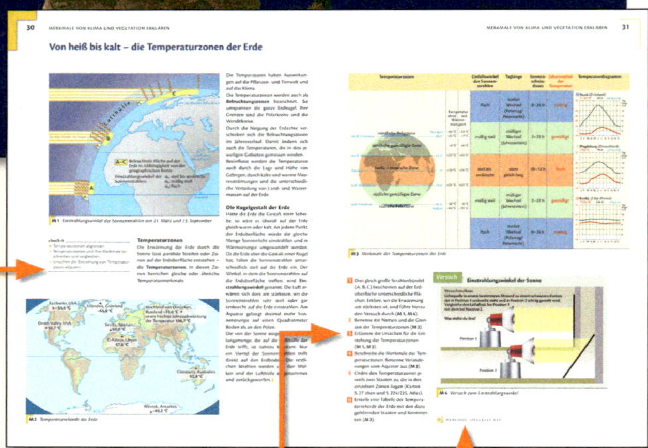

Alles klar? Der **„check-it"**-Kasten zu Beginn jeder Themenseite zeigt dir, farblich ebenso markiert wie zu Beginn jedes Kapitels, welche unterschiedlichen Fähigkeiten (Kompetenzen) du nach der Bearbeitung beherrschen solltest.

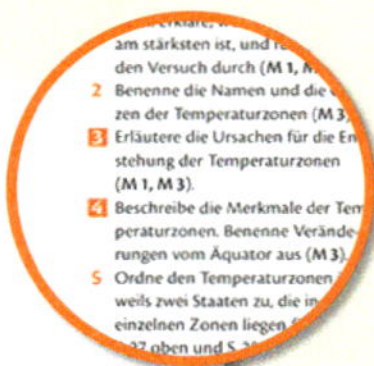

Mithilfe der differenzierten **Arbeitsaufträge** kannst du überprüfen, ob du die im „check-it"-Kasten genannten Kompetenzen beherrschst.
Wenn du so **1** gekennzeichnete Aufgaben nicht sofort lösen kannst – kein Problem! Im Anhang erhältst du dazu Lösungstipps.

Über den **Webcode** kannst du uns im Internet unter www.cornelsen.de/unsere-erde besuchen. Auf dieser Website findest du ein Feld, in das du die Zahlenkombination eingibst, die du unter dem Webcode findest, zum Beispiel UE643431-031. Klicke dann auf „Los" und schon sind wir zum jeweiligen Thema miteinander verbunden.

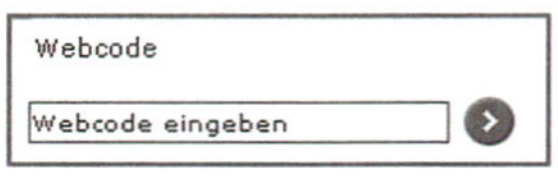

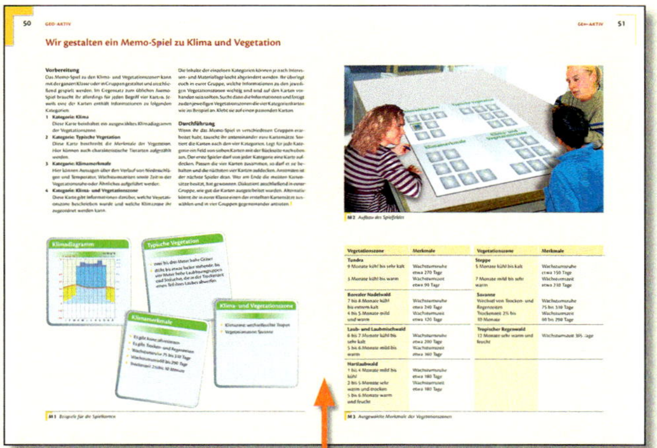

Geo-Aktiv
Hier findest du Anregungen, selbst aktiv zu werden, zum Beispiel beim Durchführen von Versuchen oder beim Gestalten eines Memo-Spiels.

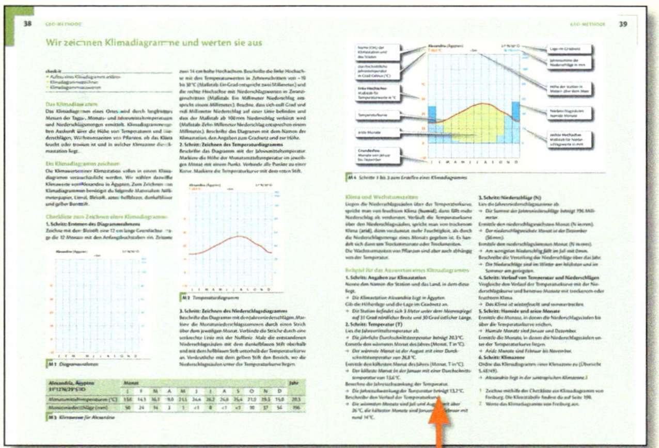

Geo-Methode
Hier kannst du Schritt für Schritt wichtige Methoden für das Fach Geographie lernen, zum Beispiel das Zeichnen von Klimadiagrammen oder das Auswerten eines Satellitenbildes.

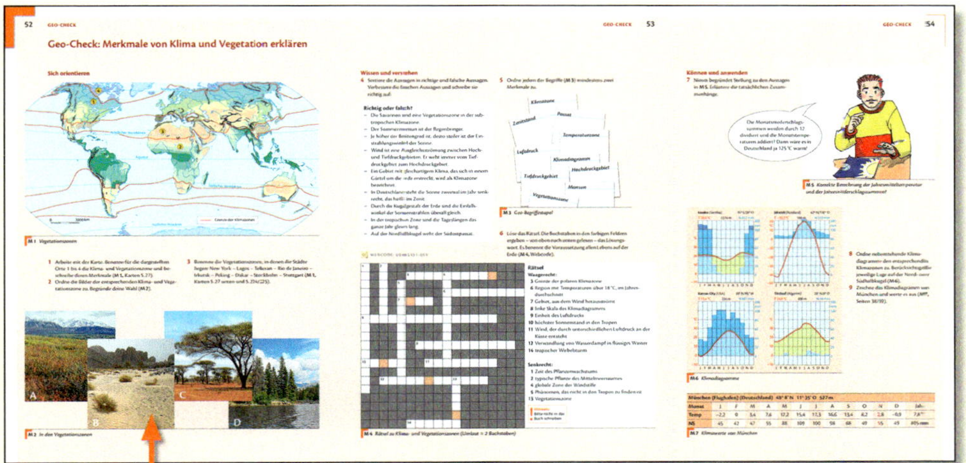

Geo-Check
Am Ende jedes Kapitels kannst du dein Wissen und Können testen.

Im **Atlasteil** findest du zu allen wichtigen Themen im Buch die passende Atlaskarte. Welche Karte die richtige ist, erfährst du im Atlasregister.

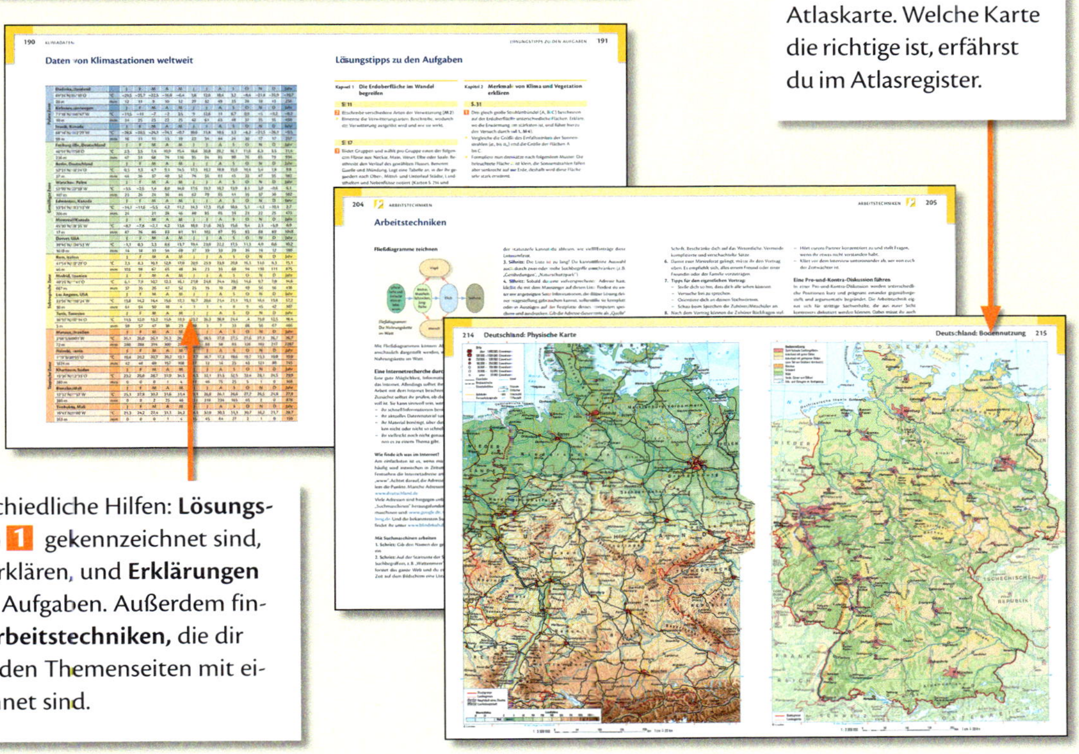

Der Anhang bietet dir unterschiedliche Hilfen: **Lösungstipps** zu den Aufgaben, die so **1** gekennzeichnet sind, das **Lexikon,** um Begriffe zu erklären, und **Erklärungen zu den Arbeitsaufträgen** der Aufgaben. Außerdem findest du Beschreibungen zu **Arbeitstechniken,** die dir vielleicht unbekannt und auf den Themenseiten mit einem -Symbol gekennzeichnet sind.

1 Die Erdoberfläche im Wandel begreifen

Bizarre Felsen – von Kräften aus der Natur geformt

Kahle Berge und glatt geschliffene Felswände mit einzelnen bizarren Gesteinsblöcken oder Felsnadeln – hier müssen besondere Kräfte der Natur am Werk gewesen sein.

In diesem Kapitel lernst du
- exogene Kräfte kennen,
- das Zusammenwirken exogener Kräfte bei der Formung der Erdoberfläche zu erklären,
- eiszeitlich geformte Oberflächen zu beschreiben und ihre Entstehung zu erklären,
- die Entstehung vom Wind geschaffener Oberflächenformen zu erläutern und
- Wüstenformen zu beschreiben.

Dazu nutzt du
- Blockbilder,
- Kausalprofile,
- Bilder,
- Grafiken
- und Versuche.

Du beurteilst
- die Gefahren durch exogene Kräfte.

Exogene Kräfte formen die Erdoberfläche

check-it
- Begriffe Verwitterung, Erosion, Transport, Sedimentation und exogene Kräfte kennen
- Veränderung der Erdoberfläche durch exogene Kräfte erläutern
- Zusammenwirken der exogenen Kräfte erklären
- Blockbild und Strukturschema auswerten

Äolische Überformung:
Mit körnigem Material befrachteter Wind schleift weichere Gesteine ab, präpariert härtere Gesteine heraus und lagert das transportierte Material als Dünen oder als Löss ab.

Massenbewegungen in steilerem Gelände:
Erdrutsch, Schlammstrom, Bergsturz, Mure, gefördert durch Vernässung des Untergrundes und durch Entwaldung.

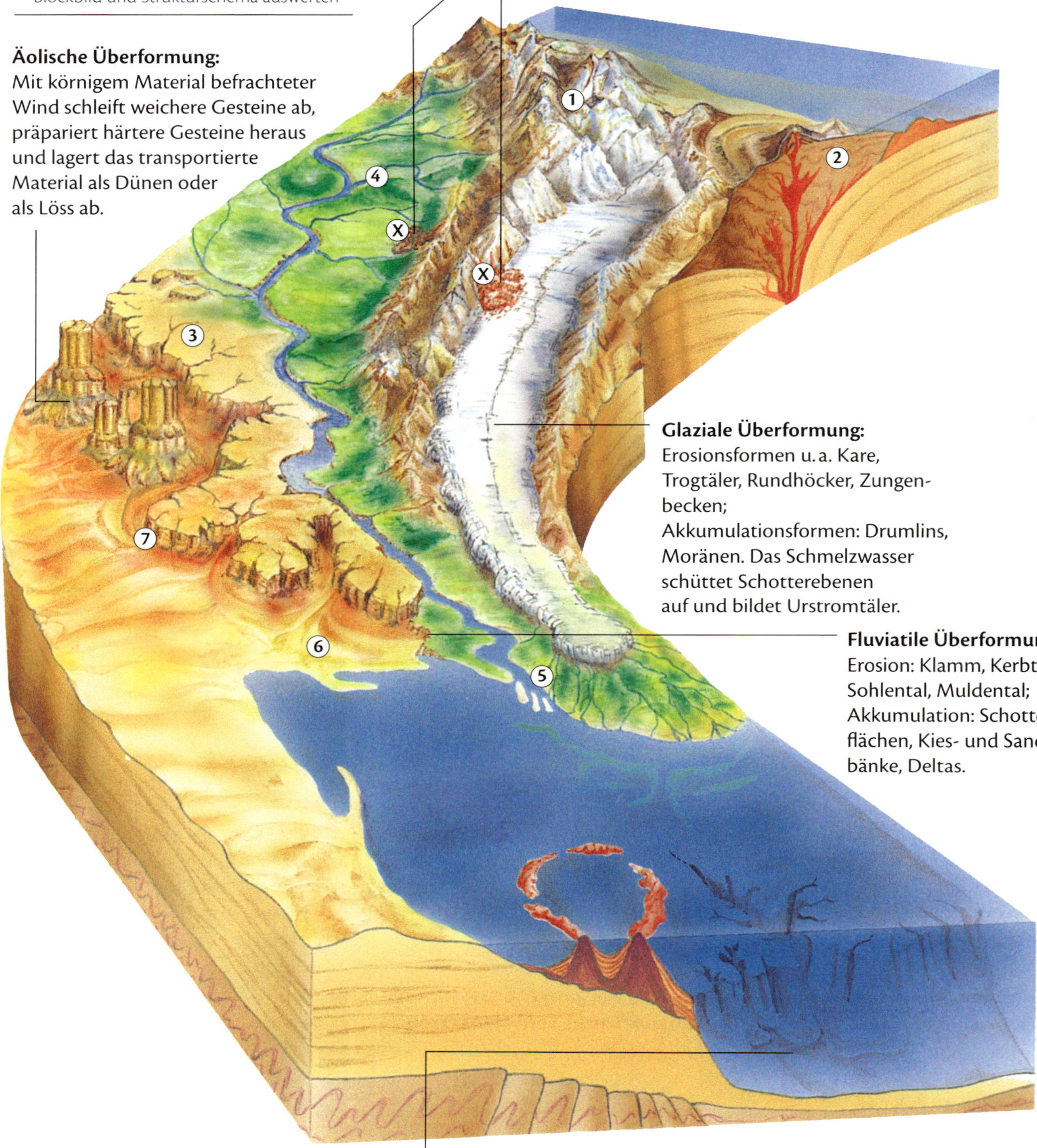

Glaziale Überformung:
Erosionsformen u.a. Kare, Trogtäler, Rundhöcker, Zungenbecken;
Akkumulationsformen: Drumlins, Moränen. Das Schmelzwasser schüttet Schotterebenen auf und bildet Urstromtäler.

Fluviatile Überformung:
Erosion: Klamm, Kerbtal, Sohlental, Muldental;
Akkumulation: Schotterflächen, Kies- und Sandbänke, Deltas.

Marine Überformung:
Wellen und Brandung haben erodierende und akkumulierende Wirkung: Kliffs, Watt, Sandbänke, Nehrungen.

M 1 *Die Erdoberfläche und ihre Landschaften werden geformt und verändert*

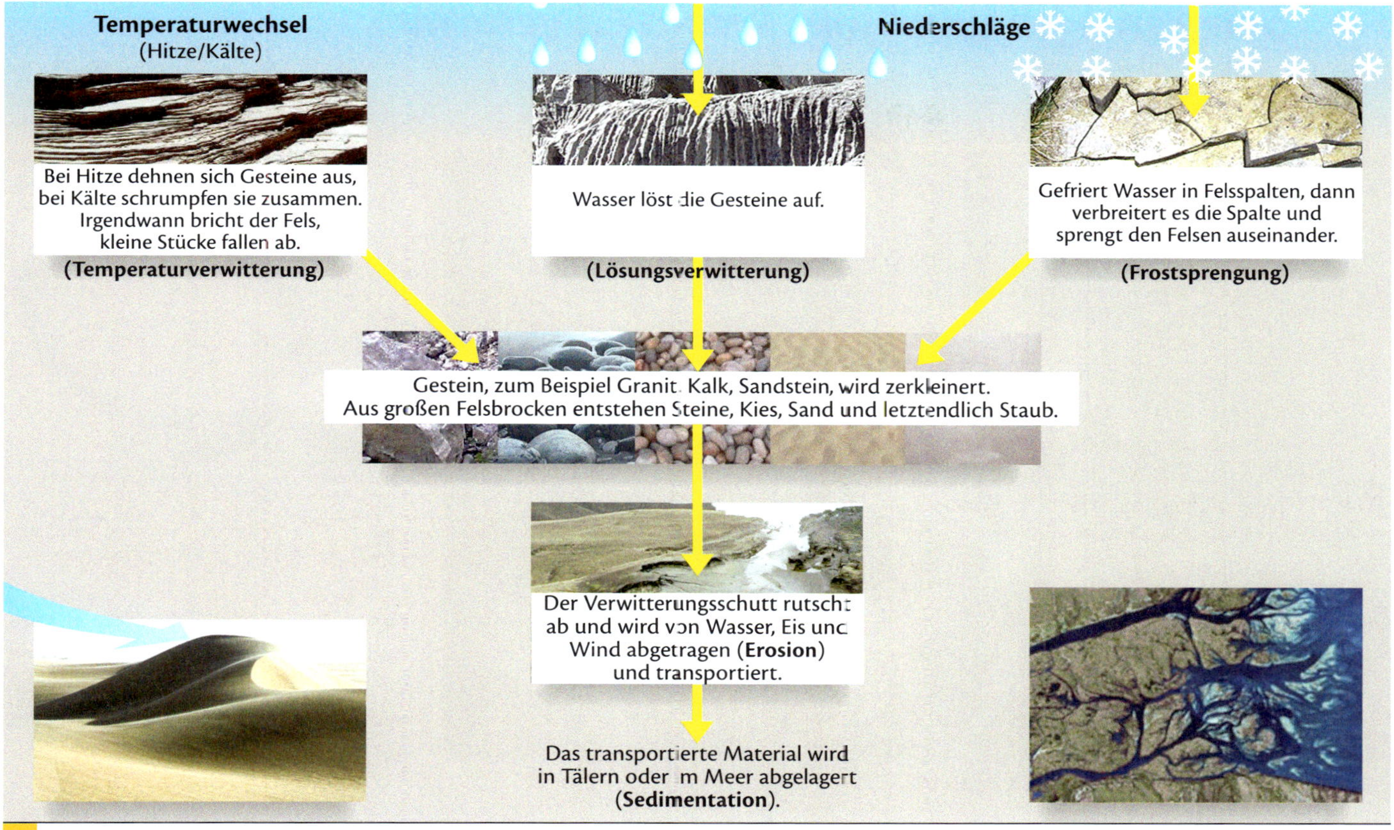

M 2 *Das Zusammenwirken von Verwitterung und exogenen Kräften*

Verwitterung verändert die Landschaften

Die Energie der Sonne treibt Vorgänge an, die von außen auf die Erdoberfläche einwirken. Die dabei wirkenden Kräfte werden als erdäußere oder **exogene Kräfte** bezeichnet. Dazu gehören Frost und Hitze, Wasser und Eis sowie der Wind und die Schwerkraft der Erde. Die Oberflächenformen einer Landschaft sind diesen Kräften ständig ausgesetzt und werden durch diese umgeformt. Dabei wird das Gestein zerkleinert und in seine Bestandteile zerlegt. Dieser Vorgang heißt **Verwitterung**.

Die Arbeit der exogenen Kräfte

Die exogenen Kräfte schaffen unterschiedliche Formen in der Landschaft. Die Eismassen der Gletscher transportieren Verwitterungsschutt, schleifen Felsen ab oder hobeln große Täler aus. Dort, wo die Gletscher schmelzen, lagern sie das transportierte Material als Moränen ab. Die Schmelzwässer der Gletscher schütten Schotter oder Sand auf.

Das fließende Wasser schafft unterschiedlich geformte Täler. Es transportiert Verwitterungsmaterial, bearbeitet dieses beim Transport und lagert es als Sand- oder Kiesbank, Delta oder Geröllfläche ab.

An steilen Felswänden im Gebirge kommt es durch die Schwerkraft der Erde zu Erdrutschen, Bergstürzen oder Schlammlawinen.

Der Wind bläst feines Verwitterungsmaterial aus, transportiert dieses und lagert es zum Beispiel als Dünen ab. Wie mit Schleifpapier kann dabei das mitgeführte Material Gesteine abschleifen und formen.

Exogene Vorgänge: Erosion, Transport und Sedimentation

Wasser, Eis, Wind und die Schwerkraft der Erde tragen das durch die Verwitterung entstandene zerkleinerte Gestein ab. Dieser Vorgang heißt **Erosion**. Teile des verwitterten Gesteins werden von den exogenen Kräften bewegt und dabei weiter zerkleinert, abgerundet und gelöst. Dieser Vorgang wird als **Transport** bezeichnet. Bei nachlassender Strömungsgeschwindigkeit des Windes oder des Wassers kommt es zur Ablagerung des mitgeführten Materials. Dieser Vorgang ist die **Sedimentation**.

1 Benenne die Oberflächenformen, die mit den Ziffern ① bis ⑦ gekennzeichnet sind (**M 1**).

2 Beschreibe verschiedene Arten der Verwitterung (**M 2**).

3 Erläutere die exogenen Kräfte, die in **M 1** dargestellt sind, und wie diese die Erdoberfläche verändern. Verwende dabei die Begriffe: Verwitterung, Erosion, Transport und Sedimentation.

4 Erkläre, was an den in **M 1** mit ⓧ gekennzeichneten Stellen passiert ist.

5 Verwitterung und exogene Vorgänge wirken zusammen. Überprüfe die Richtigkeit dieser Aussage (**M 2**).

WEBCODE: UE643431-011

Schären, Fjell und Fjord – vom Eis geformt

M 1 *Gletscher in Norwegen, der Jostedalsbreen*

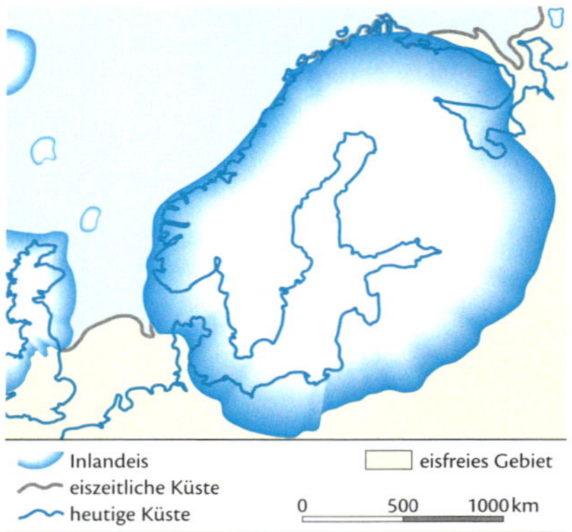

M 2 *Ausdehnung des Inlandeises*

check-it
- geographische Lage Skandinaviens beschreiben
- Auswirkungen der eiszeitlichen Vereisung erläutern
- Oberflächenformen beschreiben
- Entstehung und Lage von Fjord, Fjell und Schären erklären
- Blockbild auswerten

Skandinavien – vom Eis geformt

Zur skandinavischen Halbinsel gehören Norwegen, Schweden und der Nordwesten Finnlands. Noch heute bedecken gewaltige Gletscher das skandinavische Gebirge.

Während der letzten Kaltzeit bildete sich jedoch über dem gesamten skandinavischen Festland ein dicker Eispanzer. Dieses Inlandeis wurde bis zu 3000 Meter dick. Unter dem eigenen Druck bewegten sich die Eismassen langsam nach Süden.

Skandinavien – ein Abtragungsgebiet

Das Inlandeis wirkte durch die Bewegung nach Süden wie ein Hobel. Der Untergrund wurde abgeschliffen und Felsen und Gesteinsblöcke gerundet. Wenn die Gletscher sich in einem Flusstal in Richtung Meer fortbewegten, wurden die Seitenwände des Tals und der Untergrund abgeschliffen und es entstanden weite, u-förmige **Trogtäler.** Nach dem Abtauen des Inlandeises stieg der Meeresspiegel um etwa 100 Meter an. So wurden Teile Skandinaviens überflutet. Gleichzeitig begann sich die Landmasse zu heben. Noch heute heben sich Teile Skandinaviens um bis zu zehn Millimeter pro Jahr an.

1 Beschreibe die geographische Lage Skandinaviens und benenne die Staaten, die in Skandinavien liegen (Karte S. 216/217, Atlas).

2 Erläutere mithilfe eines Fließdiagramms, welche Auswirkungen die eiszeitliche Vereisung auf die Oberflächenformen Skandinaviens hatte (**M 2** bis **M 6**, ***Fließdiagramme zeichnen***).

3 Beschreibe die Oberflächenformen Skandinaviens und ordne die Fotos dem Blockbild zu (**M 3** bis **M 6**).

4 Erkläre, wie Fjord, Fjell und Schären entstanden sind (**M 3** bis **M 6**).

5 Erläutere, in welchen Teilen Skandinaviens Fjord, Fjell und Schären jeweils hauptsächlich anzutreffen sind (**M 3,** Karte S. 216/217, Atlas).

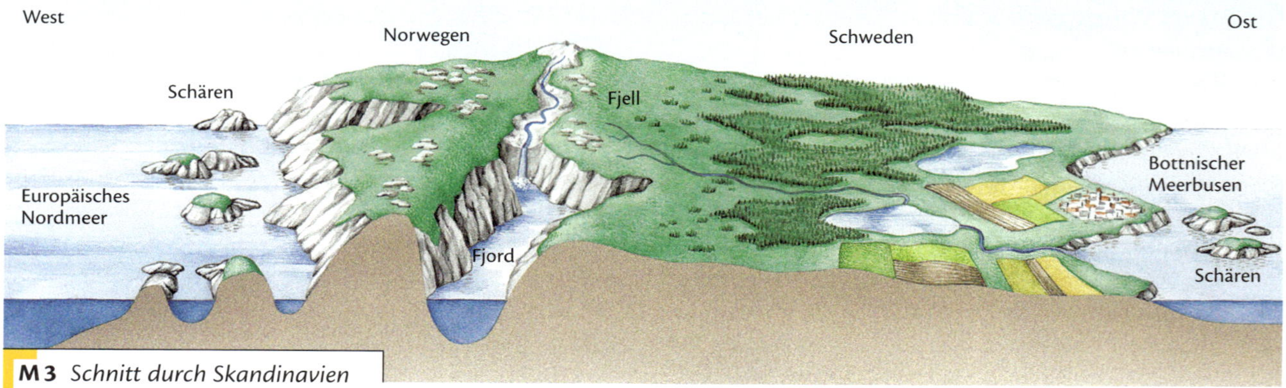

M 3 *Schnitt durch Skandinavien*

Bis zu 1000 Meter hohe Felswände begrenzen an beiden Seiten die **Fjorde**. Diese schmalen Meeresbuchten sind häufig kilometerweit in das Land eingeschnitten.
Bei den Fjorden handelt es sich um Trogtäler, die vom Inlandeis geformt wurden. Als das Inlandeis schmolz und der Meeresspiegel anstieg, wurden die Trogtäler überflutet.

M 4 *Der Sognefjord*

Nach dem Abschmelzen des Inlandeises blieb im Landesinnern Skandinaviens eine hügelige Hochfläche zurück, das **Fjell.**
Auf dem Fjell wachsen Gräser, Flechten, Moose und niedrige Büsche, aber auch Birken und Kiefern. Auch Moore und Seen sind auf dem Fjell verbreitet.

M 5 *Auf dem Fjell*

Tiefer gelegene, vom Eis abgerundete und geschliffene Felsen wurden beim Anstieg des Meeresspiegels vom Meer umspült und bilden kleine, kaum bewachsene Inseln – die **Schären.**
Schären findet man sowohl vor der Küste Norwegens als auch Schwedens. Alleine in der Umgebung von Stockholm gibt es rund 25 000 kleine Inseln.

M 6 *Schärenküste vor Stockholm*

Geo-Methode: Wir erstellen ein Kausalprofil

M 1 *Der Geirangerfjord in Norwegen*

check-it
- Merkmale eines Kausalprofils benennen
- Kausalprofil mit Profil und Blockbild vergleichen
- Profilskizze zeichnen
- der Profilskizze weitere Informationen zuordnen

Merkmale eines Kausalprofils

Grundlage eines Kausalprofils ist eine Profilskizze eines Teils der Erdoberfläche. Die Profilskizze zeigt in einem senkrechten Schnitt die Oberflächenformen.

Bei einem Kausalprofil wird das Profil um weitere Angaben ergänzt, wie zum Beispiel Großlandschaften, Vegetation, Landnutzung oder Klima. Dies kann durch Beschriftung der Profilskizze geschehen oder durch das Zuordnen einer Stichworttabelle unter der Profilzeichnung. So können geographische Zusammenhänge (lat. causa = Grund, Ursache) verdeutlicht werden.

Anders als beim Höhenprofil muss beim Kausalprofil der Maßstab nicht beachtet werden, da es um die Darstellung geographischer Zusammenhänge und nicht um die exakte Abbildung von Höhenlagen und Geländeformen geht.

Checkliste zum Erstellen eines Kausalprofils

1. Wähle auf einer physischen Karte eine Strecke aus, für die du ein Kausalprofil erstellen willst. Zeichne deine ausgewählte Profillinie mit dem Lineal auf der Karte ein und markiere den Anfangs- und Endpunkt zum Beispiel mit A und B.
2. Zeichne auf ein Blatt Papier eine waagerechte Linie als Profilgrundlinie.
3. Skizziere nun mit einem Bleistift dein Profil von A nach B. Beachte dabei die auf der Karte eingezeichneten Landhöhen.
4. Gestalte deine Profilskizze farbig und beschrifte sie zum Beispiel mit den Himmelsrichtungen. Gib deiner Skizze eine Überschrift.
5. Ergänze deine Profilskizze nun zu einem Kausalprofil. Erstelle unter der Profilskizze eine Tabelle, in die du die Landschaften einträgst. Achte dabei darauf, dass die Spaltenbreite deiner Tabelle jeweils der in der Profilskizze dargestellten Landschaft entspricht.
6. Ergänze in der Tabelle weitere Angaben zur Profilskizze, zum Beispiel Vegetation, Klima oder Landnutzung.

M 2 *Das Dovrefjell in Norwegen*

M 3 *Värmland in Schweden*

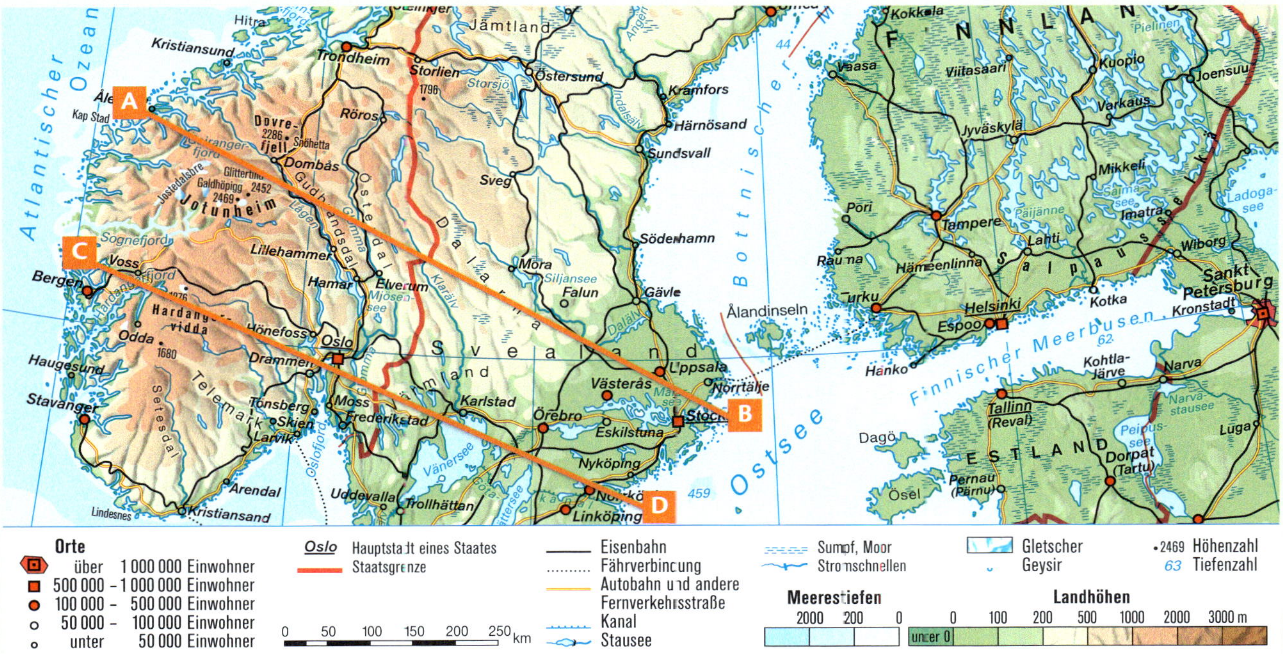

M 4 *Ausschnitt aus der physischen Karte von Nordeuropa mit eingezeichneter Profillinie*

Norwegen			**Schweden**	
Schären	Fjord	Fjell	Hügelland	Schären
rund geschliffene, karge Inseln	u-förmiger Meeresarm, der weit ins Land reicht	abgeschliffene, felsige und karge Hochfläche	Hügelland, das zur Ostsee hin langsam abfällt	rund geschliffene, karge Inseln

M 5 *Kausalprofil A–B*

1 Nenne Merkmale eines Kausalprofils (**M 5**).
2 Verfolge anhand der Checkliste, wie das Kausalprofil von A nach B entstanden ist (**M 4, M 5**).
3 Ergänze die Tabelle des Kausalprofils A–B um die Zeile „Vegetation“ und ordne den Landschaften jeweils die dort vorherrschende Vegetation zu (**M 1** bis **M 3, M 5, M 6**, S. 13, Karte S. 216/217, Atlas).
4 Vergleiche das Kausalprofil A–B mit einem Blockbild. Erstelle dazu eine Tabelle, in die du jeweils einträgst, welche Informationen man jeweils ablesen kann (**M 5**, S. 12 **M 3**).
5 Zeichne und beschrifte nun mithilfe der Checkliste ein Kausalprofil von C nach D (**M 4**).

M 6 *Schären bei Stockholm*

Flüsse gestalten die Landschaft

check-it
- den Verlauf großer Flüsse in Deutschland beschreiben
- Teile eines Flusses von der Quelle bis zur Mündung kennen
- Tätigkeit des fließenden Wassers erläutern
- verschiedene Talformen vergleichen
- Profile und Bilder auswerten

Die Arbeit des fließenden Wassers

Das fließende Wasser trägt verschieden große Materialien ab, transportiert diese und lagert sie wieder ab. Dabei arbeiten Flüsse entlang der Linie ihres Flussbettes.

Die Abtragungsleistung eines Flusses hängt von verschiedenen Faktoren ab, dazu gehören die Art und die Menge des mitgeführten Materials und die Härte bzw. Widerstandsfähigkeit des Untergrundes, über den der Fluss fließt. Die Abtragungskraft eines Flusses wird aber vor allem dadurch bestimmt, welche Höhenunterschiede der Fluss zwischen Quelle und Mündung überwinden muss und wo sein tiefster Punkt liegt. Dieser ist meist an der Flussmündung zu finden. Auch Hindernisse im Verlauf des Flusses wie Seen oder Gebirge können solche Punkte sein, die die Erosionskraft des Flusses beeinflussen.

Ein Fluss transportiert die abgetragenen Materialien auf verschiedene Art und Weise:
- in gelöster Form, zum Beispiel Salze,
- als Schwebstoffe, zum Beispiel Löss oder Sand,
- als Geröll, das am Boden des Flussbettes gerollt oder gewälzt und dabei abgerundet wird, zum Beispiel Steine.

Das transportierte Material greift den Flussboden und die Seitenwände des Flussbettes an. Es reibt und walzt, vertieft das Flussbett und reibt den Untergrund glatt.

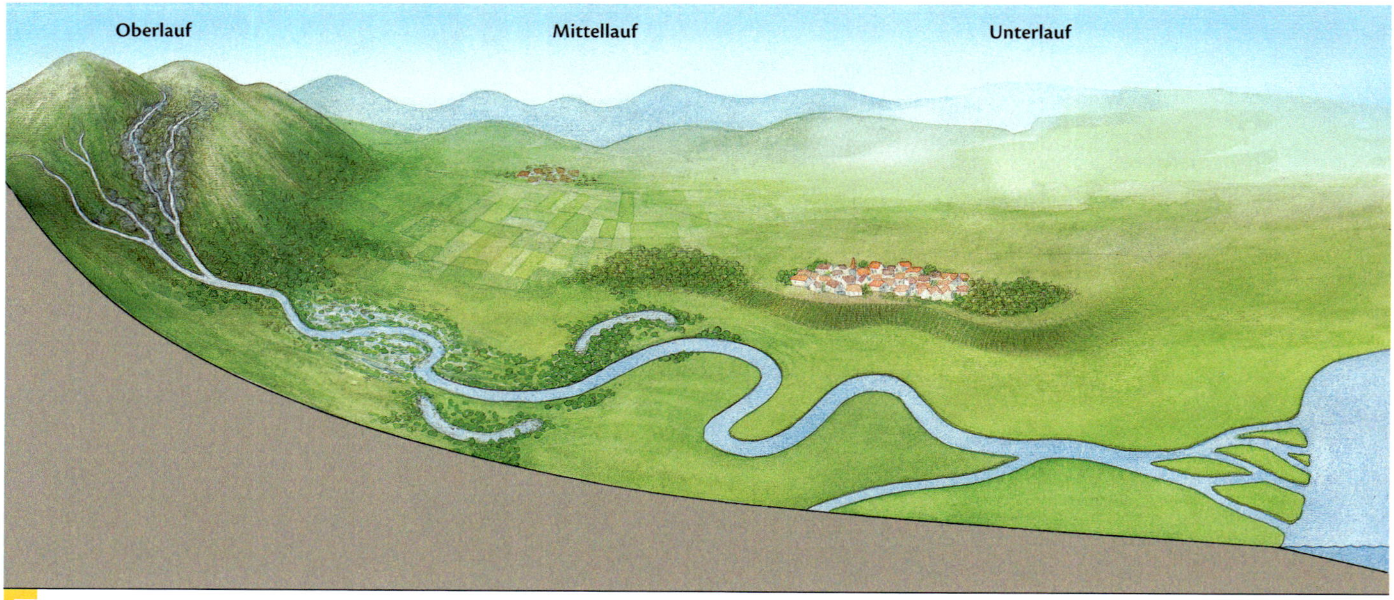

M 1 *Profil eines Flusses von der Quelle bis zur Mündung*

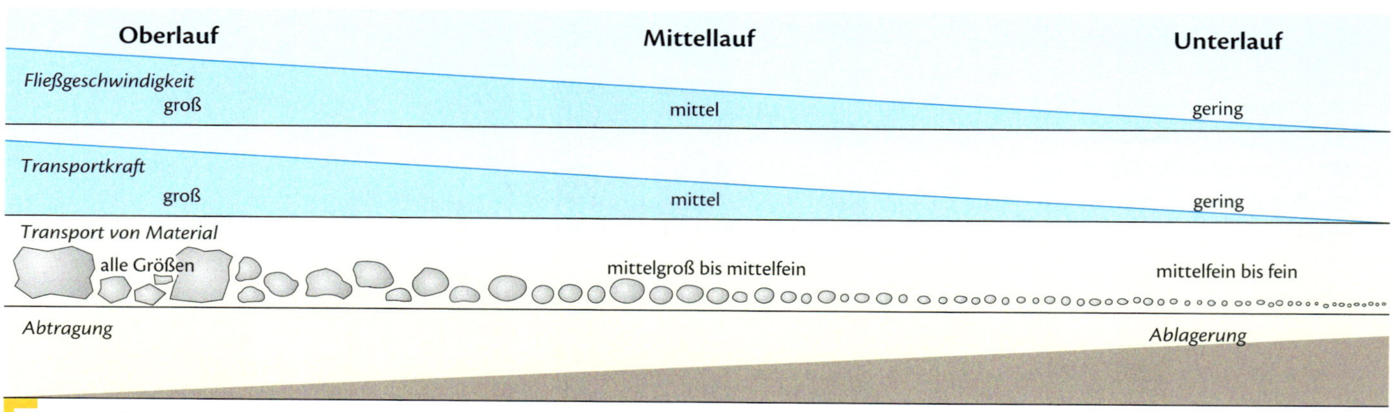

M 2 *Tätigkeiten des fließenden Wassers und deren Bedingungen*

M 3 *Talformen*

Ergebnisse der Arbeit des fließenden Wassers

Vor allem Flüsse, die im Gebirge entspringen, schneiden sich im Oberlauf tief in das Gestein ein. Die Abtragung erfolgt vor allem am Grund des Flusses, in die Tiefe. Der Fluss bildet eine Klamm oder Schlucht.

Flussabwärts im Mittellauf entstehen vor allem Kerbtäler, die auch V-Täler genannt werden. Diese Talform bildet sich durch das Zusammenwirken von Abtragen von Material in die Tiefe und an den Talhängen.

In Flussabschnitten mit lockerem Material am Untergrund bilden sich weite Mulden- und Sohlentäler. Diese Talformen haben einen oft mehrere Kilometer breiten Talboden. Die Talhänge sind dann weit auseinander gelegen.

1 Bildet Gruppen und wählt pro Gruppe einen der folgenden Flüsse aus: Neckar, Main, Weser, Elbe oder Saale. Beschreibt den Verlauf des gewählten Flusses. Benennt Quelle und Mündung. Legt eine Tabelle an, in der ihr gegliedert nach Ober-, Mittel- und Unterlauf Städte, Landschaften und Nebenflüsse notiert (Karten S. 214 und S. 216/217, Atlas).
2 Die Arbeitsbereiche eines Flusses von der Quelle zur Mündung sind: Abtragung, Transport und Ablagerung. Erläutere diese Aussage und vergleiche dabei Ober-, Mittel- und Unterlauf des Flusses (**M 1, M 2**).
3 Vergleiche die Talformen und erkläre die Wirkung von Abtragung und Ablagerung bei der Entstehung (**M 2, M 3**).
4 Ordne die verschiedenen Talformen den entsprechenden Flussabschnitten zu (**M 3**).
5 Erkunde, ob es eine der Talformen in deiner Nähe gibt. Skizziere dieses Tal bzw. diese Täler.
6 Führe den Versuch „Bodenerosion durch fließendes Wasser“ durch (S. 23).

WEBCODE: UE643431-017

Erosion durch Wind

M 1 *Sandsturm*

M 2 *Pilzfelsen – geschaffen durch Wind*

check-it
- Begriffe Deflation, Korrasion und Akkumulation kennen
- erodierende Wirkung des Windes erläutern
- Entstehung vom Wind geschaffener Oberflächenformen beschreiben

Materialtransport durch Wind

Wenn der Wind über eine vegetationslose oder vegetationsarme Fläche bläst, kann er ungehindert feinkörniges Material aufnehmen und über weite Strecken transportieren. Solche Landschaften findet man vor allem in Trockenräumen. Die Korngröße des Lockermaterials, das der Wind aufnehmen kann, hängt von der Windgeschwindigkeit ab. Durch **Deflation** geht die oberste Bodenschicht verloren.

Formenbildung durch Schleifwirkung

Trifft das durch den Wind transportierte Material auf Hindernisse, wie Felsen oder Bauwerke, so schleift es diese ähnlich wie bei einem Sandstrahlgebläse ab. Diesen Vorgang nennt man **Korrasion**. Besteht das Gestein aus Schichten unterschiedlichen Härtegrads, so werden die weicheren Schichten schneller abgeschliffen und es entstehen besonders bizarre Felsformationen.

Formenbildung durch Ablagerung

Lässt die Windgeschwindigkeit nach, lädt der Wind das von ihm transpor-

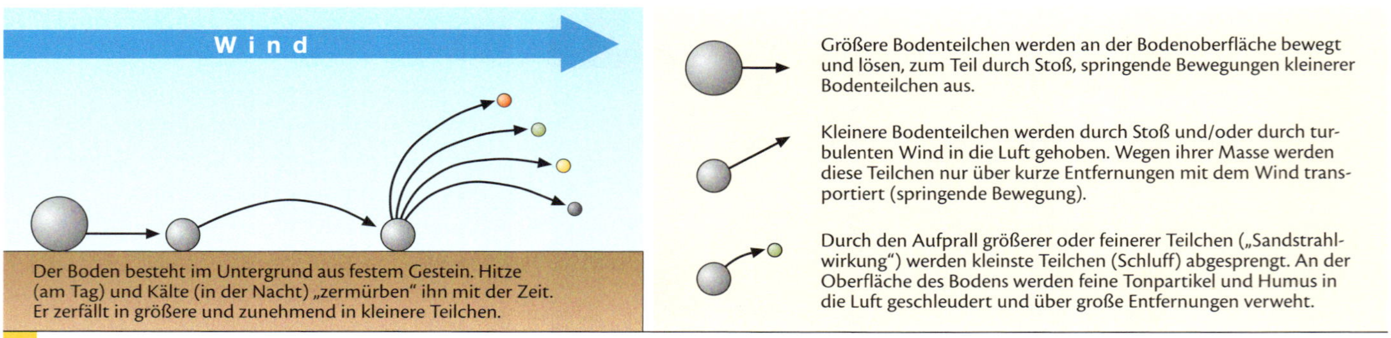

M 3 *Wind transportiert Bodenteilchen*

tierte Material ab (**Akkumulation**). So können bis zu 200 m hohe **Dünen** entstehen, die große Flächen in den Trockenräumen und an den Küsten bedecken. Je nach Korngröße, Windgeschwindigkeit und eventuell vorhandener Vegetation entstehen unterschiedliche Dünenformen.

1 Erläutere mithilfe eines Fließdiagramms die erodierende Wirkung des Windes. Verwende dabei die Begriffe Deflation, Korrasion und Akkumulation (**M 1** bis **M 5**, ***Fließdiagramme zeichnen***).

2 Beschreibe die durch Winderosion geschaffenen Oberflächenformen und erkläre deren Entstehung (**M 2**, **M 4** und **M 5**).

M 4 *Dünen*

3 Der Wind transportiert Material über weite Strecken. Beurteile, welche Folgen dies für an Trockenräume angrenzende Gebiete haben könnte.

4 Im Eiszeitalter wurde am Nordrand der Mittelgebirge fruchtbares Material, der Löss, angeweht. Erläutere und begründe, wo dieses Material abgetragen wurde (Karte S. 214, Atlas).

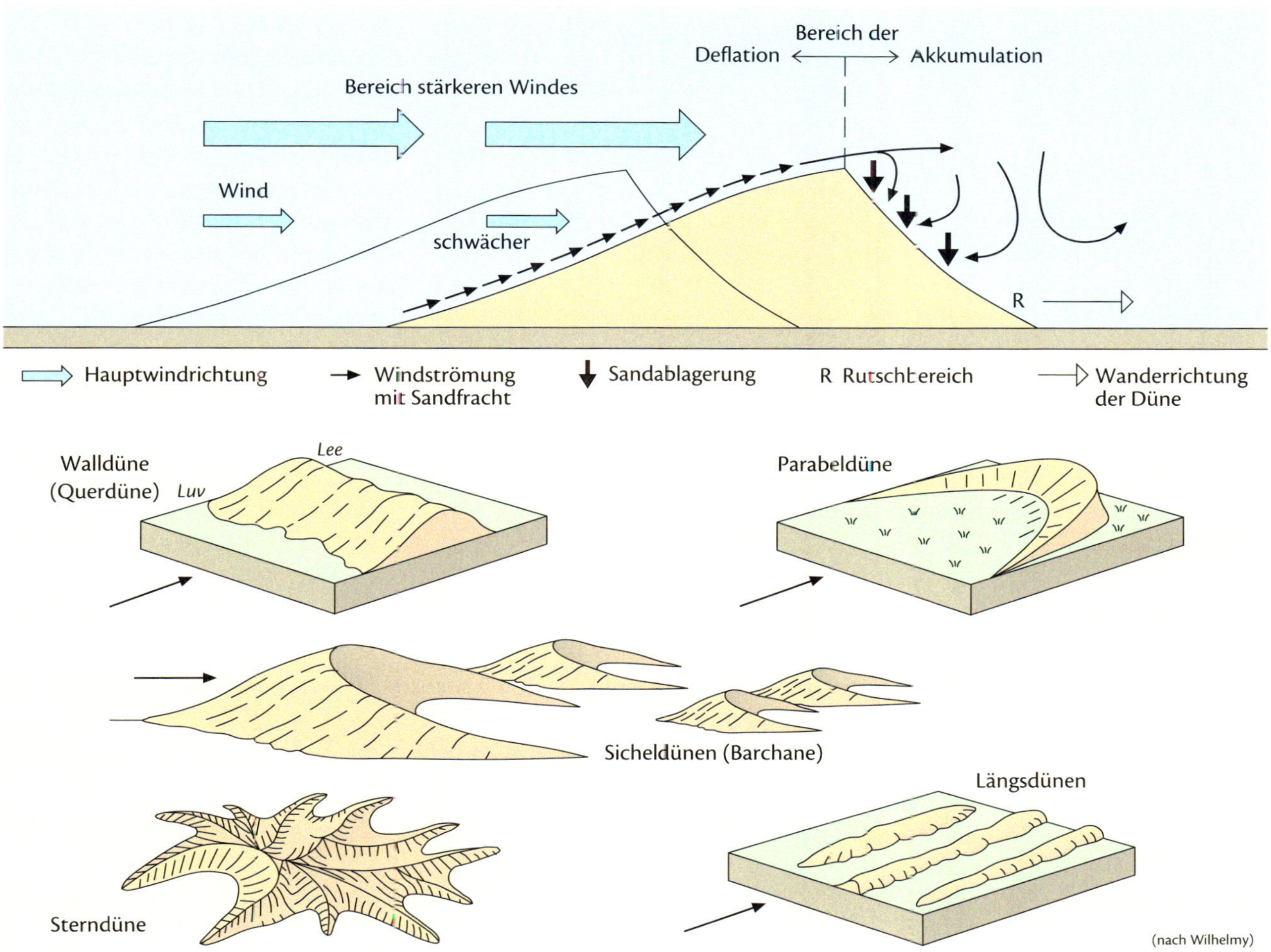

M 5 *Dünenbildung und Dünenformen*

Wüste ist nicht gleich Wüste

M 1 *Fels- und Gesteinswüste (Hamada)*

M 3 *Kieswüste (Serir)*

check-it
- geographische Lage und Ausdehnung der Sahara beschreiben
- klimatische Bedingungen in der Sahara kennen
- Entstehung und Ausdehnung der drei Wüstentypen erläutern
- Blockbild auswerten

Klimatische Bedingungen

Die Sahara ist die größte Wüste der Erde. Sie ist etwa 25-mal größer als Deutschland und über 250-mal größer als Baden-Württemberg. Wüsten breiten sich dort aus, wo die Niederschläge fehlen. Bei weniger als durchschnittlich 250 Millimetern Jahresniederschlag spricht man von einer **Wüste.** Oft regnet es jahrelang überhaupt nicht. Weil die Verdunstung höher als der Niederschlag ist, spricht man auch von einem trockenen oder **ariden Klima**.

Da es in der Wüste keine Wolkendecke gibt, die vor der starken Sonneneinstrahlung schützt, steigen die Temperaturen oft auf mehr als 50 Grad Celsius an. Felsplatten und Steine werden auf über 70 Grad Celsius aufgeheizt. In der Nacht kühlt die Luft durch die fehlende Wolkendecke stark ab. Gelegentlich sinken die Temperaturen sogar unter den Gefrierpunkt. Besonders in Gebirgen betragen die Temperaturdifferenzen zwischen Tag und Nacht nicht selten mehr als 40 Grad Celsius.

Gesichter einer Wüste

Die großen Temperaturunterschiede zwischen Tag und Nacht führen zu Spannungen im Gestein und schließlich zur Verwitterung durch **Frostsprengung.** Tagsüber dehnt das Gestein sich in der Hitze aus. Wenn es sich abends abkühlt, zieht es sich wieder zusammen. Dabei entstehen Risse. Felsplatten zerspringen in scharfkantige Stücke. Manchmal klingt es wie ein Pistolenschuss, wenn ein Stein zerspringt.

M 2 *Wüstenarten und ihr Anteil an der Fläche der Sahara*

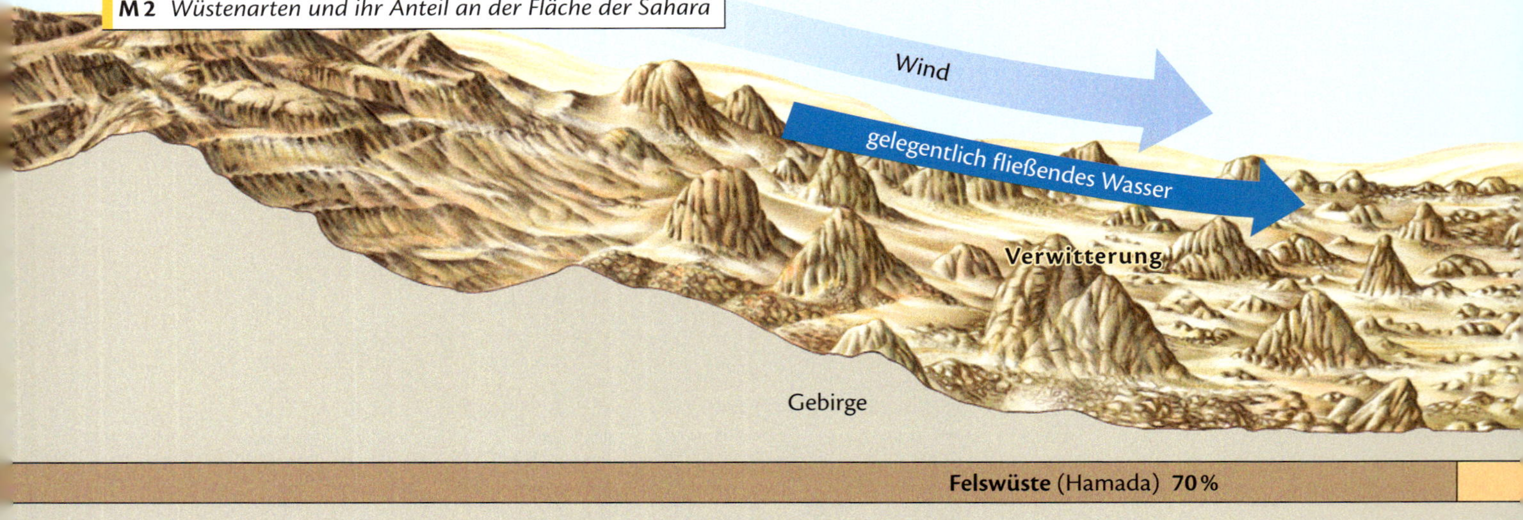

M 4 *Sandwüste (Erg)*

Auf diese Weise werden die Stein- und Felswüsten der Sahara gebildet. Diese Hamadas sind zum Teil gewaltige Erhebungen mit blankem Fels und groben Gesteinstrümmern. Trotz der extremen Trockenheit kann man dort Spuren von fließendem Wasser erkennen. Es regnet selten in den Hamadas, aber wenn, dann stürzen die Wassermassen sintflutartig nieder. Der ausgetrocknete Boden kann die riesigen Regenmengen nicht aufnehmen. In Tälern, die sonst trocken liegen, fließt das Wasser oberflächlich ab. Diese Trockentäler heißen **Wadis**. Nach Regenfällen fließen dort reißende Flüsse. Wehe dem, der jetzt hier sein Zelt aufgeschlagen hat oder mit dem Geländewagen auf dem Weg durch das Wadi zu einer **Oase** ist. Wenn die Wadis Wasser führen, werden Geröll, Kies und auch Sand abgetragen und auf weiten ebenen Flächen abgelagert. So entstehen die Kieswüsten, die die Araber Serir nennen. Der feine Sand wird vom Wind ausgeblasen und als Sandwüste, Erg, abgelagert. Die Dünen können bis zu 300 Meter hoch werden.

WEBCODE: UE643431-021

1 Miss die Ausdehnung der Sahara von Nord nach Süd und von West nach Ost (Karte S. 218/219, Atlas).
2 Nenne die Merkmale des Klimas in der Sahara (S. 48/49 **M 1**).
3 Erläutere die Entstehung von Hamada, Serir und Erg (**M 1** bis **M 4**).
4 Ermittle Wadis in der Sahara. Notiere die Gebirge, aus denen sie stammen (Karte S. 218/219, Atlas, ***Eine Internetrecherche durchführen***).
5 Führe die Versuche „Frostverwitterung in der Wüste“ und „Dünen entstehen“ durch und werte sie aus (S. 22).

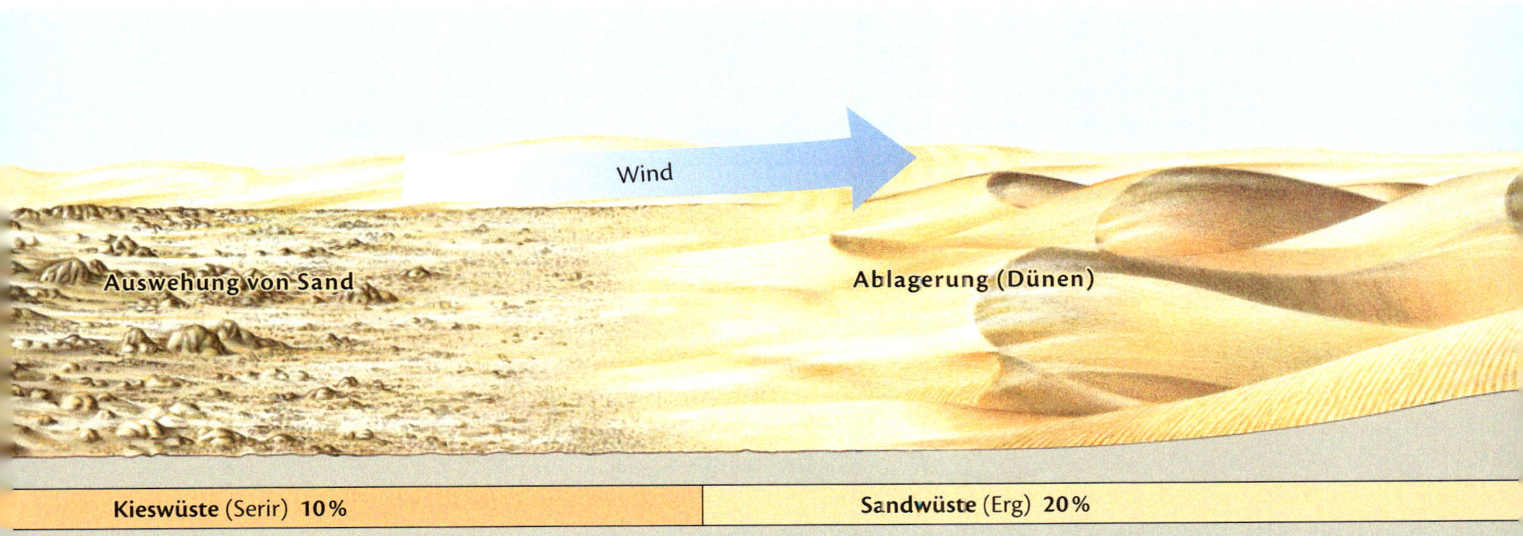

Versuche zu exogenen Kräften

Frostverwitterung in der Wüste

Benötigtes Material:
eine Metallschüssel, drei Sandsteinstücke, Wasser, Wärmelampe, Kühlschrank mit Tiefkühlfach

Versuchsbeschreibung:
- Feuchtet die Sandsteinstücke in der Schüssel mit etwas Wasser gut an.
- Stellt die Schüssel mit den Sandsteinstücken in das Tiefkühlfach.
- Erwärmt die gefrorenen Steine mit einer Wärmelampe, bis das Wasser getaut ist.
- Befeuchtet dann wieder die Steine und stellt sie in das Tiefkühlfach.
- Wiederholt diesen Vorgang mehrmals.

1 Beschreibt die Veränderung der Sandsteine.
2 Übertragt eure Beobachtungen auf die Verwitterung in der Wüste.

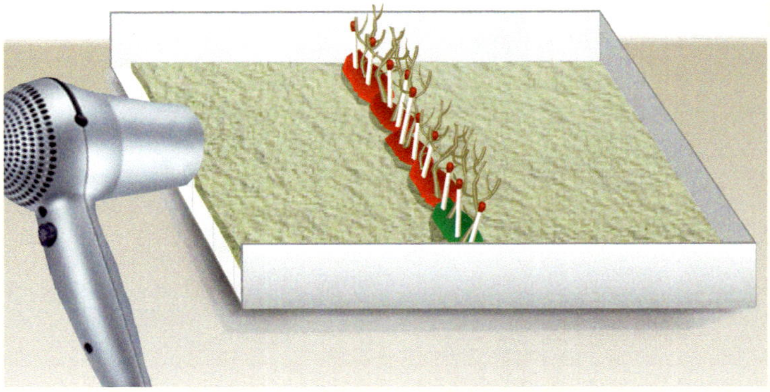

Dünen entstehen

Benötigtes Material:
trockener Sand, ein starker Föhn, ein größerer Karton, Streichhölzer, kleine Zweige, Knetmasse

Versuchsbeschreibung:
- Bedeckt den Boden des Kartons mit etwa einem Zentimeter Sand.
- Legt in die Mitte des Kartons kleine Hindernisse, indem ihr in die Knetmasse kleine Zweige und Streichhölzer steckt.
- Blast mit dem Föhn den Sand flach über den Boden in Richtung Hindernis.

1 Beschreibt eure Beobachtungen.
2 Übertrage deine Beobachtungen auf die Entstehung von Dünen.

Temperaturverwitterung in der Wüste

Benötigtes Material:
ein Backblech, ein Heizstrahler, drei Steine von der Größe eines Eis, eine Metallschüssel, Wasser, Eiswürfel

Versuchsbeschreibung:
- Lege die Steine auf das Backblech und erhitze sie kräftig mit dem Heizstrahler.
- Gieße kaltes Wasser in die Metallschüssel und gib die Eiswürfel hinein.
- Schütte die erhitzten Steine in das Eiswasser.
- Wiederhole den Vorgang mehrfach.

1 Beschreibe, was mit den Steinen geschieht.
2 Übertrage deine Beobachtungen auf die Entstehung der Wüstenarten.

Bodenerosion durch fließendes Wasser

Benötigtes Material:

Vier gleich große, flache Kisten (zum Beispiel Obststiegen), an denen an einer kurzen Seite in der Mitte ein Stück herausgesägt wird, vier Leisten fünf Zentimeter stark, kleine Gießkanne mit Brause, vier Eimer, Zeitungspapier, Waage, Kaffeefilter, Besenstil, Löffel, alter Kochtopf und Kochplatte, Rasenstück, raumtrockene Bodenproben: Sand, Lehm, humusreicher Lockerboden

Versuchsbeschreibung:

Versuchsreihe 1

- Lege drei Kisten mit Zeitungspapier aus.
- Fülle sie bis zum Rand mit jeweils der gleichen Menge von den verschiedenen Bodenproben.
- Streiche die Bodenoberfläche glatt.
- Lege hinten unter jede der drei Kisten eine Leiste, sodass eine gleiche Hangneigung nach vorne zum ausgesägten Loch entsteht.
- Schiebe die Kisten an den Tischrand und stelle zum Auffangen des abgespülten Bodens je einen Eimer unter die geöffnete Vorderseite.
- Brause mit der Gießkanne je die gleiche Wassermenge (zwei bis drei Liter) aus gleicher Höhe auf die Böden in den Kisten.
- Warte zehn Minuten. Entwässere dann den abgespülten Boden im Eimer, indem du zuerst den größten Teil des Wassers durch einen Kaffeefilter ablaufen lässt. Danach koche den Boden ab, bis alles Wasser verdampft ist.
- Wiege die trockene Bodenmenge.
- Verfahre so mit jeder abgespülten Bodenprobe.

Versuchsreihe 2

- Fülle die vier Kisten mit der Bodenprobe, aus der die größte Bodenmenge abgespült wurde.
- Streiche die Bodenoberfläche glatt und lege die Leisten hinten unter die Kisten.
- Präpariere die vier Kisten dann folgendermaßen:
  1. Simuliere einen bewachsenen Hang und bedecke den Boden in der ersten Kiste mit Rasenstücken.
  2. Presse in der zweiten Kiste mit dem Besenstil künstliche Fahrspuren längs zur Hangneigung.
  3. Simuliere Ackerfurchen und ritze in der dritten Kiste mit dem Löffel den Boden längs zur Hangneigung auf.
  4. Simuliere Ackerfurchen in der vierten Kiste quer zur Hangneigung.
- Brause mit der Gießkanne je die gleiche Wassermenge (zwei bis drei Liter) aus gleicher Höhe auf die Böden in den Kisten. Verfahre weiter wie in der ersten Versuchsreihe.

1 Protokolliere deine Beobachtungen und Messergebnisse.
2 Vergleiche die Ergebnisse.
3 Beurteile die Erosionsgefährdung unterschiedlicher Böden in der Wirklichkeit.

1 Vergleiche die Mengen des jeweils erodierten Bodens.
2 Erkläre das Erosionsverhalten auf den verschiedenen Feldern.
3 Erörtere die Ergebnisse im Hinblick auf Maßnahmen zum Bodenschutz in der Wirklichkeit.

Geo-Check: Die Erdoberfläche im Wandel begreifen

Sich orientieren

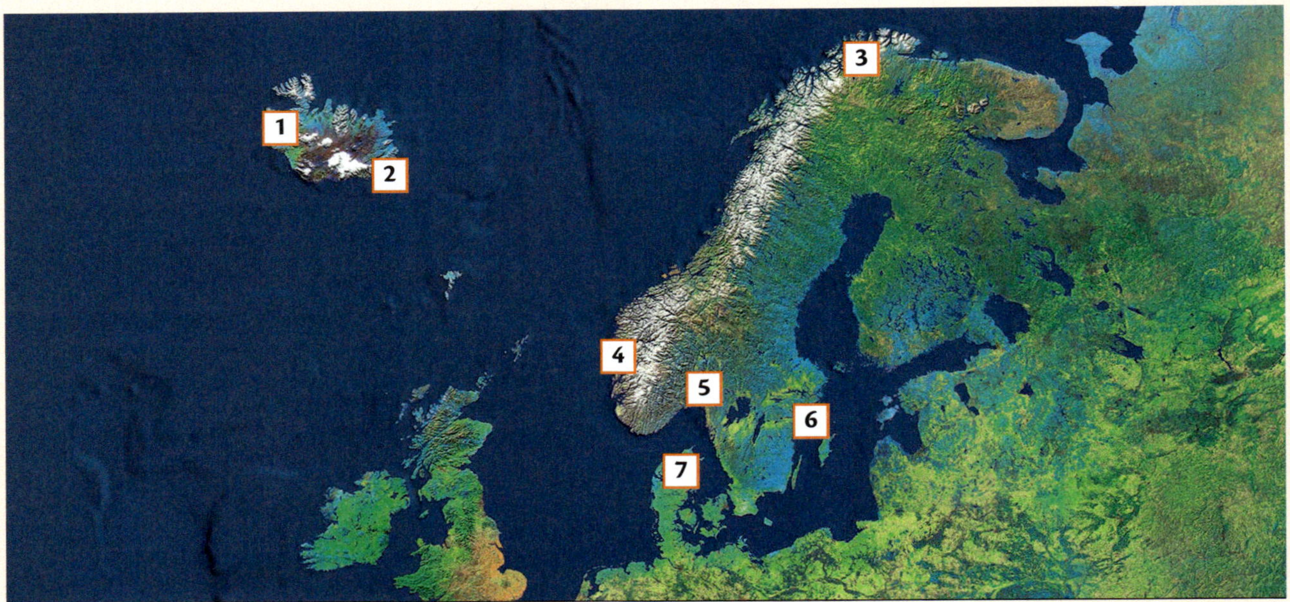

M 1 *Nordeuropa-Reise*

1 Reise von 1 bis 7 durch Nordeuropa. Schreibe die gesuchten Orte in dein Heft (**M 1,** Karte S. 216/217, Atlas).

- 1 Die Reise startet in der **Hauptstadt von Island.**
- 2 Wir besuchen den **größten Gletscher Europas.**
- 3 Mit dem Schiff geht es zum **nördlichsten Punkt des europäischen Festlands.**
- 4 Bei Ålesund fährt unser Schiff in einen **Fjord** ein.
- 5 Über das Fjell geht es mit dem Bus in die **norwegische Hauptstadt.**
- 6 Von dort reisen wir weiter in die **schwedische Hauptstadt.**
- 7 Mit der Fähre geht es quer durch die Ostsee bis nach ...

2 Benenne die Wüstengebiete (**M 2,** Atlas).

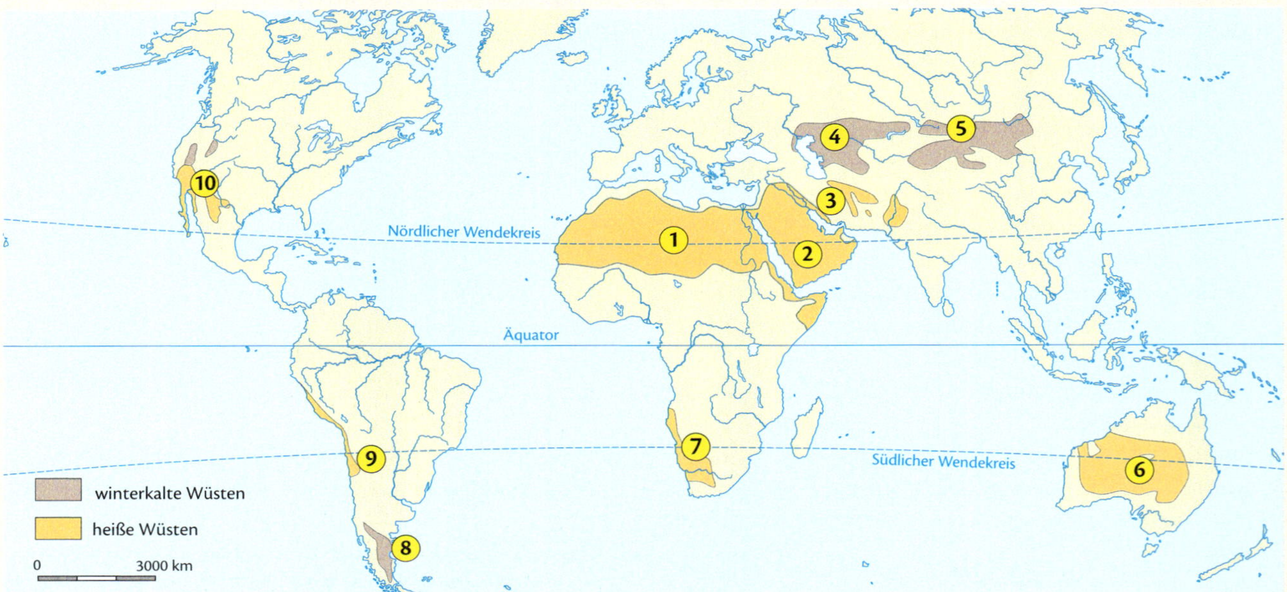

M 2 *Wüstengebiete*

Können und anwenden

M 5 *Physische Karte von Island*

6 Zeichne mithilfe der Checkliste eine Profilskizze von Island von A nach B (**M 5**, S. 14/15, Legende S. 15 **M 1**).

7 Male deine Profilskizze farbig aus und beschrifte sie zum Beispiel mit Himmelsrichtungen und den Namen von Flüssen und Bergen (**M 5**).

8 Erweitere die Profilskizze zu einem Kausalprofil, indem du ihr die Bereiche zuordnest, in denen Landschaftsmerkmale wie Gletscher anzutreffen sind (**M 5**).

9 Gib deinem Kausalprofil eine Überschrift.

Sich verständigen, beurteilen und handeln

Deutschlands Boden verschwindet

Ein Viertel aller landwirtschaftlichen Flächen ist in Deutschland stark durch Erosion gefährdet. Ist die fruchtbare, oberste Schicht der Erde einmal verschwunden, lässt sie sich nicht mehr ersetzen.

[...] Von den fast zwölf Millionen Hektar, auf denen hierzulande Weizen, Mais, Gerste oder Zuckerrüben wachsen, sind mehr als die Hälfte betroffen. Die lockere, organisch angereicherte Krume eines Ackers ist bis zu dreißig Zentimeter dick. Tonnenweise verschwindet die oberste Schicht der Erde. Im Norden des Landes trägt der Wind sie davon, in der Mitte und im Süden der Regen.

[...] In den deutschen Mittelgebirgen ist die Wassererosion das größere Risiko [...]. Kommt zu Wind oder Regen noch ein anfälliger Boden, wird es ernst. So sind wegen des Sandgehalts im Boden große Teile der ostfriesischen Geest und des Emslands gefährdet, ebenso wie der Westen Brandenburgs.

[...] In den Hügelländern Niedersachsens, Sachsens und Bayerns und auf den Gäuplatten von Neckar und Tauber in Baden-Württemberg macht der staubfeine Löss die Böden zwar extrem fruchtbar, aber auch leicht angreifbar.

[...] Es gebe Tage, an denen lokal begrenzt drei bis fünf Millimeter Boden auf einen Schlag abgetragen werden [...]. Ein solcher Tag alle paar Jahre ist zwar weniger dramatisch, aber wenn sich solche Verluste häufen, ist die Fruchtbarkeit des Bodens ernsthaft bedroht. [...]

Quelle: Die Welt vom 24.12.2015
(Autor: Holger Kroker)
http://www.welt.de/130300740

M 6 *Zeitungsartikel „Deutschlands Boden verschwindet"*

10 Erläutere anhand der Ackerflächen in Deutschland, wie Bodenerosion wirkt.

11 Erkläre, welche Böden besonders gefährdet sind.

12 Überlege Maßnahmen, wie man die Erosion des Ackerbodens stoppen könnte.

Klima- und Vegetationszonen

Erde: Klimazonen

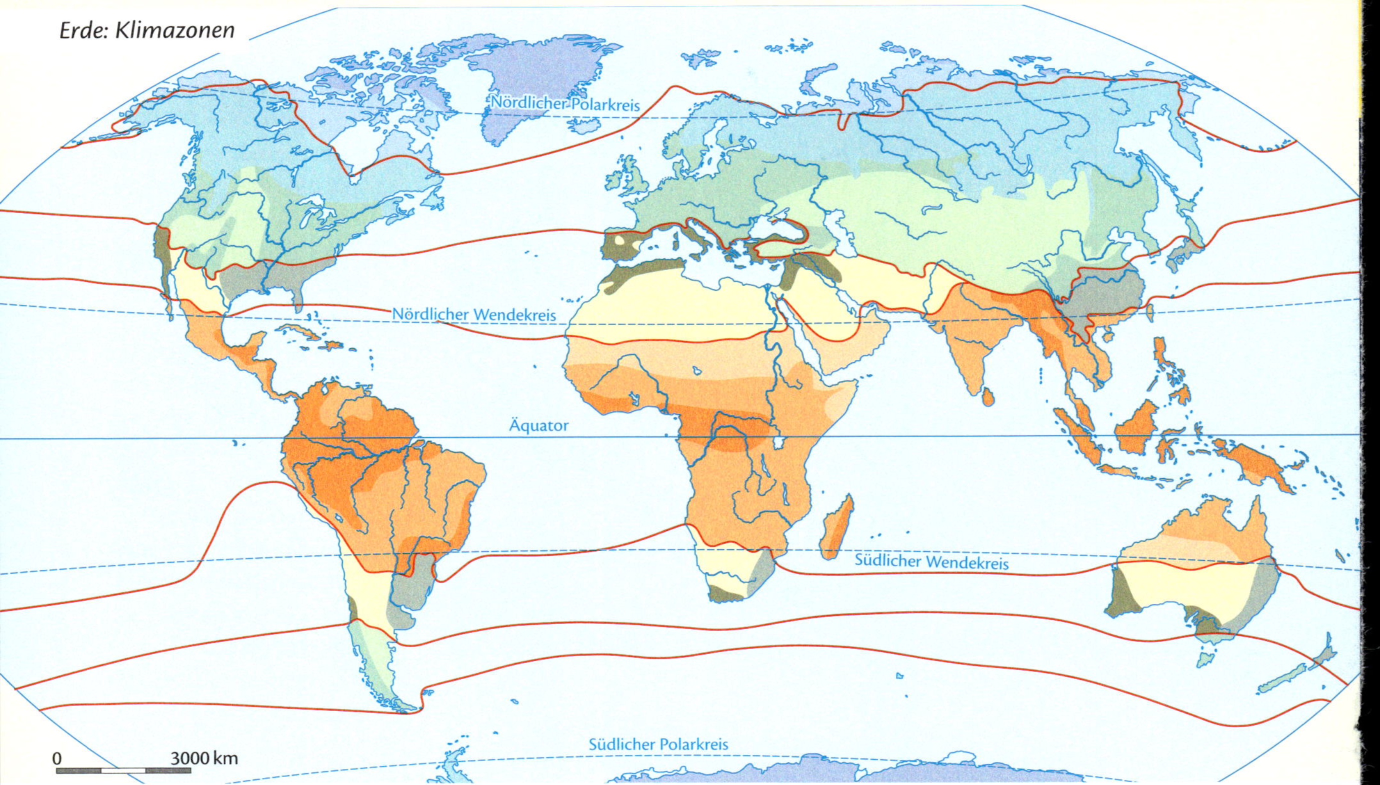

Polare Klimazone
- Polare Zone
- Subpolare Zone

Gemäßigte Klimazone
- Kaltgemäßigte Zone
- Kühlgemäßigte Zone
- Winterkalte/sommerwarme Trockengebiete

Subtropische Klimazone
- Winterregengebiete
- Immerfeuchte Subtropen
- Trockene Subtropen

Tropische Klimazone
- Trockene Tropen
- Wechselfeuchte Tropen
- Immerfeuchte Tropen

Grenze der Klimazonen

Erde: Vegetationszonen

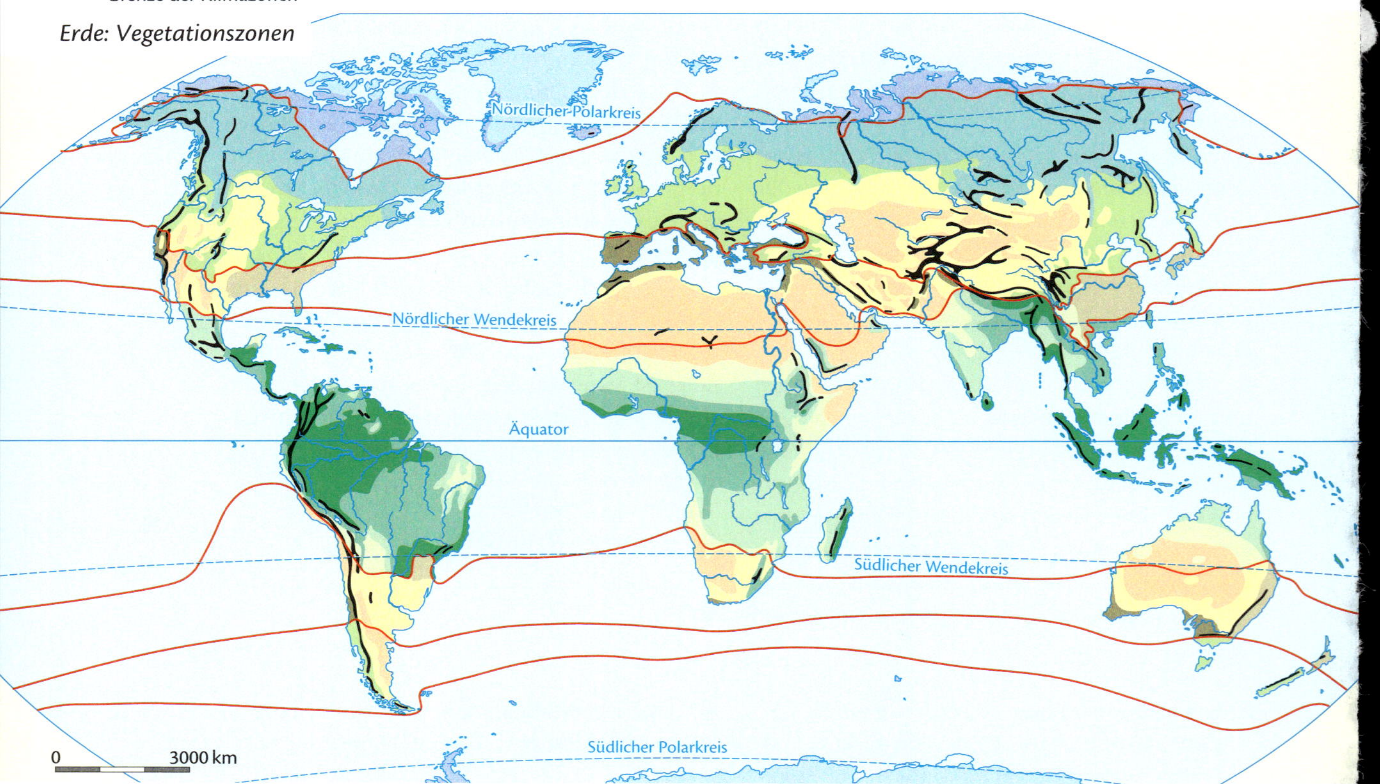

- Eis- und Schneewüsten
- Tundren
- Boreale Nadelwälder
- Sommergrüne Laub- und Mischwälder
- Feuchtwälder
- Hartlaubgehölze
- Steppen
- Halbwüsten und Wüsten
- Dornsavannen
- Trockensavannen
- Feuchtsavannen
- Immerfeuchte tropische Regenwälder
- Große Gebirge
- Grenze der Klimazonen

Wissen und verstehen

3 Sortiere die Aussagen in richtige und falsche Aussagen. Verbessere die falschen Aussagen und schreibe sie richtig auf.

Richtig oder falsch?

- Heute gibt es in Skandinavien keine Gletscher mehr.
- Sandwüsten liegen bevorzugt in Gebirgen, weil der Wind den Sand in die Höhe trägt.
- Fjorde sind ehemalige Flusstäler, die in der Eiszeit geformt wurden.
- Schären gibt es nur in der Ostsee.
- Bei der Entstehung der Wüstenformen spielt Wind keine Rolle.
- Bei der Dünenbildung spielen Akkumulation und Deflation zusammen.
- Im Unterlauf eines Flusses ist die Abtragung sehr groß.
- Durch Erosion wird durch Verwitterung zerkleinertes Material abgetragen.
- Exogene Kräfte wirken aus dem Erdinnern heraus.

4 Ordne jedem dieser Begriffe mindestens zwei Merkmale zu (**M 3**).

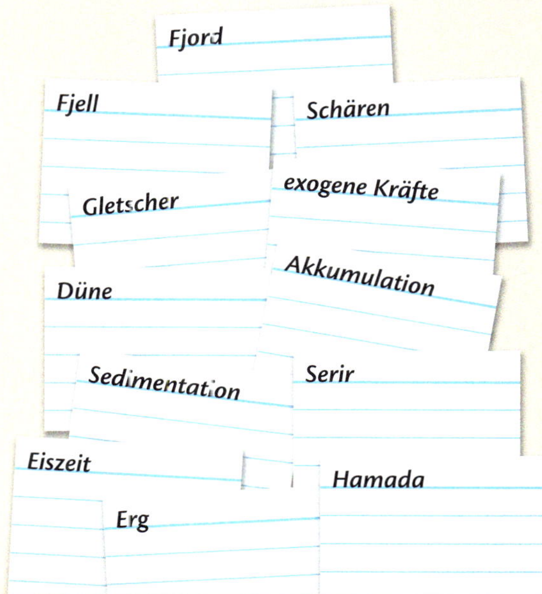

M 3 *Geo-Begriffestapel*

5 Löse das Kreuzworträtsel. Schreibe dazu die Begriffe in dein Heft und markiere den Buchstaben, den du für das Lösungswort benötigst (orange Felder). Das Lösungswort benennt einen exogenen Vorgang (**M 4**, Webcode).

Hinweis: Bitte nicht in das Buch schreiben

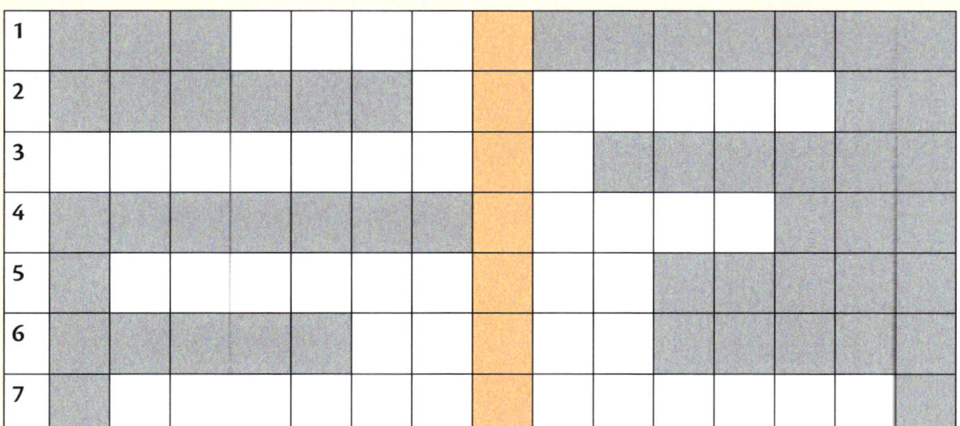

1 durch Wind geschaffene Erosionsform
2 von Gletschern umgeformtes Flusstal
3 Ausblasung durch Wind
4 Kieswüste
5 Abschleifen von Gestein durch im Wind mitgeführten Sand
6 vom Meer überflutetes Trogtal
7 Ablagerung von Material

M 4 *Rätsel (Umlaut = 2 Buchstaben)*

WEBCODE: UE643431-025

2 Merkmale von Klima und Vegetation erklären

Vegetation vom Satelliten fotografiert

Afrika und Westasien – auch aus dem Weltraum ein interessanter Ausschnitt der Erdoberfläche, und das nicht nur wegen der markanten Formen. Vor allem die Farben des Satellitenbildes lassen viele Fragen aufkommen. Warum herrscht in bestimmten Regionen die Farbe Gelb vor und in anderen ein sattes Grün? Hat die Lage oder die Breitenlage Einfluss auf die Vegetation?

In diesem Kapitel lernst du
- die Lage und Ausdehnung von Klima- und Vegetationszonen zu beschreiben,
- die Entstehung von Temperaturzonen zu erklären,
- Zusammenhänge zwischen Klima und Pflanzenwelt zu erkennen und zu erläutern,
- Zusammenhänge zwischen Luftdruck und Wind zu erklären,
- Entstehung von Hoch- und Tiefdruckgebieten zu erläutern,
- Entstehung von Passaten und Wirbelstürmen zu erklären,
- Klimafaktoren zu benennen,
- Großwetterlagen in Europa zu erklären,
- Klima- und Vegetationszonen zuzuordnen,
- Zusammenhänge zwischen Klima und Vegetation zu erkennen und zu erläutern,
- Klimadiagramme zu zeichnen und auszuwerten.

Dazu nutzt du
- Karten,
- Blockbilder,
- Profile,
- Klimadiagramme,
- Schemaskizzen und
- Versuche.

Du beurteilst
- den Einfluss der Breitenlage auf Klima und Vegetation.

Satellitenbild von Afrika (mit Teilen Europas und Asiens)

Von heiß bis kalt – die Temperaturzonen der Erde

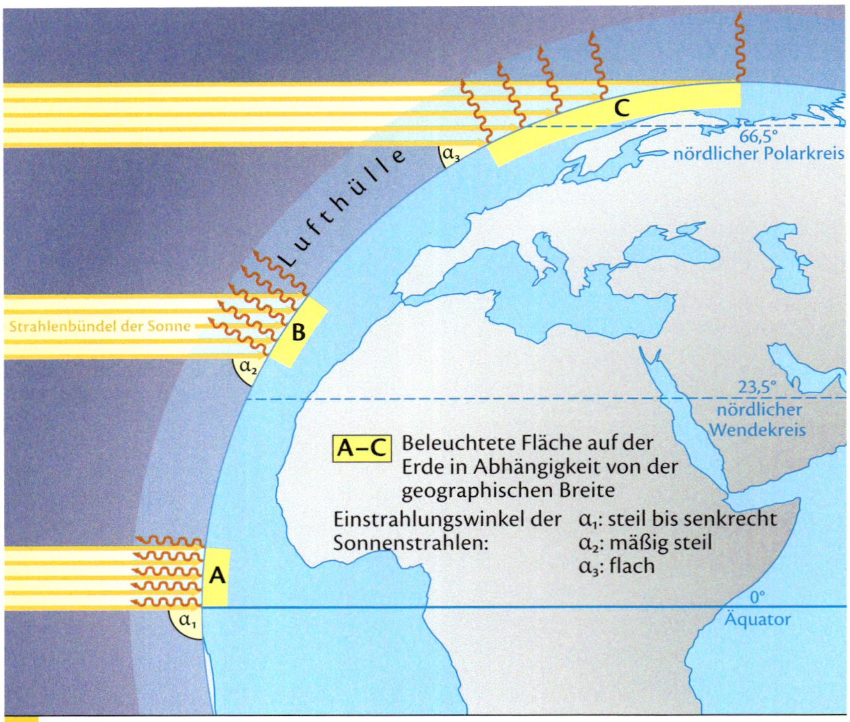

M 1 *Einstrahlungswinkel der Sonnenstrahlen am 21. März und 23. September*

check-it
- Temperaturzonen abgrenzen
- Temperaturzonen und ihre Merkmale beschreiben und vergleichen
- Ursachen der Entstehung von Temperaturzonen erläutern

Temperaturzonen

Die Erwärmung der Erde durch die Sonne lässt parallele Streifen oder Zonen auf der Erdoberfläche entstehen – die **Temperaturzonen.** In diesen Zonen herrschen gleiche oder ähnliche Temperaturmerkmale.

Die Temperaturen haben Auswirkungen auf die Pflanzen- und Tierwelt und auf das Klima.
Die Temperaturzonen werden auch als **Beleuchtungszonen** bezeichnet. Sie umspannen die ganze Erdkugel. Ihre Grenzen sind die Polarkreise und die Wendekreise.
Durch die Neigung der Erdachse verschieben sich die Beleuchtungszonen im Jahresverlauf. Damit ändern sich auch die Temperaturen, die in den jeweiligen Gebieten gemessen werden.
Beeinflusst werden die Temperaturen auch durch die Lage und Höhe von Gebirgen, durch kalte und warme Meeresströmungen und die unterschiedliche Verteilung von Land- und Wassermassen auf der Erde.

Die Kugelgestalt der Erde

Hätte die Erde die Gestalt einer Scheibe, so wäre es überall auf der Erde gleich warm oder kalt. An jedem Punkt der Erdoberfläche würde die gleiche Menge Sonnenlicht einstrahlen und in Wärmeenergie umgewandelt werden. Da die Erde aber die Gestalt einer Kugel hat, fallen die Sonnenstrahlen unterschiedlich steil auf die Erde ein. Der Winkel, in dem die Sonnenstrahlen auf die Erdoberfläche treffen, wird **Einstrahlungswinkel** genannt. Die Luft erwärmt sich dort am stärksten, wo die Sonnenstrahlen sehr steil oder gar senkrecht auf die Erde einstrahlen. Am Äquator gelangt dreimal mehr Sonnenenergie auf einen Quadratmeter Boden als an den Polen.
Die von der Sonne ausgehende Strahlungsmenge, die auf die Lufthülle der Erde trifft, ist nahezu konstant. Nur ein Viertel der Sonnenstrahlen trifft direkt auf den Erdboden. Die restlichen Strahlen werden von den Wolken und der Lufthülle aufgenommen und zurückgeworfen.

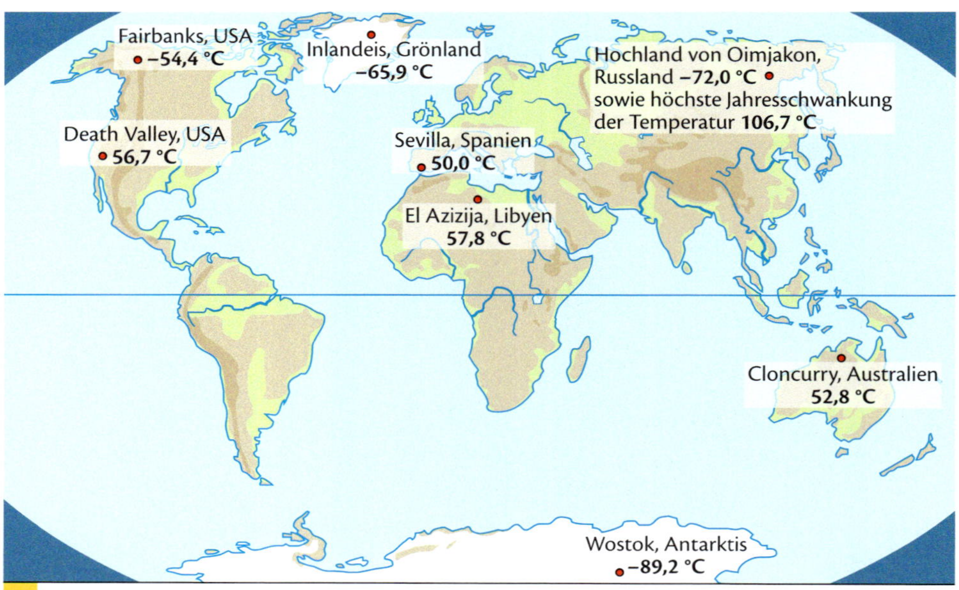

M 2 *Temperaturrekorde der Erde*

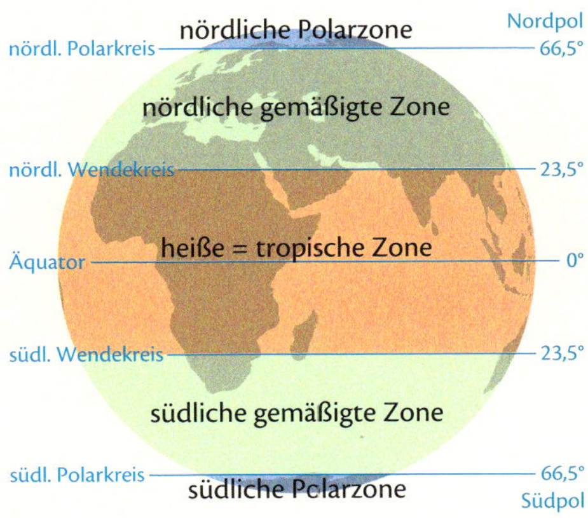

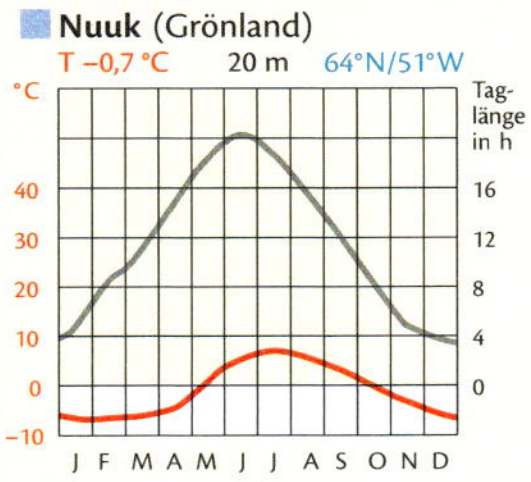

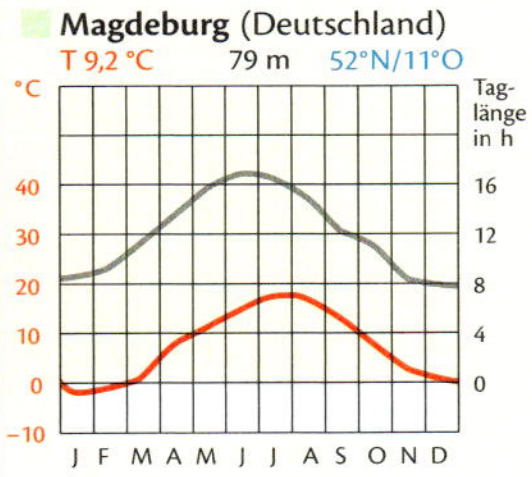

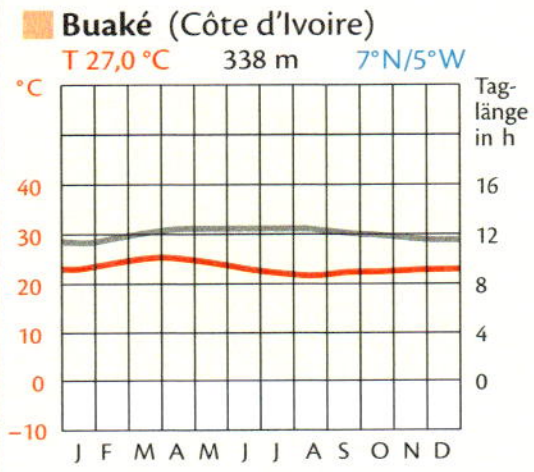

Temperaturzonen	Breite	Temperatur ohne Wärmetransport	Temperatur mit Wärmetransport	Einstrahlungswinkel der Sonnenstrahlen	Taglänge	Sonnenscheindauer	Jahresmittel der Temperatur	Temperaturdiagramm
nördliche Polarzone	Nordpol	−44 °C	−23 °C	flach	starker Wechsel (Polartag/Polarnacht)	0–24 h	niedrig	Nuuk (Grönland)
nördl. Polarkreis	66,5°	−25 °C	−7 °C					
nördliche gemäßigte Zone		−6 °C	+6 °C	mäßig steil	mäßiger Wechsel (Jahreszeiten)	2–22 h	gemäßigt	Magdeburg (Deutschland)
nördl. Wendekreis	23,5°	+32 °C	+24 °C					
heiße = tropische Zone (Äquator)	0°	+39 °C	+26 °C	steil bis senkrecht	stets gleich lang	10–12 h	hoch	Buaké (Côte d'Ivoire)
südl. Wendekreis	23,5°	+32 °C	+22 °C					
südliche gemäßigte Zone				mäßig steil	mäßiger Wechsel (Jahreszeiten)	2–22 h	gemäßigt	
südl. Polarkreis	66,5°	−30 °C	−8 °C					
südliche Polarzone	Südpol	−44 °C	−33 °C	flach	starker Wechsel (Polartag/Polarnacht)	0–24 h	niedrig	

M 3 *Merkmale der Temperaturzonen der Erde*

1 Drei gleich große Strahlenbündel (A, B, C) bescheinen auf der Erdoberfläche unterschiedliche Flächen. Erkläre, wo die Erwärmung am stärksten ist, und führe hierzu den Versuch durch (**M 1, M 4**).

2 Benenne die Namen und die Grenzen der Temperaturzonen (**M 3**).

3 Erläutere die Ursachen für die Entstehung der Temperaturzonen (**M 1, M 3**).

4 Beschreibe die Merkmale der Temperaturzonen. Benenne Veränderungen vom Äquator aus (**M 3**).

5 Ordne den Temperaturzonen jeweils zwei Staaten zu, die in den einzelnen Zonen liegen (Karten S. 27 oben und S. 224/225, Atlas).

6 Erstelle eine Tabelle der Temperaturrekorde der Erde mit den dazu gehörenden Staaten und Kontinenten (**M 2**).

Versuch

Einstrahlungswinkel der Sonne

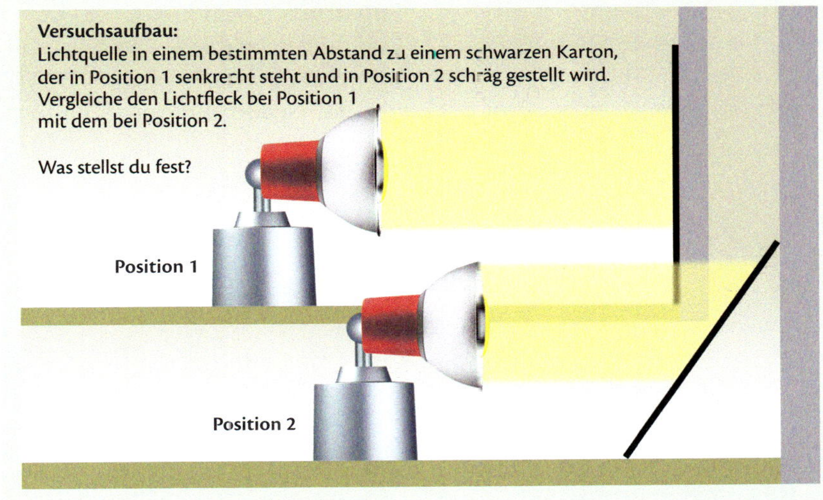

M 4 *Versuch zum Einstrahlungswinkel*

WEBCODE: UE643431-031

Luftdruck – Motor des Windes

Versuch

Versuche zum Luftdruck

Du benötigst: 3 Luftballons, Bindfaden oder Zwirn, einen Kleiderbügel.

1. Blase einen Luftballon auf und befestige diesen an der einen Seite des Kleiderbügels.
2. Befestige den zweiten Luftballon unaufgeblasen an der anderen Seite des Kleiderbügels.
3. Beschreibe deine Beobachtungen und erkläre diese.
4. Blase nun den dritten Luftballon auf. Erkläre, warum es immer schwerer wird, den Ballon aufzublasen, je mehr Luft im Luftballon ist. Erläutere, warum die Luft wieder entweicht, wenn du den Luftballon nicht richtig zuhältst oder zubindest.

M 1 *Versuche zum Luftdruck*

check-it

- Merkmale der Begriffe Luftdruck, Hoch- druck- und Tiefdruckgebiete benennen
- Entstehung von Hoch- und Tiefdruckgebieten erläutern
- Wind als Ausgleichsströmung beschreiben und erklären
- Versuche durchführen und auswerten

Luft hat ein Gewicht

Unsere Erde ist von einer Lufthülle umgeben. Dadurch wird Leben auf unserem Planeten überhaupt erst möglich. Luft ist für uns etwas Selbstverständliches. Da die Luft gasförmig ist, sehen wir sie nicht, nehmen sie aber wahr. Das geschieht zum Beispiel, wenn Luft aus einem Wasserball entweicht oder wir im Winter ausatmen.

Die Luft hat auch ein Gewicht. Sie wiegt über einem Quadratzentimeter (cm^2) der Erdoberfläche mindestens ein Kilogramm. Dieses Gewicht übt einen Druck aus, der mithilfe eines **Barometers** gemessen werden kann. Die Einheit des Luftdruckes lautet **Hektopascal (hPa).**

Luftdruck – mal hoch, mal tief

Der durchschnittliche Luftdruck auf Meeresspiegelniveau beträgt 1013 Hektopascal. Gebiete mit einem Luftdruck unter 1013 Hektopascal nennt man **Tiefdruckgebiete**, Gebiete mit einem Luftdruck über 1013 Hektopascal **Hochdruckgebiete**.

Der Luftdruck ist nicht überall auf der Erde gleichmäßig verteilt und verändert sich ständig. Die Ursachen dafür liegen in der unterschiedlichen Erwärmung der Erde durch die Sonne sowie im Wechsel zwischen Tag und Nacht.

Wird Luft erwärmt, so dehnt sie sich aus und steigt auf. Am Boden bildet sich tiefer Luftdruck, da die Anzahl der Luftteilchen abnimmt. Kalte Luft hingegen ist schwerer als warme Luft und sinkt nach unten. Dadurch nimmt die Anzahl der Luftteilchen am Boden zu und der Luftdruck steigt. Die Luft ist bestrebt, die so entstandenen Luftdruckunterschiede auszugleichen. Deshalb strömt sie aus den Gebieten mit hohem Luftdruck in Gebiete mit tiefem Luftdruck. Tiefdruckgebiete ziehen also Luft aus den Hochdruckgebieten an.

Druckausgleich durch Wind

Den Luftausgleich zwischen Hoch- und Tiefdruckgebieten nehmen wir als Wind wahr. Wind weht immer vom Hochdruckgebiet zum Tiefdruckgebiet. Durch die **Rotation** der Erde um ihre Achse wird der Wind abgelenkt. Auf der Nordhalbkugel erfolgt dies

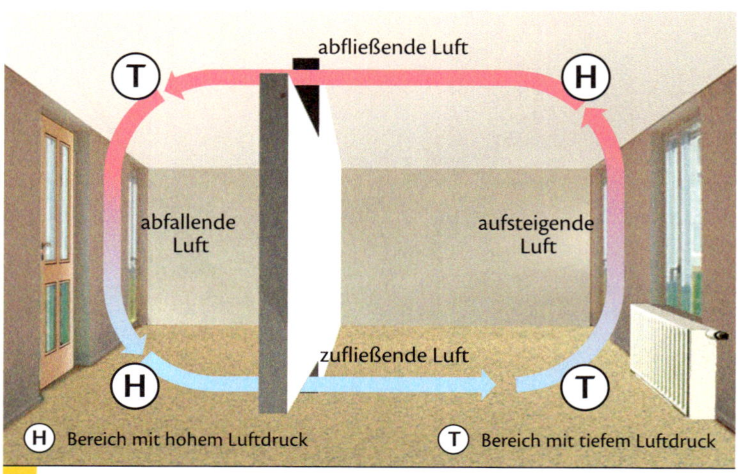

M 2 *Luftströmung zwischen kaltem und warmem Raum*

Windstärke (Beaufort)	Wirkung
0	Windstille
1	am Rauch erkennbar
2	Blätter bewegen sich
3	dünne Zweige bewegen sich
4	dünne Äste bewegen sich
5	kleine Laubbäume schwanken
6	starke Äste bewegen sich
7	große Bäume bewegen sich
8	stürmischer Wind
9	Sturm mit Schäden an Häusern
10	Bäume werden entwurzelt
11	orkanartiger Sturm
12	Orkan mit sehr starken Zerstörungen

M 3 *Windstärken*

M 4 *Windflüchter an der Ostseeküste*

nach rechts, auf der Südhalbkugel nach links. Aus dem Hoch strömt die Luft auf der Nordhalbkugel im Uhrzeigersinn heraus und gegen den Uhrzeigersinn in das Tief hinein. Auf der Südhalbkugel passiert dies genau andersherum. Deutschland und Westeuropa liegen im Einflussbereich der Westwindzone.

1 Erläutere die Entstehung von Hochdruckgebieten und Tiefdruckgebieten (**M 2, M 5**).

2 Beweise durch Versuche folgende Aussagen: Luft hat ein Gewicht. Es gibt einen Druckausgleich zwischen hohem und tiefem Luftdruck (**M 1**).

3 Miss mit einem Barometer den Luftdruck im Raum und außerhalb der Schule. Erkläre die gemessenen Werte.

4 Erkläre, wie Wind entsteht (**M 2, M 5, M 6**).

5 Halte vorsichtig eine brennende Kerze oben und unten in die geöffnete Tür des Klassenzimmers. Erkläre die Richtung der Flamme mithilfe von **M 2**.

6 Erläutere, warum die Windflüchter sich in Deutschland nach Südosten neigen (**M 3, M 4**).

WEBCODE: UE643431-033

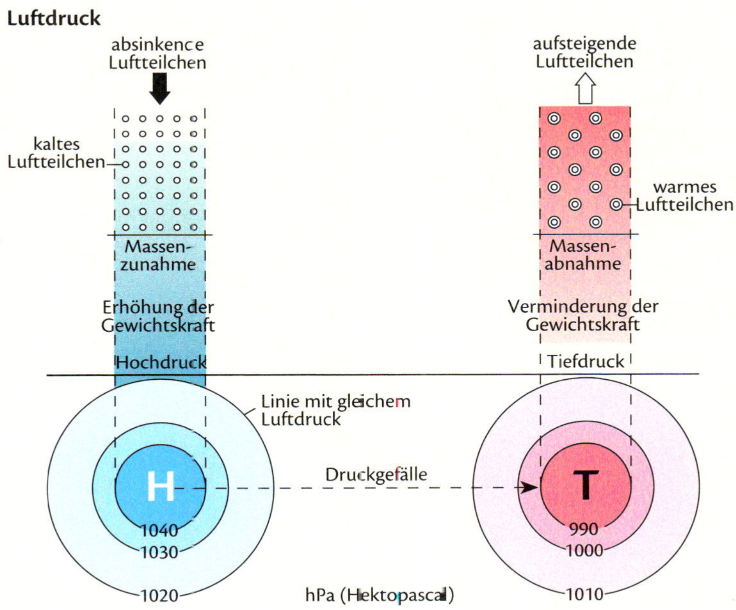

M 5 *Entstehung von Hoch- und Tiefdruckgebieten*

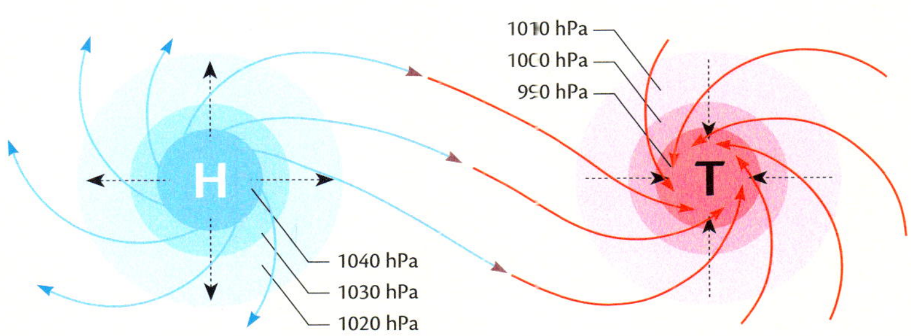

M 6 *Ausgleichsströmungen zwischen Hoch- und Tiefdruckgebieten auf der Nordhalbkugel*

Austausch von Luftmassen – die Zirkulation der Atmosphäre

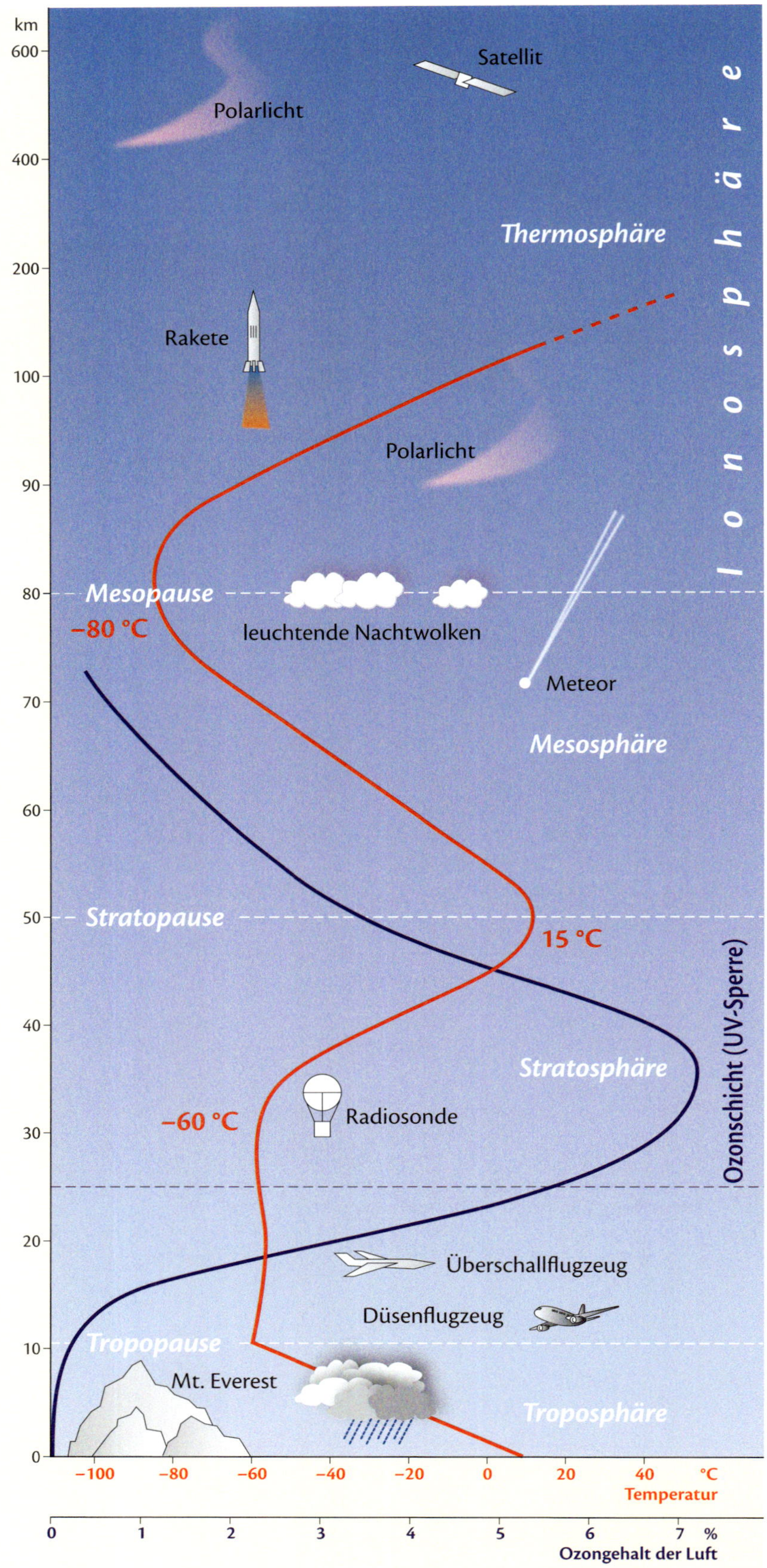

M 1 *Aufbau und Stockwerkeinteilung der Atmosphäre*

check-it
- Stockwerkeinteilung der Atmosphäre beschreiben
- Bedeutung der Atmosphäre erläutern
- Troposphäre charakterisieren
- Anordnung der Hoch- und Tiefdruckgebiete beschreiben
- atmosphärische Zirkulation erklären
- Wärmetransport auf der Erde erläutern

Der Aufbau der Atmosphäre

Der Begriff **Atmosphäre** stammt aus dem Griechischen und besteht aus atmos (Dunst) und sphaira (Kugel). Atmosphäre bedeutet also Dunst- oder Lufthülle der Erde. Als ein Schutzschild umgibt sie die Erde mit einem Gemisch von Gasen: 78 % Stickstoff, 21 % Sauerstoff und 1 % Spurengase, zum Beispiel Argon, **Kohlenstoffdioxid** und Methan. Wie ein Glashaus lässt die Atmosphäre das Sonnenlicht herein, das die Luft erwärmt. Aber sie lässt nur einen geringen Teil der Wärme entweichen. Darum hat die Erde an ihrer Oberfläche eine mittlere Temperatur von 15 °C. Ohne die Atmosphäre wäre sie eine Kältewüste.

Die Atmosphäre besteht aus mehreren Stockwerken, die von Sperrschichten getrennt sind, die als Pausen bezeichnet werden. Für das Klima auf der Erde und das Wetter sind die Stratosphäre und insbesondere die Troposphäre von großer Bedeutung. Wir Menschen und alle Lebewesen leben in der Troposphäre. Dort spielen sich das gesamte Wettergeschehen sowie der Kreislauf des Wassers zwischen Ozeanen und Kontinenten ab. Die relativ dünne Troposphäre enthält drei Viertel aller Gase. Besonders wichtig ist dabei der Sauerstoff, ohne den es kein Leben auf der Erde geben würde.

Die Zirkulation der Atmosphäre

Als **Zirkulation** der Atmosphäre wird die großräumige Austauschbewegung von Luftmassen zwischen den Hoch- und Tiefdruckgebieten, die gürtelartig die Erde umspannen, bezeichnet. Dadurch, dass die Erde zwischen den Polen und dem Äquator unterschiedlich

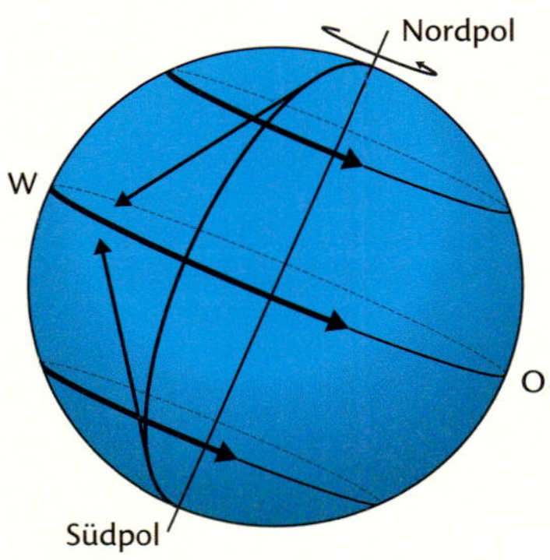

Die Erde dreht sich am Tag einmal um sich selbst. Dabei legt ein Punkt in den mittleren Breiten 20 000 Kilometer, ein Punkt am Äquator 40 000 Kilometer pro Tag zurück. Ein Wind, der aus den mittleren Breiten äquatorwärts strömt, kommt also in ein Gebiet mit höherer Eigengeschwindigkeit und bleibt dem gegenüber zurück. Diese Tatsache bewirkt, dass Winde auf der Nordhalbkugel nach rechts und auf der Südhalbkugel nach links abgelenkt werden.

M 2 *Ablenkung von Wind*

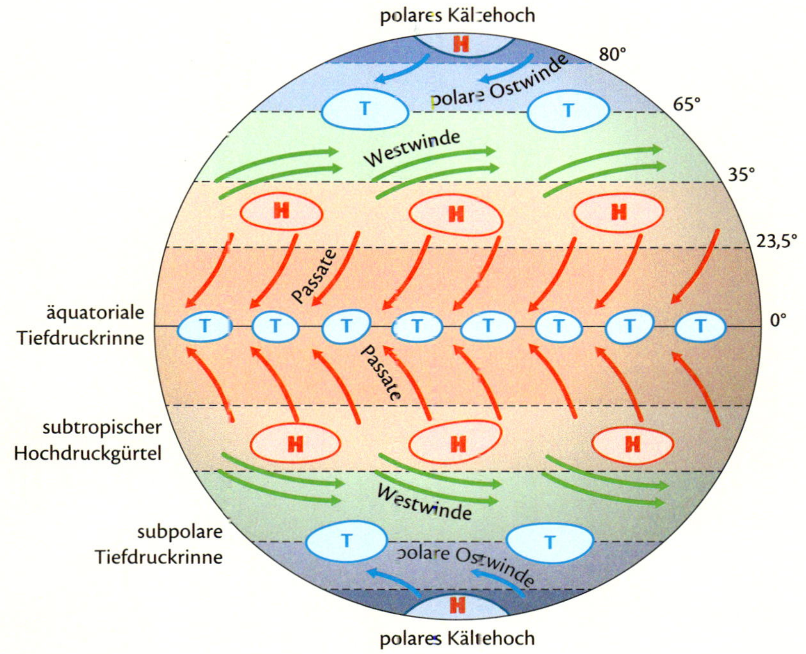

M 3 *Luftdruck und Windgürtel (bis 3 km Höhe) in der bodennahen Schicht*

erwärmt wird, entstehen auf der Erde Gebiete mit einem Energieüberschuss und Gebiete mit einem Energiedefizit. So entsteht in den tropischen Gebieten ein Temperaturüberschuss mit hohen Temperaturen an der Erdoberfläche. Rein rechnerisch existiert ein Temperaturunterschied zwischen 39 °C am Äquator und −44 °C an den Polen. Die Temperaturunterschiede zwischen dem Äquator und den Polen sind in der Realität geringer, weil durch Meeresströmungen und großräumige Luftmassenströmungen ein Wärmeaustausch erfolgt.

Die Druck- und Windgürtel der Erde

Durch die starke Erwärmung und das Aufsteigen der erwärmten Luft am Äquator kommt es am Boden zur Ausbildung von Tiefdruckgebieten rund um den Äquator. Die aufgestiegene Luft fließt in der Höhe nach Norden und Süden ab. In der Nähe der Wendekreise sinkt ein Teil der Luftmasse zu Boden. Es entsteht eine Zone hohen Luftdrucks mit trockener und heißer Luft, der subtropische Hochdruckgürtel. An den Polen bildet sich am Boden durch das Absinken der sehr kalten Luft ein Hochdruckgebiet.

Die subpolare Tiefdruckrinne entsteht als Druckausgleich zwischen subtropischem Hochdruckgürtel und dem polaren Kältehoch sowie durch dynamische Vorgänge in den mittleren Breiten. Die Windgürtel und die Windrichtungen in den bodennahen Luftschichten sind das Ergebnis der Verteilung der Luftdruckgebiete sowie der unterschiedlichen Ablenkung von Wind auf der Nord- bzw. Südhalbkugel der Erde.

1 Beschreibe den Stockwerkaufbau der Atmosphäre (**M 1**).

2 Die Atmosphäre ist der Schutzschild der Erde. Erläutere diese Aussage (**M 1**).

3 Zeichne eine Skizze, in der die Merkmale der Troposphäre charakterisiert werden (**M 1**).

4 Erkläre die Zirkulation der Atmosphäre und benenne Unterschiede zwischen der Nord- und Südhalbkugel (**M 2, M 3**).

5 Erläutere den Wärmetransport auf der Erde (S. 36/37).

6 Ordne Deutschland in das Modell der Zirkulation ein. Beachte dabei **M 3**.

WEBCODE: UE643431-035

Wärmetransport auf der Erde

Dünen in der Wüste: Sahara/Marokko

Passatwalze auf La Palma, Kanarische Inseln

Passatwinde tragen Wüstensand über das Meer

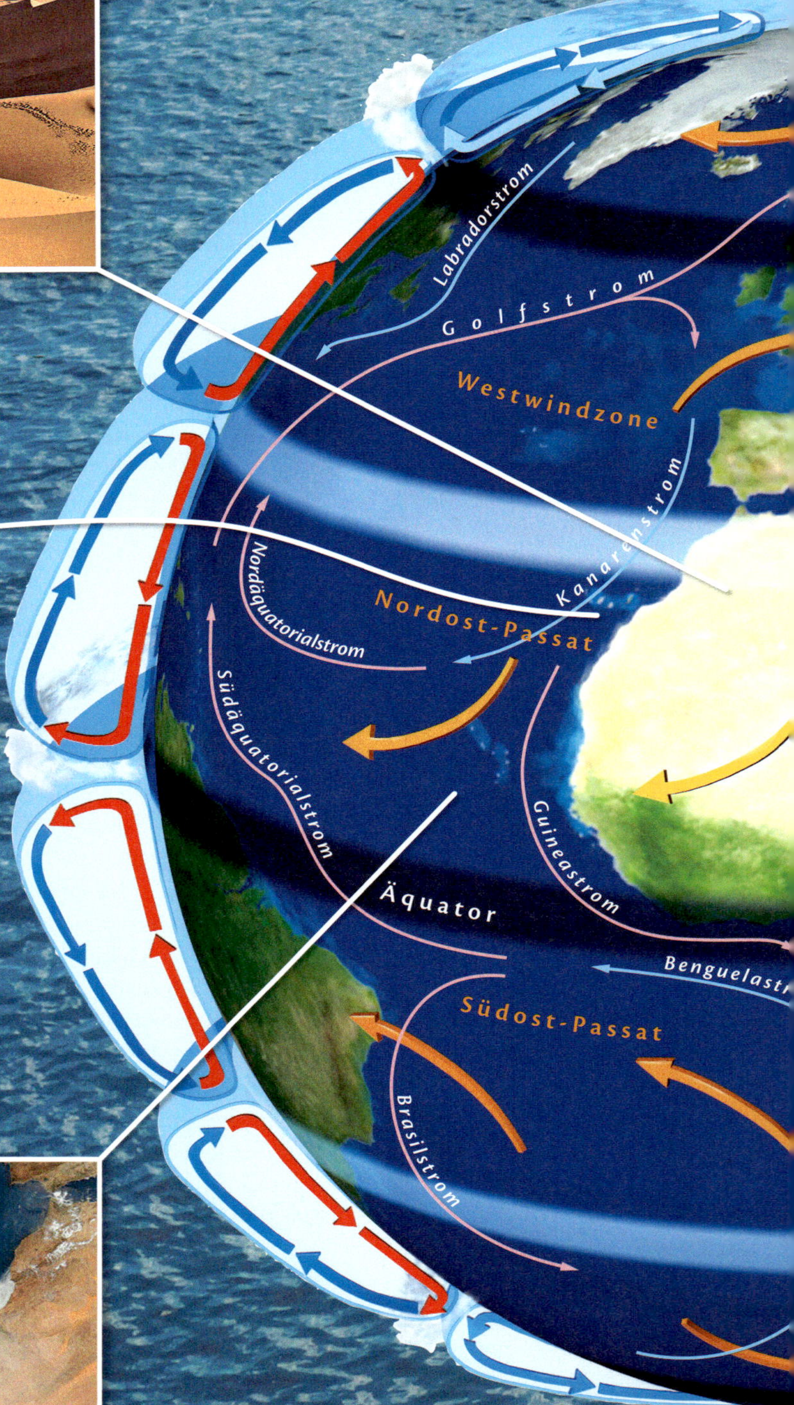

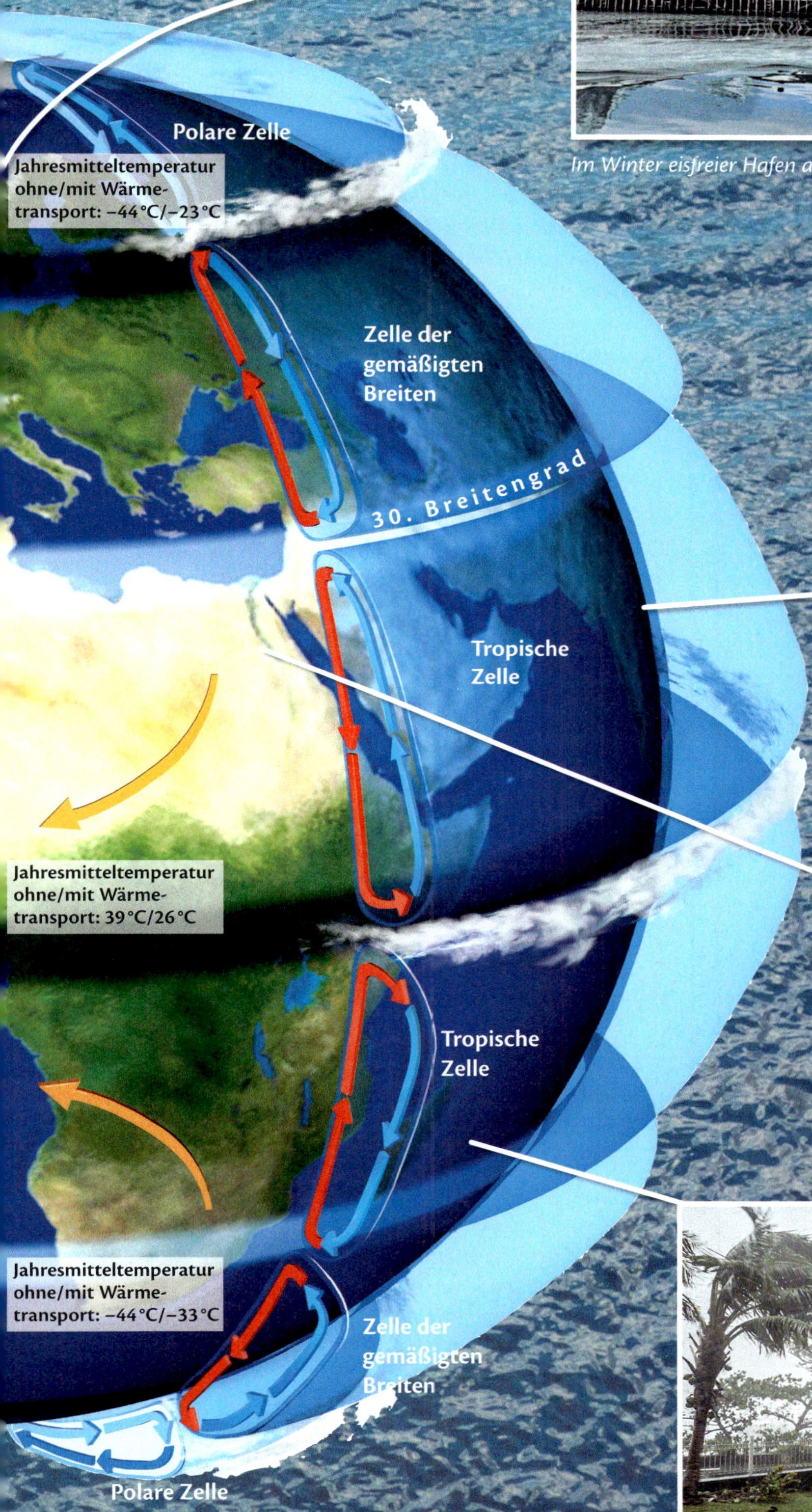

Im Winter eisfreier Hafen auf den Lofoten, Norwegen

Monsunzeit in Kolkata, Indien

Starke Luftströmung über Ägypten und dem Roten Meer

Tropischer Zyklon auf Reunion

WEBCODE: UE643431-037

Wir zeichnen Klimadiagramme und werten sie aus

check-it
- Aufbau eines Klimadiagramms erklären
- Klimadiagramme zeichnen
- Klimadiagramme auswerten

Das Klimadiagramm

Das Klimadiagramm eines Ortes wird durch langfristiges Messen der Tages-, Monats- und Jahresmitteltemperaturen und Niederschlagsmengen ermittelt. Klimadiagramme geben Auskunft über die Höhe von Temperaturen und Niederschlägen, Wachstumszeiten von Pflanzen, ob das Klima feucht oder trocken ist und in welcher Klimazone die Klimastation liegt.

Ein Klimadiagramm zeichnen

Die Klimawerte einer Klimastation sollen in einem Klimadiagramm veranschaulicht werden. Wir wählen dazu die Klimawerte von Alexandria in Ägypten. Zum Zeichnen von Klimadiagrammen benötigst du folgende Materialien: Millimeterpapier, Lineal, Bleistift, roter, hellblauer, dunkelblauer und gelber Buntstift.

Checkliste zum Zeichnen eines Klimadiagramms

1. Schritt: Erstellen des Diagrammrahmens
Zeichne mit dem Bleistift eine 12 cm lange Grundachse. Trage die zwölf Monate mit den Anfangsbuchstaben ein. Zeichne zwei 14 cm hohe Hochachsen. Beschrifte die linke Hochachse mit den Temperaturwerten in Zehnerschritten von –10 bis 30 °C (Maßstab: Ein Grad entspricht zwei Millimeter.) und die rechte Hochachse mit Niederschlagswerten in Zwanzigerschritten (Maßstab: Ein Millimeter Niederschlag entspricht einem Millimeter.). Beachte, dass sich null Grad und null Millimeter Niederschlag auf einer Linie befinden und dass der Maßstab ab 100 mm Niederschlag verkürzt wird (Maßstab: Zehn Millimeter Niederschlag entsprechen einem Millimeter.). Beschrifte das Diagramm mit dem Namen der Klimastation, den Angaben zum Gradnetz und zur Höhe.

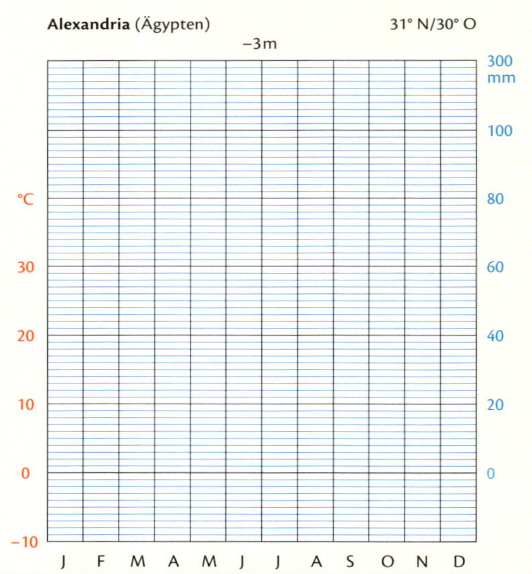

M 1 *Diagrammrahmen*

2. Schritt: Zeichnen des Temperaturdiagramms
Beschrifte das Diagramm mit der Jahresmitteltemperatur. Markiere die Höhe der Monatsmitteltemperatur im jeweiligen Monat mit einem Punkt. Verbinde alle Punkte zu einer Kurve. Markiere die Temperaturkurve mit dem roten Stift.

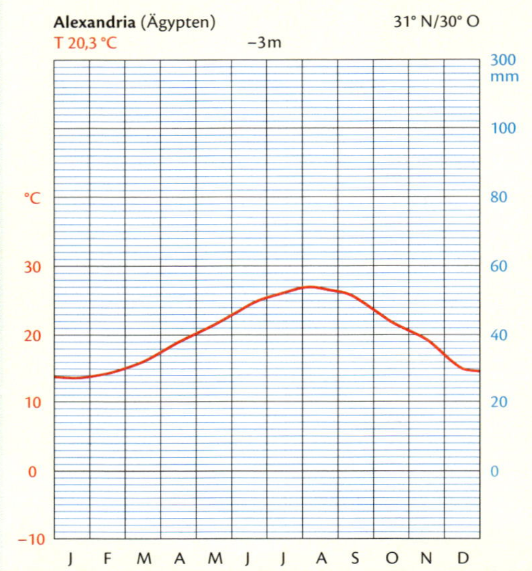

M 2 *Temperaturdiagramm*

3. Schritt: Zeichnen des Niederschlagsdiagramms
Beschrifte das Diagramm mit den Jahresniederschlägen. Markiere die Monatsniederschlagssummen durch einen Strich über dem jeweiligen Monat. Verbinde die Striche durch eine senkrechte Linie mit der Nulllinie. Male die entstandenen Niederschlagssäulen mit dem dunkelblauen Stift oberhalb und mit dem hellblauen Stift unterhalb der Temperaturkurve an. Verdeutliche mit dem gelben Stift den Bereich, wo die Niederschlagssäulen unter der Temperaturkurve liegen.

Alexandria, Ägypten 31°12'N/29°57'O	Monat												Jahr
	J	F	M	A	M	J	J	A	S	O	N	D	
Monatsmitteltemperaturen (°C)	13,6	14,3	16,1	19,0	21,5	24,4	26,2	26,8	25,4	21,9	19,3	15,0	20,3
Monatsniederschläge (mm)	50	24	14	3	1	<1	0	<1	<1	10	37	56	196

M 3 *Klimawerte für Alexandria*

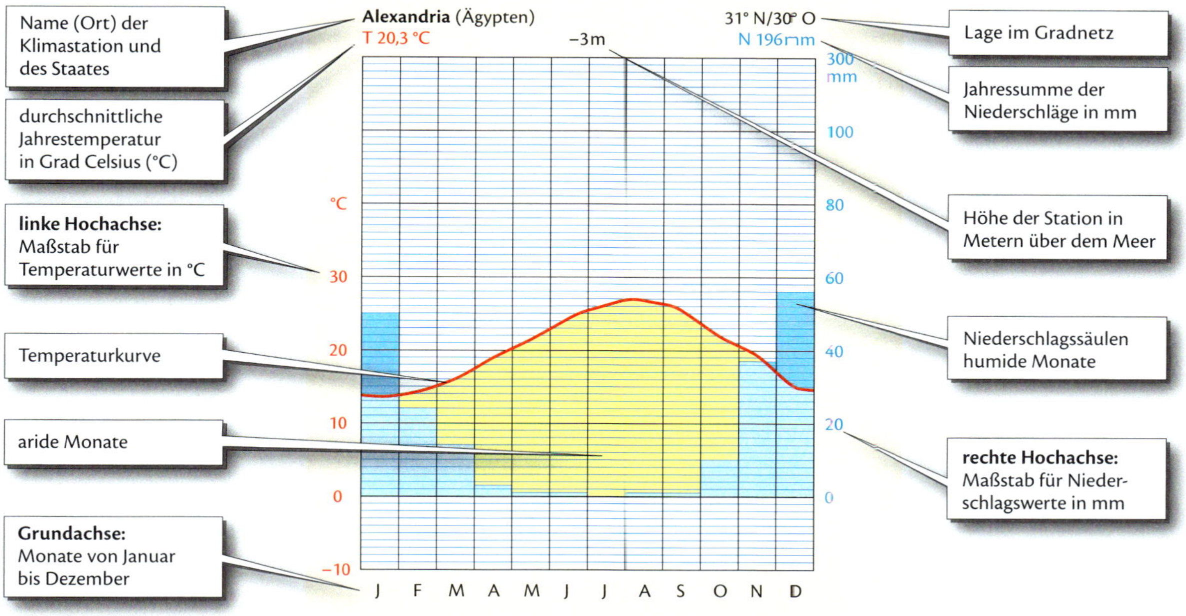

M 4 *Schritte 1 bis 3 zum Erstellen eines Klimadiagramms*

Klima und Wachstumszeiten

Liegen die Niederschlagssäulen über der Temperaturkurve, spricht man von feuchtem Klima (**humid**), dann fällt mehr Niederschlag als verdunstet. Verläuft die Temperaturkurve über den Niederschlagssäulen, spricht man von trockenem Klima (**arid**), dann verdunstet mehr Feuchtigkeit, als durch die Niederschlagsmenge eines Monats gegeben ist. Es handelt sich dann um Trockenmonate oder Trockenzeiten.
Die Wachstumszeiten von Pflanzen sind aber auch abhängig von der Temperatur.

Beispiel für das Auswerten eines Klimadiagramms

1. Schritt: Angaben zur Klimastation
Nenne den Namen der Station und das Land, in dem diese liegt.
→ *Die Klimastation Alexandria liegt in Ägypten.*
Gib die Höhenlage und die Lage im Gradnetz an.
→ *Die Station befindet sich 3 Meter unter dem Meeresspiegel auf 31 Grad nördlicher Breite und 30 Grad östlicher Länge.*

2. Schritt: Temperatur (T)
Lies die Jahresmitteltemperatur ab.
→ *Die jährliche Durchschnittstemperatur beträgt 20,3 °C.*
Ermittle den wärmsten Monat des Jahres (Monat, T in °C).
→ *Der wärmste Monat ist der August mit einer Durchschnittstemperatur von 26,8 °C.*
Ermittle den kältesten Monat des Jahres (Monat, T in °C).
→ *Der kälteste Monat ist der Januar mit einer Durchschnittstemperatur von 13,6 °C.*
Berechne die Jahresschwankung der Temperatur.
→ *Die Jahresschwankung der Temperatur beträgt 13,2 °C.*
Beschreibe den Verlauf der Temperaturkurve.
→ *Die wärmsten Monate sind Juli und August mit über 26 °C, die kältesten Monate sind Januar und Februar mit rund 14 °C.*

3. Schritt: Niederschläge (N)
Lies die Jahresniederschlagssumme ab.
→ *Die Summe der Jahresniederschläge beträgt 196 Millimeter.*
Ermittle den niederschlagsreichsten Monat (N in mm).
→ *Der niederschlagsreichste Monat ist der Dezember (56 mm).*
Ermittle den niederschlagsärmsten Monat (N in mm).
→ *Am wenigsten Niederschlag fällt im Juli mit 0 mm.*
Beschreibe die Verteilung der Niederschläge über das Jahr.
→ *Die Niederschläge sind im Winter am höchsten und im Sommer am geringsten.*

4. Schritt: Verlauf von Temperatur und Niederschlägen
Vergleiche den Verlauf der Temperaturkurve mit der Niederschlagskurve und benenne Monate mit trockenem oder feuchtem Klima.
→ *Das Klima ist winterfeucht und sommertrocken.*

5. Schritt: Humide und aride Monate
Ermittle die Monate, in denen die Niederschlagssäulen bis über die Temperaturkurve reichen.
→ *Humide Monate sind Januar und Dezember.*
Ermittle die Monate, in denen die Niederschlagssäulen unter der Temperaturkurve liegen.
→ *Aride Monate sind Februar bis November.*

6. Schritt: Klimazone
Ordne das Klimadiagramm einer Klimazone zu (Übersicht S. 48/49).
→ *Alexandria liegt in der subtropischen Klimazone.*

1 Zeichne mithilfe der Checkliste ein Klimadiagramm von Freiburg. Die Klimatabelle findest du auf Seite 190.
2 Werte das Klimadiagramm von Freiburg aus.

WEBCODE: UE643431-039

Passate – Segeln im Atlantik und Surfen auf Hawaii

M 1 *Wellenreiter vor Waimea (Hawaii)*

check-it
- Merkmale der Passate und der ITC benennen
- Entstehung der innertropischen Konvergenzzone erklären
- den Passatkreislauf erläutern
- klimatische Bedingungen in der tropischen Zone vergleichen
- Klimadiagramme auswerten und vergleichen

Der Passat – ein beständiger Wind

Start der Atlantic Rallye for Cruisers (ARC) ist im November in Las Palmas auf Gran Canaria. Das Ziel ist die Rodney Bay auf St. Lucia in der Karibik. Die Strecke beträgt etwa 2700 Seemeilen (1 Seemeile = 1,852 km). Die ARC-Regatta folgt der klassischen Passatwind-Route, die schon Christoph Kolumbus auf seiner vierten Reise bei der Entdeckung von Martinique im Jahre 1502 gewählt hat.

Das Windsurfen wurde vor über 1000 Jahren auf Hawaii erfunden. Hier herrschen ideale Bedingungen: gleichmäßige Wellen, Wassertemperaturen zwischen 21 und 27 °C und ein Wind, der konstant mit einer Stärke von 5 bis 7 Beaufort weht.

Der Passatkreislauf

Der Passatkreislauf ist ein gewaltiger Transport von Luftmassen zwischen 30° nördlicher Breite und 30° südlicher Breite. Motor des Passatkreislaufes ist die starke Erwärmung der Erdoberfläche in Äquatornähe. Diese entsteht durch den **Zenitstand** der Sonne. Die Luft wird am Erdboden erwärmt, dehnt sich aus und steigt in die Höhe. Durch die Verdunstung über dem Meer und den tropischen Regenwäldern entstehen große Mengen Wasserdampfes. Die aufsteigende Luft ist deshalb sehr feucht und es bilden sich riesige Wolkentürme. Durch die mit der Höhe zunehmende Abkühlung kondensiert der Wasserdampf, es bilden sich Wassertröpfchen und aus den Gewitterwolken fällt kräftiger **Zenitalregen.** In gro-

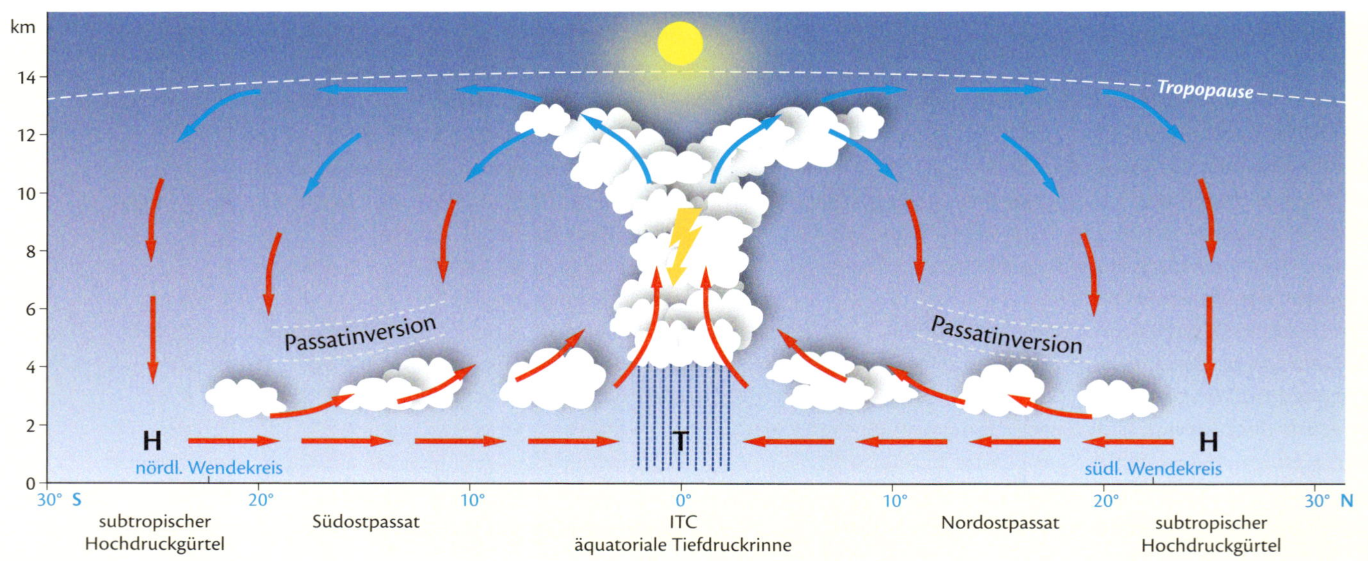

M 2 *Das Modell vom Passatkreislauf*

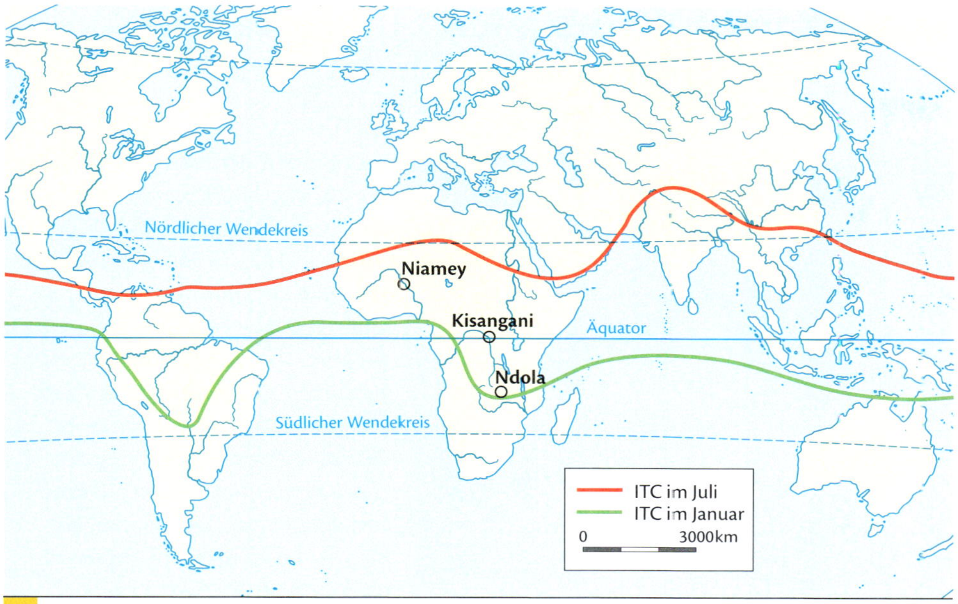

M 3 *Die jahreszeitliche Verlagerung der ITC*

ßer Höhe strömt die Luft nach Norden und Süden und lässt einen tiefen Luftdruck am Boden entstehen, die äquatoriale Tiefdruckrinne oder **innertropische Konvergenzzone (ITC).**

An den Wendekreisen sinkt die Luft ab und bildet im Bereich der Wendekreise am Boden Hochdruckgebiete. Beim Absinken der Luft lösen sich die Wolken mehr und mehr auf. Aufsteigende warme Luft unterstützt diesen Prozess.

Die bodennahen Ausgleichsströmungen zwischen dem hohen Luftdruck an den Wendekreisen und dem niedrigen Luftdruck am Äquator werden **Passate** genannt. Der Passat auf der Nordhalbkugel weht aus Nordosten, der Passat auf der Südhalbkugel aus Südosten.

Die Verlagerung der ITC

Aufgrund der Neigung der Erdachse verlagert sich der Zenitstand der Sonne und damit auch die innertropische Konvergenzzone.

Am 21. März und am 23. September befindet sich die Zone mit der höchsten Sonneneinstrahlung in Höhe des Äquators. Am 21. Juni, im Nordsommer, sind die ITC und damit die Zone starker Niederschläge nach Norden verlagert. In einer Breitenlage von etwa 15° Nord fallen besonders starke Niederschläge. Am 21. Dezember verlagert sich die ITC mit dem höchsten Sonnenstand auf die Südhalbkugel.

Die Passatinversion ist eine Temperaturumkehr. An den Wendekreisen ist es in der Höhe wärmer als am Boden. Dies steht im Gegensatz zur normalen Temperaturabnahme mit der Höhe. Die Ursache für diese Temperaturumkehr liegt in der Innertropischen Konvergenzzone (ITC). Dort wurde die Luft nicht nur durch die Sonnenstrahlung erwärmt, sondern zusätzlich auch mit Wärme aus der Verdunstung der sehr feuchten Luftmassen angereichert.

M 4 *Passatinversion*

Durch die Verlagerung der ITC erhalten die äquatornahen, immerfeuchten Tropen zwei Regenzeiten, die wechselfeuchten Tropen mit einer Breitenlage von etwa 15° weisen hingegen jeweils nur eine Regenzeit auf.

1. Erkläre, warum die Luft im Bereich des Äquators aufsteigt (**M 2**).
2. Erläutere den Passatkreislauf und die Entstehung des Nordostpassats und des Südostpassats (**M 1** bis **M 4**).
3. Werte die Klimadiagramme aus und vergleiche sie bezüglich der Wirkung der Passate (**M 5**).
4. Beschreibe regionale klimatische Unterschiede in der tropischen Zone im Jahresverlauf (**M 1** bis **M 5**).
5. Die Verlagerung der ITC verläuft nicht parallel zu den Breitenkreisen. Nenne Gründe hierfür (**M 3**).

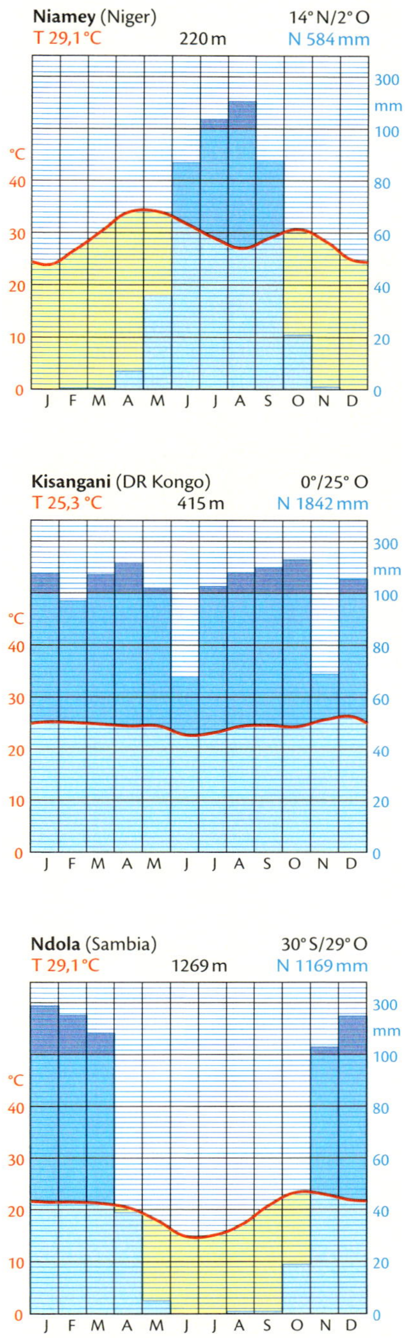

M 5 *Klimadiagramme aus den Tropen*

WEBCODE: UE643431-041

Wirbelstürme: Hurrikane und Tornados

Hurrikan „Katrina"
Am 29. August 2005 erreichte „Katrina" mit Windgeschwindigkeiten von 200 Stundenkilometern südlich von New Orleans die US-Golfküste und zog dann weiter nach Norden, wo er etwas später die Küste von Mississippi verwüstete. Durch den Sturm und die dadurch ausgelöste Sturmflut wurden Häuser an der Küste fortgespült, Schiffe auf das Festland gesetzt, Fahrbahnen aus Betonbrücken gerissen, und es brachen Deiche. Die tiefer liegende Stadt New Orleans wurde zu 80 Prozent der Fläche geflutet. Eine Million Menschen wurden obdachlos und fünf Millionen waren wochenlang ohne Strom und Wasser.

M 1 *Der Hurrikan „Katrina" im Golf von Mexiko am 28. August 2005*

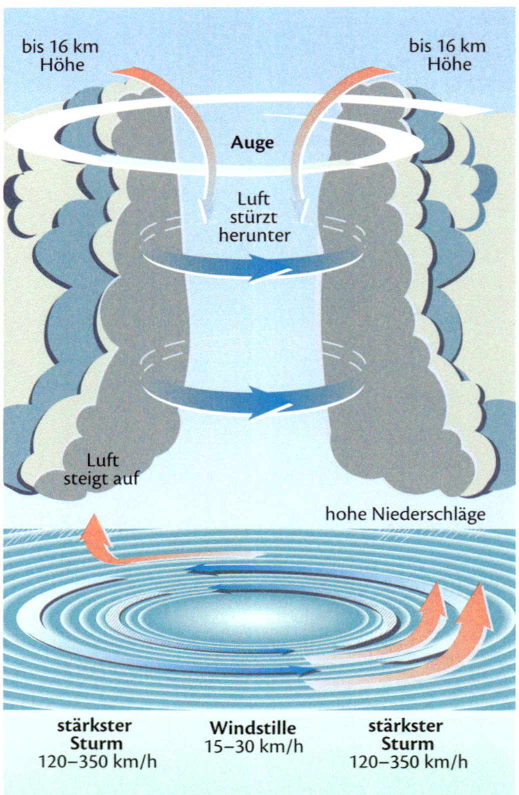

M 2 *Schnitt durch einen Hurrikan*

check-it
- Verbreitungsgebiete der Hurrikane und Tornados vergleichen
- Entstehung von Hurrikanen und Tornados erläutern
- Satellitenbild auswerten
- Bedrohung durch Naturrisiken beurteilen
- Möglichkeiten des Schutzes beurteilen

Hurrikane

Hurrikane sind Wirbelstürme, die über den tropischen Teilen des Atlantischen Ozeans entstehen. Als Hurrikane werden sie eingestuft, wenn sie Windstärke 12 oder Windgeschwindigkeiten von mehr als 117 Stundenkilometern erreichen.

Die Sonne erwärmt in den Tropen das Meer stark. Das Wasser verdunstet und steigt als Wasserdampf auf. Es bilden sich immer dickere Wolken. Durch die Erddrehung entsteht ein Wirbel, sodass die Luft in einer Spirale nach oben steigt. Sie dreht sich dabei um einen zentralen Bereich, das „Auge" des Hurrikans. Im Auge herrscht absolute Windstille, es gibt keine Wolken und deshalb auch keine Niederschläge. Umso stärker sind der Sturm und die Niederschläge vor und nach dem Durchzug des Auges.

Hurrikane wandern vom Atlantik zunächst in Richtung Westen und Nordwesten und drehen dann zwischen dem 20. und 35. Breitengrad meist nach Norden oder Nordosten ab. Über dem Meer wird der Hurrikan mit genügend feuchter Luft versorgt, sodass er sich dort bis zu zwei Wochen lang halten kann und oft noch an Stärke zunimmt. Trifft er aufs Land, so regnet er ab und löst sich rasch auf, da keine feuchte Luft nachströmt.

Die Hurrikan-Saison dauert von Juni bis Oktober. Mit Wettersatelliten und Wetterflugzeugen werden Wirbelstürme beobachtet. Computer berechnen ihre voraussichtliche Zugbahn und Stärke, damit die Bewohner der betroffenen Gebiete rechtzeitig gewarnt werden können.

Tornados

Tornados sind außertropische Wirbelstürme, die in der gemäßigten Klimazone auftreten. Tornados entstehen, wenn sich große Gewitterwolken über einer Schicht mit aufgeheizter Luft bilden. Die warme Luft steigt von unten auf und die kalten Luftmassen sinken nach unten. Beide Luftmassen prallen aufeinander. Dabei bilden sich mächtige Luftverwirbelungen, die sich schnell um ein schmales Gebiet äußerst niedrigen Luftdrucks drehen und mehrere hundert Meter Durchmesser erreichen können. Tornados erreichen rasante Geschwindigkeiten.

Der schlauchartige Luftwirbel ist das äußere Kennzeichen eines Tornados. Aus einiger Entfernung ähnelt der Luftwirbel einem Elefantenrüssel, der unberechenbar hin und her pendelt und sich gelegentlich vom Boden abhebt. Mit diesem „Rüssel" werden Staub und Sand aufgewirbelt. Über Wasserflächen bilden sich Wasserwirbel, sogenannte Wasserhosen.

Dort, wo der Rüssel auf die Erde trifft, entsteht eine Schneise der Verwüstung. Bäume werden umgeknickt, Fahrzeuge wirbeln durch die Luft und Häuser stürzen ein. Da der Tornadorüssel nicht immer aus Wolkentröpfchen besteht, kann er auch unsichtbar bleiben. Erst umherfliegende Trümmer und Sandmassen verraten ihn.

Die Lebensdauer eines Tornados ist gering. Sie beträgt von mehreren Sekunden bis zu einer Stunde, aber in den meisten Fällen nur etwa zehn Minuten.

M 3 *Tornado in den USA*

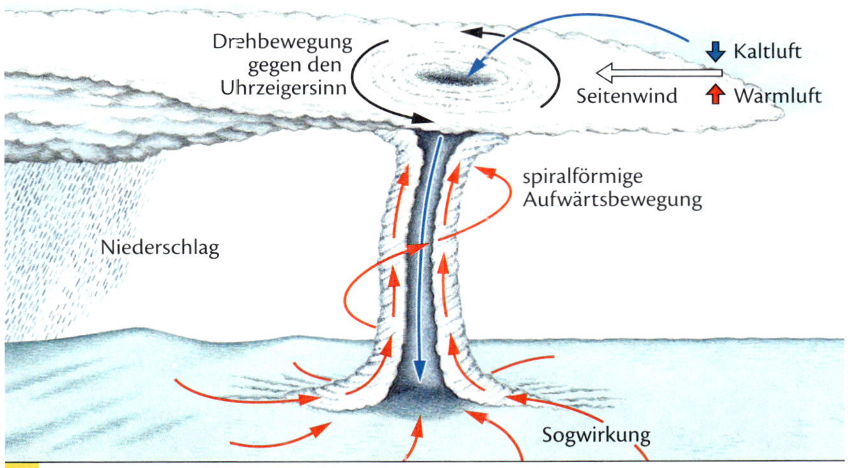

M 4 *Schnitt durch einen Tornado*

1 Beschreibe die Zugrichtung des Hurrikans „Katrina" und nenne Schäden, die er verursachte (**M 1**, Karte S. 222, Atlas).

2 Vergleiche Verbreitung, Gestalt, Entstehung und Wirkung von Hurrikanen und Tornados. Fertige dazu eine Tabelle an (**M 1** bis **M 5**).

3 Erläutere die Zerstörungen, die Hurrikane anrichten können (**M 5**).

4 Begründe, warum der Mensch bei Tornados schlechter Vorsichtsmaßnahmen ergreifen kann als bei Hurrikanen.

WEBCODE: UE643431-043

M 5 *Skala der Stärken von Hurrikanen*

Klimafaktoren und Großwetterlagen in Mitteleuropa

check-it
- Unterschiede zwischen Wetter und Klima benennen
- Zusammenhänge zwischen Klimaelementen und -faktoren erklären
- Großwetterlagen beschreiben und erläutern
- Entstehung von Luftmassen erklären
- Wetterkarten und Grafiken auswerten

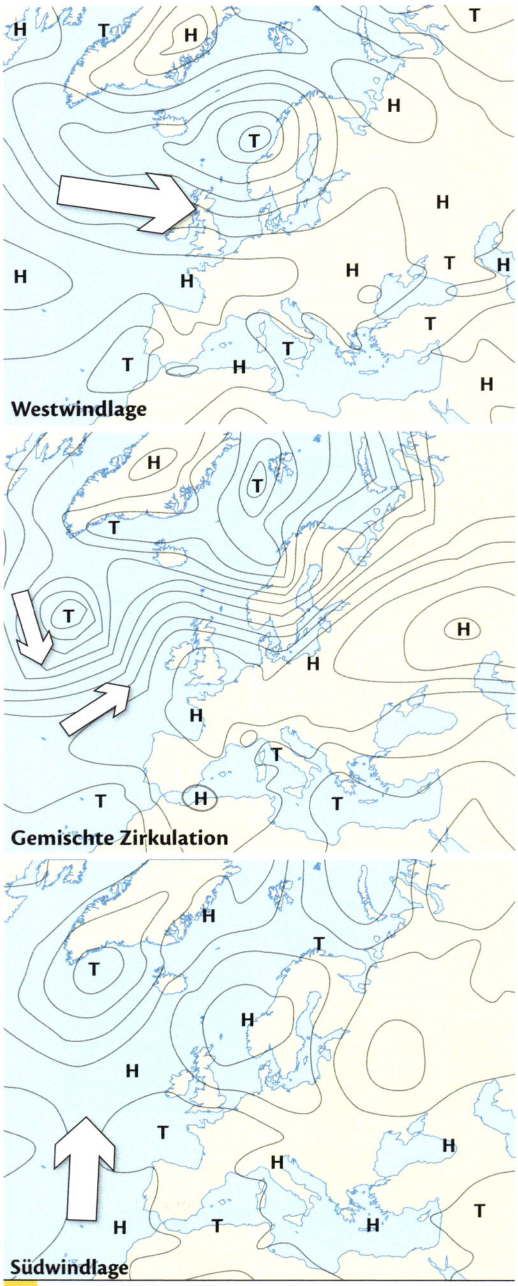

M 1 *Typische Großwetterlagen*

Wetter und Klima

Wetter ist der Zustand der Atmosphäre zu einem bestimmten Zeitpunkt an einem bestimmten Ort. Wenn von Wetter gesprochen wird, dann ist das ein kurzfristiges Ereignis: Es regnet oder schneit. Es ist windig oder windstill, kalt oder warm, feucht oder trocken. Die Wetterelemente Temperatur, Luftdruck, Wind, Wolken und Niederschlag und ihr Zusammenwirken bestimmen den Zustand der Atmosphäre und damit das Wetter.
Klima ist das durchschnittliche Wettergeschehen an einem bestimmten Ort über einen längeren Zeitraum. Das Wettergeschehen wird dafür über mindestens 30 Jahre beobachtet.

Luftmassen

Luftmassen sind große Massen an Luft, die auch als Luftkörper bezeichnet werden. Eine Luftmasse kann einige hundert Kilometer lang und breit sein. Sie bilden sich, wenn Luft bei Windstille oder wenig Wind mehrere Tage und Wochen über einem Gebiet liegt. Die Luft nimmt dann die Temperatur des darunter liegenden Gebietes an. Dabei nimmt sie den Wasserdampf auf, der dort verdunstet. So entstehen große Massen Luft mit verhältnismäßig gleichen Merkmalen. Luftmassen unterscheiden sich durch Temperatur, Feuchtigkeit, Bewölkung und Luftdruck.
Besonders deutlich ist der Unterschied zwischen Luftmassen, die längere Zeit über Kontinenten oder über dem Meer liegen. Über einem Kontinent verdunstet kaum Wasser. Deshalb sind **kontinentale Luftmassen** trocken. Über dem Meer verdunstet viel Wasser und die Luftmasse kann viel Feuchtigkeit aufnehmen. Deshalb sind **maritime Luftmassen** feucht. Auch Luftmassen, die ursprünglich nicht über dem Meer entstanden sind, können auf ihrem Weg über das Meer Feuchtigkeit aufnehmen, also einen maritimen Charakter annehmen. Das Gleiche gilt für maritime Luftmassen, die auf ihrem Weg über den Kontinent trockener und wärmer werden und dadurch einen kontinentalen Charakter annehmen.

Fronten

Wenn zwei Luftmassen mit unterschiedlicher Temperatur aufeinandertreffen, spricht man von einer Luftmassengrenze oder **Front.** Eine Front kann eine 100 bis 200 Kilometer breite Übergangszone zwischen zwei unterschiedlichen Luftmassen bilden. In der

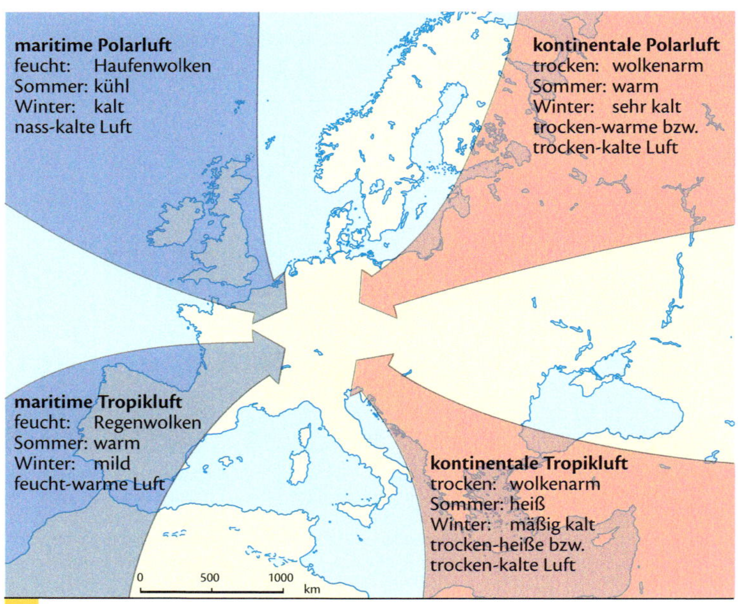

M2 *Hauptluftmassen in Mitteleuropa*

Heute ist es stark bewölkt bis bedeckt. Dabei verlagert sich der Schwerpunkt der Niederschläge im Tagesverlauf zunehmend in den Norden und Osten des Landes, wobei es im Mittelgebirgsraum bis in die Gipfellagen durchweg regnet. Im Südwesten und Süden lockern die Wolken gebietsweise auf. Die Höchsttemperaturen liegen zwischen 7 Grad an der vorpommerschen Küste und örtlich 17 Grad am Oberrhein. Der Südwestwind weht in Böen stark bis stürmisch, im Bergland und an der Nordsee sind Sturmböen, in exponierten Höhenlagen schwere Sturmböen, teils auch Orkanböen zu erwarten.

M 3 *Wetterbericht für Deutschland vom 1. Februar 2016 (DWD)*

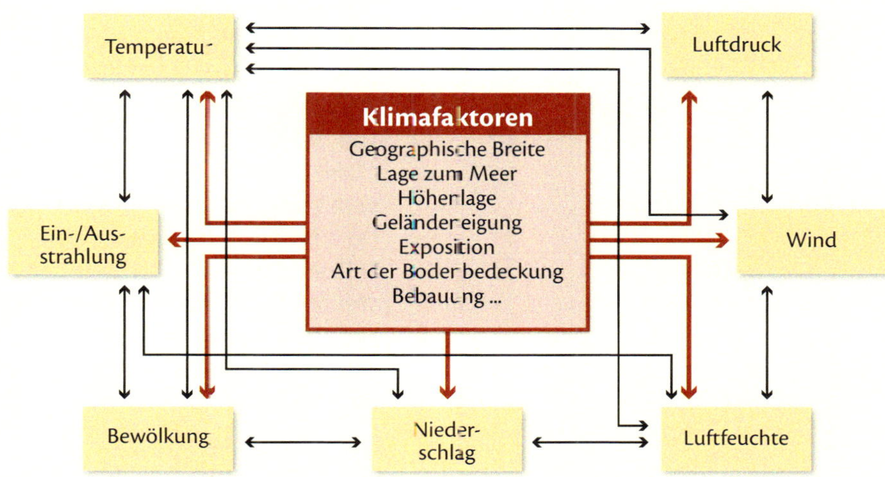

M 4 *Klimaelemente und Klimafaktoren*

Meteorologie spricht man deshalb von **Frontalzonen.** Luftmassen bewegen sich, da sie den Temperaturunterschied ausgleichen wollen. Treffen an einer Front zwei Luftmassen aufeinander, ändert sich die Bewegungsrichtung der Front. An den Fronten kommt es durch die Temperaturunterschiede zur Wolkenbildung und zu Niederschlägen.

Großwetterlagen

Großwetterlagen verursachen immer wieder ähnliches Wetter. Eine typische Großwetterlage entsteht, wenn beispielsweise kalte trockene Luftmassen aus dem Norden oder warme feuchte Luftmassen aus dem Süden nach Mitteleuropa strömen. Hoch- und Tiefdruckgebiete haben dann eine bestimmte immer wiederkehrende Lage. Großwetterlagen in Mitteleuropa werden also durch die Lage der Hoch- und Tiefdruckgebiete geprägt.

In Mitteleuropa kommt es selten zu länger anhaltenden, stabilen Wetterlagen. Hoch- und Tiefdruckgebiete wechseln in oft schneller Folge ab. Dadurch werden aus unterschiedlichen Richtungen Luftmassen herbeigeführt und das Wetter ändert sich. Durch die Höhenströmungen, die **Jet-Streams** strömen bestimmte Luftmassen nach Mitteleuropa und bestimmen die jeweilige Großwetterlage. Relativ milde und feuchte Meeresluftmassen kommen zum Beispiel vom Atlantik nach Mitteleuropa. Sie bewegen sich parallel zu den Breitenkreisen und kommen meist aus dem Westen. Diese Wetterlage heißt Westwindlage. Wenn feuchte heiße Luft oft aus dem Süden nach Mitteleuropa strömt, entsteht eine Südwindlage. Dagegen kommen kalte und trockene Luftmassen aus dem Osten, kalte und feuchte Luftmassen aus dem Norden.

Die Meteorologen unterscheiden für Europa 29 Großwetterlagen. Sie lassen sich für Mitteleuropa zu acht Wetterlagen zusammenfassen. Von diesen tritt die Westwindlage am häufigsten ein. An etwa 100 Tagen im Jahr werden in rascher Folge Tiefdruckgebiete vom Nordatlantik herangeführt.

1 Vergleiche die Begriffe „Wetter“ und „Klima“ und benenne Unterschiede.

2 Benenne die Wetterelemente, die in den Wetterkarten und im Wetterbericht dargestellt sind (**M 1, M 3**).

3 Erkläre, wie Luftmassen entstehen und wie es zu den unterschiedlichen Eigenschaften der Luftmassen kommt (**M 2**).

4 Entwickle einen Erklärungstext für ein Jugendlexikon, in dem die Zusammenhänge zwischen Wetterelementen und Klimafaktoren deutlich werden (**M 4**).

5 Beschreibe verschiedene Großwetterlagen und die Auswirkungen auf das Wetter in Deutschland (**M 1, M 2**).

6 Erläutere, in welchen Regionen es zu Sturmschäden kommen kann (**M 3** Wetterbericht vom 1. Februar 2016, S. 46 **M 1**).

WEBCODE: UE643431-045

Ein Tiefdruckgebiet zieht durch

check-it
- Entstehung von Druckgebieten und Fronten erklären
- typische Wetterabläufe beschreiben und erläutern
- Vorgänge der Mischfront beschreiben
- Wetterkarte und Grafiken auswerten

Die Zyklone

Bei Island bilden sich häufig Tiefdruckgebiete, die als **Zyklone** bezeichnet werden. Der Begriff Zyklone kommt aus dem Griechischen von *kyklos* (Kreis). Meteorologen haben diesen Namen gewählt, weil die Luft um den Kern des Tiefdruckgebiets kreist. Zyklone entwickeln sich an der Grenze von warmen und kalten Luftmassen. Meist dringt warme Luft aus Süden gegen kalte Luft aus Norden vor. Dabei verwirbelt sich die Luft zu einer Zyklone. Durch die Drehung der Erde strömt auf der Nordhalbkugel die Luft entgegen dem Uhrzeigersinn in ein Tiefdruckgebiet hinein. So entsteht eine Zyklone.

Ein Orkan entsteht

Je stärker der Temperaturgegensatz ist, desto geringer ist der Luftdruck im Kern des Tiefdruckgebietes und desto kräftiger ist der Luftwirbel. So entstehen sehr starke Winde. Treffen diese Luftmassen aufeinander, kann ein Orkan entstehen. Stürme sind in Wetterkarten an den sehr eng beieinander liegenden Linien gleichen Luftdrucks erkennbar.

Orkan ist die Bezeichnung für starke Stürme. Der Sturm hat dabei mindes-

Das Wetter in Deutschland wird von einer kräftigen westlichen Strömung bestimmt, die sich durch große Luftdruckgegensätze zwischen tiefem Luftdruck von Neufundland bis Skandinavien und hohem Luftdruck von den Azoren bis ins östliche Mittelmeer ausbildete. Dabei fungiert die Strömung wiederholt als Autobahn für kräftige Tiefdruckgebiete samt deren Tiefausläufer, die vom Atlantik kommend ostwärts geführt werden. Am heutigen Montag übernimmt dabei ein Tief das Kommando über das Wettergeschehen in Nordwest-, Nord- und Mitteleuropa, das vom Atlantik nördlich von Schottland vorbei in Richtung Norwegen zieht. Dessen Hauptsturmfeld erfasst zunächst vor allem Irland und Großbritannien sowie das umliegende Meeresgebiet. In den küstennahen Gebieten können sich dadurch die Wellen auf Höhen über 15 Meter auftürmen.

M 1 *Erklärung der Wettersituation am 1. Februar 2016 (DWD)*

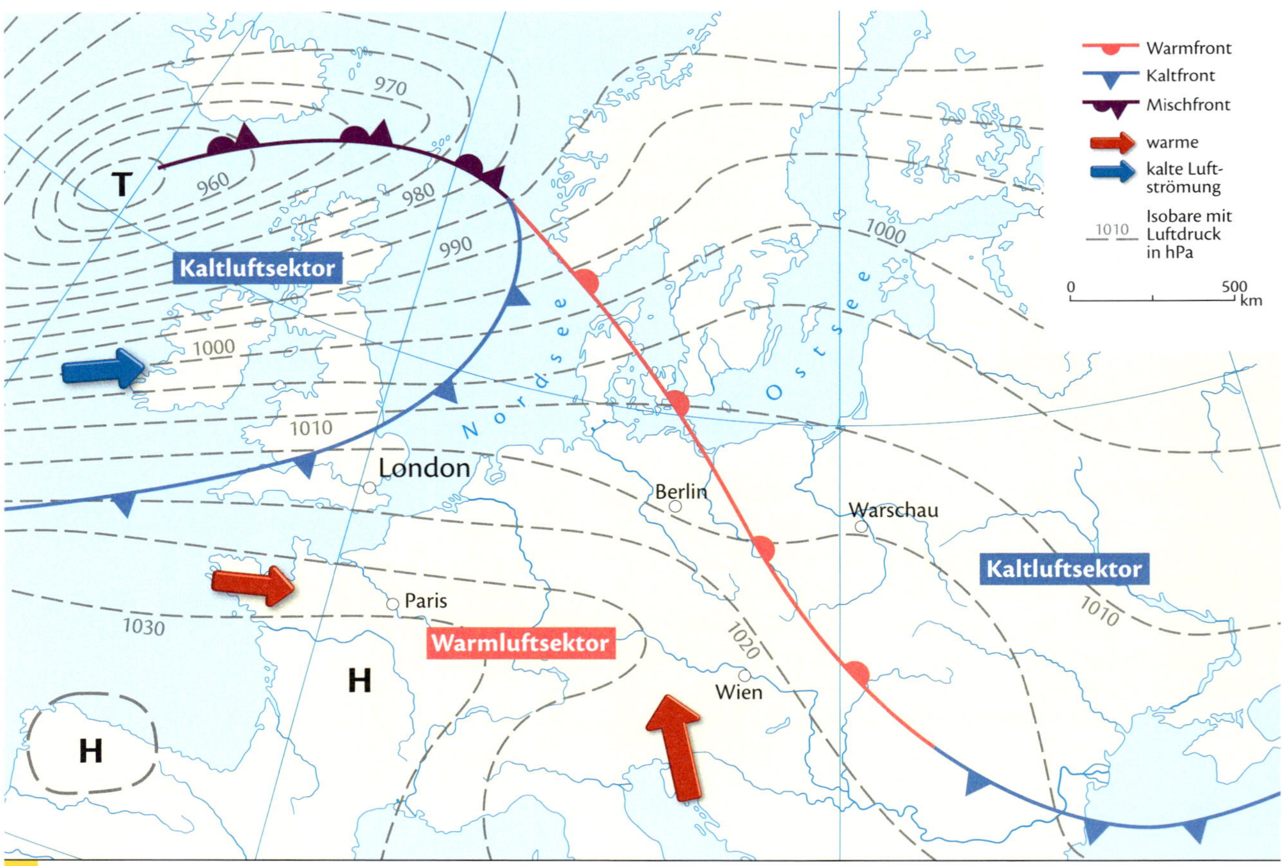

M 2 *Wetterkarte vom 1. Februar 2016*

tens eine Windgeschwindigkeit von 117 Kilometern pro Stunde. Das entspricht ungefähr der Durchschnittsgeschwindigkeit der Autos auf Autobahnen. Orkane rasen vor allem im Herbst und Winter über Mitteleuropa, wenn der Temperaturunterschied zwischen dem Polargebiet und Nordafrika besonders groß ist.

Die Zyklone – ein wanderndes Tiefdruckgebiet

Über Island entstehen häufig Tiefdruckgebiete. Sie wandern durch die Westwinde in Richtung Mitteleuropa und ziehen über Mitteleuropa hinweg. Dieser Durchzug einer Zyklone ist mit typischen Wettererscheinungen verbunden. Wenn die Warmfront vorrückt, sieht man zuerst feine Federwolken, es folgen Schleierwolken. Danach ziehen Schichtwolken gen Himmel, bis sich schließlich eine dichte Wolkendecke ausgebildet hat. Aus dieser fällt ein gleichmäßiger, lang andauernder Regen, der als **Landregen** bezeichnet wird. Ist dann die warme Luft im Warmluftsektor bei uns angekommen, steigt die Temperatur und die Bewölkung lockert meist auf. Die Sicht ist mäßig, weil in der Warmluft viel Wasserdampf steckt. Es kann auch vorkommen, dass deshalb im Warmluftsektor Regen fällt. Im Anschluss folgt die **Kaltfront**. Die schwere Kaltluft ist schneller als die leichte Warmluft. Sie stößt dabei gegen die Warmluft vor, die Temperatur sinkt spürbar. Es bilden sich Haufenwolken, aus denen Regenschauer mit großen Tropfen, Graupel oder Schnee fallen. Zwischen den Wolken zeigt sich ein kräftig blauer Himmel.

Das Tiefdruckgebiet löst sich auf

Jedes Tiefdruckgebiet löst sich irgendwann auf, denn die Kaltfront holt die **Warmfront** ein. Es bildet sich eine Mischfront. In dem Bereich, in dem sich die beiden Fronten treffen, wird die warme Luftmasse gehoben. Dadurch entstehen häufig starke Niederschläge. Die Wolken und Niederschläge drehen sich spiralförmig um das Tiefdruckgebiet.
Durch das senkrechte Aufsteigen wird die Warmluft gekühlt und die Kaltluft erwärmt. Die Temperaturgegensätze werden abgebaut, das Tiefdruckgebiet löst sich auf.

1 Erkläre, wie das Islandtief entsteht und warum es nach Mitteleuropa wandert (**M 2**).
2 „Wenn Schleierwolken am Himmel stehen, kannst du ohne Schirm spazieren gehen." Erörtere diese Bauernregel (**M 3**).
3 Bis sich ein Tiefdruckgebiet auflöst, vergehen zwischen 12 und 48 Stunden. Beschreibe die Vorgänge dabei.
4 Erläutere, wie ein Orkan entsteht (**M 3**).

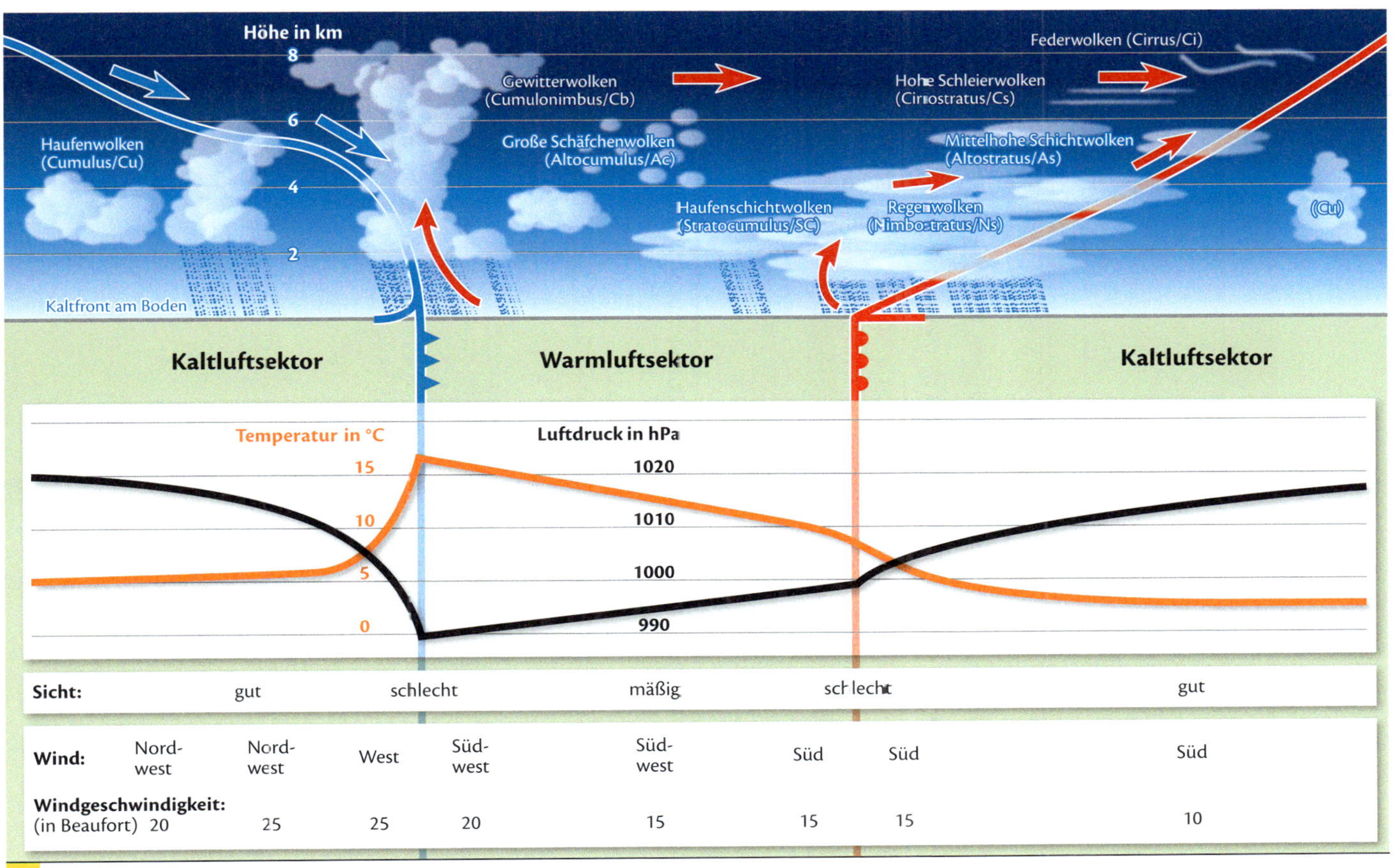

M 3 *Wetter beim Durchzug eines Tiefdruckgebiets*

Klima- und Vegetationszonen der Erde

Polare Klimazone	Gemäßigte Klimazone		Subtropische Klimazone
Subpolare Zone	Kaltgemäßigte Zone	Kühlgemäßigte Zone	Winterregengebiete

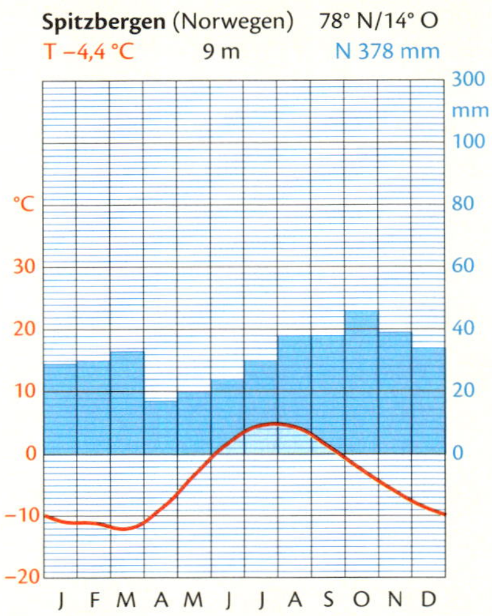

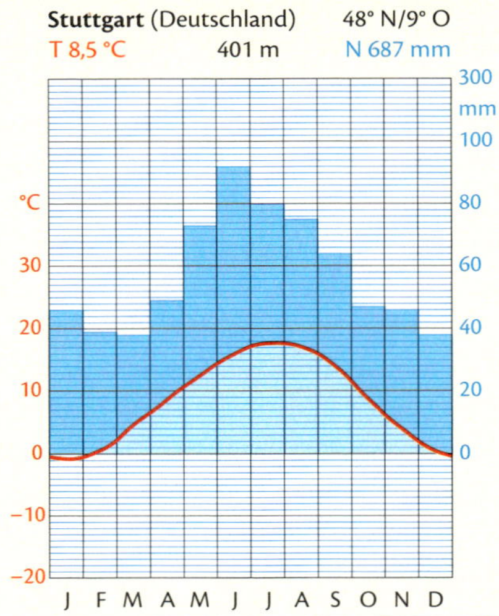

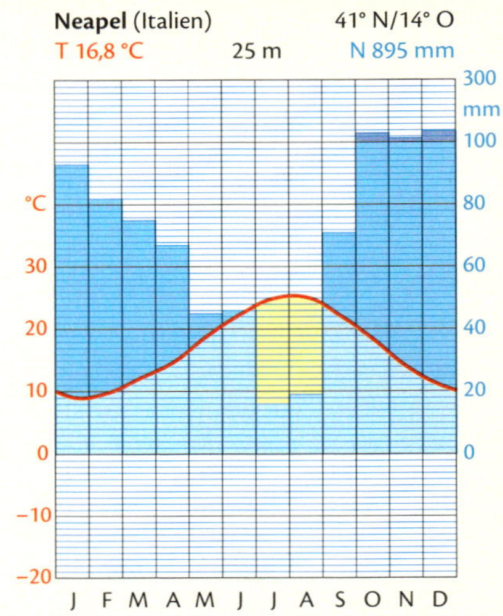

M 1 *Klimazonen*

Tundra	Nördlicher (borealer) Nadelwald	Laub-/Mischwald	Hartlaubgehölze
Gräser, Moose, Zwergsträucher	Lärchen, Fichten	Buchen, Eichen, Ahornbäume	Mittelmeervegetation, z. B. Steineichen, Olivenbäume

1

2

3

4

M 2 *Vegetationszonen*

check-it
- Klimazonen und Vegetationszonen voneinander abgrenzen
- Merkmale der Klimazonen und Vegetationszonen benennen
- Zusammenhänge zwischen Klima und Vegetation erläutern
- Klimadiagramme und Bilder auswerten

Klimazonen

Wie bei den Temperaturzonen gibt es auch bei den Klimazonen eine Abfolge von warm nach kalt zwischen dem Äquator und den Polen. Für die Ausprägung der Klimazonen sind neben der Sonneneinstrahlung auch folgende Faktoren ausschlaggebend:

- Meeresströmungen und Winde transportieren Wärme.
- Verteilung von Land und Meer.
- Höhenlage.
- Menge und Verteilung der Niederschläge über das Jahr.

	Tropische Klimazone	
Trockene Subtropen	Wechselfeuchte Tropen	Immerfeuchte Tropen

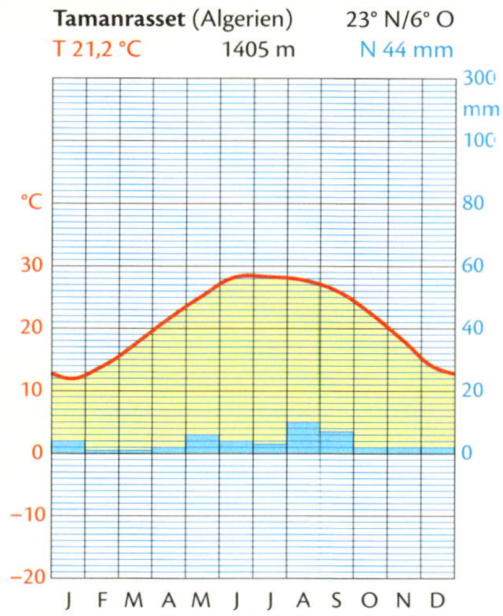

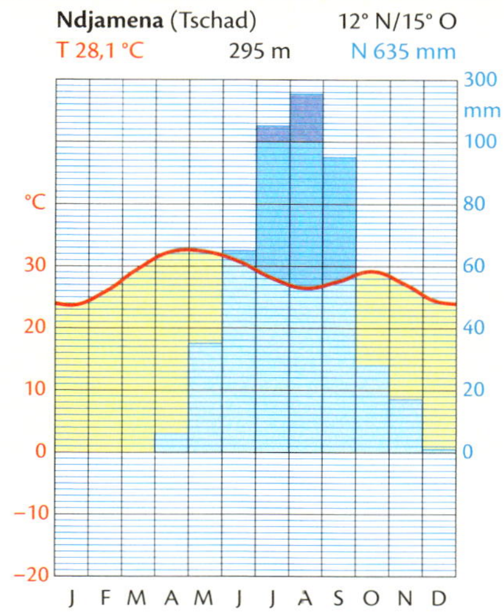

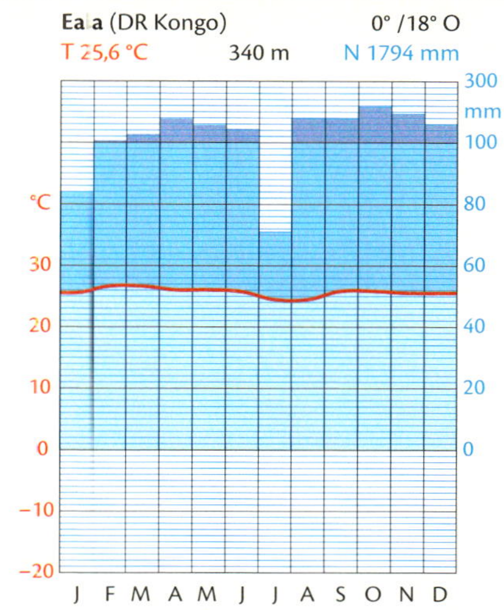

Wüsten und Halbwüsten	Dornsavannen, Trockensavannen, Feuchtsavannen	Tropischer Regenwald
Vegetationslos oder vereinzelt Zwergsträucher, Gräser	Übermannshohes Gras, Baumgruppen, Wälder	Immergrüner artenreicher Wald, Sträucher, Riesenfarne

5

6

7

Vegetationszonen

Temperatur, Bodenbeschaffenheit und Niederschläge an einem Ort bewirken, dass sich typische Pflanzengesellschaften entwickeln. Für jede Klimazone sind „typische“ Pflanzengesellschaften kennzeichnend. Sie stellen die Vegetationszone dar.

1 Grenze die großen Klimazonen räumlich voneinander ab. Verwende dazu die Breitenkreise (**M 1**, Karte S. 27 oben, Atlas).

2 Erläutere, wie sich das Klima vom Äquator nach Norden und nach Süden verändert (**M 1**).

3 Erläutere die Zusammenhänge zwischen Klima und Vegetation (**M 1, M 2**).

4 Bildet Gruppen und wählt pro Gruppe eine Klimazone aus. Beschreibt die Merkmale von Klima und Vegetation. Präsentiert die Ergebnisse der Klasse (**M 1, M2**).

WEBCODE: UE643431-049

Wir gestalten ein Memo-Spiel zu Klima und Vegetation

Vorbereitung

Das Memo-Spiel zu den Klima- und Vegetationszonen kann mit der ganzen Klasse oder in Gruppen gestaltet und anschließend gespielt werden. Im Gegensatz zum üblichen Memo-Spiel braucht ihr allerdings für jeden Begriff vier Karten. Jeweils eine der Karten enthält Informationen zu folgenden Kategorien:

1 **Kategorie: Klima**
Diese Karte beinhaltet ein ausgewähltes Klimadiagramm der Vegetationszone.

2 **Kategorie: Typische Vegetation**
Diese Karte beschreibt die Merkmale der Vegetation. Hier können auch charakteristische Tierarten aufgezählt werden.

3 **Kategorie: Klimamerkmale**
Hier können Aussagen über den Verlauf von Niederschlägen und Temperatur, Wachstumszeiten sowie Zeiten der Vegetationsruhe oder Ähnliches aufgeführt werden.

4 **Kategorie: Klima- und Vegetationszone**
Diese Karte gibt Informationen darüber, welche Vegetationszone beschrieben wurde und welche Klimazone ihr zugeordnet werden kann.

Die Inhalte der einzelnen Kategorien können je nach Interessen- und Materiallage leicht abgeändert werden. Ihr überlegt euch in eurer Gruppe, welche Informationen zu den jeweiligen Vegetationszonen wichtig sind und auf den Karten vorhanden sein sollten. Sucht dann die Informationen und fertigt zu den jeweiligen Vegetationszonen die vier Kategorienkarten wie im Beispiel an. Klebt sie auf einen passenden Karton.

Durchführung

Wenn ihr das Memo-Spiel in verschiedenen Gruppen erarbeitet habt, tauscht ihr untereinander eure Kartensätze. Sortiert die Karten nach den vier Kategorien. Legt für jede Kategorie ein Feld von sieben Karten mit der Rückseite nach oben aus. Der erste Spieler darf von jeder Kategorie eine Karte aufdecken. Passen die vier Karten zusammen, so darf er sie behalten und die nächsten vier Karten aufdecken. Ansonsten ist der nächste Spieler dran. Wer am Ende die meisten Kartensätze besitzt, hat gewonnen. Diskutiert anschließend in eurer Gruppe, wie gut die Karten ausgearbeitet wurden. Alternativ könnt ihr in eurer Klasse einen der erstellten Kartensätze auswählen und in vier Gruppen gegeneinander antreten.

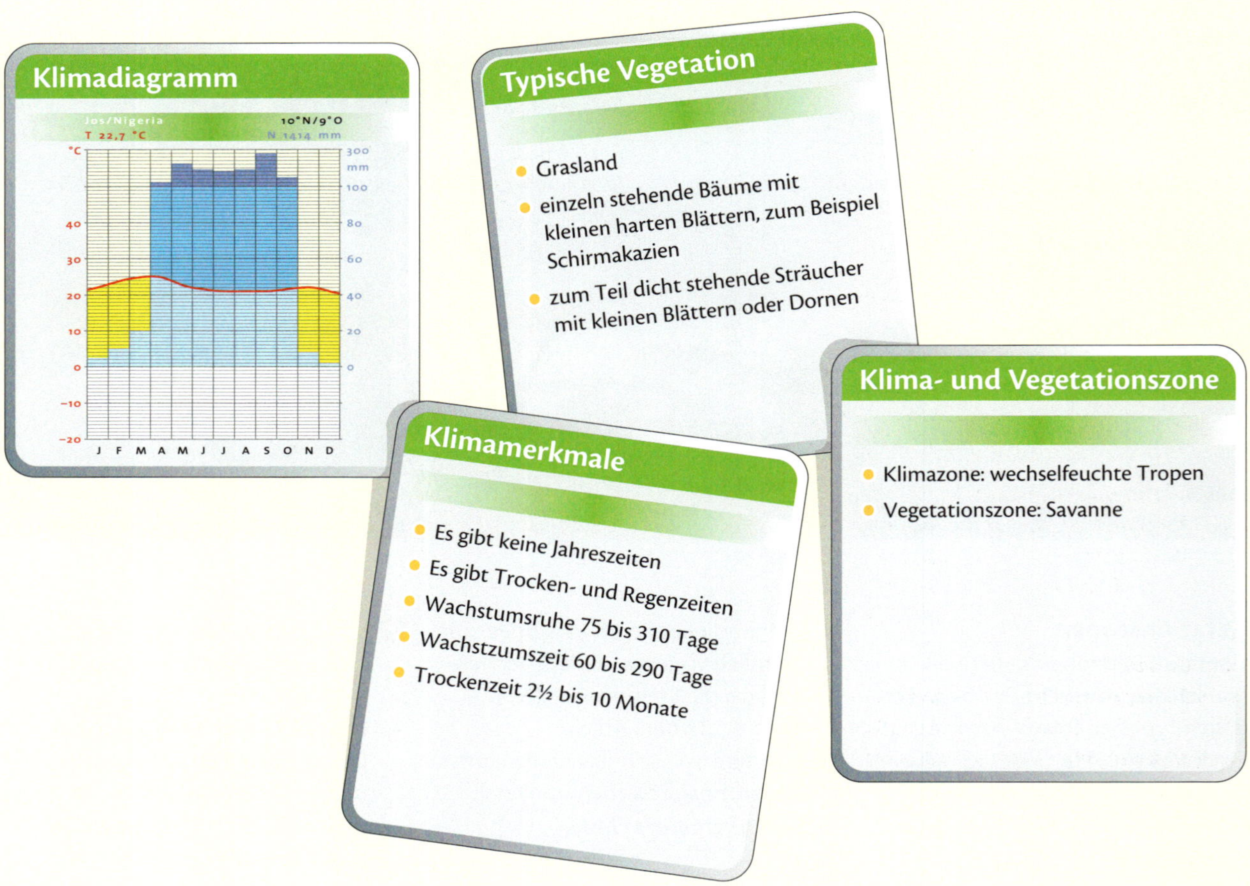

M1 *Beispiele für die Spielkarten*

M 2 *Aufbau des Spielfeldes*

Vegetationszone	Merkmale
Tundra 9 Monate kühl bis sehr kalt 3 Monate kühl bis warm	Wachstumsruhe etwa 270 Tage Wachstumszeit etwa 90 Tage
Borealer Nadelwald 7 bis 8 Monate kühl bis extrem kalt 4 bis 5 Monate mild und warm	Wachstumsruhe etwa 240 Tage Wachstumszeit etwa 120 Tage
Laub- und Laubmischwald 6 bis 7 Monate kühl bis sehr kalt 5 bis 6 Monate mild bis warm	Wachstumsruhe etwa 200 Tage Wachstumszeit etwa 160 Tage
Hartlaubwald 1 bis 4 Monate mild bis kühl 2 bis 5 Monate sehr warm und trocken 5 bis 6 Monate warm und feucht	Wachstumsruhe etwa 180 Tage Wachstumszeit etwa 180 Tage

Vegetationszone	Merkmale
Wüste und Halbwüste 12 Monate sehr warm und trocken selten Niederschläge	lange Wachstumsruhe in Trockenzeiten kurze Wachstumszeit nach Niederschlägen
Savanne Wechsel von Trocken- und Regenzeiten Trockenzeit 2½ bis 10 Monate	Wachstumsruhe 75 bis 310 Tage Wachstumszeit 60 bis 290 Tage
Tropischer Regenwald 12 Monate sehr warm und feucht	Wachstumszeit 365 Tage

M 3 *Ausgewählte Merkmale der Vegetationszonen*

Geo-Check: Merkmale von Klima und Vegetation erklären

Sich orientieren

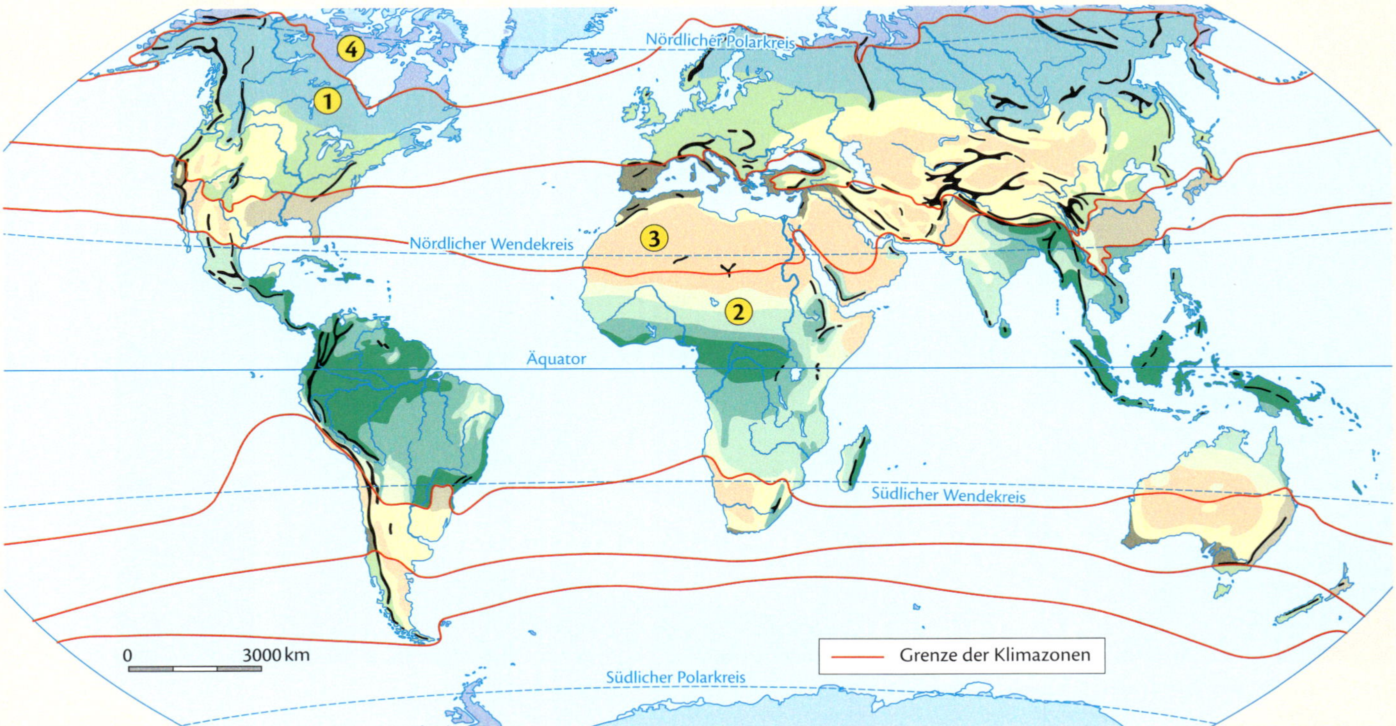

M 1 *Vegetationszonen*

1 Arbeite mit der Karte. Benenne für die dargestellten Orte 1 bis 4 die Klima- und Vegetationszone und beschreibe deren Merkmale (**M 1,** Karten S. 27, Atlas).

2 Ordne die Bilder der entsprechenden Klima- und Vegetationszone zu. Begründe deine Wahl (**M 2**).

3 Benenne die Vegetationszonen, in denen die Städte liegen: New York – Lagos – Teheran – Rio de Janeiro – Irkutsk – Peking – Dakar – Stockholm – Stuttgart (**M 1,** Karten S. 27 unten und S. 224/225, Atlas).

M 2 *In den Vegetationszonen*

3 Zusammenhänge in der tropischen Zone untersuchen

Entdeckungen am Äquator
Das Gebrüll von Affen, kreischende Papageien, unzählige unbekannte Insekten und andere Tiere – die dichten Wälder beiderseits des Äquators bieten viele Eindrücke beim Hören, Fühlen und Sehen. Was unterscheidet diese Wälder von unseren heimischen Laub- und Mischwäldern?

Wissen und verstehen

4 Sortiere die Aussagen in richtige und falsche Aussagen. Verbessere die falschen Aussagen und schreibe sie richtig auf:

Richtig oder falsch?
- Die Savannen sind eine Vegetationszone in der subtropischen Klimazone.
- Der Sommermonsun ist der Regenbringer.
- Je höher der Breitengrad ist, desto steiler ist der Einstrahlungswinkel der Sonne.
- Wind ist eine Ausgleichsströmung zwischen Hoch- und Tiefdruckgebieten. Er weht immer vom Tiefdruckgebiet zum Hochdruckgebiet.
- Ein Gebiet mit gleichartigem Klima, das sich in einem Gürtel um die Erde erstreckt, wird als Klimazone bezeichnet.
- In Deutschland steht die Sonne zweimal im Jahr senkrecht, das heißt im Zenit.
- Durch die Kugelgestalt der Erde sind die Einfallswinkel der Sonnenstrahlen überall gleich.
- In der tropischen Zone sind die Tageslängen das ganze Jahr gleich lang.
- Auf der Nordhalbkugel weht der Südostpassat.

WEBCODE: UE643431-053

5 Ordne jedem der Begriffe (**M 3**) mindestens zwei Merkmale zu.

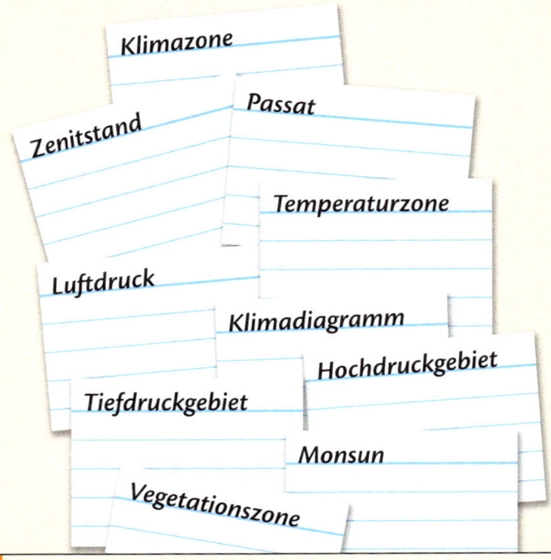

M 3 *Geo-Begriffestapel*

6 Löse das Rätsel. Die Buchstaben in den farbigen Feldern ergeben – von oben nach unten gelesen – das Lösungswort. Es benennt die Voraussetzung allen Lebens auf der Erde (**M 4**, Webcode).

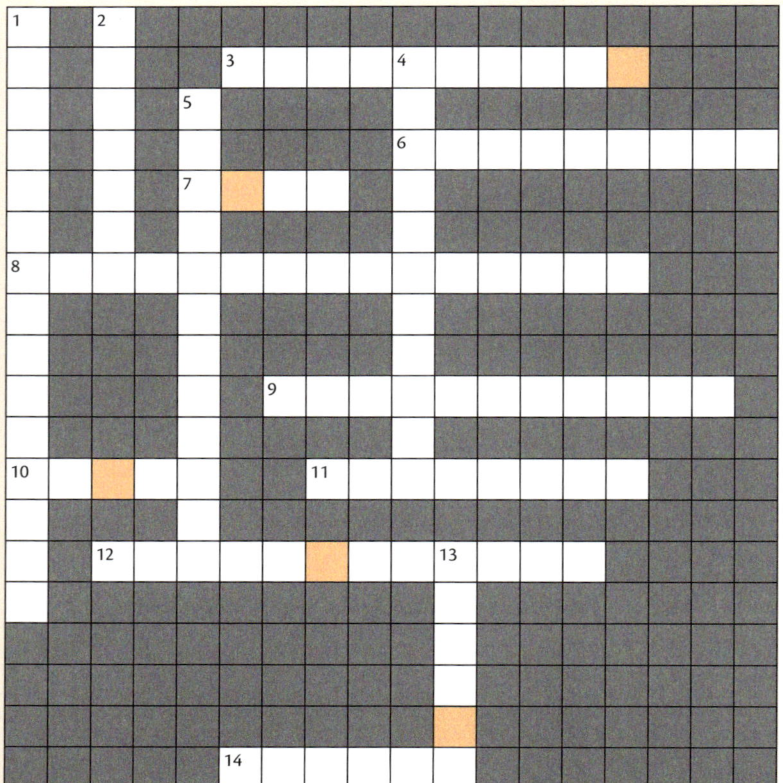

Rätsel

Waagerecht:
- **3** Grenze der polaren Klimazone
- **6** Region mit Temperaturen über 18 °C, im Jahresdurchschnitt
- **7** Gebiet, aus dem Wind herausströmt
- **8** linke Skala des Klimadiagramms
- **9** Einheit des Luftdrucks
- **10** höchster Sonnenstand in den Tropen
- **11** Wind, der durch unterschiedlichen Luftdruck an der Küste entsteht
- **12** Verwandlung von Wasserdampf in flüssiges Wasser
- **14** tropischer Wirbelsturm

Senkrecht:
- **1** Zeit des Pflanzenwachstums
- **2** typische Pflanze des Mittelmeerraumes
- **4** globale Zone der Windstille
- **5** Phänomen, das nicht in den Tropen zu finden ist
- **13** Vegetationszone

Hinweis: Bitte nicht in das Buch schreiben

M 4 *Rätsel zu Klima- und Vegetationszonen (Umlaut = 2 Buchstaben)*

Können und anwenden

7 Nimm begründet Stellung zu den Aussagen in **M 5**. Erläutere die tatsächlichen Zusammenhänge.

M 5 *Korrekte Berechnung der Jahresmitteltemperatur und der Jahresniederschlagssummen?*

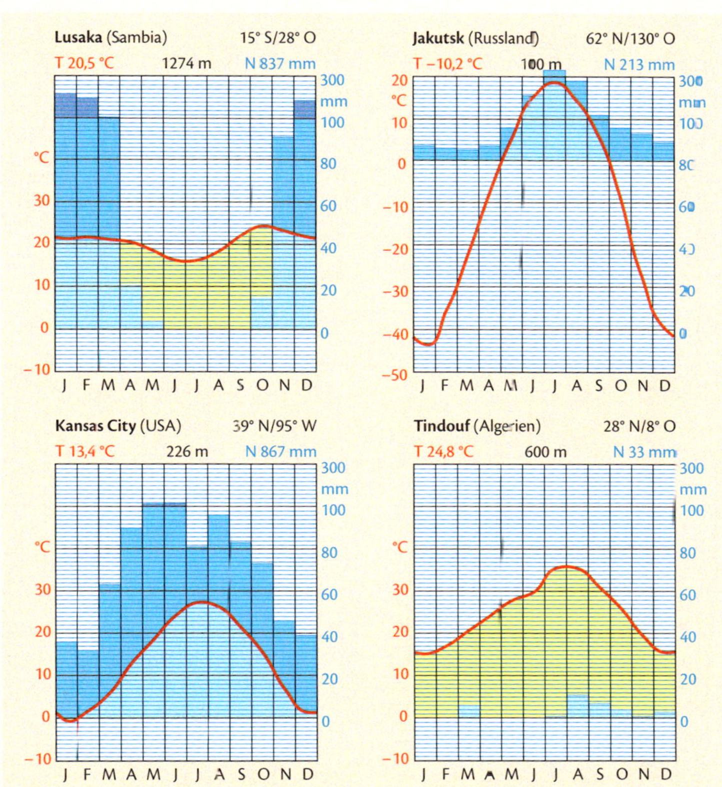

M 6 *Klimadiagramme*

8 Ordne nebenstehende Klimadiagramme den entsprechenden Klimazonen zu. Berücksichtige die jeweilige Lage auf der Nord- oder Südhalbkugel (**M 6**).

9 Zeichne das Klimadiagramm von München und werte es aus (**M 7**, Seiten 38/39).

München (Flughafen) (Deutschland) 48° 8' N 11° 35' O 527 m												
Monat	J	F	M	A	M	J	J	A	S	O	N	D	Jahr
Temp	−2,2	0	3,4	7,6	12,2	15,4	17,3	16,6	13,4	8,2	2,8	−0,9	7,8 °C
NS	45	42	47	55	88	109	100	98	68	49	55	49	805 mm

M 7 *Klimawerte von München*

Amazonien / Savannen Afrikas

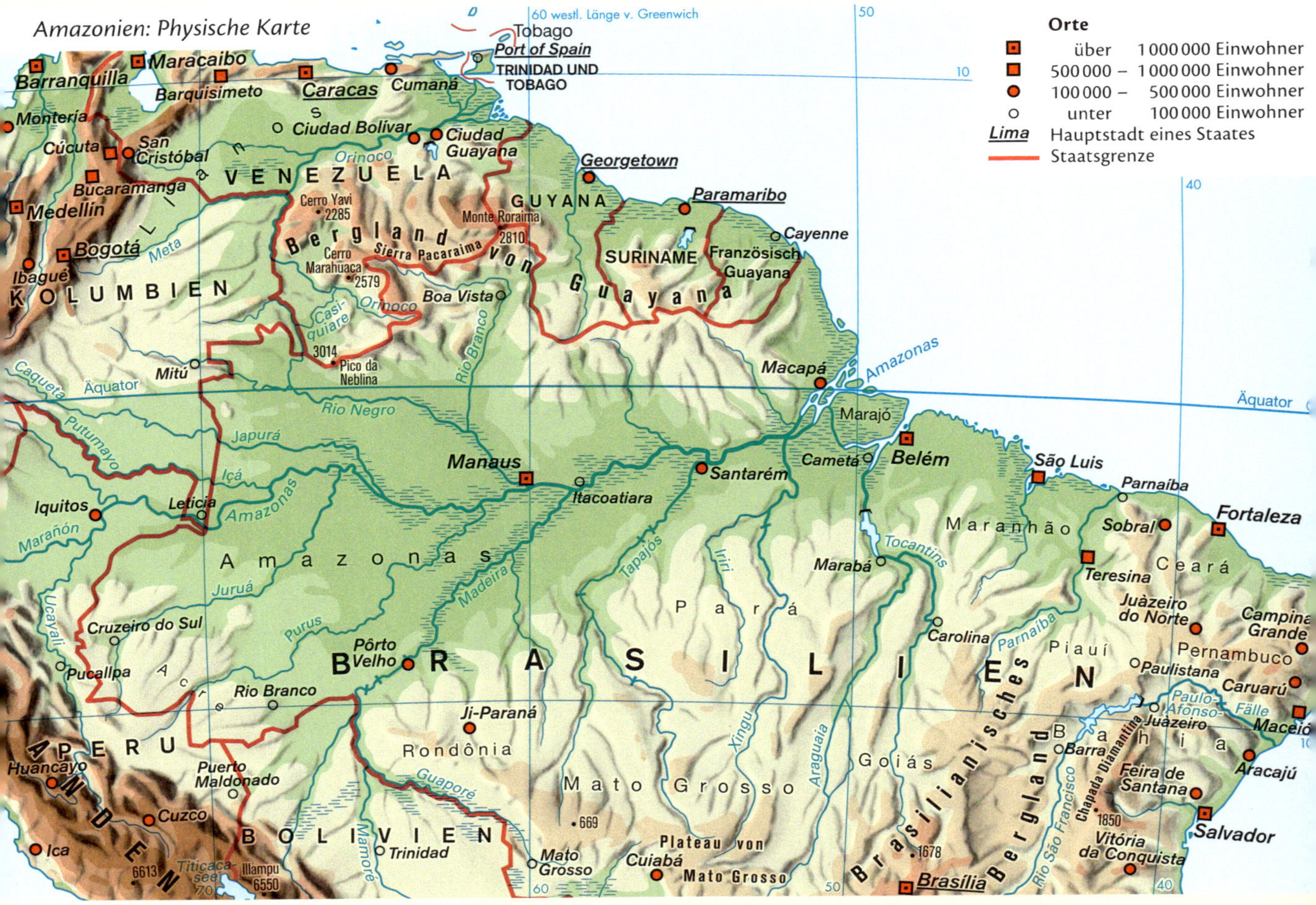

In diesem Kapitel lernst du
- immerfeuchte und wechselfeuchte Tropen zu verorten,
- Merkmale des Klimas und der Vegetation der Tropen kennen,
- Zusammenhänge zwischen Klima und Vegetation zu erklären,
- die landwirtschaftliche Nutzung der Tropen zu erläutern,
- die Erschließung und Nutzung des Regenwaldes zu erläutern.

Dazu nutzt du
- Blockbilder,
- Klimadiagramme,
- Karten,
- Bilder und
- Satellitenbilder sowie
- das Internet.

Du beurteilst
- die Lebens- und Wirtschaftsformen der Menschen in den Tropen,
- Gefahren für den tropischen Regenwald und die Savannen sowie
- Maßnahmen zu ihrem Schutz.

Im tropischen Regenwald

Im tropischen Regenwald – sehr warm und immer feucht

M 1 *Im tropischen Regenwald*

check-it
- Merkmale des tropischen Regenwaldes kennen
- Unterschied zwischen Tageszeiten- und Jahreszeitenklima erklären
- Wasserkreislauf im tropischen Regenwald erklären
- Klimadiagramme auswerten und vergleichen

M 2 *Vogelspinne*

Mit dem Boot fahren wir auf einem Nebenarm des Amazonas durch den Regenwald, denn Straßen gibt es hier nicht. Wir legen an, um in die Tiefe des Regenwaldes einzudringen. In dem dichten Gestrüpp der Pflanzen kommen wir nur langsam vorwärts. Wir wandern durch ein Gewirr von Lianen und schnurgerade gewachsenen Baumstämmen, viele davon kaum dicker als Hochsprungstangen. Nur vereinzelt treffen wir auf gewaltige Stämme mit weit ausladenden Brettwurzeln. Immer mehr verwächst der Pfad, und dann müssen wir auf allen Vieren kriechen, unter einer Schlingpflanze hindurch, über einen Baumstamm hinweg. Äste und Zweige schlagen uns ins Gesicht und überschütten uns mit Ameisen. Die Luft ist schwül.
Wir haben uns schnell an die mittäglichen Wolkenbrüche und die feuchte und schwüle Luft, die auch in der Nacht nur wenig abkühlt, gewöhnt. Am angenehmsten sind die Stunden kurz nach Sonnenaufgang. Nur dann ist die Luft mit etwa 22 °C angenehm kühl und klar, bevor die Hitze des Tages das Thermometer auf über 35 °C im Schatten ansteigen lässt. Affen und Vögel bekommen wir kaum zu Gesicht. Sie halten sich in den Baumkronen hoch über uns auf. Aber vor Schlangen und Insekten müssen wir uns hüten. Vogelspinnen werden unsere täglichen Begleiter und wir lernen, giftige von weniger giftigen Arten zu unterscheiden. An manchen Stellen sind Blutegel, die sich unbemerkt am Körper festsaugen, eine Plage. Aber auch damit lernen wir umzugehen, ebenso wie wir uns an die ständig feuchte und klamme Kleidung gewöhnt haben.
Am schlimmsten sind das ständige Dämmerlicht und erst recht die absolute Dunkelheit während der Nacht, denn kein Licht dringt durch das Kronendach des Waldes und die Wolkenschicht.
(nach: Th. Breitbach, Aus einem Reisetagebuch)

M 3 *Eine Trekkingtour im Regenwald*

M 4 *Ein Tag im tropischen Regenwald*

Klima und Wasserkreislauf

Das ganze Jahr über fallen die Sonnenstrahlen sehr steil bis senkrecht ein. Die starke Sonneneinstrahlung bewirkt, dass ein Großteil des Regens sofort wieder verdunstet. Die feuchtwarme Luft steigt auf, kühlt sich mit zunehmender Höhe ab und der in ihr enthaltene Wasserdampf kondensiert zu Wolken. Es kommt beinahe täglich zu starken Niederschlägen. Nur ein Viertel des Wassers versickert im Boden und verlässt den Regenwald über die Flüsse. Drei Viertel des Wassers zirkulieren innerhalb des **tropischen Regenwaldes**. So entsteht ein zusammenhängender eigener Wasserkreislauf.

Tageszeitenklima

In den immerfeuchten Tropen ist es das ganze Jahr über warm und feucht. Es gibt es keine Jahreszeiten wie bei uns. Der Unterschied zwischen den Durchschnittstemperaturen des kältesten und des wärmsten Monats ist kleiner als der Unterschied zwischen der Tages- und der Nachttemperatur. Deshalb bezeichnet man dieses Klima als **Tageszeitenklima.**

Unser Klima hingegen ist ein **Jahreszeitenklima,** das vom jahreszeitlichen Wechsel der Temperatur gekennzeichnet ist.

1 Lege eine Tabelle an, in die du Informationen zum Klima, zu Tieren und Pflanzen im tropischen Regenwald einträgst (**M 1** bis **M 3,** Blockbild S. 62/63).

2 Werte die Klimadiagramme aus und vergleiche das Klima am Äquator und in Deutschland (**M 6, M 7**).

3 Erkläre den Unterschied zwischen einem Tages- und einem Jahreszeitenklima (**M 4, M 6, M 7**).

4 Zeichne ein Fließdiagramm zum Wasserkreislauf im tropischen Regenwald und erkläre ihn damit (**M 5,** 🔑).

5 Der tropische Regenwald – sehr warm und immer feucht: Begründe, warum das so ist (**M 3** bis **M 7**).

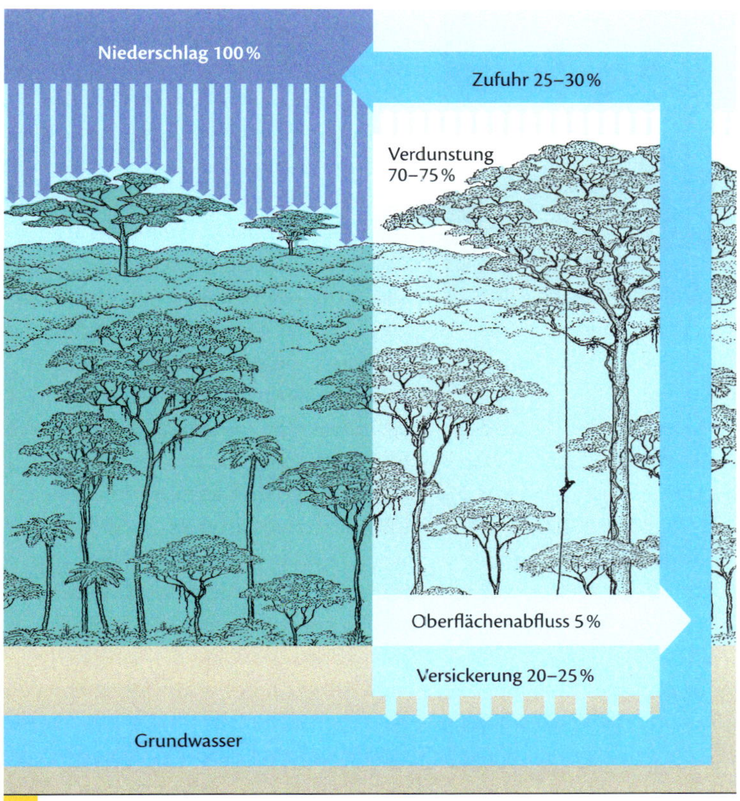

M 5 *Wasserkreislauf im tropischen Regenwald*

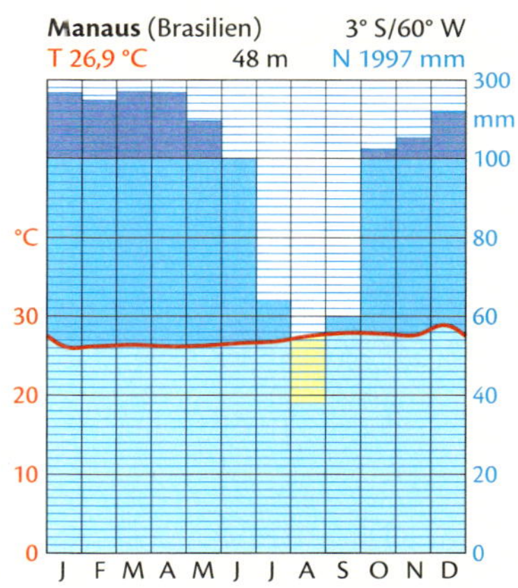

M 6 *Klimadiagramm Manaus*

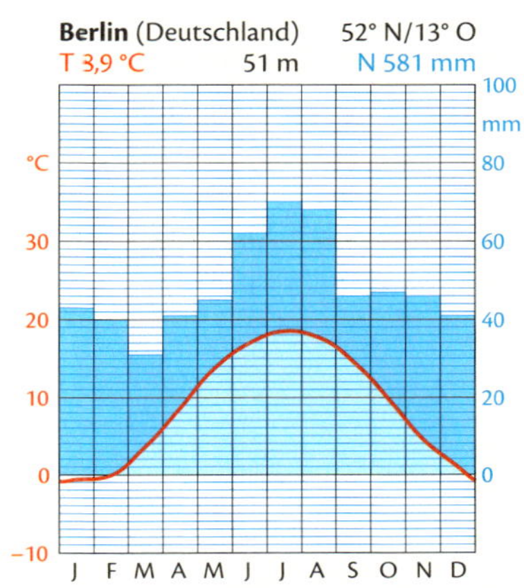

M 7 *Klimadiagramm Berlin*

Der tropische Regenwald – artenreich und immergrün

In diesem Treibhaus zu arbeiten, reicht ja schon – aber auf Bäumen voller giftiger Spinnen, Schlangen, Frösche, Tausendfüßler und Skorpione herumzuklettern – auf solche Ideen kommen nur wir Regenwaldforscher!
Heute bringen uns Kräne, an denen eine Art Gondel hängt, in die Gipfel der Urwaldriesen. Früher mussten wir hinaufklettern – auf die schmutzigsten Bäume, die ich kenne. An den Stämmen und Ästen wachsen Moose, Farne und Orchideen. Ihre Wurzeln bilden ein dichtes Geflecht, in dem sich Laub, Exkremente sowie tote Kleintiere sammeln und verrotten. Daraus entsteht eine dünne, nährstoffreiche Humusschicht. Einige Baumarten treiben Wurzeln aus den Ästen in diese Schicht vor. Zwei Drittel aller Pflanzen und Tiere des Regenwaldes leben im Bereich der Baumkronen in 30 bis 40 Metern Höhe. Deshalb ist dieser Kronenraum für uns Forscher von großer Bedeutung. Hier können wir immer noch neue Arten entdecken, aber auch die Bedeutung der Regenwälder für das Klima der Erde erforschen.

M 1 *Forscher im Amazonas-Regenwald*

check-it
- Merkmale der Vegetation beschreiben
- Nährstoffkreislauf erklären
- Ursachen für die Nährstoffarmut der Böden benennen
- Grafiken auswerten

Der tropische Regenwald

In keiner Region der Erde gibt es so viele Pflanzen und Tiere wie im tropischen Regenwald und täglich werden neue Arten entdeckt. Rund 90 Prozent der Tiere des Regenwaldes sind Insekten.
Nach Schätzungen von Forschern gibt es im Regenwald über 10000 Baumarten. Im Vergleich dazu sind in Deutschland nur etwa 50 Baumarten bekannt. In den immerfeuchten Tropen herrscht ein beständig feucht-warmes Klima. Wasser und Wärme bewirken ein ganzjährig kräftiges Pflanzenwachstum. Frische und welkende Blätter, Blüten und Früchte können sich gleichzeitig an einem Baum befinden. Der tropische Regenwald ist immergrün.

Der Kampf ums Licht

Auf der Suche nach ausreichend Licht hat sich der **Stockwerkbau** des tropischen Regenwaldes entwickelt. Die bis zu 40 Meter hohen Bäume, deren Kronen ein dichtes Dach bilden, nehmen einen Großteil des Sonnenlichtes auf. Dieses Kronendach ist ein wichtiger Lebensraum für Säugetiere und Vögel. Die Baumschicht wird nur vereinzelt von bis zu 70 Meter hohen Baumriesen überragt, die jedoch nicht überall anzutreffen sind. Unter der Baumschicht befindet sich die Strauchschicht mit Sträuchern und jungen Bäumen.
Die am Boden wachsenden Kräuter und Kriechpflanzen müssen mit sehr wenig Licht auskommen. Bei ihrem Kampf um das wenige Licht, das durch die Baumkronen fällt, haben die Pflanzen ganz spezielle Blätter entwickelt. Einige, die ganz unten wachsen, haben eine Oberfläche von mehr als einem Quadratmeter. Andere Pflanzen mit kleineren Blättern klettern an den Bäumen entlang zum Licht.

Der Boden

Lange Zeit vermutete man, dass die Böden des tropischen Regenwaldes besonders fruchtbar seien. Das ist jedoch ein Irrtum. Im warmen und immerfeuchten tropischen Klima verwittern Gesteine wesentlich schneller als im gemäßigten Klima Europas. In dem seit zehn Millionen Jahren kaum veränderten Klima am Äquator hat sich ein sehr tiefgründiger Boden entwickelt. Die täglichen Regengüsse waschen die Mineralien im Boden bis in tiefe Schichten aus, sodass ein harter, weitgehend unfruchtbarer Boden entsteht.

Die „Nährstofffalle“

Auf den Boden fallende Blätter und Zweige, abgestorbene Äste und Stämme sowie verendete Tiere werden von Ameisen, Termiten sowie Würmern zernagt und zersetzt. Diese Zersetzung und Umwandlung in Nährstoffe läuft sehr schnell ab, sodass sich kaum **Humus** bilden kann. Die Bäume haben deshalb nur flache Wurzeln, die direkt unter der Oberfläche bleiben. Ihre Standfestigkeit erhalten sie durch meterhohe, verzweigte **Brettwurzeln** über der Erde. Die Wurzeln der Pflanzen sind von Pilzen umkleidet, welche die Nährstoffe abfangen und langsam an die Pflanzen abgeben.

1 Beschreibe den Stockwerkbau im tropischen Regenwald (**M 1,** Blockbild S. 62/63).

2 Charakterisiere den tropischen Regenwald als Schatzkammer (**M 2**).

3 Erkläre den Nährstoffkreislauf im tropischen Regenwald vor und nach der Rodung (**M 3**).

4 Benenne Ursachen für die Nährstoffarmut der Böden (**M 3**).

WEBCODE: UE643431-061

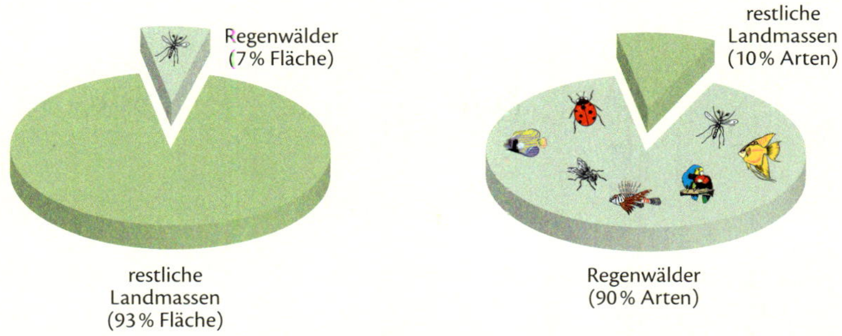

- **Lebensraum Regenwald:** Er ist Lebensraum für die Ureinwohner sowie eine Vielzahl von Tier- und Pflanzenarten, die zum Teil noch nicht einmal entdeckt sind.
- **Apotheke Regenwald:** Obwohl bisher nur etwa ein Prozent aller Pflanzen im tropischen Regenwald auf ihre Heilwirkung untersucht wurde, sind schon mehrere Pflanzen entdeckt worden, die medizinische Wirkstoffe enthalten und in der Arzneimittelindustrie eingesetzt werden, zum Beispiel bei der Antibiotika-Herstellung oder bei Malaria-Medikamenten.
- **Speisekammer Regenwald:** Über 80 Prozent aller weltweiten Nutzpflanzen sind tropischen Ursprungs – wie Banane, Tomate, Kartoffel und Kakao.
- **Rohstoffquelle Regenwald:** Neben den wertvollen Edelhölzern, die im Regenwald wachsen, lagern teilweise dort auch wertvolle Bodenschätze wie Eisenerz, Gold oder Erdöl.
- **Klimaregulator Regenwald:** Die tropischen Regenwälder können große Mengen an Kohlenstoffdioxid speichern, das zur globalen Erwärmung beiträgt.

M 2 *Schatzkammer Regenwald*

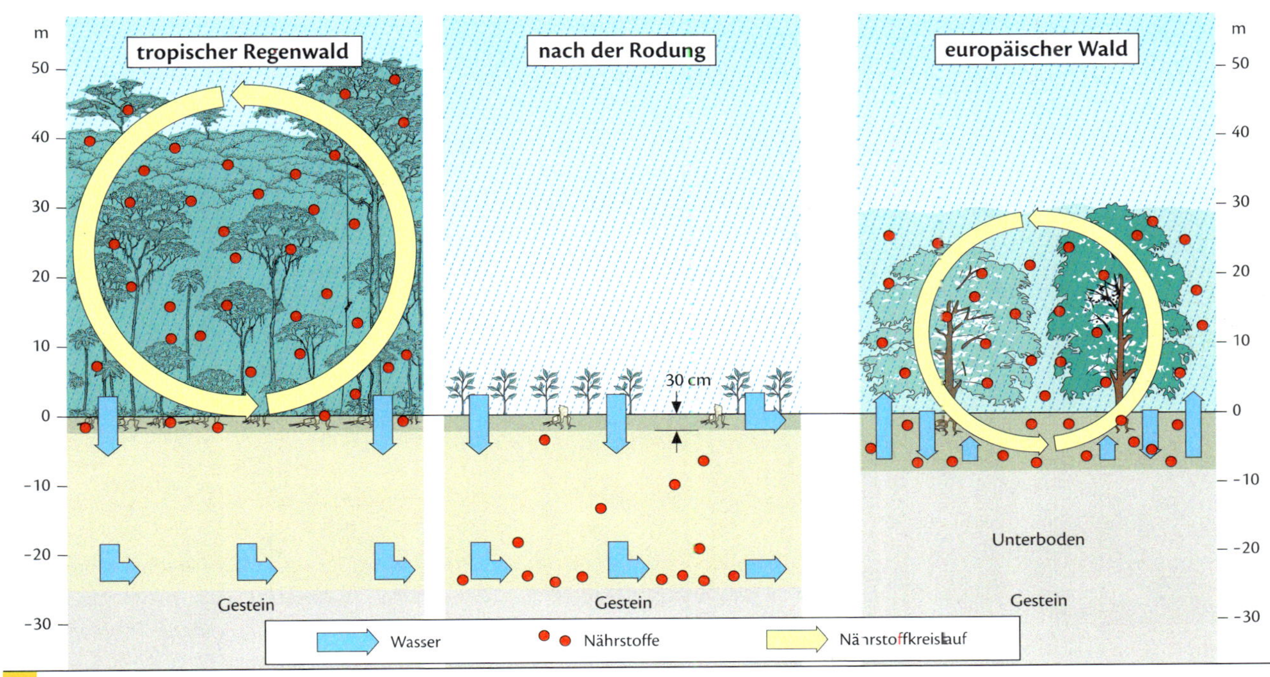

M 3 *Nährstoffkreislauf im tropischen Regenwald vor und nach der Rodung und im europäischen Wald*

Aufbau des tropischen Regenwaldes

Junge Kapuzineraffen spielen im tropischen Regenwald von Costa Rica. Im Gegensatz zu diesen bekannten Gesichtern sind die meisten Tierarten weder benannt, beschrieben noch analysiert.

Der Blue Morpho Schmetterling kann eine Flügelspannweite von 17 Zentimetern erreichen. Infolge seiner blau schillernden Färbung sieht man ihn noch in einem Kilometer Entfernung. Im Regenwald gibt es Millionen von Insektenarten.

Der Arakanga ist eine von über 5000 Vogelarten im tropischen Regenwald.

Eine Anakonda – sie kann bis zu 9 Meter lang und 230 Kilogramm schwer werden.

Brettwurzeln eines Urwaldriesen

Epiphyten (Aufsitzerpflanzen) auf einem Urwaldbaum in Costa Rica (Atlantik-Bereich)

WEBCODE: UE643431-063

Wanderfeldbau zur Selbstversorgung

M 1 *Brandrodung im tropischen Regenwald*

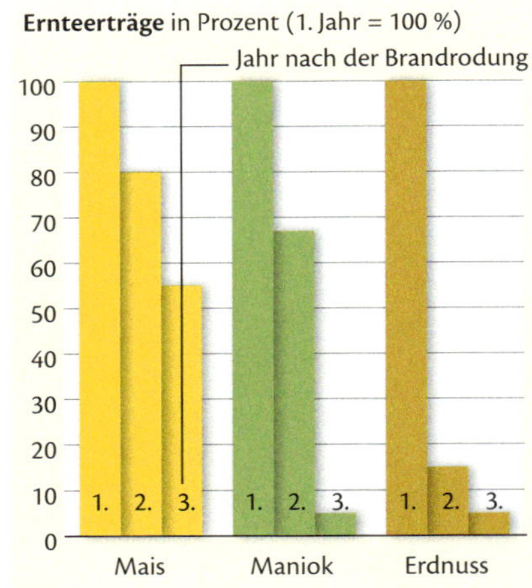

M 2 *Entwicklung der Ernteerträge*

check-it
- tropische Feldfrüchte kennen
- Wanderfeldbau und Dauerfeldbau erläutern und vergleichen
- Kartenskizzen auswerten
- Vor- und Nachteile des Wanderfeldbaus beurteilen

Landwirtschaft im tropischen Regenwald

Im tropischen Regenwald sind die klimatischen Bedingungen günstig. Es ist immer warm und es steht ausreichend Wasser zur Verfügung. Der Boden ist jedoch wenig fruchtbar und der Anbau sehr mühsam, denn der Wald überwuchert immer wieder die Felder.

Brandrodung für den Anbau

Um Felder anlegen zu können, muss der Wald zunächst gerodet werden. Sträucher und kleinere Bäume werden umgeschlagen. Bei größeren Bäumen wird die Rinde eingekerbt, damit der Baum abstirbt. Die Urwaldriesen lässt man häufig stehen, damit sie die empfindlichen Jungpflanzen vor der Sonne schützen. Die abgehackten Büsche und Bäume werden in Brand gesetzt.

Durch die **Brandrodung** entstehen freie Flächen im Regenwald, die anschließend als Felder genutzt werden. Die Asche düngt den Boden der Rodungsflächen. Bei der Feldarbeit wird die Erde zunächst mit Grabstöcken und Hacken gelockert und für die Saat vorbereitet.

Wanderfeldbau

Knollenfrüchte können bis zu zwei Jahre lang geerntet werden. Dann sinkt die

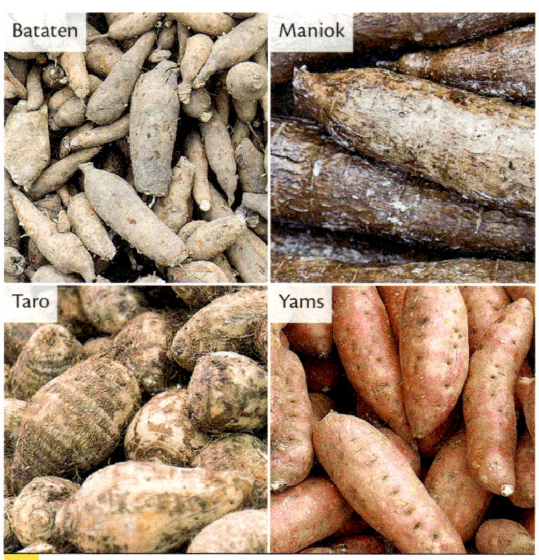

M 3 *Anbauprodukte zur Selbstversorgung*

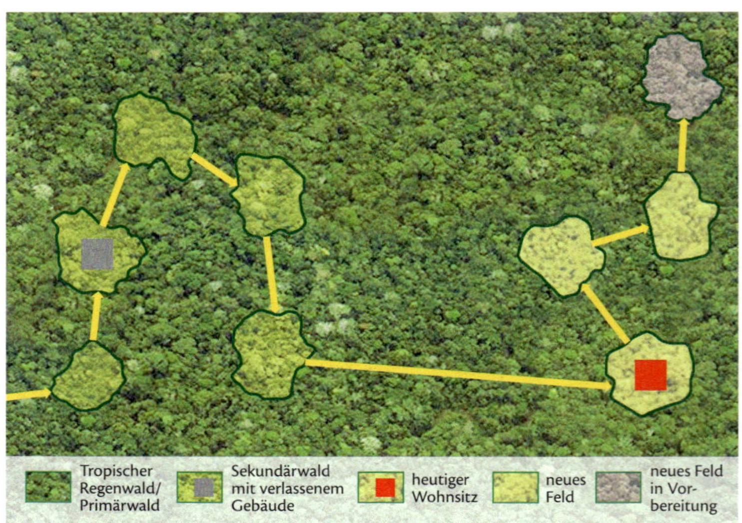

M 4 *Wanderfeldbau*

Bodenfruchtbarkeit rasch ab. Nach drei bis fünf Jahren reichen die Erträge nicht mehr aus, um die Dorfbevölkerung zu ernähren. Die Rodungsinsel muss aufgegeben werden und es wird eine neue Brandrodungsfläche vorbereitet.
Wenn in Dorfnähe keine neuen Brandrodungsflächen mehr angelegt werden können, muss auch die Siedlung verlegt werden. Man nennt diese Wirtschaftsform deshalb **Wanderfeldbau**.
Die nicht mehr genutzten Rodungsflächen werden in kurzer Zeit von Büschen und Kräutern überwuchert und vom Wald zurückerobert. Nach etwa 20 Jahren ist ein **Sekundärwald** nachgewachsen, der jedoch nicht die Üppigkeit und den Artenreichtum des ursprünglichen Regenwalds erreicht.

Übergang zum Dauerfeldbau

In den tropischen Regenwäldern ist die Bevölkerungszahl stark angestiegen. Gleichzeitig werden in den **Industrieländern** Anbauprodukte aus den Tropen immer beliebter. Dadurch wurde das Rodungsland knapp. Die Felder konnten nicht mehr so oft gewechselt werden. Die Erträge gingen zurück und die Ernährung der einheimischen Bevölkerung war nicht mehr gesichert.
Heute werden häufig nur noch die Felder verlegt, während die Dörfer dauerhaft bewohnt werden. Viele Dorfgemeinschaften sind ganz zum Dauerfeldbau übergegangen. In der Nähe des Dorfes liegen die Hausgärten, wo alles für den täglichen Bedarf angebaut wird. In größerer Entfernung werden Produkte angebaut, die auf den Märkten der Städte verkauft oder in kleinen Betrieben weiterverarbeitet werden. So werden aus den faserigen Schalen von Kokosnüssen feste Gewebe hergestellt, die für die Innenausstattung von Autos verwendet werden.
Dauerfeldbau ist nur möglich, wenn die Bodenfruchtbarkeit zum Beispiel durch Düngen oder längere Brache erhalten bleibt.

M 5 *Dorf im tropischen Regenwald am Amazonas*

1 Erstelle ein Fließdiagramm zur Brandrodung und zum Wanderfeldbau der Kleinbauern im tropischen Regenwald (**M 1** bis **M 4**, 🔑).
2 Erläutere die Entwicklung der Ernteerträge (**M 2**).
3 Bildet Gruppen, sammelt Informationen zu je einer Feldfrucht des tropischen Regenwaldes und stellt sie der Klasse vor (**M 3**, Lexikon, 🔑 ***Eine Internetrecherche durchführen***).
4 Erläutere, was sich beim Dauerfeldbau gegenüber dem Wanderfeldbau verändert (**M 4** bis **M 6**).
5 Vergleiche das Leben der Menschen im Dorf und die Folgen für den tropischen Regenwald beim Wanderfeldbau und beim Dauerfeldbau (**M 1, M 2, M 4** bis **M 6**).
6 Sammelt Rezepte mit Früchten aus dem tropischen Regenwald und plant ein Regenwald-Essen in der Schule (Kochbücher, 🔑 ***Eine Internetrecherche durchführen***).

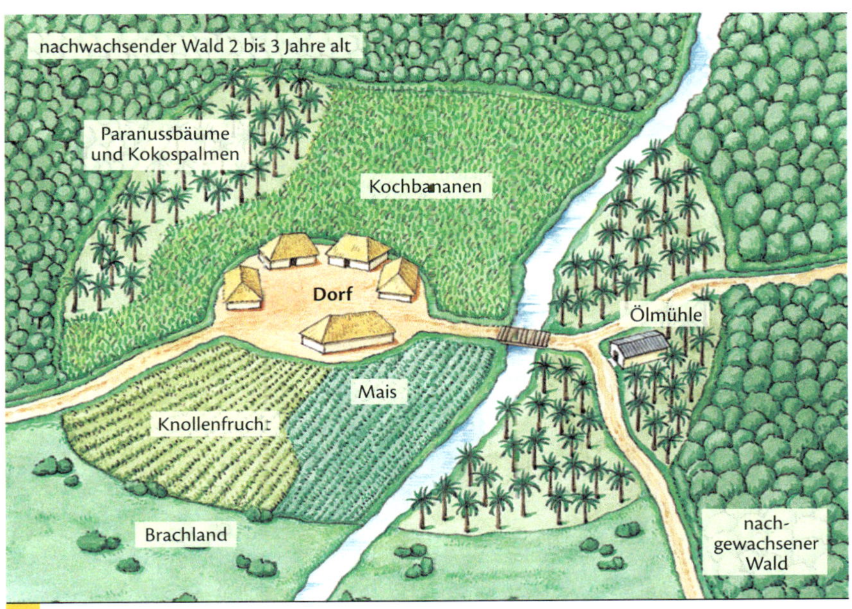

M 6 *Dorf mit Dauerfeldbau*

Kaffee für den Weltmarkt

M 1 *Kaffeeplantage in Brasilien*

check-it
- Kaffeeproduktion beschreiben
- Merkmale der Plantagenwirtschaft am Beispiel des Kaffees erläutern
- Kaffee als Welthandelsgut charakterisieren

M 2 *Kaffeeernte von Hand*

Kaffee aus Brasilien

Brasilien ist der größte Kaffeeexporteur der Welt. Die Kaffeepflanze ist ein fünf bis neun Meter hoher Strauch. Um die Ernte zu erleichtern und höhere Erträge zu erzielen, wird sie durch ständigen Beschnitt auf zweieinhalb bis drei Meter Höhe gehalten. Am besten gedeiht sie in 1500 Metern Höhe in den Tropen bei Tagestemperaturen zwischen 18 und 26 Grad Celsius sowie Niederschlägen zwischen 1500 und 2000 Millimeter pro Jahr. Vier Jahre nachdem man die Setzlinge gepflanzt hat, blüht der Kaffeestrauch zum ersten Mal. Dann dauert es noch bis zu einem Jahr, bis man die ersten Kirschen ernten kann. Der Anbau von Kaffee ist das ganze Jahr über sehr arbeitsintensiv, da die Pflanzen beschnitten, gedüngt und bewässert werden müssen. Besonders arbeitsintensiv ist die Ernte, die zwei bis vier Monate dauert. Da an einem Ast Kirschen aller Reifegrade und auch noch Blüten hängen, wird vor allem hochwertiger Kaffee von Hand geerntet. Auf den großen Kaffeefarmen kommen Pflückmaschinen zum Einsatz, die die Kirschen von den Ästen der Kaffeebäume streifen. Nach der Ernte werden die Kirschen auf speziellen Trockenflächen ausgebreitet und so lange von der Sonne getrocknet, bis sich das Fruchtfleisch leicht von der Bohne streifen lässt. Anschließend werden die Kaffeebohnen geschält, gereinigt, sortiert und in Säcke zu je 60 Kilogramm verpackt.

Anbau auf Plantagen

Der Kaffee wird größtenteils auf **Plantagen** angebaut: landwirtschaftlichen Großbetrieben von mindestens 100 Hektar Größe (etwa 140 Fußballfelder). Viele Plantagen in den Tropen wurden im 19. Jahrhundert von Europäern angelegt, die sie auch leiteten. Als billige Arbeitskräfte beschäftigten sie Einheimische oder Sklaven. Inzwischen sind die meisten Plantagen im Besitz einheimischer Unternehmer oder sie gehören internationalen Kon-

zernen. Sie beschäftigen Landarbeiter oder Saisonarbeiter, die aber häufig sehr schlecht bezahlt werden. Auf den Plantagen werden mehrjährige Nutzpflanzen oder Dauerkulturen wie Kaffee in **Monokultur** angebaut. Da Monokulturen den Boden schnell auslaugen und anfällig für Krankheiten sowie Schädlinge sind, ist der Einsatz von künstlichen Dünge- und **Pflanzenschutzmitteln** hoch.
Für die Anlage der Plantagen wurden riesige Flächen des tropischen Regenwaldes abgeholzt und in landwirtschaftliche Nutzflächen umgewandelt. Dennoch reichen die Nahrungsmittel nicht aus für die Bevölkerung, denn dort, wo Kaffee für den **Export** angebaut wird, können keine Grundnahrungsmittel wie Hirse, Mais, Kartoffeln und Gemüse mehr angebaut werden. Die Arbeitskräfte auf den Plantagen verdienen so wenig, dass ihr Verdienst oft nicht ausreicht, um Nahrungsmittel zu kaufen.

Handelsware Kaffee

Kaffee ist eines der wichtigsten **Welthandelsgüter.** Der Preis für Rohkaffee unterliegt auf dem Weltmarkt starken Schwankungen. Er richtet sich nicht nach den Produktionskosten, sondern nach Angebot und Nachfrage. So steigt der Kaffeepreis zum Beispiel bei Ernteverlusten durch **Dürre** oder Kälteeinbrüche in Brasilien oder anderen großen Kaffeeproduzenten stark an. Vergrößern die Kaffeeproduzenten daraufhin die Anbauflächen, kann das zu einem Verfall der Kaffeepreise führen.

Fairer Handel

Bei uns wird Kaffee nicht nur von großen internationalen Konzernen angeboten. Organisationen wie TransFair bemühen sich darum, dass die Arbeiterinnen und Arbeiter auf den Plantagen sowie die Kleinbauern bessere Arbeitsbedingungen und eine gerechtere Bezahlung erhalten. Der Fairtrade-Mindestpreis dient der Absicherung gegen Preisschwankungen. Zudem setzen sie sich dafür ein, dass auf chemische Dünge- und Pflanzenschutzmittel, die schädlich für die Menschen und die Umwelt sind, weitgehend verzichtet wird. Produkte mit dem TransFair-Siegel sind deshalb heute meistens auch Bio-Produkte.

M 3 *Trocknen der Kaffeebohnen*

M 4 *Entwicklung des Weltmarktpreises für Kaffee in US-Dollar/Pfund*

1 Erstelle ein Fließdiagramm zum Kaffeeanbau von der Pflanzung bis zum Verkauf (**M 1** bis **M 3**, ***Fließdiagramme zeichnen***).

2 Erläutere die Arbeitsbedingungen auf einer Plantage am Beispiel des Kaffees (**M 1** bis **M 3**).

3 Plantagenwirtschaft mit Monokulturen im tropischen Regenwald – erläutere, welche Probleme sich daraus ergeben (S. 61).

WEBCODE: UE643431-067

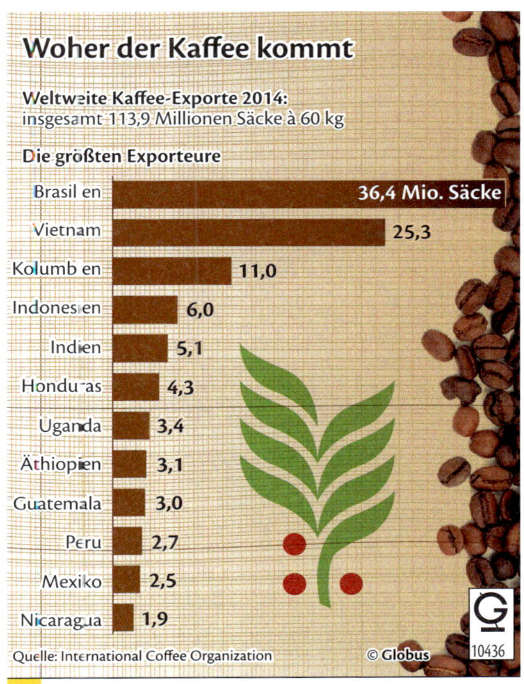

M 5 *Exportländer von Kaffee*

Der tropische Regenwald in Gefahr

M 1 *Holzfäller bei der Arbeit*

check-it
- Ursachen und Folgen des weltweiten Rückgangs der Regenwälder erläutern
- Karikatur auswerten
- weltweite Bedeutung der Regenwälder beurteilen

Plünderer im Regenwald

Die tropischen Regenwälder können vielfältig genutzt werden. Tropenholz, tropische Früchte, Grundstoffe für die chemische Industrie und die Arzneimittelherstellung, aber auch Erze und andere Rohstoffe sind begehrte Produkte auf dem Weltmarkt.

Aufgrund der Rodungstätigkeit der Holzgesellschaften, Plantagenbesitzer, Kleinbauern und Straßenbauunternehmen sind heute bereits 80 Prozent der tropischen Regenwälder der Erde vernichtet. Alle zwei Sekunden wird Regenwald von der Größe eines Fußballfeldes zerstört – pro Jahr eine Fläche etwa von der Größe Großbritanniens. Schon das Schlagen eines Urwaldriesen zerstört eine große Waldfläche, denn der riesige Baum reißt beim Fallen viele andere Bäume und Sträucher mit. Damit man an die wertvollen Hölzer gelangt und das Holz abtransportieren kann, werden Schneisen in den Wald geschlagen und Straßen angelegt.

Wenn die Vernichtung der tropischen Regenwälder in diesem Tempo weitergeht, werden sie schon in wenigen Jahrzehnten ganz verschwunden sein.

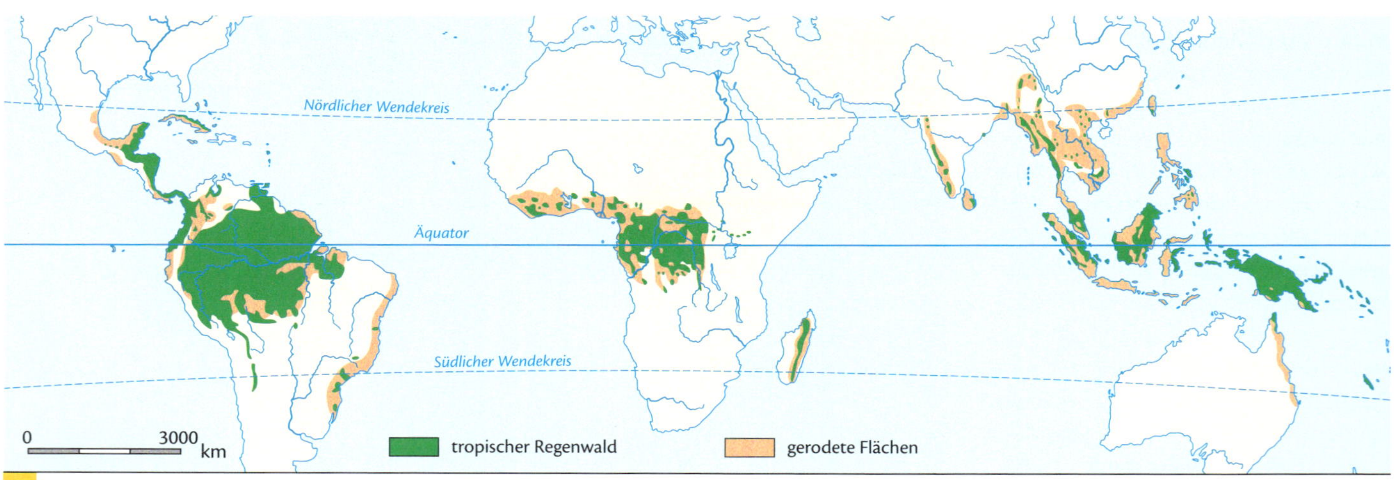

M 2 *Ursprüngliche und heutige Fläche des tropischen Regenwaldes*

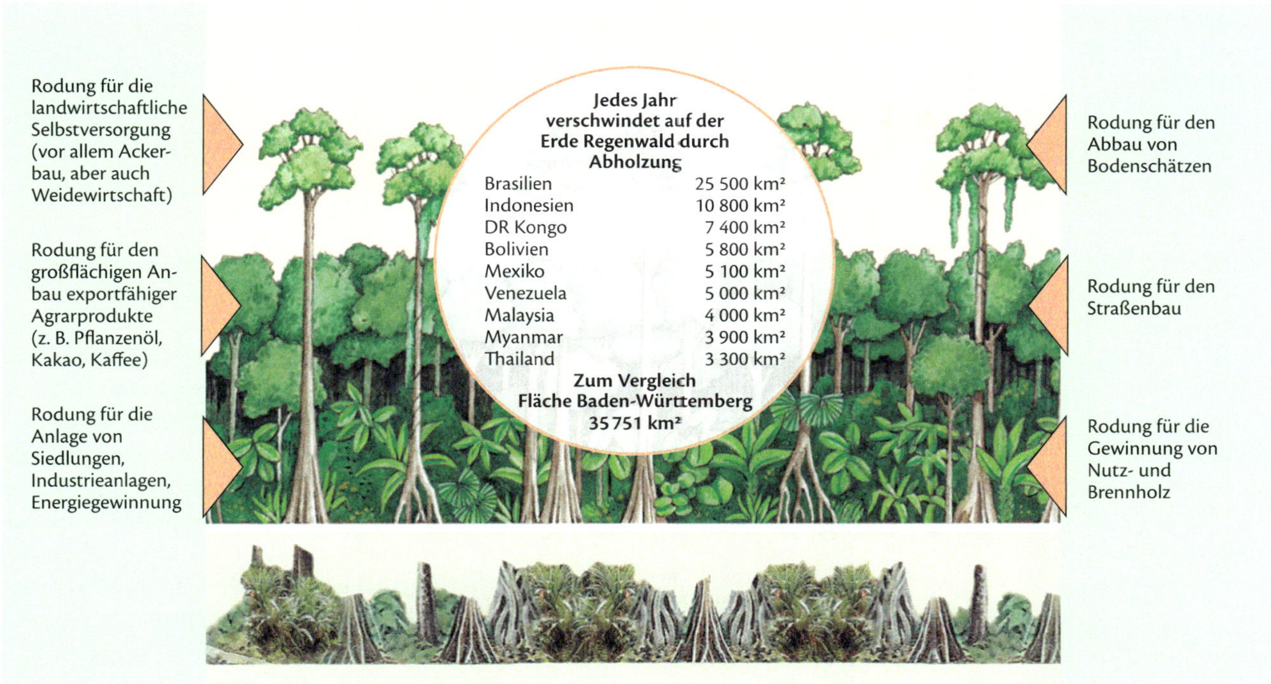

M 3 *Gründe und Ausmaß der Rodung tropischer Regenwälder*

Folgen der Regenwaldzerstörung

Schon das Fällen eines Urwaldriesen beeinträchtigt das Zusammenspiel der Arten im tropischen Regenwald. Die Luftfeuchtigkeit sinkt, die Temperatur steigt. Gerodete Flächen erwärmen sich stärker als bewaldete. Niederschläge werden nicht aufgenommen, sondern fließen sofort ab. Der Grundwasserspiegel sinkt. Da die schützende Pflanzendecke fehlt, wird bei Starkregen der Boden abgespült. Die Kreisläufe von Wasser, Energie und Nährstoffen sind zerstört.

Durch die Abholzung der tropischen Regenwälder kann sich das Weltklima ändern, da der gerodete Regenwald keine Feuchtigkeit mehr an die Luft abgeben kann. Zudem nimmt der Kohlenstoffdioxid-Gehalt der Atmosphäre zu, da die Bäume als Filter fehlen.

Mit dem tropischen Regenwald verschwindet auch der Artenreichtum. Man schätzt, dass jährlich bis zu 17 500 Arten verloren gehen könnten, von denen viele noch gar nicht entdeckt worden sind.

1 Beschreibe den weltweiten Rückgang der Regenwälder (**M 2**).

2 Erläutere anhand eines Fließdiagramms die Ursachen für die weltweite Abholzung der tropischen Regenwälder (**M 2** bis **M 4**,).

3 Die großflächige Zerstörung der Regenwälder beginnt mit dem Bau einer Straße. Begründe dies (**M 4**).

4 Erläutere, welche Auswirkungen die Vernichtung der Regenwälder weltweit und auf die Region selbst hat (**M 2** bis **M 4**).

5 Werte die Karikatur aus (**M 1**,).

6 Führt eine Pro-und-Kontra-Diskussion durch, ob man den noch verbliebenen Regenwald am Amazonas unter Naturschutz stellen sollte. An der Diskussion sollten Vertreter der Regierung, große Holzfirmen, Rinderzüchter, Betreiber der Erzgruben, einheimische Indianerstämme sowie Naturschützer beteiligt sein (**M 1** bis **M 4**, ***Eine Pro-und-Kontra-Diskussion führen,*** Webcode).

WEBCODE: UE643431-069

M 4 *Abholzung im tropischen Regenwald*

Wir werten ein Satellitenbild aus

check-it
- Merkmale eines Satellitenbildes kennen
- Schritte zum Auswerten eines Satellitenbildes kennen und anwenden

Was ist ein Satellitenbild?

Die Satelliten zur Erkundung der Erde sind mit Abtastgeräten (Scannern) ausgerüstet. Diese empfangen auch Strahlen, die der Mensch nicht sehen kann. Dazu gehören die Infrarotstrahlen, die von den Pflanzen reflektiert werden. Die Scanner tasten die Erdoberfläche ab, zeichnen die Strahlen nach ihrer Stärke (Intensität) auf und senden die Signale zur Bodenstation. Hier werden die Signale zu **Satellitenbildern** zusammengesetzt.

Checkliste: Wie gehen wir bei der Auswertung eines Satellitenbildes vor?

1. **Lokalisiere das Satellitenbild.** Suche in einer geeigneten Atlaskarte die Stelle, die das Satellitenbild zeigt. Wichtige Orientierungshilfen können Städte, Berge, Flussbiegungen und Ähnliches sein.
2. **Stelle die Himmelsrichtungen fest,** denn auf Satellitenbildern ist nicht immer Norden oben.
3. **Bestimme die Größenverhältnisse und den Maßstab,** indem du das Satellitenbild mit einer Atlaskarte vergleichst.
4. **Stelle den Aufnahmezeitpunkt des Bildes fest:** Häufig ist es wichtig, die Tageszeit zu wissen, weil sich mit dem Sonnenstand zum Beispiel die Länge der Schatten verändert. Die Jahreszeit spielt eine Rolle, wenn das Bild ein Gebiet zeigt, in dem die Bäume in der kalten Jahreszeit oder in der Trockenzeit ihr Laub abwerfen.
5. **Beschreibe einzelne Objekte und deren Verteilung,** zum Beispiel Farben, Formen, Schattierungen, Gewässer, Orte und Ähnliches.
6. **Deute den Bildinhalt und versuche dadurch Zusammenhänge zu erkennen,** zum Beispiel zwischen der Lage von Orten und Oberflächenformen, zwischen Klima und Pflanzenwelt.
7. **Nutze weitere Medien zur Beurteilung der Bildinhalte,** zum Beispiel Atlaskarten oder das Internet.

M 1 *Ein Satellit erkundet die Erde*

Erläuterung des Beispiels:

1. Es ist ein Rodungsgebiet im tropischen Regenwald im brasilianischen Bundesstaat Rondônia an der Grenze zu Bolivien dargestellt. Der erkennbare Fluss ist der Grenzfluss zwischen Brasilien und Bolivien, der Río Mamoré.
2. Die beiden Satellitenbilder sind genordet.
3. Auf den Satellitenbildern beträgt die Nord-Süd-Ausdehnung etwa 57 Kilometer, die West-Ost-Ausdehnung 100 Kilometer. Das Gebiet ist damit 5700 km^2 groß.
4. Das obere Bild ist am 19. Juli 1999 und das untere Bild am 21. Juni 2015 aufgenommen. Es liegen also fast 16 Jahre zwischen den beiden Aufnahmen. Beide Bilder sind am späten Vormittag aufgenommen worden. Die Sonne steht im Nordosten. Die Jahreszeit spielt in diesem Raum, in dem das ganze Jahr über mehrere Ernten eingebracht werden können, keine Rolle.
5. Den größten Teil der beiden Bilder nehmen dunkelgrüne, hellgrüne und rötliche Flächen ein. Der Fluss ist im oberen Bild bläulich gefärbt, im unteren Bild hellbraun. Die hellgrünen und rötlichen Flächen erstrecken sich entlang von Linien, zum Teil wie eine Fischgräte angeordnet.
6. Die beiden Satellitenbilder zeigen, wie schnell die Rodung des tropischen Regenwaldes seit 1999 vorangeschritten ist. Im Juli 1999 sind an einer Hauptstraße im unteren Bildteil und davon abzweigende Stichstraßen zu sehen. Auch vom Río Mamoré führen Stichstraßen in den Regenwald. Rechts und links der Straßen sind Siedlungen mit den rötlichen Weideflächen und den hellgrünen Anbauflächen für Feldfrüchte erkennbar. Im Juni 2015 ist auf der östlichen Seite des Flusses nur noch eine kleinere Teilfläche des tropischen Regenwaldes als zusammenhängende Fläche zu sehen, sonst herrschen Straßen, Gebäude, Weideflächen und Flächen für den Anbau von Feldfrüchten vor. Die Rodung des tropischen Regenwaldes, die Besiedlung und Nutzung der Regenwaldgebiete bei Nova Mamoré hat demnach stark zugenommen. Nur das bolivianische Gebiet westlich des Río Mamoré scheint noch geschlossener, von menschlicher Nutzung kaum berührter tropischer Regenwald zu sein.
7. Im südlichen Teil Amazoniens in Brasilien ist die Haltung von Rindern stark verbreitet. Da in Amazonien auch weitere wirtschaftliche Nutzungen wie die Holzindustrie, die Gewinnung von Kautschuk, den Abbau von Zinn sowie die Nutzung der Wasserkraft der Flüsse zur Energieerzeugung zunehmen, ist zu vermuten, dass die Abholzung des Regenwaldes weiter voranschreiten wird.

1 Benenne wichtige Merkmale eines Satellitenbildes (**M 1** bis **M 3**).

2 Teile die Satellitenbilder gedanklich in vier gleich große Teile und vergleiche diese Teile zu den beiden Aufnahmedaten (**M 2**, **M 3**).

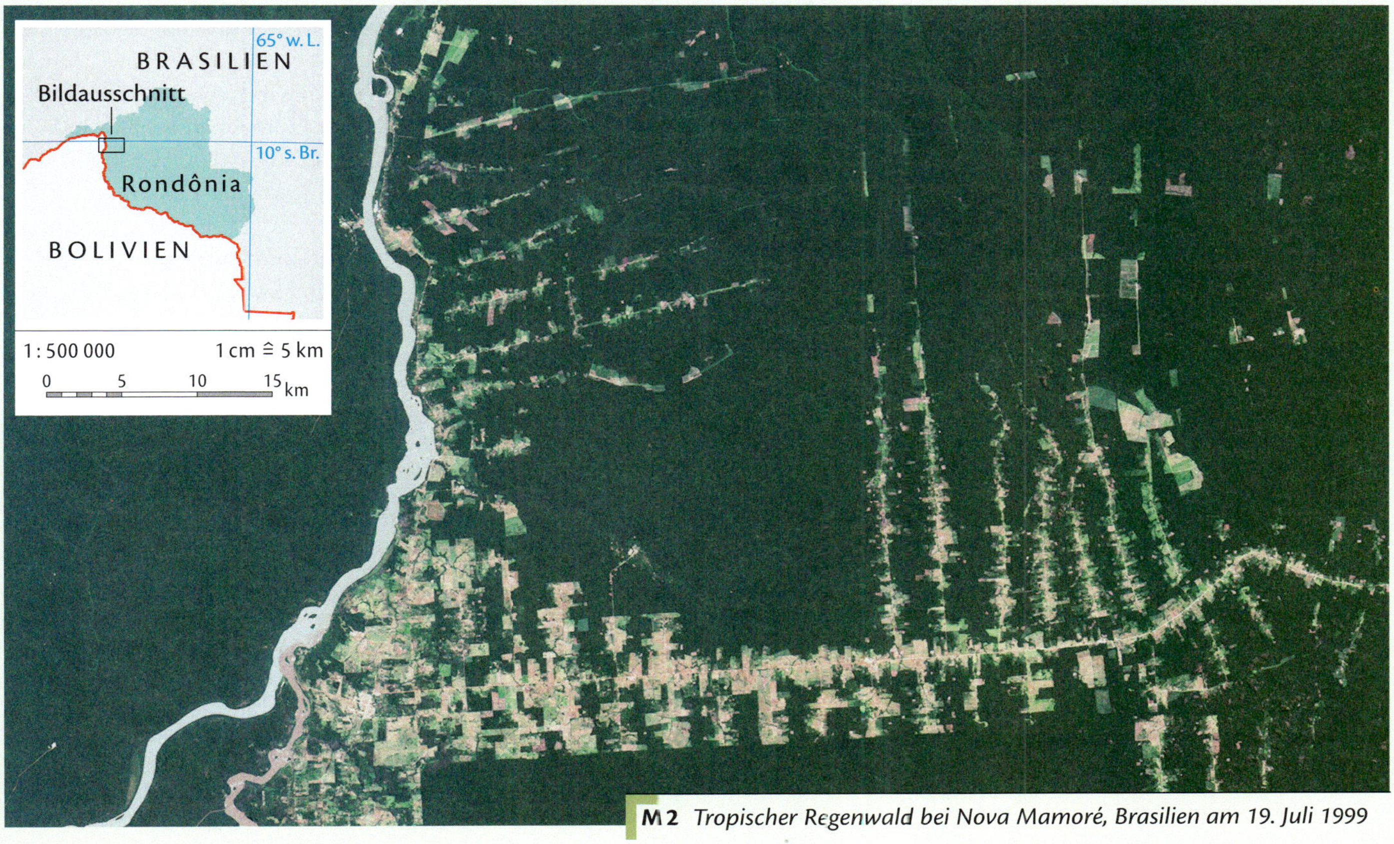

M2 *Tropischer Regenwald bei Nova Mamoré, Brasilien am 19. Juli 1999*

M3 *Tropischer Regenwald bei Nova Mamoré, Brasilien am 21. Juni 2015*

Savannen – Grasländer der wechselfeuchten Tropen

M 1 *Affenbrotbaum (Baobab) während der Trockenzeit*

check-it
- Merkmale der Savannen benennen
- Zusammenhänge zwischen Klima und Vegetation erklären
- Klimadiagramme und Profile auswerten

Die wechselfeuchten Savannen

Savannen sind weite Grasländer, die mit Bäumen und Sträuchern durchsetzt sind. Die Grasländer sind an das Klima der wechselfeuchten Tropen angepasst. Dieses Klima ist durch den Wechsel von Regenzeiten und Trockenzeiten gekennzeichnet, sodass es aride und humide Monate gibt. Je weiter ein Gebiet vom Äquator entfernt liegt, desto kürzer ist die Regenzeit und umso länger die Trockenzeit. Die Dauer der Regenzeit bestimmt die Art der Savannenvegetation.

Die Dornsavanne

In der Dornsavanne kommt Gras nur büschelweise vor und wird höchstens 25 Zentimeter hoch. Ganz vereinzelt stehen mal Bäume in der Dornsavanne, die meiste Zeit des Jahres ohne Blätter. Vorherrschend sind Kakteen, die Wasser speichern können, und Dornbüsche. Diese bieten mit ihren kleinen Blättern kaum Oberfläche für die Verdunstung. Die Flüsse führen nur während der Regenzeit Wasser.

Die Trockensavanne

In der Trockensavanne kann das Gras bis zu 1,50 Meter hoch wachsen. Aber auch Bäume kommen vor, die in der Trockenzeit ihre meist kleinen und harten Blätter abwerfen. Ein typischer Baum der Trockensavanne ist die Schirmakazie, die mit ihren langen Pfahlwurzeln auch noch Wasser aus großer Tiefe nutzen kann. Der Affenbrotbaum übersteht die Trockenzeit, weil er in seinem Stamm über Monate Wasser speichern kann.
Auch die Flüsse der Trockensavanne führen nicht ganzjährig Wasser. Dennoch hat sich an den Flussufern ein dichter, ganzjährig grüner Baumstreifen herausgebildet.

Die Feuchtsavanne

Die Feuchtsavanne ist eine parkartige Landschaft mit bis zu drei Meter hohem Gras und dichtem Baumbewuchs. Die Bäume sind immergrün, nur einige werfen in der Trockenzeit ihr Laub ab. Die Flüsse führen ganzjährig Wasser. An ihren Ufern wächst ein dichter Wald mit vielen Pflanzen. Diese sogenannten **Galeriewälder** nutzen das flach liegende Grundwasser in der Flussnähe und sind immergrün.

M 2 *Affenbrotbaum in der Regenzeit*

1 Vergleiche die Profile und die Fotos. Beschreibe die Veränderungen der Vegetation mit zunehmender Entfernung vom Äquator (**M 1, M 2, M 6** bis **M 8,** Karte S. 27 unten, Atlas).

2 Erkläre die unterschiedlichen Anpassungsformen der Vegetation an die Trockenzeit (**M 1** bis **M 8**).

3 Stelle die Merkmale der drei Savannenarten in einer Tabelle zusammen: Dauer der Regen- und Trockenzeit, Vegetation (**M 3** bis **M 8**).

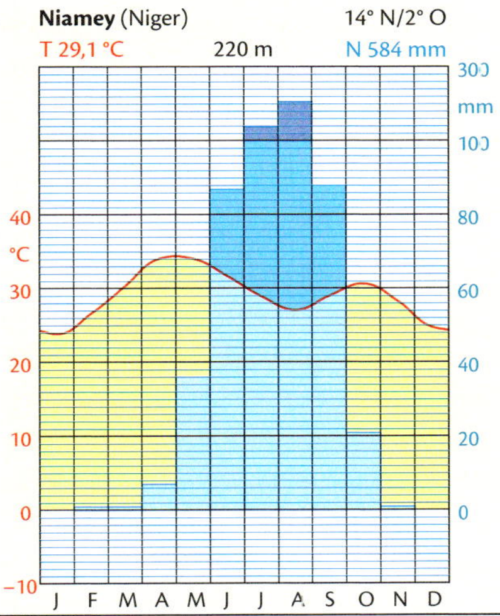

M3 *Klimadiagramm von Niamey*

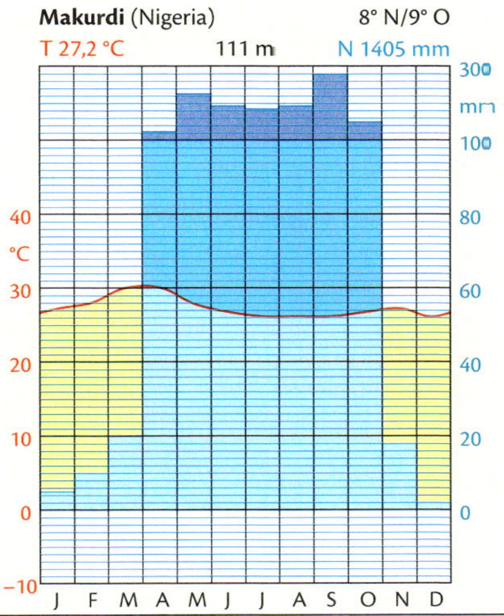

M4 *Klimadiagramm von Makurdi*

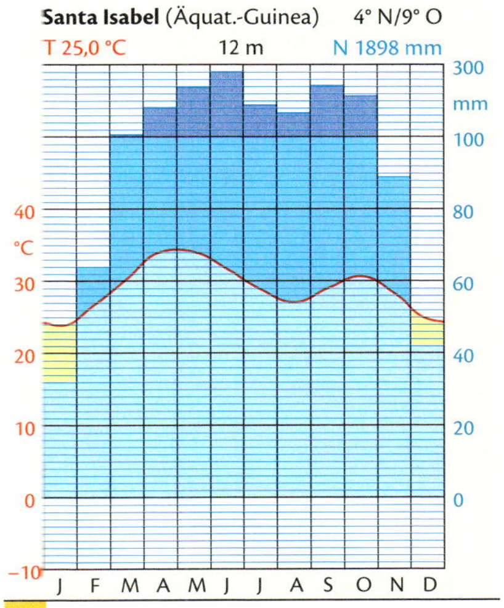

M5 *Klimadiagramm von Santa Isabel*

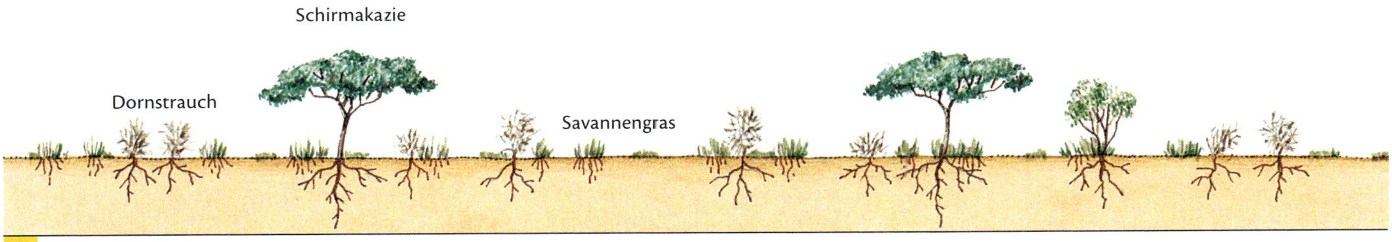

M6 *Dornsavanne*

M7 *Trockensavanne*

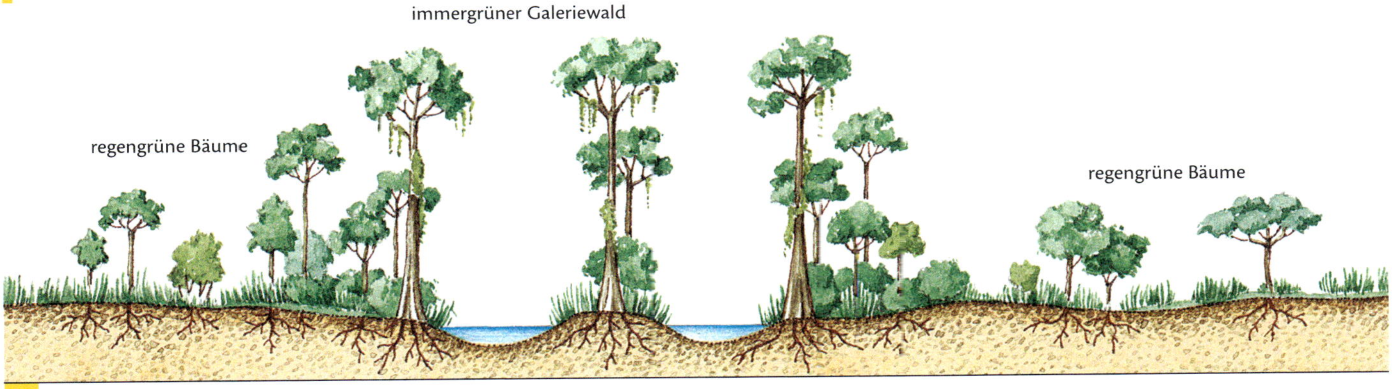

M8 *Feuchtsavanne*

Nomadische Viehwirtschaft

M 1 *Nomaden in der Dornsavanne*

check-it
- Lebensraum der Nomaden lokalisieren
- Merkmale des Nomadismus erläutern
- Zusammenhänge zwischen den natürlichen Bedingungen und der Nutzung erklären
- Veränderungen des Lebens der Nomaden beurteilen

Wandern, um zu überleben

Für einen ertragreichen Ackerbau reichen die niedrigen Niederschläge und die großen Niederschlagsschwankungen in der Dornsavanne häufig nicht mehr aus.

Dieser Raum wird seit Jahrhunderten von Völkern genutzt, die von der Viehzucht leben. Da die Tiere die spärliche Vegetation jedoch schnell abgrasen, können sie nie lange an einem Ort verweilen. Der Wechsel von Regen- und Trockenzeit und die Suche nach guten Weideflächen bestimmt das Leben der **Nomaden.** Sie legen im Laufe eines Jahres mit ihren Herden Hunderte von Kilometern zurück, immer auf der Suche nach Wasser und Weiden. Die Nomaden haben keinen festen Wohnsitz, sondern leben in Zelten oder einfachsten Hütten, die nach Bedarf auf- oder abgebaut werden können.

Wandern mit dem Regen

Wenn die Regenzeit beginnt, treiben die Männer ihre Herden in die Dornsavanne. Ist ein Platz abgeweidet, ziehen die Nomaden mit ihren Herden weiter. Die Trockenzeit verbringen sie in Flusstälern oder in der Nähe von Wasserstellen. Dennoch reicht oft das zur Verfügung stehende Gras nicht aus. Viele Tiere magern stark ab oder verenden. Mit dem Einsetzen der Regenzeit beginnt wieder die Wanderung in die Dornsavanne.

Die Nomaden in den Savannen haben vor allem Rinder-, Ziegen- und Schafherden. Deren Milch ist die wichtigste Nahrungsquelle.

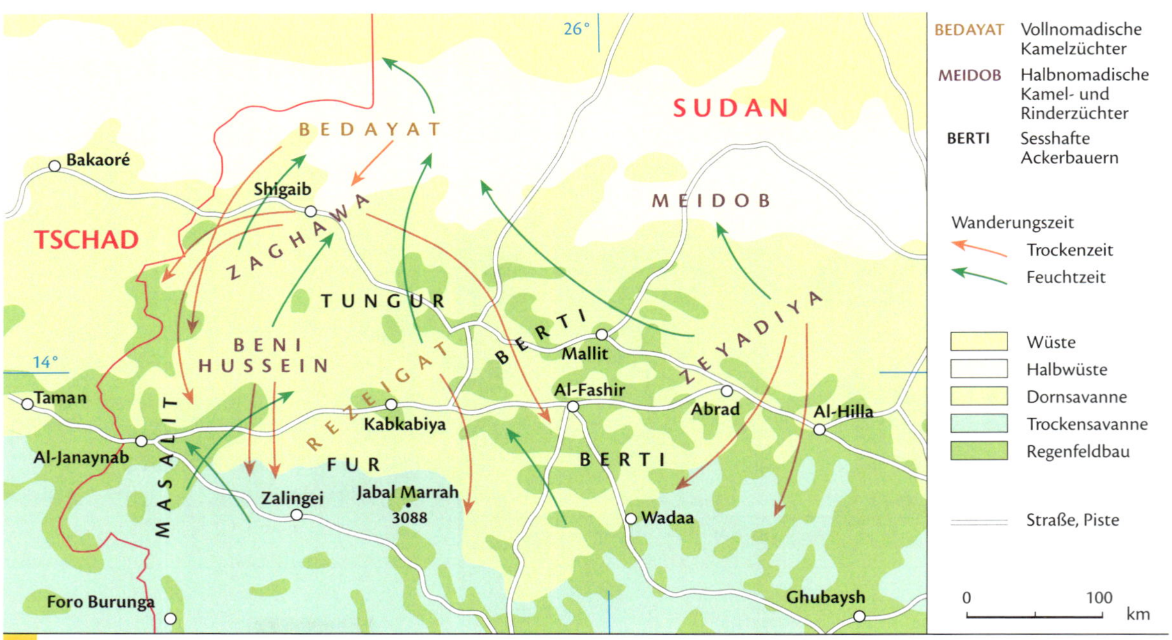

M 2 *Wanderwege der Nomaden im Sudan*

Wandern unerwünscht

Früher konnten die Nomaden ungehindert mit ihren Herden über Grenzen hinweg umherziehen. Heute verbieten immer mehr Staaten den **Nomadismus,** da sie den unkontrollierten Durchzug durch ihr Land nicht wollen. Stattdessen fordern sie das Sesshaftwerden der Nomaden. Doch die an das freie Umherziehen gewöhnten Menschen können sich oft nur schwer an feste Häuser und den Ackerbau gewöhnen.

Überall dort, wo feste Siedlungen mit Feldern und Zäunen angelegt werden, sind die Nomaden von ihren traditionellen Weidegebieten abgeschnitten. Die Staaten lassen das Land vermessen, um es verkaufen zu können. So entstanden Großfarmen oft ausländischer Unternehmen auf dem angestammten Weideland der Nomaden.

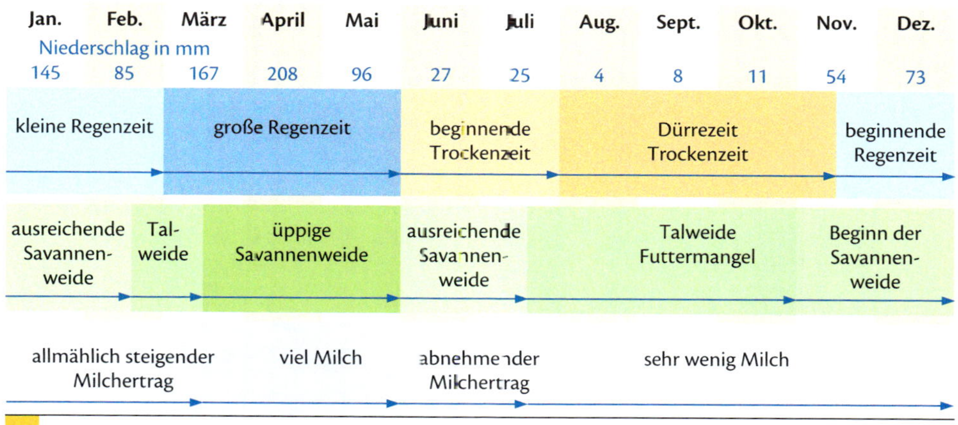

M3 *Jahresrhythmus der Nomaden*

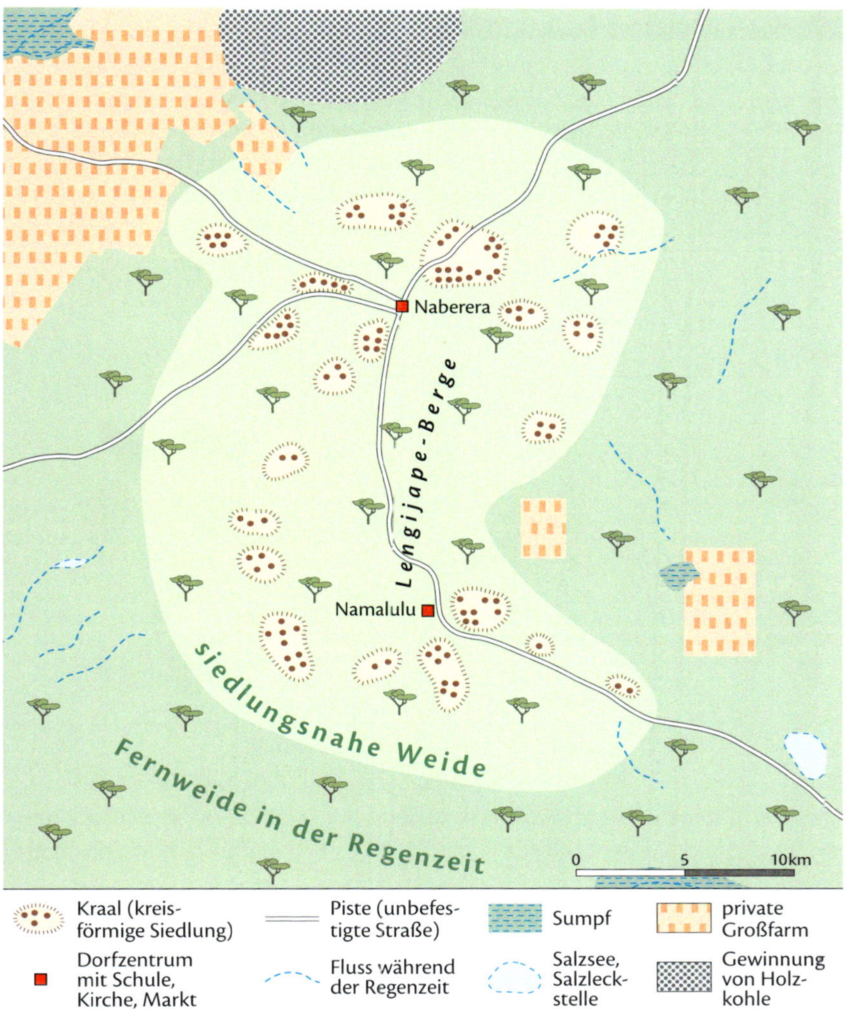

M4 *Eingriffe in den Lebensraum der Nomaden*

1. Beschreibe den Lebensraum der Nomaden und benenne die Staaten, die in der Dornsavanne liegen (**M 1, M 2,** Karte S. 218/219, Atlas).
2. Benenne Merkmale des Nomadismus und fertige dazu eine Mindmap an (**M 1** bis **M 3,**).
3. Erkläre die Wanderwege der Nomaden mithilfe der Klimadiagramme von Niamey und Makurdi (**M 2, M 3,** S. 73 **M 3** und **M 4**).
4. Erläutere Veränderungen im Leben der nomadisierenden Viehzüchter in den Savannen Afrikas (**M 4, M 5**).
5. Schreibe einen kurzen Bericht über das Leben der Nomaden heute, in dem du neue Entwicklungen benennst und die Veränderungen für das Leben der Nomaden beurteilst. Informiere dich auch im Internet (**M 4, M 5,** ***Eine Internetrecherche durchführen***).

WEBCODE: UE643431-075

„Heute ist alles anders. Unsere jungen Männer wandern nach Norden, um bei der Wein- und Olivenernte zu helfen. Einige gehen sogar als Gastarbeiter nach Europa, andere arbeiten auf den Ölfeldern. Wer Glück hat, wird Lkw-Fahrer oder Fremdenführer."

M5 *Ein ehemaliger Nomade berichtet*

Ackerbau im Kampf mit der Trockenheit

M 1 *Ackerbau in Mali*

check-it
- natürliche Voraussetzungen für Regenfeldbau beschreiben
- Kulturpflanzen der Savannen benennen
- Anbaumethoden in den Savannen erklären
- Risiken des Regenfeldbaus beurteilen

Ohne Wasser kein Pflanzenwachstum

In den Savannen muss sich der Ackerbau an den Wechsel von Regen- und Trockenzeiten anpassen. Ackerbau ist überall dort möglich, wo 250 Millimeter Niederschlag im Jahr fallen. Diese Niederschlagsmenge markiert die **Trockengrenze** des Anbaus. Werden diese Niederschlagsmengen nicht erreicht, ist nur noch Viehhaltung möglich.

Regenfeldbau zur Selbstversorgung

Die Bauern leben in festen Siedlungen und bestellen ihre Felder ohne Bewässerung. Diese Form des Anbaus nennt man **Regenfeldbau.**

Am Ende der Trockenzeit beginnen die Bauern mit dem Bestellen ihrer Felder. Mit einfachen Hacken lockern sie die oberste Bodenschicht etwa zehn Zentimeter tief auf. Dieser **Hackbau** ist sehr mühsam, da der Boden ausgetrocknet und dadurch sehr hart ist.

Nach den ersten Regenfällen muss schnell gesät werden, damit die Pflanzen die ohnehin geringen Niederschläge voll nutzen können.

Dornsavanne	Trockensavanne		Feuchtsavanne
		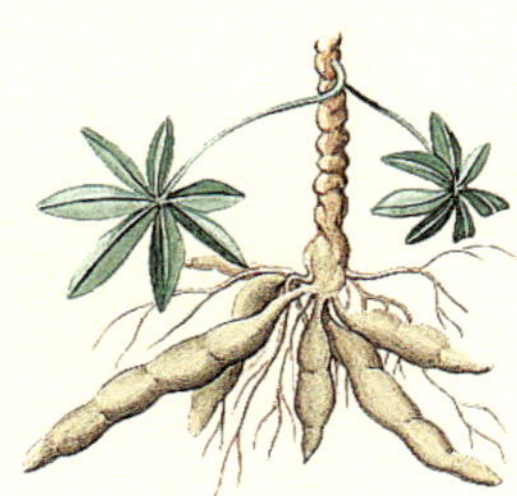	
Hirse anspruchsloses Getreide - ab 180 mm Jahresniederschlag, - sehr gut lagerbar	**Batate** Süßkartoffel - ab zwei bis drei humiden Monaten, - nicht lange lagerbar	**Maniok** mehrjährige Pflanze - ab 1000 mm Niederschlag, - reife Wurzelknollen können bis zu zwei Jahren im Boden bleiben, nach der Ernte nicht lagerbar	**Yams** hoher Nährstoffbedarf - benötigt elf Monate mit ausreichender Feuchtigkeit, - bei Lagerung Schrumpfungs- und Fäulnisprozesse

M 2 *Kulturpflanzen zur Selbstversorgung in der Savanne*

Der Regenfeldbau ist abhängig von den Niederschlagsmengen. Bleiben die Niederschläge aus oder fallen nicht ausreichend in der Wachstumsperiode der Pflanzen, kommt es zu Ernteverlusten und Hungersnöten.

Hirse – das Getreide der Savanne

Hirse ist ein anspruchsloses Getreide, dessen Körner aber einen hohen Nährwert haben. Die Pflanze braucht viel Wärme, aber nur wenig Feuchtigkeit. Deshalb kann Hirse selbst in der Dornsavanne noch angebaut werden. Die Pflanze erreicht trotz einer kurzen Wachstumszeit bis zu fünf Meter Höhe. Die Hirsebauern in der Dorn- und Trockensavanne besitzen meistens nur Felder von maximal drei bis fünf Hektar, die mithilfe alle Familienmitglieder bestellt werden. Die Feldarbeit ist mühsam, da keine Maschinen vorhanden sind. Es gibt nur eine Ernte pro Jahr gegen Ende der Regenzeit. Von den geringen Erträgen müssen ausreichend Körner als Saatgut für das kommende Jahr zurückgelegt und gleichzeitig die Ernährung der Familie gesichert werden.

1 Beschreibe die natürlichen Anbaubedingungen in den Savannen (**M 1** und **M 3,** S. 73).

2 Ordne die Kulturpflanzen den Savannenarten zu (**M 2**).

3 Informiere dich in Supermärkten und Bioläden, welche Produkte mit diesen Pflanzen es auch bei uns zu kaufen gibt (**M 2**).

4 Erkläre, warum sich die Hirse besonders gut für den Anbau in der Savanne eignet und wie dieses Getreide angebaut bzw. verwendet wird (**M 2** bis **M 5**).

5 Beurteile die Risiken des Regenfeldbaus in den Savannen. Informiere dich dazu über aktuelle Hungersnöte in Savannenländern (***Eine Internetrecherche durchführen***).

WEBCODE: UE643431-077

M 3 *Hirseernte in Mali*

M 4 *Frauen beim Hirsestampfen*

Einjähriger Anbaukalender für zwei Felder

Monat	Temp. (in °C)	Niederschlag (N in mm)	Tage mit N	Anbaufeld Hirse		Brachfeld
Januar	21	2	0	Hacken		Weide für Rinder, Schafe, Ziegen
Februar	23	4	1			
März	26	24	3			
April	25	93	11	Aussaat	Jäten	
Mai	24	205	16			
Juni	23	229	17			
Juli	21	318	23	Blüte		
August	21	274	22	Ernte		
September	22	219	21			
Oktober	23	39	11	Hacken		
November	23	5	1			
Dezember	2[illegible]	2	0			

M 5 *Anbaukalender für Hirse*

Aus Savannen werden Wüsten

M 1 *Viehherde in Mali*

check-it
- geographische Lage der Sahelzone beschreiben
- natürliche Bedingungen der Sahelzone benennen
- Ursachen und Folgen der Ausbreitung von Wüsten erläutern

Sahelzone – „rettendes Ufer“

Die am Südrand der Sahara liegende Savanne wird von den dort lebenden Nomaden als Sahel bezeichnet. Dieses Wort kommt aus dem Arabischen und bedeutet „Ufer“. Nach der Durchquerung der Wüste fanden die **Karawanen** hier wieder Nahrung und Wasser – sie hatten also das „rettende Ufer“ erreicht. Heute ist dieses „rettende Ufer“ gefährdet, denn die Wüste rückt immer weiter nach Süden vor.

Die natürlichen Ursachen

In der Sahelzone dauert die Trockenzeit fast das ganze Jahr. Der Jahresniederschlag beträgt etwa 200 bis 600 Millimeter. Die Niederschläge weisen allerdings sehr starke Schwankungen auf. Mehrere Jahre hintereinander kann es nicht regnen. Dann sinkt der Grundwasserspiegel, die Vegetation stirbt ab und die Brunnen trocknen aus. Es kommt zu Dürrezeiten.

Der Einfluss des Menschen

In der Sahelzone müssen immer mehr Menschen ernährt werden, denn die Bevölkerung wächst schnell. Die Hackbauern der südlichen Sahelzone verlagern deshalb ihre Anbaugebiete immer weiter nach Norden. Dabei vernichten sie den Baumbestand der Savanne. Die

M 2 *Vorrücken des Feldanbaus im Sudan*

Verwendungszweck	Zahl der Bäume
Bau von 2 Wohnhütten pro Familie bei 6 Jahren Haltbarkeit	16
Umzäunung des Wohngrundstücks	40
Umzäunung der Felder	100
Brennholz pro Jahr (1 Baum bzw. Busch pro Woche)	52

M 3 *Nutzung des Holzes*

Savanne wird zum Ackerland, auf dem vor allem Hirse angebaut wird. Die Hirsepflanzen schützen jedoch den Boden nicht so gut gegen den Wind wie die Gräser, Sträucher und Bäume. Es kommt zur Abtragung und Zerstörung des Ackerbodens. Diesen Vorgang nennt man **Bodenerosion.**
Durch den nach Norden vorrückenden Ackerbau kommt es zu Konflikten mit den Nomaden, die aus ihren angestammten Weidegebieten verdrängt werden. Sie müssen in nördlicher gelegene Weidegebiete mit spärlichem Bewuchs ausweichen. Das Vieh wird dadurch ungenügend ernährt und kann nur zu niedrigen Preisen verkauft werden. Um die Einnahmeverluste auszugleichen, müssen die Nomaden mehr Vieh halten. Dies führt zur **Überweidung** der Flächen. Die Tiere fressen den Boden kahl. Ohne Grasdecke ist der Boden dann den kurzen, aber heftigen Regengüssen ausgesetzt und wird von Wind und Wasser zerstört. Gleichzeitig konnte durch die Bohrung von Tiefbrunnen der Viehbestand erhöht werden, denn durch die Brunnen steht ganzjährig Wasser für die Tiere zur Verfügung. Im Umkreis der Brunnen haben Tausende von Tieren die Gräser und Sträucher niedergetrampelt und kahl gefressen. Das Überleben in der Sahelzone wird schwieriger, denn mit jedem Dürrejahr werden weitere Gebiete zur Wüste.

WEBCODE: UE643431-079

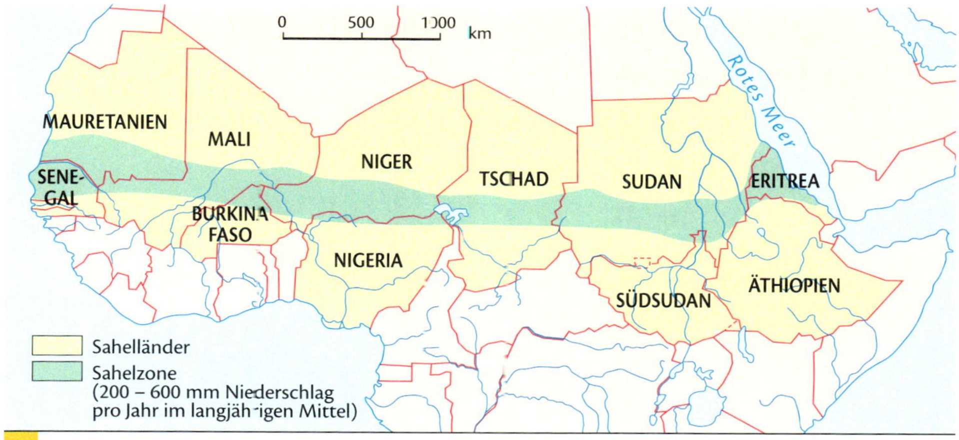

M 4 *Die Sahelländer*

	Fläche in km²	Bevölkerung in Mio. 1960	1970	1980	1990	2000	2010	2015
Äthiopien	1 104 000	22,2	23,4	35,2	48,1	66,4	87,6	99,4
Burkina Faso	274 000	4,8	5,6	6,8	8,8	11,6	15,6	18,1
Eritrea	118 000	1,4	1,8	2,4	3,1	3,5	4,7	5,2
Mali	1 240 000	5,3	5,9	7,1	8,5	11,0	15,2	17,6
Mauretanien	1 031 000	0,9	1,1	1,5	2,0	2,7	3,6	4,1
Niger	1 267 000	3,4	4,5	6,0	7,9	11,2	16,3	19,9
Senegal	197 000	3,2	4,2	5,6	7,5	9,9	13,0	15,1
Sudan	1 861 000	7,5	10,2	14,4	20,0	28,1	36,1	40,2
Südsudan	664 000	3,0	3,6	4,7	5,8	6,7	10,1	12,3
Tschad	1 284 000	3,0	3,6	4,5	6,0	8,3	11,9	14,0

Quelle: United Nations, World Population Prospects, 2015 Revision

M 5 *Bevölkerungsentwicklung im Sahel*

1 Beschreibe die geographische Lage der Sahelzone (**M 4,** Karte S. 218/219, Atlas).

2 Benenne die natürlichen Bedingungen für Ackerbau und Viehhaltung in der Sahelzone (**M 1, M 2** und **M 6**).

3 Erkläre, warum die Bäume in der Savanne abgeholzt und wozu diese verwendet werden (**M 3**).

4 Arbeitet in Gruppen. Stellt in einer Tabelle die Ursachen und Folgen der Wüstenausbreitung im Sahel gegenüber und erläutert diese (**M 1** bis **M 6**).

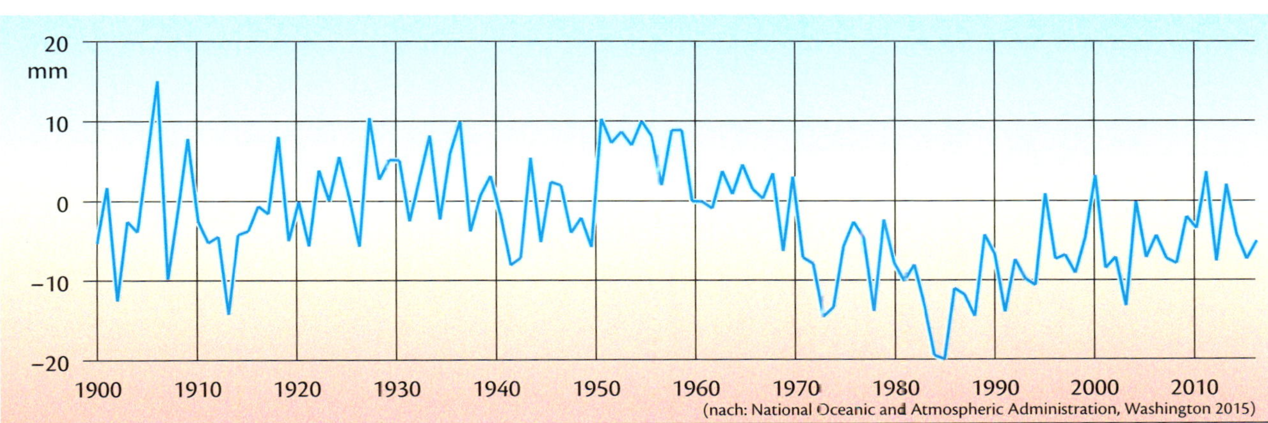

M 6 *Schwankung der Jahresniederschläge in der Sahelzone*

Geo-Check: Zusammenhänge in der tropischen Zone untersuchen

Sich orientieren

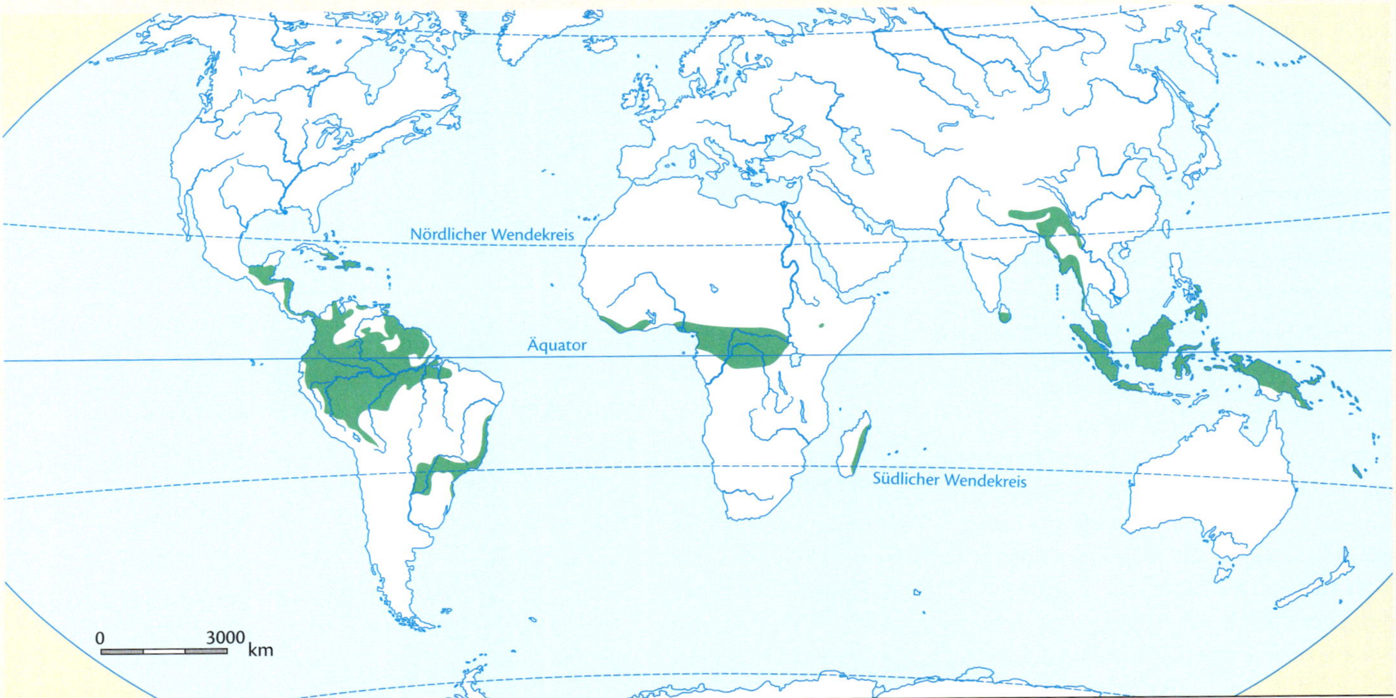

M 1 *Tropischer Regenwald*

1 Benenne die Kontinente und mindestens fünf Länder, die Anteil an den tropischen Regenwäldern haben (**M 1,** Atlas).

2 Benenne die Kontinente und mindestens fünf Länder, die Anteil an den Savannen haben (**M 2,** Atlas).

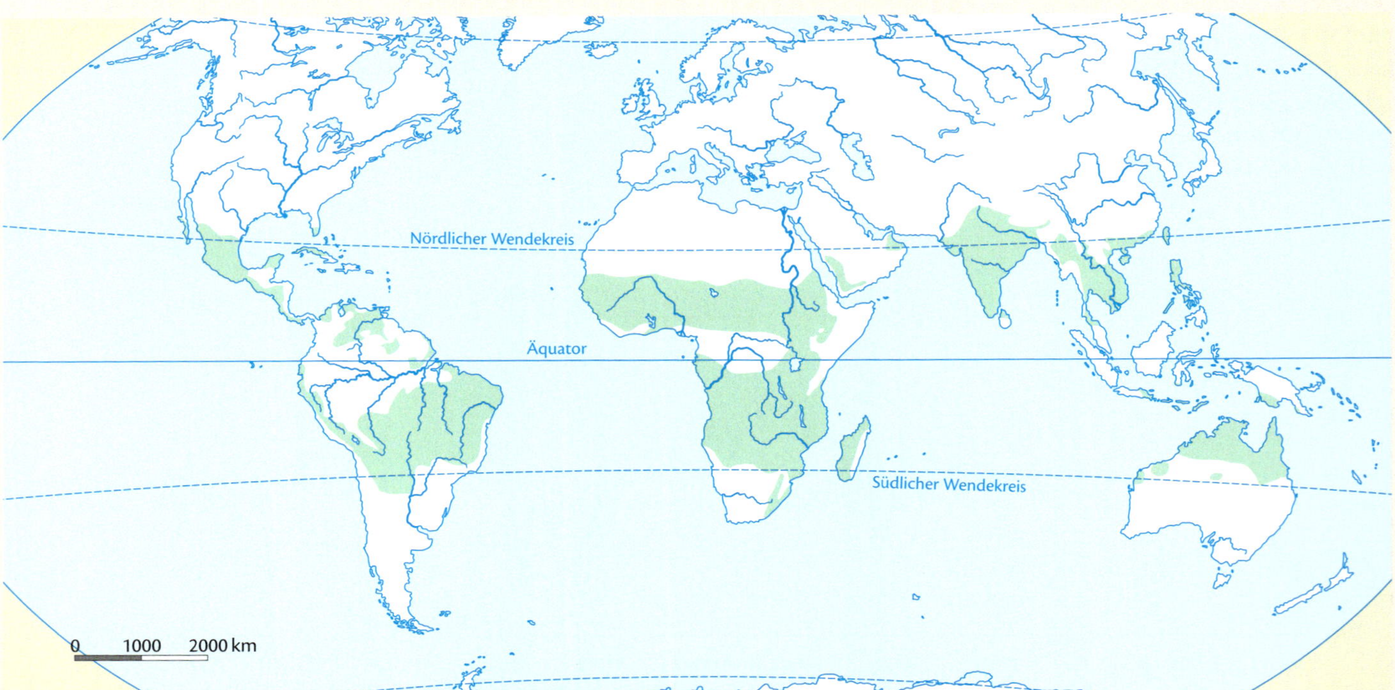

M 2 *Savannen*

Wissen und verstehen

3 Sortiere die Aussagen in richtige und falsche Aussagen. Verbessere die falschen Aussagen und schreibe diese richtig auf.

Richtig oder falsch?

- Das Klima im tropischen Regenwald ist immerfeucht und kühl.
- Auf Plantagen wird Kaffee in Monokultur angebaut.
- Bei der Regenwaldvernichtung hat das Fällen eines Urwaldriesen keine weitreichenden Folgen.
- Der Boden des tropischen Regenwaldes ist nährstoffreich.
- Am Amazonas befindet sich das größte zusammenhängende Regenwaldgebiet der Erde.
- Im tropischen Regenwald werden auf großen Plantagen Kartoffeln und Weizen angebaut.
- Der tropische Regenwald ist artenreich, immergrün und trocken.
- Das Klima in den Savannen ist durch den Wechsel von Regen- und Trockenzeiten gekennzeichnet.
- Die agronomische Trockengrenze liegt bei etwa 250 mm Niederschlag pro Jahr.
- Bodenerosion in der Sahelzone lässt sich nicht verhindern.
- Beim Wanderfeldbau werden nur die Felder verlegt.
- Während der Trockenzeit wandern die Nomaden im Sudan nach Norden.

4 Ordne jedem dieser Begriffe mindestens zwei Merkmale zu, die ihn erklären (**M 3**).

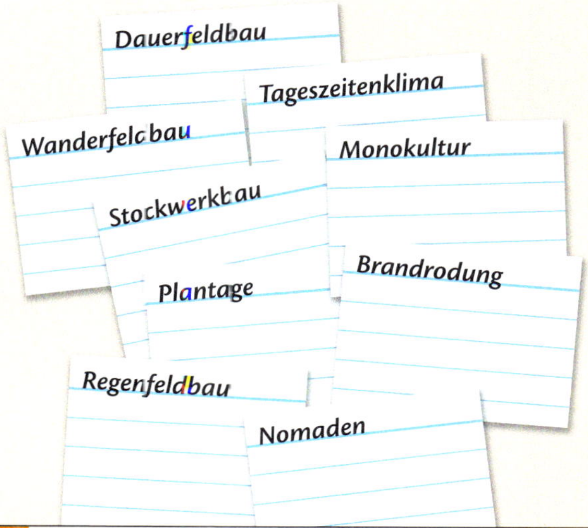

M 3 *Geo-Begriffestapel*

5 Löse das Regenwaldrätsel. Die Buchstaben in den farbigen Feldern ergeben – von links nach rechts gelesen – das Lösungswort (**M 4**, Webcode).

WEBCODE: UE643431-081

1. besonderer Kreislauf im tropischen Regenwald
2. landwirtschaftliche Großbetriebe im tropischen Regenwald
3. Abholzen von Bäumen
4. Suche nach neuen Medikamenten und Arten im Regenwald
5. ausschließlicher Anbau von nur einer Fruchtsorte
6. Wurzeln eines Urwaldbaumes
7. Kulturpflanze, die auf Plantagen angebaut wird
8. gerechter Handel
9. Pflanze zur Selbstversorgung in den Tropen
10. Gewinnung von Anbauflächen durch Feuer
11. viele Tier- und Pflanzensorten
12. hohe Bäume im tropischen Regenwald

Hinweis: Bitte nicht in das Buch schreiben

M 4 *Regenwaldrätsel (Umlaut = 1 Buchstabe)*

4 Ursachen und mögliche Auswirkunge des Klimawandels erläutern

M 5 *„Schnell wachsen!"*

Sich verständigen, beurteilen und handeln

6 Werte die Karikatur aus (**M 5**).

Können und anwenden

7 Werte das Satellitenbild aus. Nimm dazu die Checkliste auf S. 70 zu Hilfe (**M 6**, Karten S. 55 unten und S. 218/219, Atlas).

M 6 *Satellitenbild des Niger in Mali*

Erde: globale Erwärmung und Kohlenstoffdioxid-Ausstoß

Globale Erwärmung

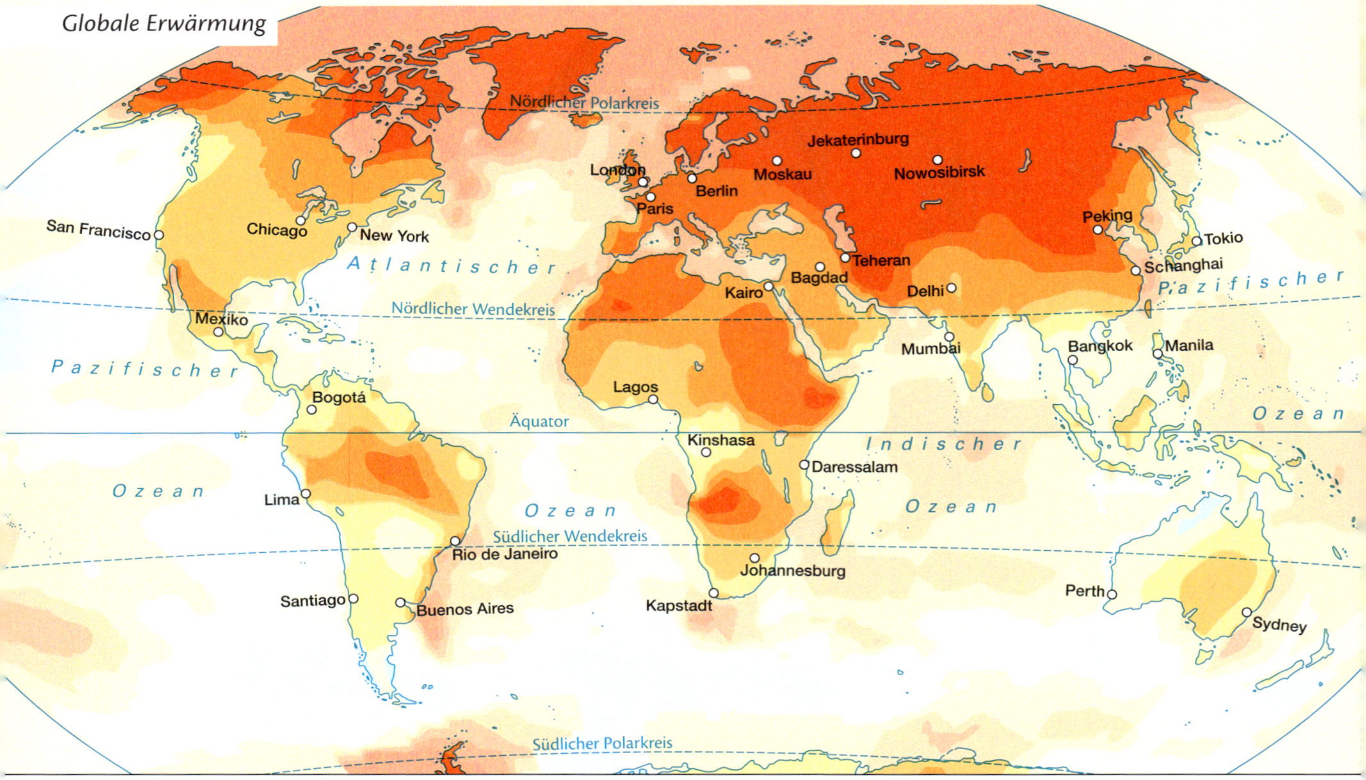

Abweichung der monatlichen Durchschnittstemperaturen Januar–Dezember 2001–2009 (im Vergleich zu 1950–2000)

unter 0 °C | 0 – 0,2 °C | 0,2 – 0,4 °C | 0,4 – 0,6 °C | 0,6 – 0,8 °C | 0,8 – 1 °C | über 1 °C

Quelle: GISS Surface Temperature Analysis (GISTEMP). NASA Goddard Institute for Space Studies

0 3000 km

Kohlenstoffdioxid-Ausstoß

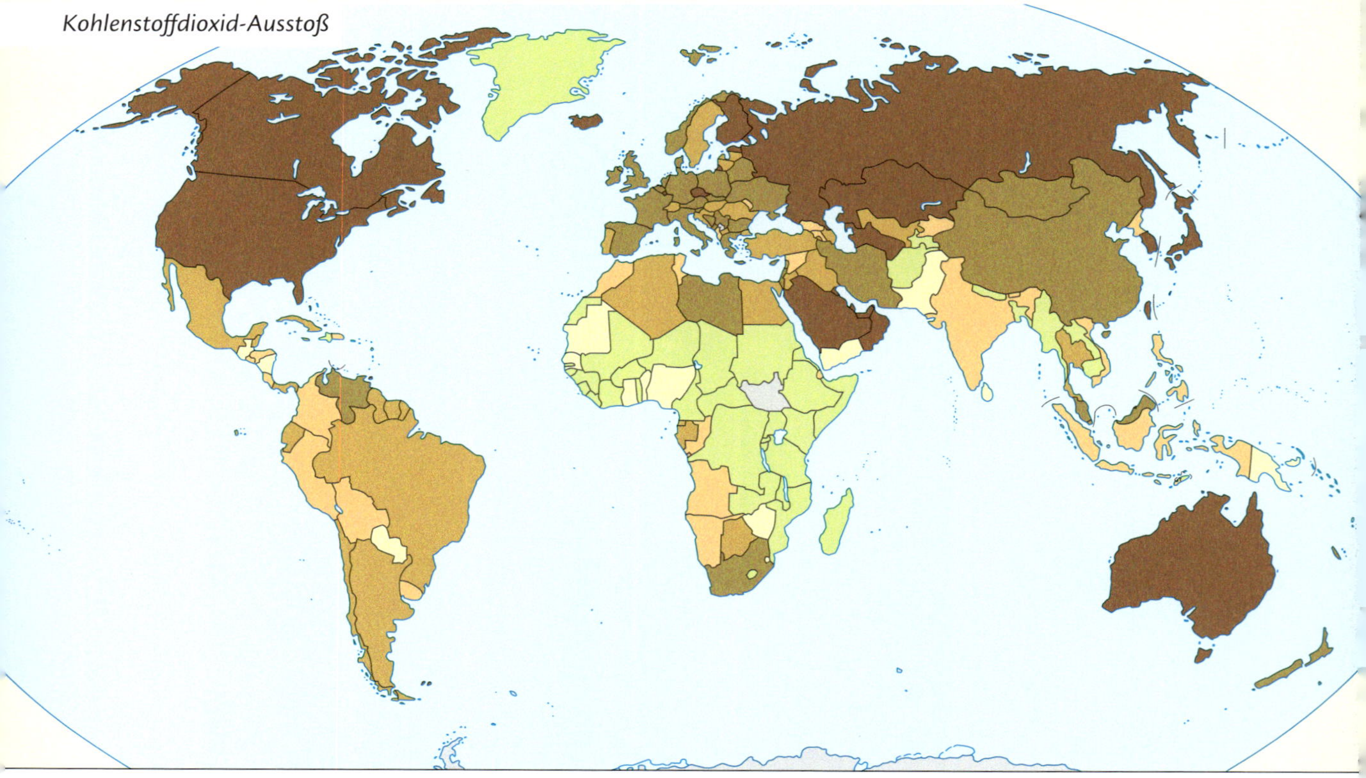

Kohlenstoffdioxid-Ausstoß je Einwohner 2014 in Tonnen (aus dem Verbrauch durch Energie-Erzeugung)

unter 0,5 t | 0,5 – 1 t | 1 – 2,5 t | 2,5 – 5 t | 5 – 10 t | über 10 t | keine Angaben

Quelle: EDGARv4.3, European Commission, Joint Research Centre (JRC)/PBL Netherlands Environmental Assessment Agency

0 3000 km

Die Atmosphäre – der verwundbarste Teil der Erde

Die Lufthülle der Erde ist deshalb so verwundbar, weil sie so dünn ist. Würde man einen Globus mit einer Lackschicht überziehen, wäre die Farbe so dick wie die Erdatmosphäre im Vergleich zur Erdkugel. Der Mensch ist in der Lage, die Zusammensetzung der Atmosphäre zu verändern.

In diesem Kapitel lernst du
- Merkmale und Anzeichen für den Klimawandel zu beschreiben,
- Ursachen für Klimaschwankungen zu erläutern,
- die Begriffe „Ozonloch“ und „Treibhausgase“ kennen,
- Ursachen des Treibhauseffekts zu erläutern,
- die Bedeutung von Treibhausgasen zu erklären.

Dazu nutzt du
- thematische Karten,
- Blockbilder,
- Karikaturen und
- Diagramme.

Du beurteilst
- Auswirkungen des Klimawandels und
- Möglichkeiten des Klimaschutzes.

Blick aus dem Weltraum auf ein Wolkenband über dem Indischen Ozean (Space Shuttle Discovery 1999)

Anzeichen des Klimawandels – von Eis zu heiß

check-it
- Temperaturveränderungen beschreiben
- Anzeichen für den Klimawandel darlegen
- Gletscherveränderungen vergleichen und erklären
- Rolle des Eises im Klimasystem erläutern
- Profil und Kartogramm auswerten

Anzeichen des Klimawandels

Langfristige Messungen beweisen, dass die globalen Luft- und Meerestemperaturen angestiegen sind. Von 1860 bis 2010 ist die Temperatur der Meeresoberfläche um mehr als ein Grad Celsius gestiegen. Seit 1972 verkürzt sich die mittlere Dauer der Schneesaison alle zehn Jahre um 5,3 Tage. Die Meereisflächen der Arktis und die Schneebedeckung der Nordhalbkugel haben sich seit 1960 um zehn Prozent verringert. 2013 nimmt ein Frachtschiff aus China nach Rotterdam die Abkürzung durch die Nordostpassage und benötigt nur noch 35 statt 48 Tage. Die schmelzenden Gletscher und die Ausdehnung des Wassers führen weltweit zum Ansteigen des Meeresspiegels. Die Häufigkeit von extremen Niederschlägen in den gemäßigten und polaren Breiten der Nordhalbkugel hat zugenommen. Auch tropische Wirbelstürme treten häufiger und intensiver auf. Durch sommerliche Trockenperioden und Dürren breiten sich die Wüsten in Afrika, Zentralasien, Nordindien und Südamerika immer mehr aus. Hitzeperioden führen in den USA zu den schlimmsten Waldbränden seit 50 Jahren.

Schnee und Eis im Klimasystem

Die Anzeichen für die weltweite Klimaerwärmung lassen sich besonders gut an Veränderungen bei Schnee und Eis erkennen.

Die Gletschermumie „Ötzi" wurde 1991 in den Ötztaler Alpen in Südtirol gefunden. „Ötzi" lag seit etwa 3400 vor Christus in einer Querrinne unterhalb eines Gletschers. Der Gletscher glitt über 5400 Jahre über diese Querrinne hinweg, sodass die Gletschermumie dort relativ unbeschadet die Zeit überstehen konnte. Erst mit dem Rückzug des Gletschers wurde die Fundstelle frei.

Gletscherveränderungen werden weltweit beobachtet. In den Alpen haben die Gletscher in den letzten 100 Jahren etwa 50 Prozent ihrer Masse verloren.

Die Schnee- und eisbedeckten Flächen beeinflussen die **Albedo,** das heißt das Rückstrahlvermögen von Flächen und damit den globalen Wärmehaushalt der Erde.

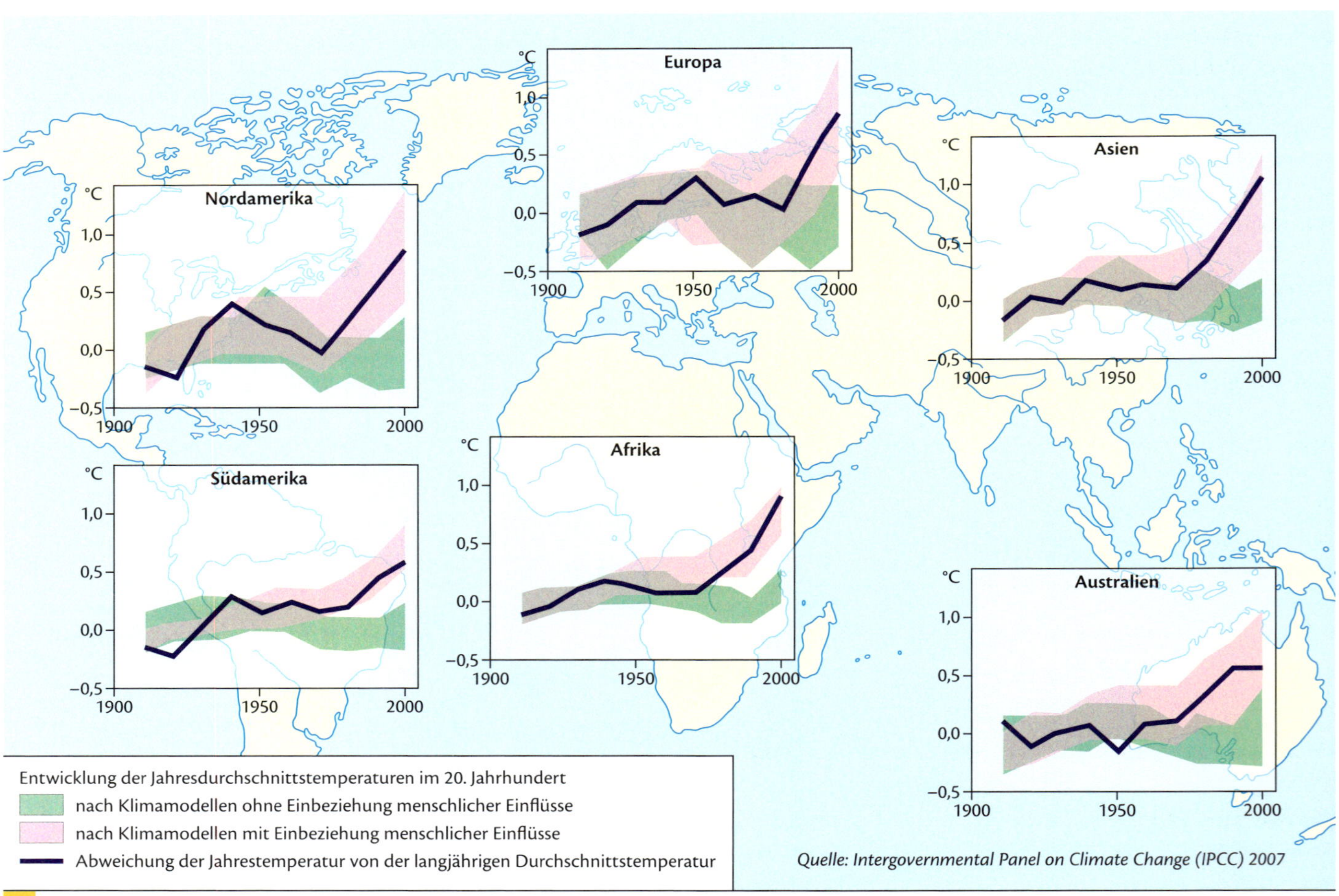

M 1 *Entwicklung der weltweiten Jahresdurchschnittstemperaturen nach Klimamodellen*

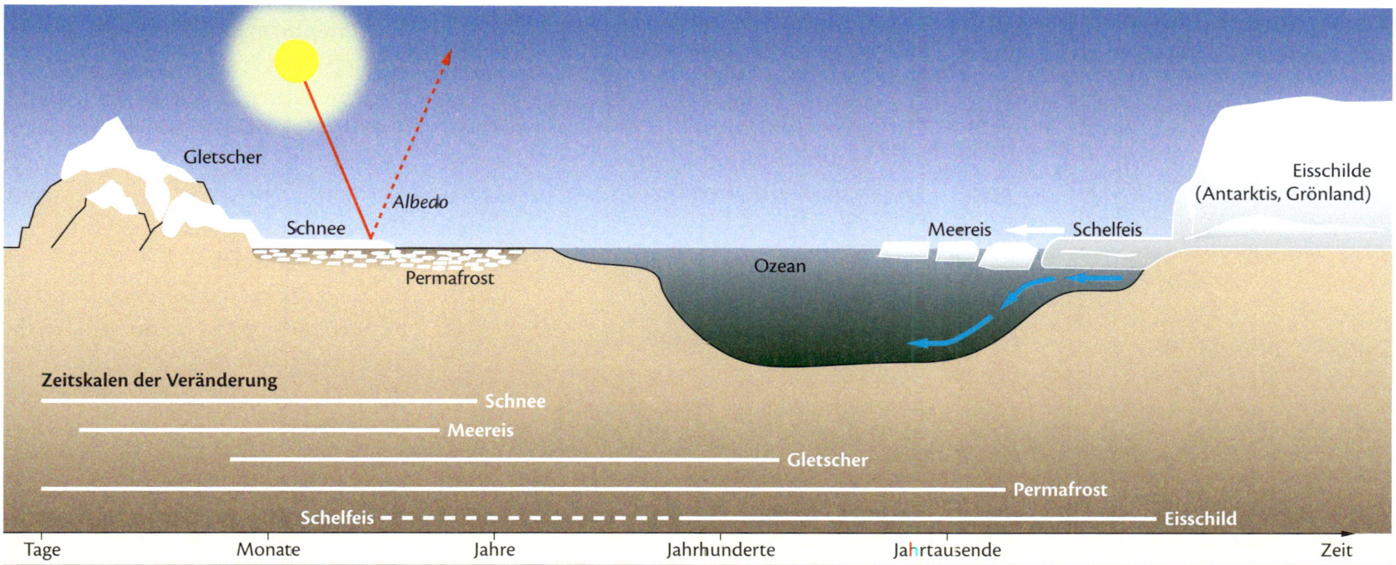

M 2 *Der Einfluss des Eises im Klimasystem*

Beim Abschmelzen des Grönländischen Eisschildes fließen große Mengen Süßwasser in den Nordatlantik. Hier befindet sich der „Motor" für die globalen Meeresströme, die jedoch kaltes und salzhaltiges Wasser für die Zirkulation benötigen.

Messungen zum Volumen, der Masse oder Oberflächenbewegung von Gletschern finden durch Gletscherforscher (Glaziologen) an den Gletscherzungen und durch Auswertung von Satellitenaufnahmen statt.

Bei den Gletschern in den Höhenlagen der Tropen sind die Temperaturschwankungen und Niederschläge im Jahresverlauf geringer. Wegen ihrer kleineren Ausdehnung reagieren sie empfindlicher und schneller auf Klimaveränderungen. Schon ein vergleichsweise geringer Temperaturanstieg wirkt sich unmittelbar aus.

M 3 *Veränderungen des Vernagtferners in den Ötztaler Alpen in der Gegenüberstellung von 1902 zu 2014*

1 Beschreibe die weltweiten Temperaturveränderungen (**M 1**, Karte S. 83 oben).

2 Benenne Anzeichen des Klimawandels (**M 1** bis **M 3**).

3 Erläutere die Rolle des Eises im Klimasystem (**M 2**).

4 Erstelle eine Übersicht mit den Eisformen, ihren Verbreitungsgebieten auf der Erde und den Zeiträumen ihrer Veränderungen (**M 2**).

5 Vergleiche die Bilder des Vernagtferners und erörtere regionale und überregionale Folgen (**M 3**).

6 Führe eine Internetrecherche durch zum Thema „Anstieg des globalen Meeresspiegels" (***Eine Internetrecherche durchführen***).

WEBCODE: UE643431-087

Der Treibhauseffekt

M 1 *Karikatur*

check-it
- Treibhausgase und ihre Auswirkungen auf das Klima benennen
- natürlichen und anthropogenen Treibhauseffekt erläutern
- Karikatur auswerten
- Entwicklung des Treibhauseffekts und Maßnahmen erörtern

Der natürliche Treibhauseffekt

Die Strahlung der Sonne dringt durch die Atmosphäre zur Erdoberfläche und erwärmt sie. Von der Erdoberfläche wird nun Wärmestrahlung in das Weltall zurückgesendet. Einige Spurengase in der Atmosphäre, darunter vor allem Kohlenstoffdioxid (CO_2) und Wasserdampf, können diese Wärmestrahlung aufnehmen und dadurch die Energie in der Atmosphäre speichern.

Durch diesen natürlichen Treibhauseffekt erhöht sich die Temperatur der unteren Atmosphärenschichten um etwa 33 Grad Celsius, sodass auf der Erde eine durchschnittliche Temperatur von 15 Grad Celsius erreicht wird. Ohne diesen natürlichen Treibhauseffekt wäre es nämlich auf der Erde sehr kalt – minus 18 Grad Celsius im Durchschnitt – und Leben wäre auf unserem Planeten kaum möglich. Der natürliche Treibhauseffekt ist also lebensnotwendig.

Der anthropogene Treibhauseffekt

Im Zuge der Industrialisierung wurden und werden vom Menschen **Treibhausgase** produziert, die sich in der Atmosphäre anreichern. Dieser anthropogene Treibhauseffekt verstärkt den natürlichen Treibhauseffekt und lässt die Temperaturen auf der Erde ansteigen. Treibhausgase sind vor allem Kohlenstoffdioxid, Methan, Lachgas und Fluorchlorkohlenwasserstoffe.

Kohlen(stoff)dioxid (CO_2) entsteht durch die Verbrennung fossiler Energieträger wie Kohle, Öl oder Gas.

Methan (CH_4) entsteht bei der Zersetzung organischer Stoffe unter Luftabschluss. Moore, Nassreisfelder und Müllkippen tragen zur Methanbildung bei. Auch die Ausweitung der Rinderhaltung verstärkt den Treibhauseffekt, denn beim Wiederkäuen erzeugen die Tiere Methangas. Ein Rind verursacht pro Tag rund 250 Liter Methan. Welt-

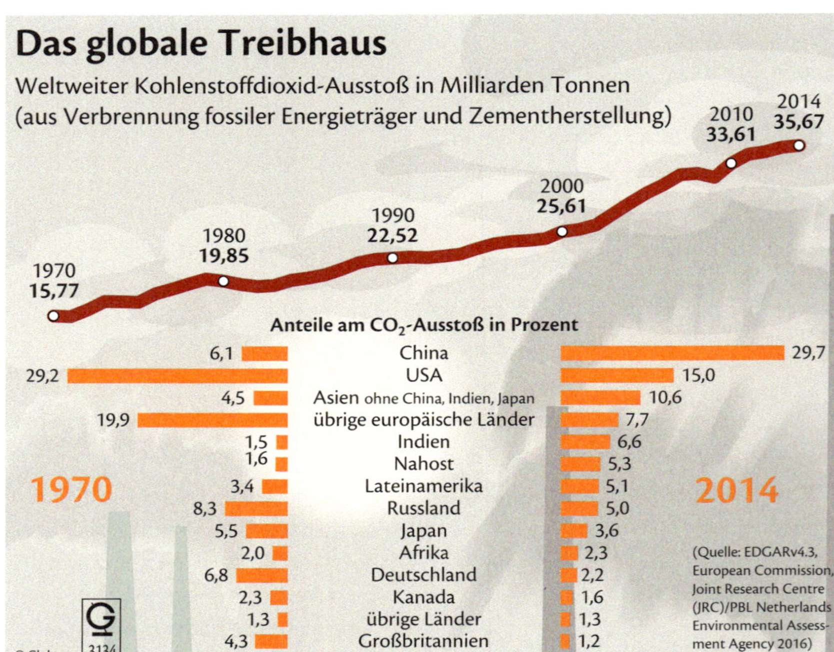

M 2 *Die größten Treibhausgaserzeuger*

weit grasen inzwischen mehr als drei Milliarden Rinder, Schafe und Ziegen auf den Weiden und tragen so auch zur Verstärkung des Treibhauseffektes bei.

Die verschiedenen **Fluorchlorkohlenwasserstoffe (FCKW)** werden als Kühlmittel, Treibgas in Sprühdosen und zum Aufschäumen von Kunststoff verwendet.

Messung der Treibhausgase

Die Konzentration der wichtigsten Treibhausgase wird seit Januar 2009 auch vom Weltraum aus überwacht. Aktuelle Daten zur Verteilung und Konzentration von Kohlenstoffdioxid und Methan liefert der Satellit Ibuki, der die Erde in 666 Kilometern Höhe 14-mal täglich umrundet. Er überfliegt alle drei Tage dieselben Stellen. So können Gaskonzentrationen an 56 000 Punkten, in einer Höhe von bis zu drei Kilometern über der Erdoberfläche, gemessen werden.

	Anteil der Treibhausgase am Treibhauseffekt	**Durchschnittliche Verweildauer in der Atmosphäre**	**Zunahme der Konzentration seit Beginn der Industrialisierung**
Kohlenstoffdioxid CO_2	64 %	120 Jahre	+ 28 %
Methan CH_4	20 %	12 Jahre	+ 146 %
Lachgas N_2O	6 %	114 Jahre	+ 13 %
Fluorchlorkohlenwasserstoffe FCKW u. a.	10 %	1,5 bis 264 Jahre	+ 13 %

Quelle: Umweltbundesamt

M 3 *Treibhausgase*

1 Benenne die Treibhausgase und beschreibe ihre Auswirkungen auf das Klima. Fertige dazu eine Tabelle an (**M 3**).

2 Erläutere den natürlichen und den anthropogenen Treibhauseffekt (**M 4**).

3 Werte die Karikatur aus und formuliere ihre Aussage in zwei bis drei Sätzen (**M 1**,).

4 Beurteile die Entwicklung der Treibhausgas-Emissionen (**M 2**, **M 3**).

5 Erörtere die Notwendigkeit und den Erfolg von Maßnahmen zur Vermeidung der Treibhausgase (**M 2**).

WEBCODE: UE643431-089

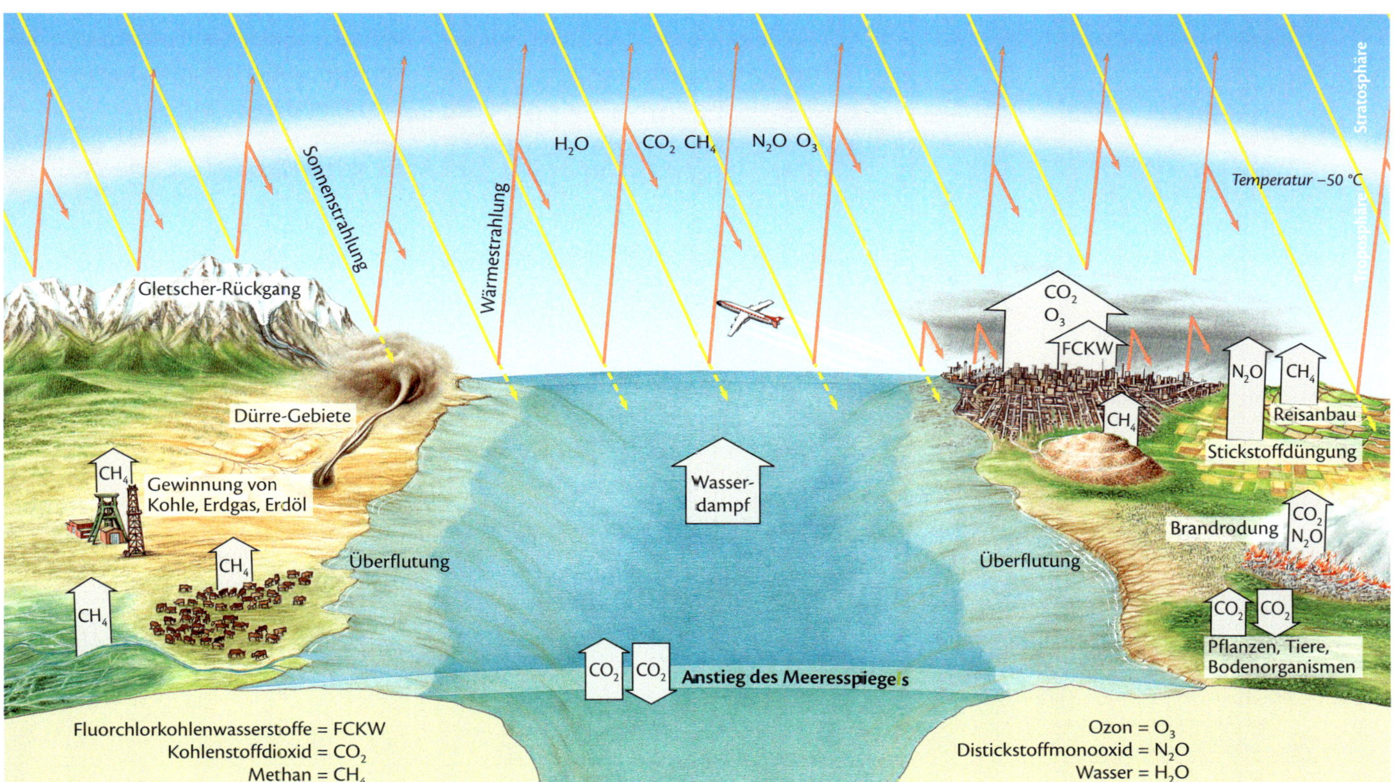

M 4 *Der anthropogene Treibhauseffekt*

Kohlenstoffdioxid – lebensnotwendig, aber gefährlich

M 1 *Abgase eines Kohlekraftwerks*

check-it
- Bedeutung des Kohlenstoffs erklären
- Kohlenstoffkreislauf erläutern
- Kohlenstoffsenke und Kohlenstoffquelle vergleichen
- Schaubild auswerten
- Folgen der industriellen Entwicklung beurteilen

Lebensnotwendiger Kohlenstoff

Pflanzen nutzen das in der Luft enthaltene Kohlenstoffdioxid (CO_2) zur **Photosynthese.** Für viele Pflanzen ist dies die einzige Kohlenstoffquelle. Bei der Photosynthese geben die Pflanzen Sauerstoff an die Luft ab, der für alle Lebewesen lebensnotwendig ist. Alle Organismen eines **Ökosystems** sind Tag und Nacht mit Atmung beschäftigt, während die Photosynthese an die Verfügbarkeit von Licht in den Tagstunden gebunden ist. In der Regel wird das Kohlenstoffdioxid am Tag verbraucht und in der Nacht freigesetzt.

Die Landmassen der Erde mit den großen Waldvorkommen befinden sich überwiegend auf der Nordhalbkugel. Durch die Fäulnisprozesse nach dem Laubabwurf wird verstärkt Kohlenstoffdioxid freigesetzt. Deshalb sind im Winterhalbjahr dort die Kohlenstoffdioxidemissionen größer.

Der Kohlenstoffkreislauf

Das Kohlenstoffdioxid ist einem ewigen Kreislauf in Gesteinen, Böden, Luft, Wasser und Lebewesen unterworfen. Das Kohlenstoffdioxid der Luft steht zum Beispiel in einem Gleichgewicht mit dem im Meerwasser gelösten Kohlenstoffdioxid. Auf ein Molekül in der Luft kommen etwa 50 Moleküle Kohlenstoffdioxid in den Ozeanen.

Kohlenstoffsenke oder Kohlenstoffquelle?

Wälder können Kohlenstoffdioxid aufnehmen und verringern somit die in der Atmosphäre enthaltene Menge an Kohlenstoffdioxid. Sie werden deshalb als Kohlenstoffsenke bezeichnet. Dies

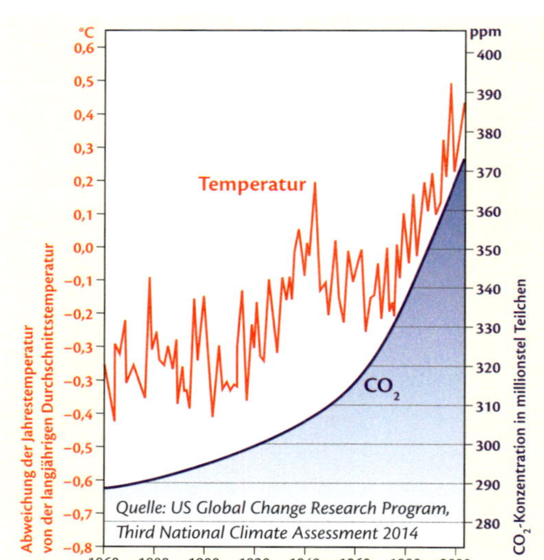

M 2 *Entwicklung des Kohlenstoffdioxid-Gehalts und der Durchschnittstemperatur seit 1860*

Verursacher	Eingesetzte Energieträger	Beispiele für Energiewandler, die CO_2 freisetzen	
Verkehr	Flugtreibstoffe, Diesel, Benzin	Dieselmotor, Ottomotor, Düsentriebwerk	17 %
Haushalte, Kleinverbraucher	Heizöl, Gas, feste Brennstoffe	Raumheizungsanlagen	24 %
Industrie	Öl, Gas, feste Brennstoffe	Industriefeuerungen, Anlagen zur Gewinnung von Prozesswärme	24 %
Kraftwerke, Heizkraftwerke	Kohle	Kohlekraftwerke	35 %

M 3 *Wichtige CO_2-Verursacher in Deutschland*

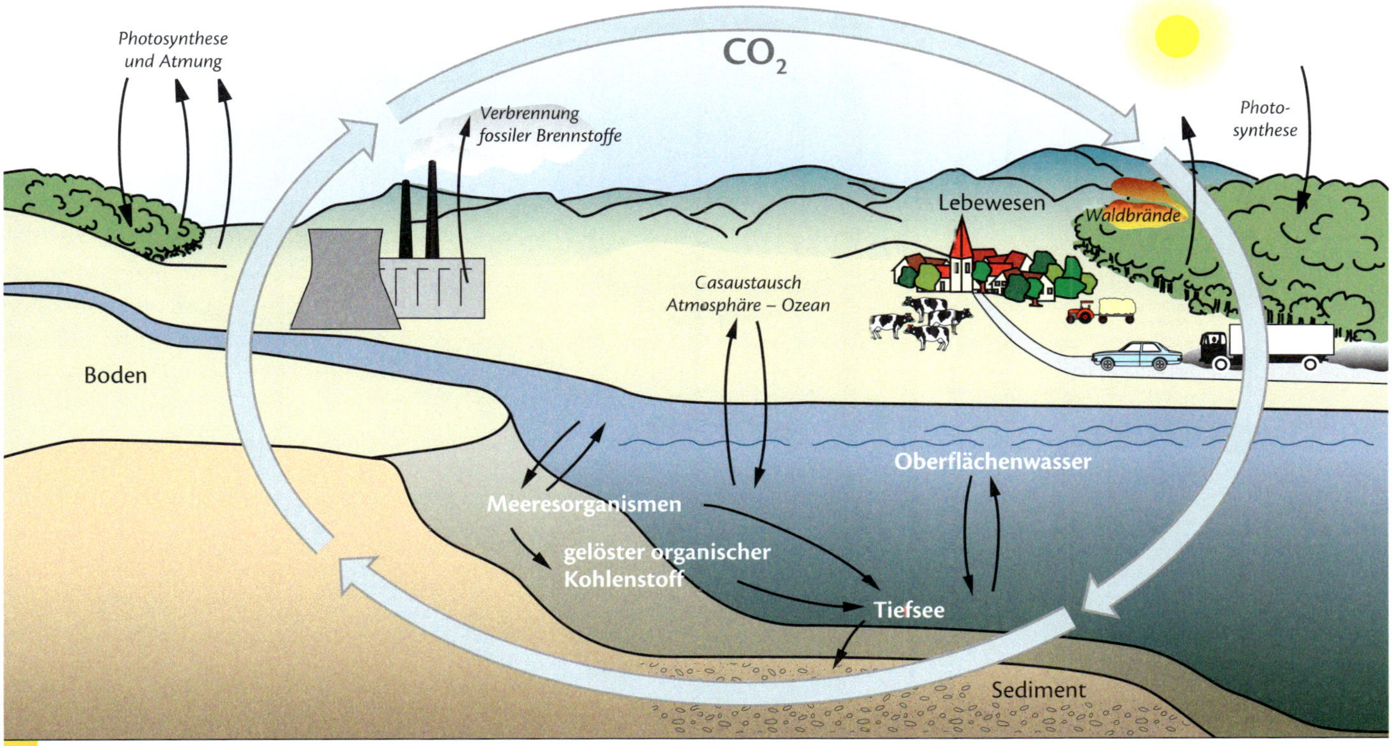

M 4 *Der globale Kohlenstoffkreislauf*

führt zu heftigen Diskussionen zwischen Wissenschaftlern und Politikern, denn durch Aufforstung von Wäldern kann zusätzlicher Kohlenstoff gespeichert werden. Nach etwa fünfzehn bis hundert Jahren kehrt das Kohlenstoffdioxid aber in die Atmosphäre zurück und wird dann zur Kohlenstoffquelle. Neuere Untersuchungen zeigen, dass Meere bei einer Erwärmung weniger Kohlenstoffdioxid aufnehmen, gleichzeitig aber Böden eine größere Menge dieses Stoffes speichern können.

Gefährlicher Kohlenstoff

Die Konzentration von Kohlenstoffdioxid in der Atmosphäre hat sich seit Beginn der Industrialisierung im 19. Jahrhundert durch die Verbrennung fossiler Energieträger wie Kohle und Erdöl nahezu verdoppelt. Der damit verbundene Klimawandel macht den Kohlenstoffkreislauf heute zu einem Schwerpunkt der Forschung am Ökosystem Erde.

1 Erkläre die Bedeutung des Kohlenstoffs für das Leben auf der Erde (**M 4**).

2 Erläutere den Kohlenstoffkreislauf (**M 4**).

3 Vergleiche Kohlenstoffsenke und Kohlenstoffquelle (**M 3** und **M 4**).

4 Beurteile, welche Bedeutung die industrielle Entwicklung für die Entwicklung der CO_2-Emissionen weltweit hat (**M 1** bis **M 5,** Karte S. 83 unten).

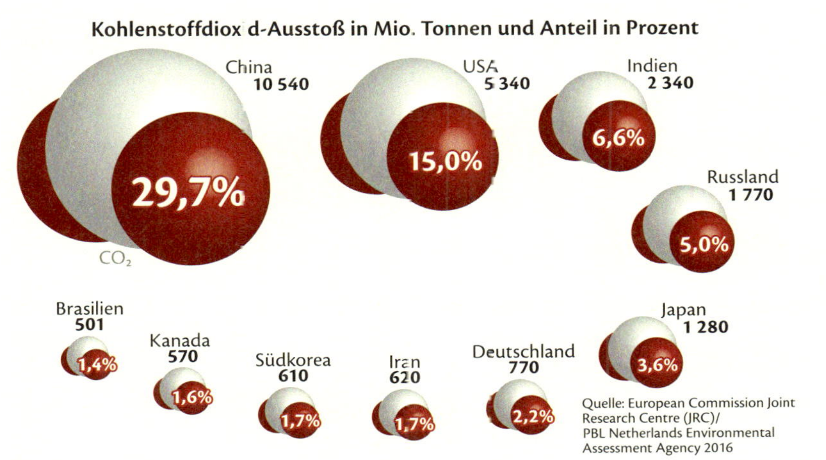

M 5 *Kohlenstoffdioxid-Ausstoß (2014)*

Das Ozonloch – eine vorübergehende Erscheinung?

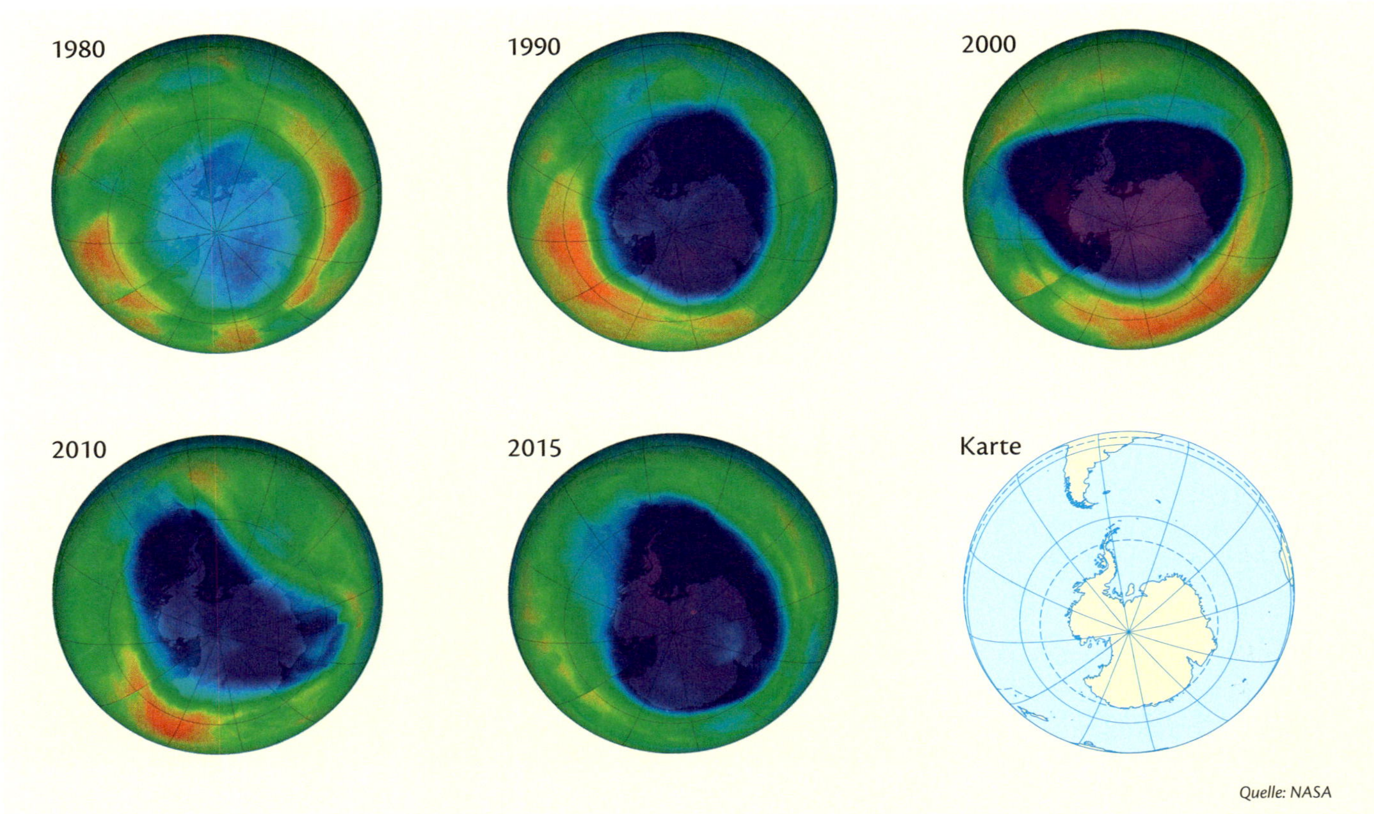

M 1 *Das Ozonloch über der Antarktis*

check-it
- Lage des Ozonlochs beschreiben
- Entwicklung des Ozonlochs beschreiben
- Entstehung von Ozonsmog und Ozonloch erklären
- Auswirkungen des Ozonlochs erläutern
- Informationsplakat gestalten
- Möglichkeiten des Ozonschutzes diskutieren

Was ist Ozon?

Ozon (O_3) ist ein Molekül aus drei Sauerstoffatomen, deren Bindungskräfte jedoch so gering sind, dass sie schon durch Sonnenlicht oder das Anstoßen an andere Sauerstoffmoleküle wieder aufgehoben werden können. Infolgedessen kann sich nie der gesamte Sauerstoff in der Atmosphäre in Ozon umwandeln. In den höheren Schichten der Atmosphäre ist Ozon lebensnotwendig, denn es schützt uns vor der schädlichen UV-Strahlung der Sonne. In den unteren Luftschichten aber ist Ozon gefährlich, denn es kann die Atemwege schädigen.

Lebenswichtiges Ozon in der Atmosphäre

In der Atmosphäre in 15 bis 30 Kilometern Höhe ist der normalerweise sehr geringe Anteil an Ozon erhöht. Diese **Ozonschicht** schützt die Erde vor der ultravioletten Strahlung. Diese kann beim Menschen Sonnenbrand oder Hautkrebs verursachen, bei Pflanzen zu Missbildungen führen und bei Tieren zu Augenleiden. Der Ozongehalt dieser Schicht schwankt in geringem Umfang. Erstmals in den 1980er-Jahren wurde jedoch ein deutlicher Rückgang der Ozonschicht beschrieben. Forschungen haben gezeigt, dass unter anderem Treibhausgase die schützende Ozonschicht zerstören. Fluorchlorkohlenwasserstoffe (FCKW) heizen nicht nur das Weltklima an, sondern entziehen der Atmosphäre auch Wärme, die für die Aufrechterhaltung von Ozon wichtig ist. Wo die Atmosphäre kalt ist, entsteht ein **Ozonloch.** Deshalb bildet sich das Ozonloch auch jährlich im Winter über dem Südpol. Da dort der Winter sechs Monate dauert und praktisch kein Luftaustausch stattfindet, erkaltet die Atmosphäre auf unter minus 80 Grad Celsius. Bei diesen Temperaturen löst sich die Ozonschicht auf. Das Ozonloch ist eine Erscheinung, die zunächst nur über der Antarktis auftrat. In Australien sind die gefährlichen Auswirkungen des Ozonlochs seit einigen Jahren zu beobachten. Wegen der Sonnenbrand- und Hautkrebsgefahr werden deshalb in Australien im Freien bei Sonnenschein Sonnenbrille sowie Kopf- und Armbedeckung empfohlen.

Schädliches Ozon über der Erdoberfläche

In den unteren Luftschichten der Atmosphäre bis in ungefähr 10 Kilometer Höhe ist natürliches Ozon nur in sehr geringen Mengen vorhanden. Größere Mengen an Ozon bilden sich dort nur, wenn mehrere Faktoren zusammenkommen. Bei starker Luftverschmut-

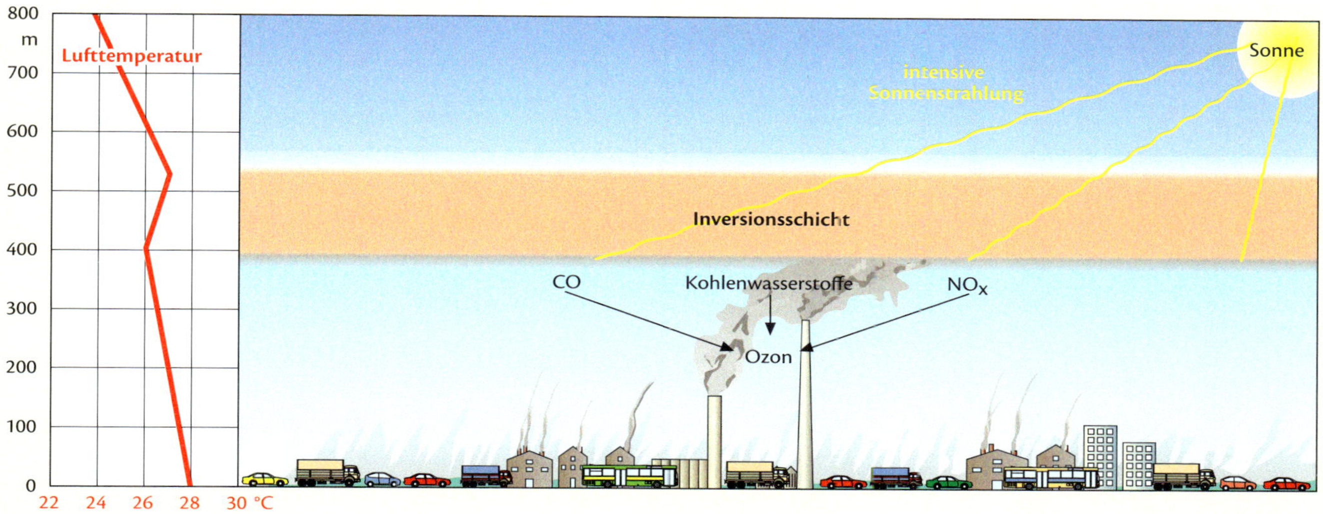

M 2 *Die Entstehung von Ozonsmog*

zung vor allem mit Stickstoffoxiden und Kohlenwasserstoffen an Tagen mit intensiver Sonneneinstrahlung und hohen Temperaturen steigt die Ozonkonzentration stark an. Wenn eine **Inversionsschicht** in der Atmosphäre verhindert, dass die Luftschadstoffe in höhere Schichten abziehen können, verbleibt das Ozon in den bodennahen Schichten. Dieser gefährliche **Ozonsmog** verursacht Reizungen der Atemwege sowie der Augen bei empfindlichen Menschen.

Ozonschutzmaßnahmen

1989 beschloss die EU, bis zum Ende des 20. Jahrhunderts die klimaschädigenden Fluorchlorkohlenwasserstoffe (FCKW) zu verbieten. Diese wurden als Kältemittel für Kühl- und Gefriergeräte, Wärmepumpen und Klimaanlagen sowie als Verschäumungsmittel für Kunststoffe, Reinigungsmittel und als Treibgas für Spraydosen eingesetzt. Aus dem Verbot von Fluorchlorkohlenwasserstoffen kann jedoch kein schneller Erfolg erwartet werden. Es dauert rund 15 Jahre, bis diese in die höheren Teile der Atmosphäre gelangen und dort ihre schädigende Wirkung entfalten.

1 Beschreibe die Lage des Ozonlochs und nenne Länder, die von den Auswirkungen betroffen sind (**M 1**, Karte S. 224/225, Atlas).

2 Beschreibe die Entwicklung des Ozonlochs (**M 1**).

3 Erkläre, wie Ozonsmog und Ozonloch entstehen, und erläutere die Auswirkungen für Mensch und Natur (**M 2**).

4 Bildet Gruppen und gestaltet ein Informationsplakat, das am Strand vor den Folgen des Ozonlochs warnt und Schutzmaßnahmen aufzeigt (**M 2** und **M 3**,).

5 Diskutiert die Möglichkeiten des Ozonschutzes in der Klasse.

WEBCODE: UE643431-093

In Australien sterben jährlich 1 200 Menschen an Hautkrebs. Jeder dritte Australier, der in diesem Land geboren und aufgewachsen ist, muss sich mindestens einmal in seinem Leben gegen Hautkrebs behandeln lassen. Besonders Urlauber unterschätzen oft die Sonneneinstrahlung. Schlimme Hautverbrennungen sind die Folge.

M 3 *Strandausrüstung in Australien*

Tauwetter an den Polen?

M 1 *Mögliche Folgen des Klimawandels*

check-it
- mögliche Auswirkungen des Klimawandels benennen und verorten
- Folgen des Temperaturanstiegs erläutern
- thematische Karte auswerten
- Auswirkungen des Klimawandels beurteilen

Auswirkungen des Klimawandels

Die Zunahme extremer Wetter- und Klimaereignisse wird als praktisch sicher, sehr wahrscheinlich oder wahrscheinlich eingestuft. Als „praktisch sicher" gilt, dass es über den meisten Landflächen wärmere und weniger kalte Tage und Nächte sowie wärmere und häufiger heiße Tage und Nächte geben wird. Als „sehr wahrscheinlich" gilt, dass Wärmeperioden und Hitzewellen über den meisten Landflächen zunehmen werden, ebenso Starkniederschlagsereignisse. Als „wahrscheinlich" gilt, dass sich von Dürre betroffene Gebiete ausweiten, sodass die Zahl der von Hunger bedrohten Länder – meist arme Länder mit hohem Bevölkerungswachstum – zunehmen wird.

Die Aktivität und Häufigkeit tropischer Stürme und damit verbunden ein extrem hoher Meeresspiegelanstieg treten vermehrt auf.

Die Artenvielfalt ist durch den Klimawandel bedroht. Viele Tierarten werden aussterben und die Korallenriffe in den Meeren zerstört. Neue Tier- und Pflanzenarten aus wärmeren Klimazonen siedeln sich in einst kälteren Gebieten an und verändern so das Landschaftsbild. Tropische Krankheiten, zum Beispiel die Malaria, breiten sich auch in Europa stärker aus.

Als positive Auswirkungen werden eine Abnahme kältebedingter Krankheiten und Sterbefälle, reduzierter Heizenergiebedarf oder mehr Ackerland in Permafrost-Regionen, zum Beispiel in Sibirien, erwartet.

Anpassungen an sich verändernde Lebensumstände

Bestimmte Regionen werden mehr von den Auswirkungen des Klimawandels betroffen sein als andere. Folgende Maßnahmen zur Anpassung an die ver-

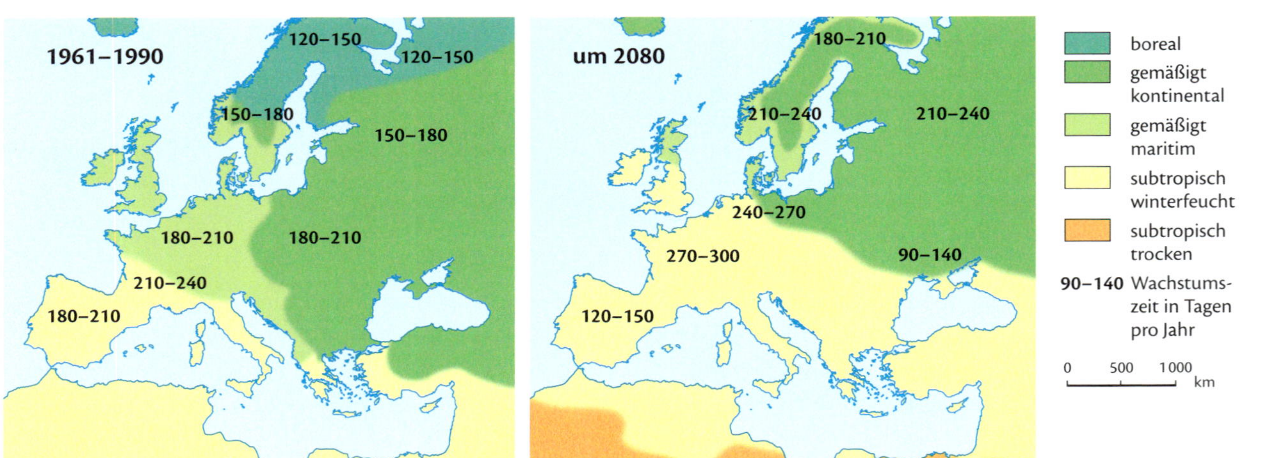

M 2 *Mögliche Verschiebung von Klimazonen und Wachstumszeiten in Europa bis 2080*

änderten Bedingungen könnten erforderlich werden:

- Anpassung der Landnutzung, nachhaltige Landwirtschaft,
- Baumpflanzungen zur Erosionsbekämpfung und zum Bodenschutz,
- vermehrter Einsatz von Pestiziden, da in den milden Wintern Schädlinge überleben,
- erweiterte Regenwassernutzung,
- Nutzung neuer Wasserspeicherungs- und Wasserschutztechniken,
- Umsiedlung von Küstenbewohnern,
- Verstärkung der Deiche und Sturmflutbarrieren,
- Landgewinnung als Puffer gegen den zu erwartenden Meeresspiegelanstieg,
- Aktionspläne der Gesundheitsbehörden bei Hitzewellen und anderen Notsituationen,
- Anpassung des Angebots an Tourismusattraktionen, zum Beispiel durch Verlagerung von Skipisten in höhere Lagen,
- Neuplanung von Straßen, Schienen und anderen Infrastruktureinrichtungen.

1 Benenne mögliche Auswirkungen des Klimawandels und ordne diesen Beispiele zu (**M 1** bis **M 5**).

2 Zeige Auswirkungen des Klimawandels für Deutschland auf. Zeichne dazu eine Mindmap (**M 1, M 2** und **M 5**,).

3 Beschreibe, wie sich der Klimawandel in der Arktis zeigt, und erläutere mögliche Auswirkungen auf andere Regionen (**M 1, M 3** bis **M 5**).

4 Beurteile die Auswirkungen des Klimawandels (**M 1** bis **M 5**).

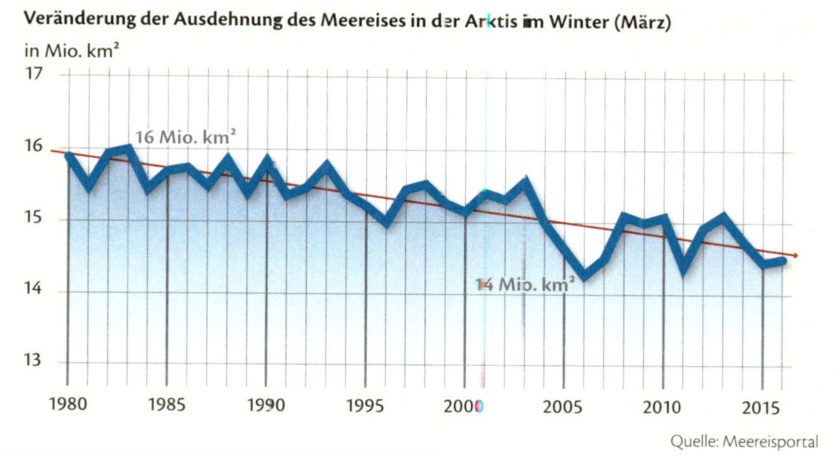

M 3 *Veränderung der Ausdehnung des Meereises der Arktis im Winter*

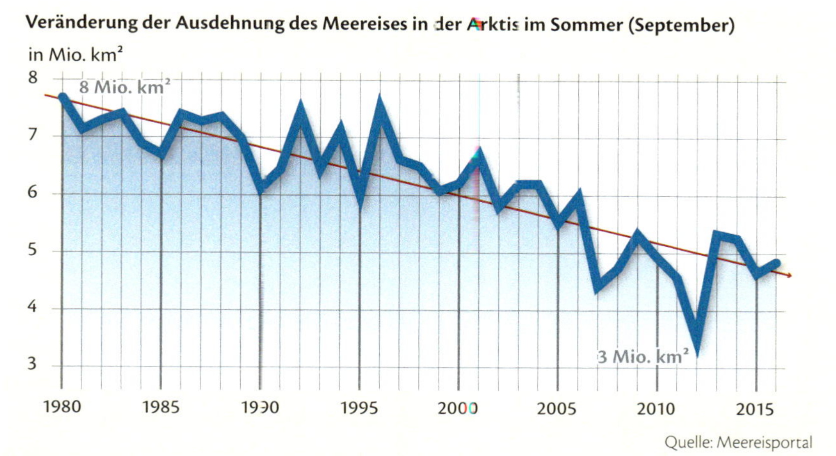

M 4 *Veränderung der Ausdehnung des Meereises der Arktis im Sommer*

M 5 *Möglicher Meeresspiegelanstieg an der Nordseeküste*

Australien – ein Kontinent trocknet aus

M 1 *Lang anhaltende Dürre in Australien*

check-it
- Merkmale und Auswirkungen des Klimawandels erläutern
- Anpassungen Australiens an den Klimawandel erklären
- thematische Karten auswerten
- Strategien zur Anpassung an den Klimawandel beurteilen

Hitze, Dürre, Buschfeuer, Überschwemmungen

Australien leidet unter Wetterextremen, die immer heftiger werden und größere Flächen des Landes betreffen. Die Anzeichen des Klimawandels sind nicht zu übersehen. Die Temperaturen sind seit 1950 im Jahresdurchschnitt um 0,9 Grad Celsius gestiegen. Prognosen gehen davon aus, dass die Temperaturen im Jahr 2030 1 Grad über denen von 1990 liegen. Die Niederschläge haben abgenommen und durch die Trockenheit breiten sich Dürren aus, die zum Teil jahrelang anhalten. Die Dürren bedrohen nicht nur die Landwirtschaft, sondern auch die Trinkwasserversorgung in den wachsenden Städten. Deshalb sind viele neue Meerwasser-Entsalzungsanlagen im Bau.

Eine Folge von extremer Trockenheit sind verheerende Buschfeuer, die jährlich in großen Teilen Australiens wüten. Sie vernichten Acker-, Weideland, Obstbäume und Weinstöcke, Dörfer und fordern oft auch Menschenleben.

Im Gegensatz dazu treten aber auch flutartige Überschwemmungen auf, die große Teile des Landes im Süden und Nordosten erfassen können.

Auswirkungen auf die Landwirtschaft

Die australische Landwirtschaft hat eine hohe wirtschaftliche Bedeutung und ist hoch produktiv. Drei Viertel der landwirtschaftlichen Erzeugnisse, vor allem Weizen und Fleisch, werden exportiert. Die Landwirtschaft ist aber im trockenen Australien auf Wasser zur Bewässerung angewiesen. Rund 70 % des knappen Süßwassers fließen auf die Äcker und in die Obstplantagen. Wasserrechte müssen die Farmer für viel Geld kaufen. Sie nehmen dazu Kredite auf, die abbezahlt werden müssen. Deshalb machen sich wassersparende Bewässerungsformen wie die Tröpfchenbewässerung bezahlt.

Bei lang anhaltenden Dürren sind die Schäden für die Landwirte allerdings oft so stark, dass das Einkommen aus der Landwirtschaft nicht mehr zum Leben reicht. Die Landwirte sind dann gezwungen, ihre Betriebe zu verkaufen oder einfach aufzugeben.

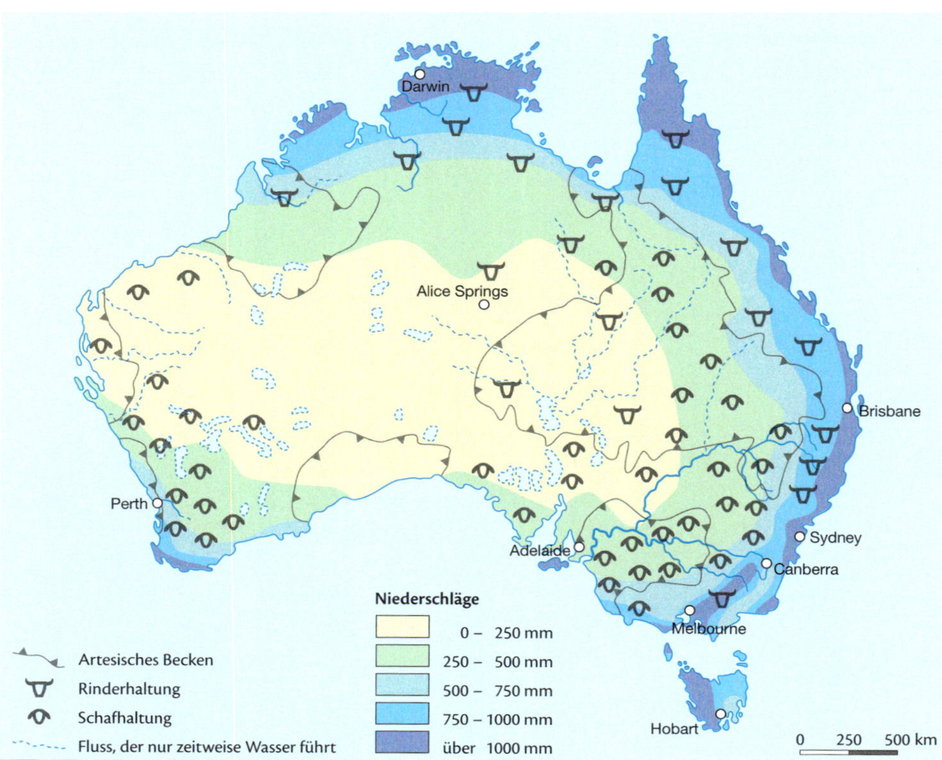

M 2 *Verteilung der Niederschläge und Viehhaltung*

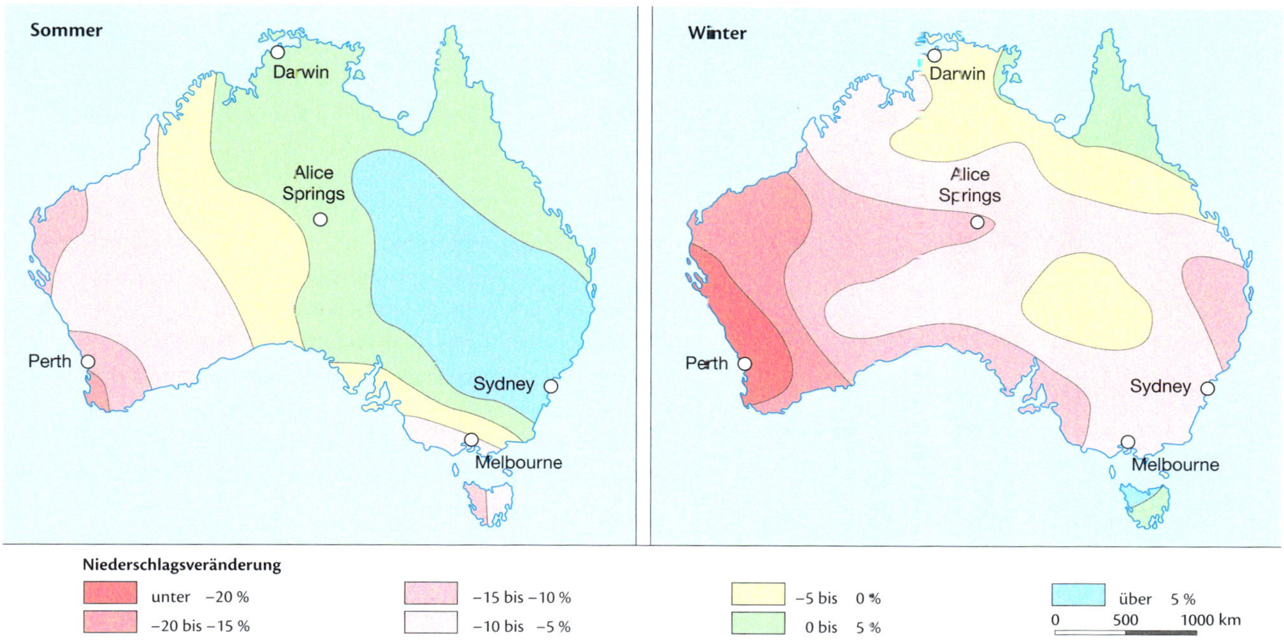

M 3 *Erwartete Veränderungen Ende des 21. Jahrhunderts im Vergleich zu Ende des 20. Jahrhunderts*

Anpassen und mit dem Klimawandel leben

Die australische Regierung möchte, dass die Ackerflächen, die stark von Dürren gefährdet sind, aufgegeben werden. Neue Farmen sollen in Regionen mit höherem Niederschlag entstehen. Sollte es in Zukunft zu einem Mangel an Weizen kommen, könnten die Australier problemlos dieses Produkt aus Neuseeland importieren, denn dort werden trotz Klimaerwärmung gute Anbaubedingungen vorherrschen. Die Australier werden nicht Hunger leiden müssen, so wie die Menschen in ähnlich trockenen Ländern auf dem afrikanischen Kontinent.

Veränderungen sind in der Energiewirtschaft geplant. Der Kohlenstoffdioxidausstoß ist gemessen an der Einwohnerzahl weltweit am höchsten. Mit dem Beitritt des Landes zum Kyoto-Protokoll im Jahr 2007 hat sich Australien zur Reduktion von Treibhausgasen verpflichtet und sich das ehrgeizige Ziel gesetzt, eine Solarstrom-Weltmacht zu werden. Die Voraussetzungen dafür scheinen vorhanden zu sein: 3000 Sonnenstunden jährlich und Investitionen von etwa 1,4 Milliarden Australischen Dollar in Solarprojekte.

Australien leidet unter dem Klimawandel

[...] Im Zentrum und im Norden des Landes hat es an einem durchschnittlichen Sommertag über 35 Grad, oft auch über 40. Fast alle Australier wohnen an der Ost- und der Südostküste, wo moderatere Temperaturen herrschen; in Zukunft rechnen Behörden dort aber mit heißerem Wetter, weniger Regen (der öfter in Form von Unwettern fallen wird), noch mehr Buschfeuern und einem deutlich höheren Meeresspiegel. Die Korallen des Great Barrier Reefs sind gefährdet, weil das Meer wärmer und saurer wird. Ohne drastische Maßnahmen werde Australiens Durchschnittstemperatur bis 2090 um bis zu fünf Grad steigen, hieß es im Sommer in einer Prognose. Die australische Akademie der Wissenschaften rechnet mit Ernteausfällen, Fischsterben, Krankheiten und Konflikten um Wasser. Die Lebensgrundlage von Bauern und Fischern sei gefährdet, die Tourismusbranche wird schweren Schaden erleiden. Die Zahl der Menschen, die durch Hitzewellen sterben, werde sich in den nächsten 40 Jahren verdoppeln. [...]

Quelle: Süddeutsche Zeitung vom 06.12.2015, Autorin: Ruth Eisenreich

M 4 *Auswirkungen des Klimawandels*

1 Beschreibe die Verteilung und die erwarteten Veränderungen der Niederschläge in Australien (**M 2, M 3**).

2 Erläutere Auswirkungen der großen Dürrezeit zu Beginn unseres Jahrhunderts (**M 1, M 2, M 4**).

3 Erstelle eine Tabelle, in der du die Folgen des Klimawandels für Australien und Anpassungsstrategien gegenüberstellst. Beurteile deren Erfolgschancen (**M 1** bis **M 4**).

4 In Bergwerken werden Kanarienvögel als Warnung vor Gefahren mitgenommen. In Bezug auf den Klimawandel wird vom Kontinent Australien als „Kanarienvogel im Minenschacht" gesprochen. Erkläre diese Aussage.

WEBCODE: UE643431-097

Klimaschutz geht uns alle an – ein Gruppenpuzzle

CLIMATEACTION

Das Gruppenpuzzle

Beim Gruppenpuzzle werden vorbereitete Wissensinhalte in mehreren Phasen in jeweils neu zusammengesetzten Kleingruppen erarbeitet. Dabei werdet ihr zu Experten.
Folgende Problemstellung bildet den Ausgangspunkt: Klimaschutz betrifft nicht nur die Politiker.
Dazu werden vier Bereiche des Klimaschutzes bearbeitet:

- **Teilbereich 1:** Positionen und Ziele von Nichtregierungsorganisationen.
  Weltweit operierende nichtstaatliche Organisationen – Non-Governmental Organizations (NGOs) – versuchen, mit teilweise spektakulären Aktionen auf den Klimawandel aufmerksam zu machen.
- **Teilbereich 2:** Positionen und Ziele der internationalen Politik.
  Mit Entscheidungen auf der nationalen und internationalen Ebene werden Ziele des Klimaschutzes umgesetzt.
- **Teilbereich 3:** Technische Innovationen.
  Die Industrienationen entwickeln Konzepte, die die Zunahme der Treibhausgase in der Atmosphäre verringern sollen. Informiert euch bei Kraftwerksbetreibern, wie diese mit Kohlenstoffdioxid-Emissionen umgehen.
- **Teilbereich 4:** Eigene Handlungsmöglichkeiten.
  Klimaschutz findet vor Ort und im persönlichen Bereich statt. Auch ihr könnt dazu beitragen, dass das Klima geschützt wird.

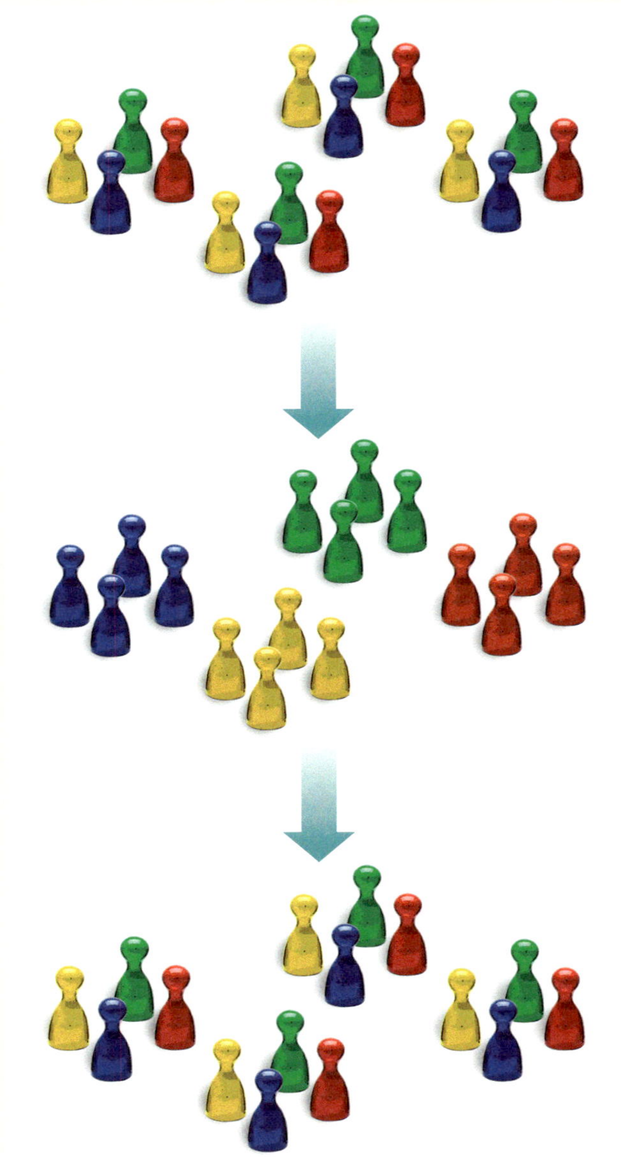

M 1 *Arbeitsphasen eines Gruppenpuzzles*

1997 Kyoto: Die Vertragsstaaten beschließen das Kyoto-Protokoll zur Reduktion von Treibhausgas-Emissionen, die sich auf die Werte von 1990 beziehen.
2010 Cancún: Die Laufzeit des Kyoto-Protokolls bis zum Jahr 2012 sowie ein Waldschutzprogramm und ein Hilfsfonds für Entwicklungsländer werden beschlossen.
2012 Doha: Das Kyoto-Protokoll wird bis Ende 2020 nahtlos weitergeführt. Die EU und zehn weitere Länder haben sich zu Reduktionszielen von 2013 bis Ende 2020 verpflichtet. Japan, Neuseeland und Russland haben keine festen Reduktionsziele mehr. Kanada ist aus Kyoto II ausgetreten und die USA sind wieder nicht dabei.
2015 Paris, 21. Weltklimakonferenz: Klimaabkommen, das die Begrenzung der globalen Erwärmung auf deutlich unter 2 ° Celsius vorsieht (Übereinkommen von Paris).

M 2 *Entwicklung des internationalen Klimaschutzes – Beispielergebnis zu Teilbereich 2*

Ablauf und Durchführung des Gruppenpuzzles

- **Phase 1:** Einführung in das Thema und Einteilung in Stammgruppen.
  Klärt den Ablauf des Gruppenpuzzles und bildet Stammgruppen mit vier bis fünf Schülern.
- **Phase 2:** Verteilen der Teilbereiche des Themas.
  Besprecht in den Stammgruppen das Gesamtthema und ordnet jedem Gruppenmitglied einen Teilbereich zu.
- **Phase 3:** Arbeit in den Expertengruppen.
  Findet euch mit den Schülern, die sich mit dem gleichen Bereich befassen, zu Expertengruppen zum Bearbeiten zusammen. Recherchiert dazu im Internet. Teilaufgaben könnt ihr auch zu Hause erledigen.
- **Phase 4:** Rückkehr in die Stammgruppe.
  Danach kehrt ihr als „Experten" in die Stammgruppe zurück und berichtet über eure Ergebnisse.
- **Phase 5:** Präsentation der Gruppenergebnisse.
  Erarbeitet in der Stammgruppe eine Präsentation eures Themas. Diskutiert eure Gruppenergebnisse und beurteilt den Verlauf der Arbeitsprozesse in den Gruppen. Ihr könnt die Gruppenergebnisse z. B. in Form einer Wandzeitung oder eines Lernplakates zusammenstellen.

TIPP: Falls wenig Zeit zur Verfügung steht, können gleich Expertengruppen gebildet werden. Die Phase 2 fällt dann weg.

WEBCODE: UE643431-099

***Teilbereich 4:** Mein Beitrag zum Klimaschutz*

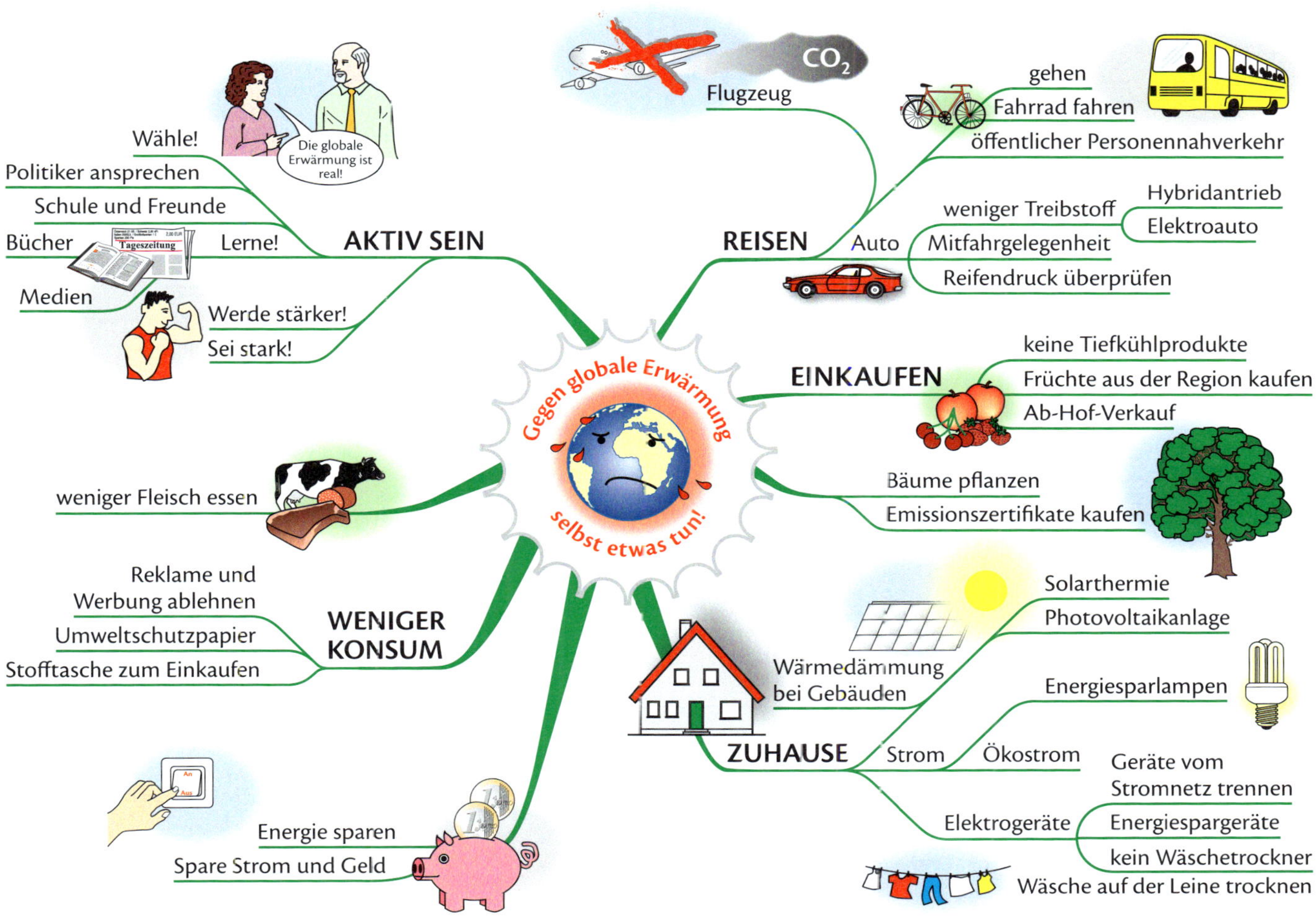

M 3 *Mindmap „Mein Beitrag zum Klimaschutz" – ein Beispiel für die Ergebnispräsentation zu Teilbereich 4*

Geo-Check: Ursachen und mögliche Auswirkungen des Klimawandels erläutern

Sich orientieren

M 1 *Folgen des Klimawandels*

1 Ordne mögliche Folgen des Klimawandels den in der Weltkarte verzeichneten Gebieten und Kontinenten zu (**M 1**).
- Der Lebensraum der Eisbären wird bedroht.
- Das Ökosystem der Tundra ist gefährdet.
- Die Gefahr von Überschwemmungen durch tropische Wirbelstürme wächst.
- Das Eis taut.
- Hungersnöte und Verwüstung nehmen zu.
- Der Lebensraum der Pinguine wird bedroht.
- Das Ökosystem der Korallenriffe ist gefährdet.
- Die Gletscher in den Alpen schmelzen weiter ab.
- Der Wasserspiegel in den großen Seen wird sinken.
- Küstennahe Gebiete werden überflutet.

Wissen und verstehen

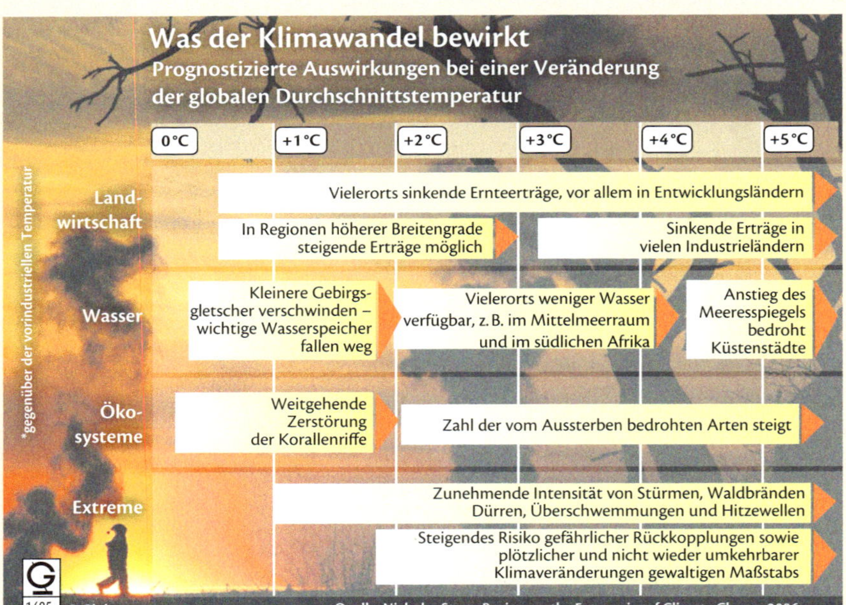

M 2 *Auswirkungen des Klimawandels*

2 Die Auswirkungen durch den Klimawandel verändern sich mit dem Grad der globalen Erwärmung. Erläutere in einem zusammenhängenden Text, welche Veränderungen in der Landwirtschaft, bei Wasser, Ökosystemen und Extremen mit zunehmender Erwärmung auftreten können (**M 2**).

3 Ordne jedem dieser Begriffe (**M 3**) mindestens zwei Merkmale zu.

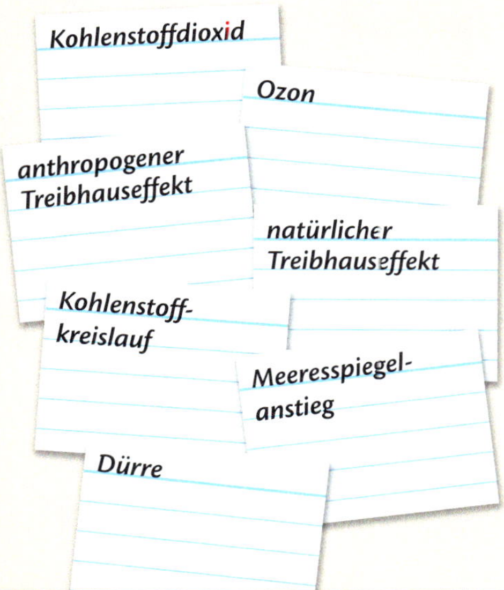

M 3 *Geo-Begriffestapel*

4 Sortiere die Aussagen in richtige und falsche Aussagen. Verbessere die falschen Aussagen und schreibe sie richtig auf.

Richtig oder falsch?

- Die Jahresmitteltemperaturen auf der Erde sind seit Jahrhunderten unverändert.
- Schnee- und Eisflächen haben keinen Einfluss auf den Wärmehaushalt der Erde.
- Durch den Treibhauseffekt kühlt sich die Atmosphäre ab.
- Der Klimawandel ist ausschließlich auf anthropogene Ursachen zurückzuführen.
- Kohlenstoffdioxid, Methan, Lachgas und Fluorchlorkohlenwasserstoffe sind Treibhausgase.
- Das Ozonloch entsteht jeden Monat über der Antarktis.
- Der Klimawandel hat ausschließlich negative Auswirkungen.
- Australiens Landwirtschaft verzeichnet Veränderungen durch den Klimawandel.

Können und anwenden

5 Wiederhole die Checkliste zum Auswerten von Satellitenbildern und werte das Satellitenbild aus (**M 4**, S. 70, Atlas).

6 Erläutere, wie Klimaforscher Satellitenbilder nutzen können zur Untersuchung des Klimawandels und seiner Folgen (**M 4**).

M 4 *Satellitenbild von Südaustralien*

5 Zusammenhänge in der Polarzone untersuchen

Sich verständigen, beurteilen und handeln

M 5 *Eisbären verlieren ihren Lebensraum und ihre Nahrungsgrundlagen*

7 Werte das Foto und die Karikaturen aus (**M 5** bis **M 7**).
8 Berichte in einem zusammenhängenden Text über die dargestellten Folgen der globalen Erwärmung (**M 5** bis **M 7**).
9 Beurteile, für wen die Folgen der globalen Erwärmung besonders schwerwiegend sein werden (**M 5** bis **M 7**).

M 6 *Weihnachten der Zukunft*

M 7 *Ein Blick in die Zukunft*

Nord- und Südpolargebiet

Nordpolargebiet: Physische Karte

Südpolargebiet: Physische Karte

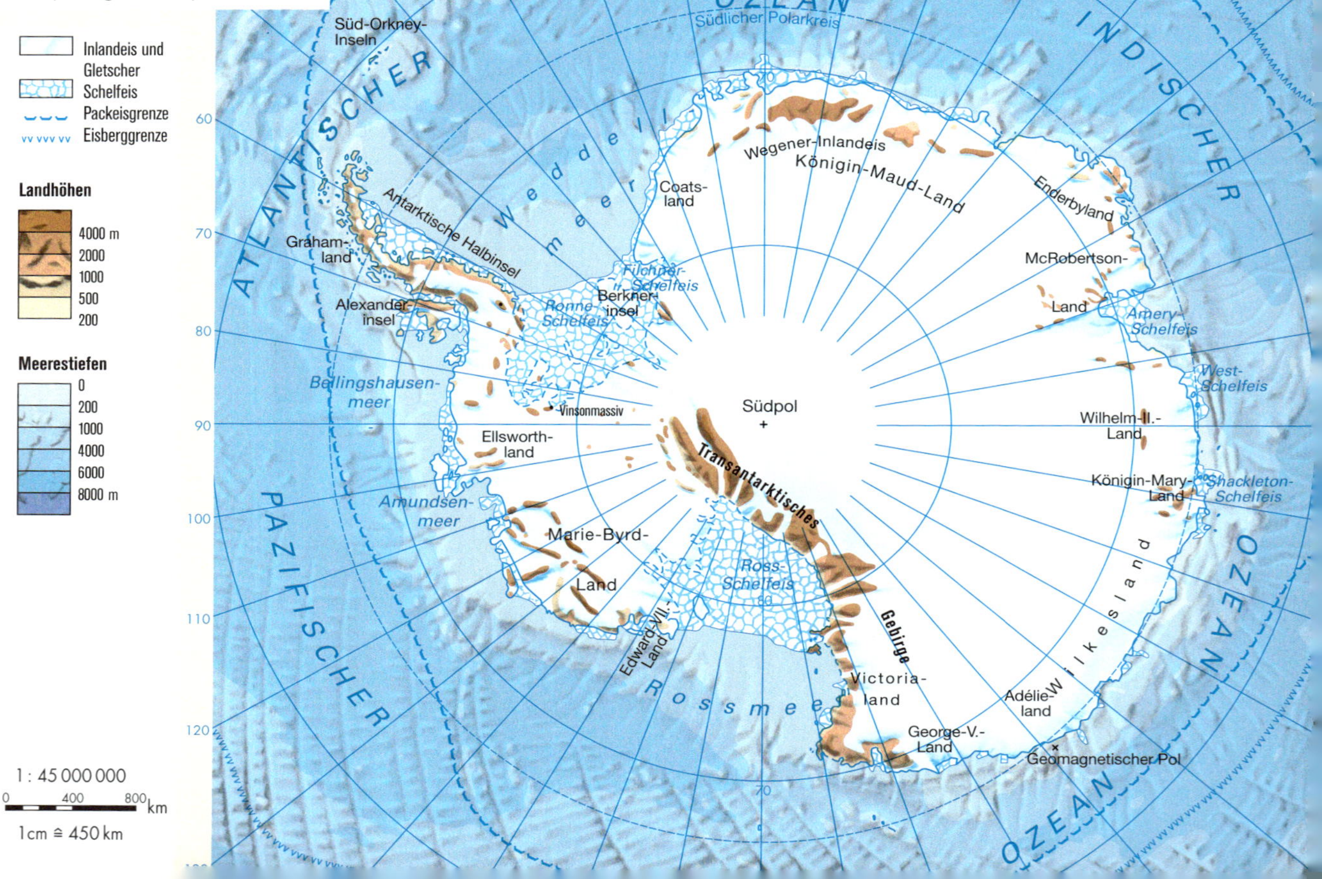

Mitten im ewigen Eis?

Kälte, Eis und Schnee prägen die Polarzone. Sind Pinguine die einzigen Bewohner dieser eisigen Region? Leben dort auch Menschen? Welche Gefahren birgt das Leben und Arbeiten in der Polarzone oder ist diese vielleicht sogar selbst in Gefahr?

In diesem Kapitel lernst du
- Lage und Ausdehnung der Polargebiete zu beschreiben,
- Arktis und Antarktis zu vergleichen,
- Zusammenhang zwischen Klima und Vegetation in der Tundra zu erläutern,
- Probleme bei der Erschließung und Nutzung zu erklären.

Dabei nutzt du
- Karten,
- Profile,
- Klimadiagramme und
- Bilder.

Du beurteilst
- die Lebenssituation der Inuit,
- die Nutzungsmöglichkeiten der Rohstoffe und
- die Auswirkungen einer verstärkten Nutzung für die Umwelt.

Pinguine am Rande der Antarktis

Polargebiete – bedeckt vom ewigen Eis?

M 1 *Eisbedeckung in der Arktis am 11. September 2015 (im Vergleich zur durchschnittlichen Eisbedeckung 1979–2014)*

check-it
- geographische Lage und Ausdehnung der Polargebiete beschreiben
- Merkmale der Polargebiete kennen
- Arktis und Antarktis vergleichen
- Profile auswerten
- Auswirkungen der Klimaerwärmung auf die Polargebiete erörtern

An den Polen

Die Polarregionen erstrecken sich vom nördlichen beziehungsweise südlichen Polarkreis bis zu den Polen. Den Nordpol umgibt die Arktis, während der Südpol in der Antarktis liegt.
Die Polarregionen sind nur sehr dünn besiedelt, denn sie sind die kältesten Gebiete der Erde. Große Teile sind ganzjährig vereist, das heißt mit Eis und Schnee bedeckt.

Tauwetter an den Polen

Immer mehr Eisbären schwimmen im Sommer auf kleinen Eisschollen durchs Nordpolarmeer auf der Suche nach Nahrung. Ihr Lebensraum, das Eis der Arktis, wird immer kleiner. Seit Jahren

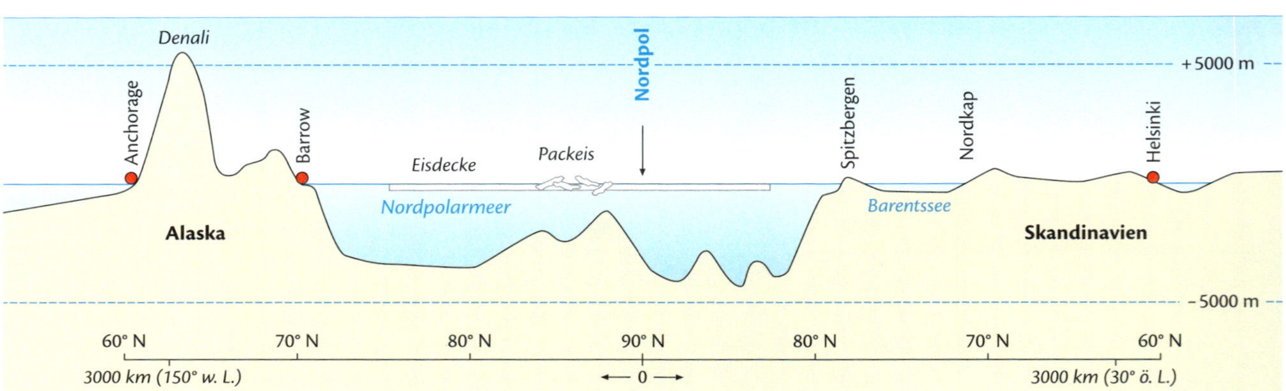

M 2 *Profil durch die Arktis*

M 3 *Eisbären auf einer Eisscholle*

M 4 *Pinguine auf dem Schelfeis*

beobachten Wissenschaftler einen deutlichen Rückgang der Eisbedeckung in den Polargebieten. Ursache hierfür ist, dass sich in den letzten 50 Jahren in der Arktis die durchschnittliche Lufttemperatur um mehr als ein Grad erhöht hat. Die weltweit gemessene Erwärmung ist nur etwa halb so hoch.
Die klimatischen Veränderungen an den Polen wirken sich aber nicht nur dort aus. Schmilzt das Eis weiter, würde der Meeresspiegel weltweit ansteigen. Rohstoffvorkommen und Schifffahrtswege, die heute noch unter Eis verborgen sind, könnten zugänglich werden. Gleichzeitig werden Menschen und Tiere der Polargebiete einen Teil ihrer Nahrungsgrundlage verlieren.

Arktis

Rund um den Nordpol erstreckt sich das Nordpolarmeer, das ebenso wie die angrenzenden Festländer und Inseln von Eis bedeckt ist. Das Meereis besteht aus Salzwasser. Die relativ dünne Eisdecke wird durch die Wellenbewegungen des Meeres in einzelne Schollen zerbrochen. So entsteht das Packeis. Das Inlandeis Grönlands hingegen wird von Gletschern gebildet. Diese entstehen durch Niederschläge in Form von Schnee, sodass Inlandeis aus Süßwasser besteht.

Antarktis

Im Zentrum der Antarktis liegt der Kontinent Antarktika, der von Inlandeis bedeckt ist. Es reicht an den Küsten bis aufs Meer hinaus. Von dem **Schelfeis** brechen immer wieder Eisplatten ab und schwimmen als Eisberge im Ozean.
In der Antarktis werden die tiefsten Temperaturen der Erde gemessen. Deshalb leben hier dauerhaft keine Menschen.

1 „Eisbär und Pinguin begegnen einander in der Natur nie." Begründe diese Aussage (**M 3, M 4**).

2 Beschreibe die geographische Lage und Ausdehnung der Arktis und der Antarktis (**M 2, M 5,** Karten S. 103 und S. 224/225, Atlas).

3 Bildet zwei Gruppen und stellt je eines der Polargebiete vor. Vergleicht anschließend Arktis und Antarktis (**M 2** bis **M 5**).

4 Beschreibe das Abschmelzen des Eises in der Arktis und erörtere, welche Folgen das für Menschen und Tiere hat (**M 1,** Webcode).

WEBCODE: UE643431-107

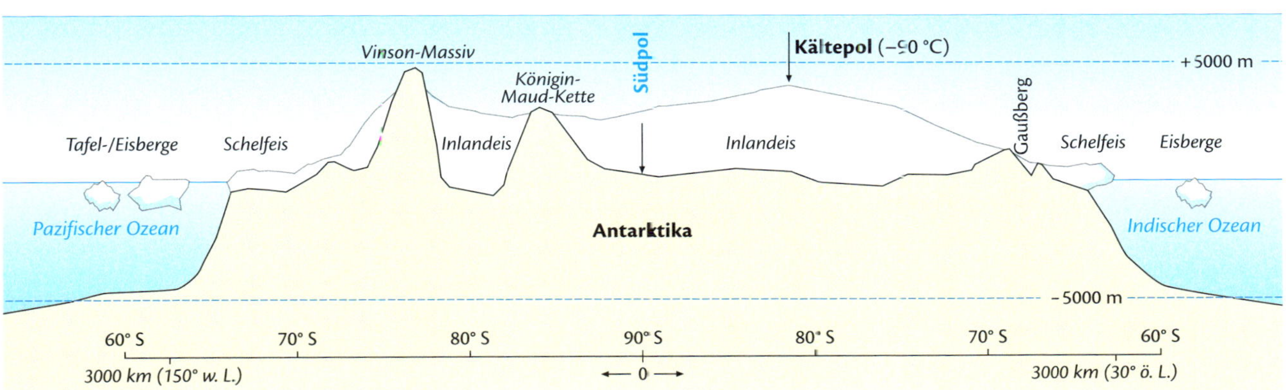

M 5 *Profil durch die Antarktis*

Polartag und Polarnacht

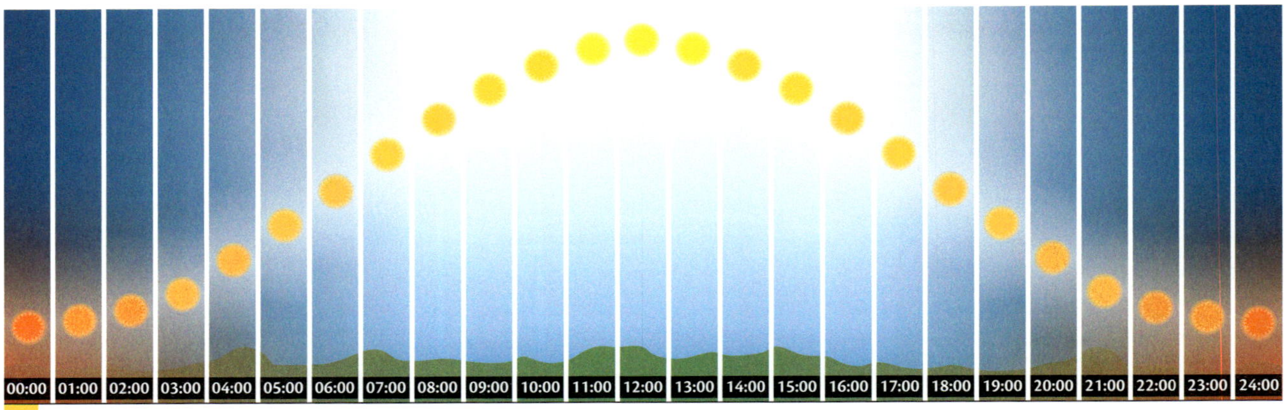

M 1 *Der Stand der Sonne am Polarkreis während des Polartages*

check-it
- Polargebiete lokalisieren
- Beleuchtungsverhältnisse am und nördlich des nördlichen Polarkreises beschreiben
- Entstehung von Polartag und Polarnacht erklären

Polartag

In der Zeit vom 21. März bis 23. September geht am Nordpol die Sonne nicht unter. Diese Erscheinung heißt **Polartag.** Die Erde wird dort 24 Stunden lang von der Sonne beleuchtet, sodass es ganztägig hell ist. Je weiter man nach Süden kommt, desto weniger Tage dauert der Polartag. Am nördlichen Polarkreis scheint die Sonne nur am 21. Juni ununterbrochen.
Da die Sonne zu dieser Zeit um Mitternacht über dem Horizont steht, spricht man auch von **Mitternachtssonne.**

Polarnacht

Im Winterhalbjahr erleben die Menschen nördlich des nördlichen Polarkreises die **Polarnacht.**
Am 21. Dezember steigt die Sonne am nördlichen Polarkreis nicht über den Horizont. In Richtung Nordpol nehmen die Tage zu, an denen die Sonne nicht aufgeht. Am Nordpol dauert die Polarnacht ein halbes Jahr. Nur um die Mittagszeit gibt es ein wenig Licht wie bei uns in der Dämmerung.

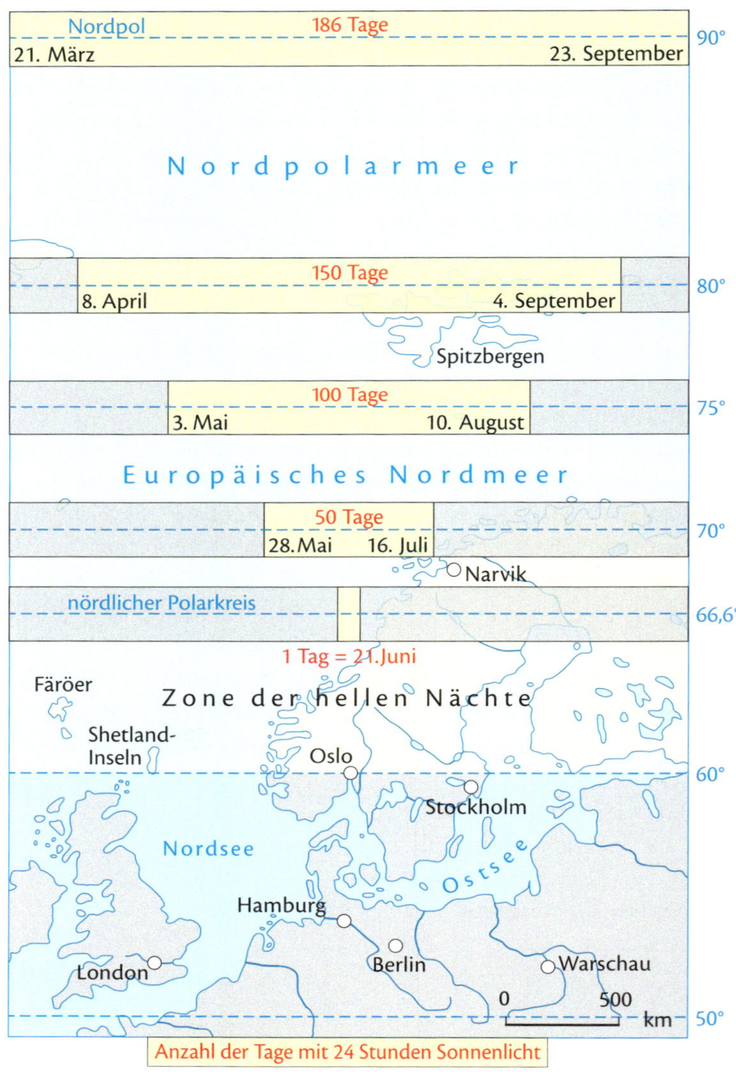

M 2 *Die Länge des Polartages*

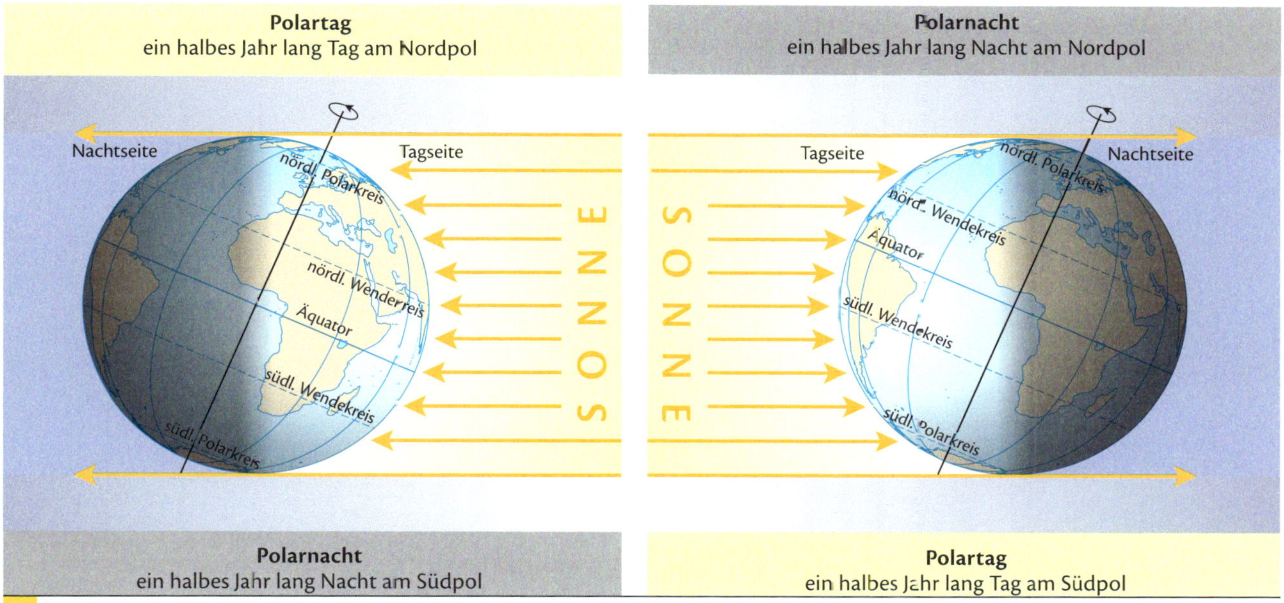

M 3 *Die Beleuchtung der Polargebiete im Sommer und Winter*

Die Entstehung von Polartag und Polarnacht

Die Entstehung von Polartag und Polarnacht hängt mit der Schrägstellung der Erdachse während des Umlaufs der Erde um die Sonne zusammen. Durch die gleichbleibende Schrägstellung der Erdachse ändert sich beim Umlauf um die Sonne die Beleuchtung der Erde. Von Mitte März bis Mitte September ist die Nordhalbkugel mehr der Sonne zugewandt, von Mitte September bis Mitte März mehr die Südhalbkugel. Am 21. Juni, dem Sommeranfang auf der Nordhalbkugel, steht die Sonne mittags senkrecht über dem nördlichen Wendekreis. Das nördliche Polargebiet erhält auch dann noch Sonnenlicht, wenn es südlich des nördlichen Polarkreises bereits Nacht ist.

Auch auf der Südhalbkugel gibt es Polartag und Polarnacht. Immer, wenn am nördlichen Polarkreis Polarnacht ist, herrscht am südlichen Polarkreis Polartag – und umgekehrt.

M 4 *Das Nordkap im Juni um 23.45 Uhr*

1 Beschreibe die geographische Lage der Polargebiete und nenne fünf Staaten auf der Nordhalbkugel, die Anteil am Polargebiet haben (Karten S. 103 und S. 224/225, Atlas).

2 Beschreibe den Verlauf des Sonnenbogens während des Polartages (M 1).

3 Beschreibe die Beleuchtungsverhältnisse in Oslo, Narvik, auf Spitzbergen und am Nordpol während eines Jahres (M 2, M 3).

4 Erkläre die Entstehung von Polartag und Polarnacht auf der Nordhalbkugel (M 3).

5 Überprüfe, wo Menschen am 21. Juni den ganzen Tag ohne Sonnenlicht auskommen müssen (Karten S. 103 und S. 224/225, Atlas).

6 Vergleiche mithilfe einer Tabelle die Beleuchtungsverhältnisse im südlichen und nördlichen Polargebiet (M 3).

Die Tundra – baumlose Landschaft

M 1 *Die Tundra in Alaska*

check-it
- Verbreitung der Tundra und der Gebiete mit Permafrost beschreiben
- Merkmale der Vegetation in der Tundra kennen
- Zusammenhang zwischen Klima und Vegetation in der Tundra erläutern
- Klimadiagramme und Profile auswerten

Ohne Wärme kein Pflanzenwuchs

In der Polarzone ist die Vegetationsperiode sehr kurz. Nur wenige Wochen im Jahr steigen die Temperaturen über null Grad an, sodass Pflanzenwuchs möglich ist. Bäume benötigen mindestens zwei Monate mit einer Durchschnittstemperatur von zehn Grad, um wachsen zu können. Da dies nicht gegeben ist, ist die Polarzone eine baumlose Landschaft – die Tundra. Die Pflanzen wachsen nur langsam. Sie haben oft dunkle Blätter, denn diese sorgen für eine stärkere Erwärmung des Bodens. Bei Schnee sind die niedrigen Pflanzen unter der Schneedecke vor Kälte geschützt. Je weiter man nach Norden kommt, desto dünner wird die Pflanzendecke. Die **Tundra** geht allmählich in die polare Eiswüste über.

Ewiges Eis unter der Erdoberfläche

In der Polarzone und den nördlichen Bereichen der gemäßigten Zone sind der Boden und die Gesteine seit tausenden Jahren im Untergrund ständig gefroren. Die Gebiete mit **Permafrost** nehmen ungefähr ein Viertel der Landmasse der Nordhalbkugel ein. Nur in den Sommermonaten taut der Boden für kurze Zeit an der Oberfläche auf. Da das Schmelzwasser in dem gefrorenen Boden des Untergrunds nicht versickern kann, bilden sich an vielen Stellen Sümpfe und flache Seen.

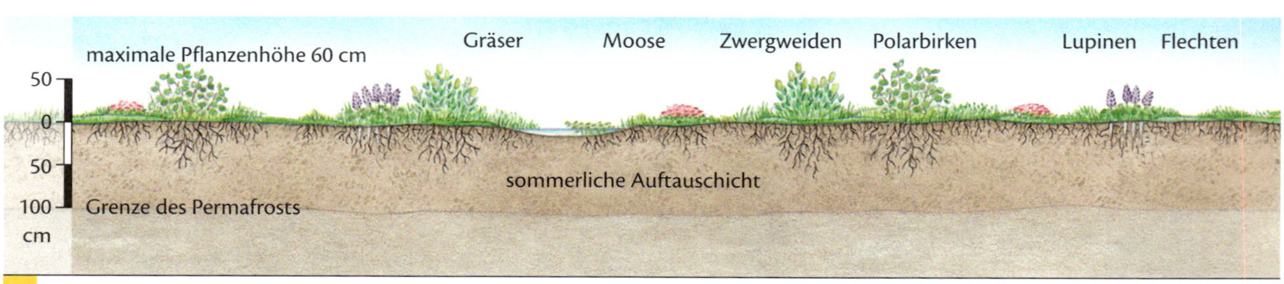

M 2 *Wuchsformen in der Tundra*

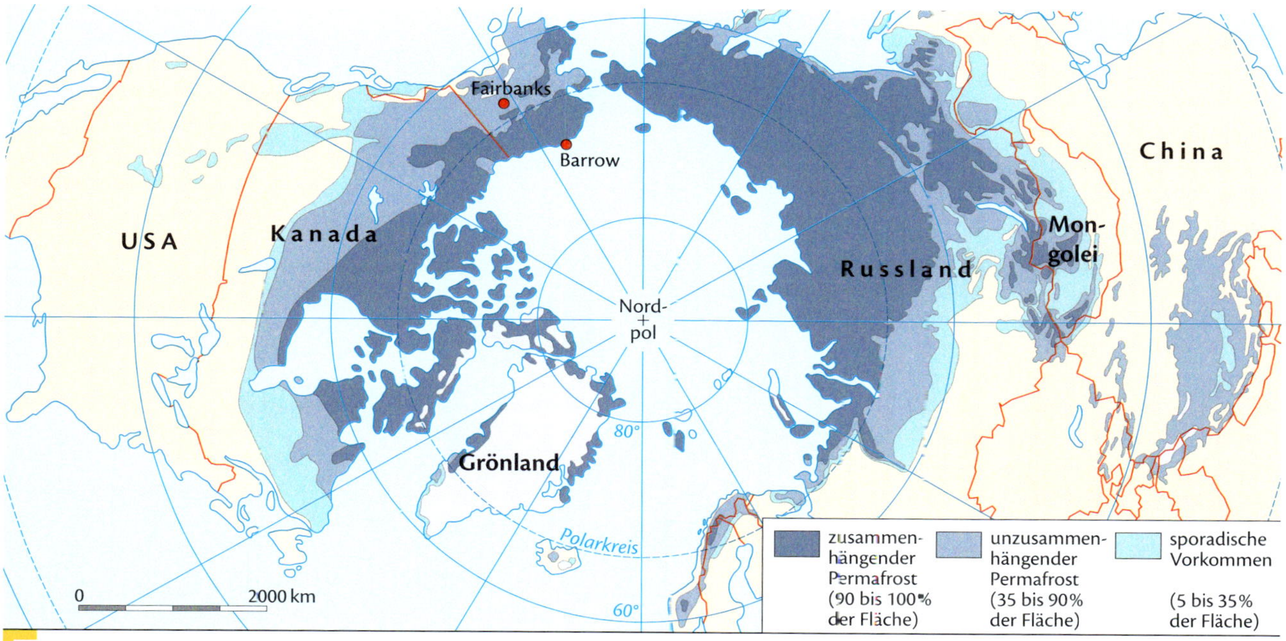

M 3 *Verbreitung des Permafrosts*

Der Bau befestigter Straßen ist auf Permafrostboden kaum möglich. Weite Teile der Tundra sind im Sommer unpassierbar. Menschen und Fahrzeuge versinken im Schlamm. Nur im Winter können die Siedlungen auf dem Landweg erreicht werden. Die Winterstraßen verlaufen über zugefrorene Seen und Sümpfe.

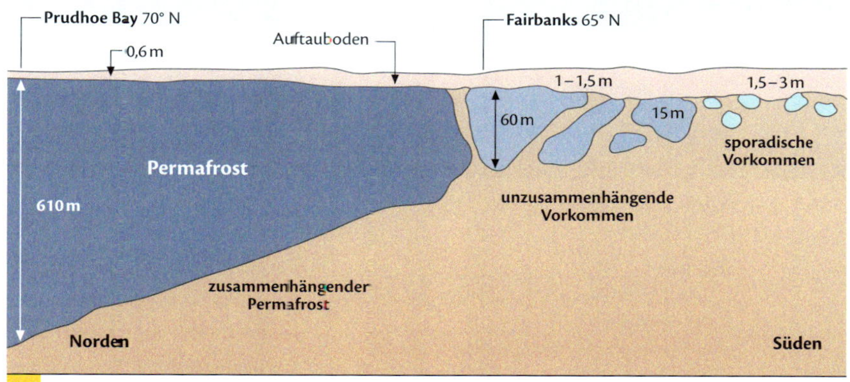

M 4 *Profil durch den Permafrost in Alaska*

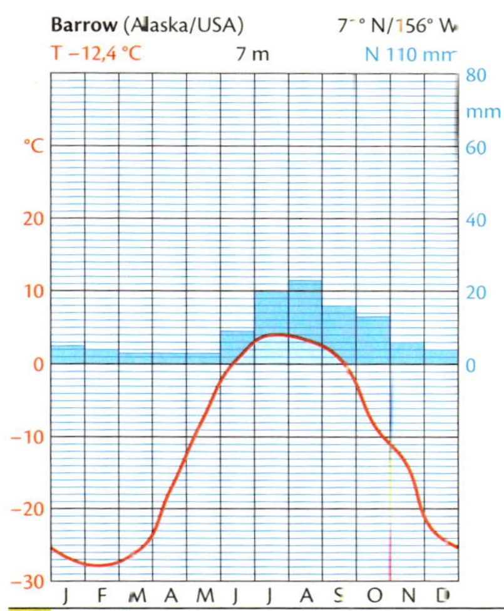

M 5 *Klimadiagramm Barrow*

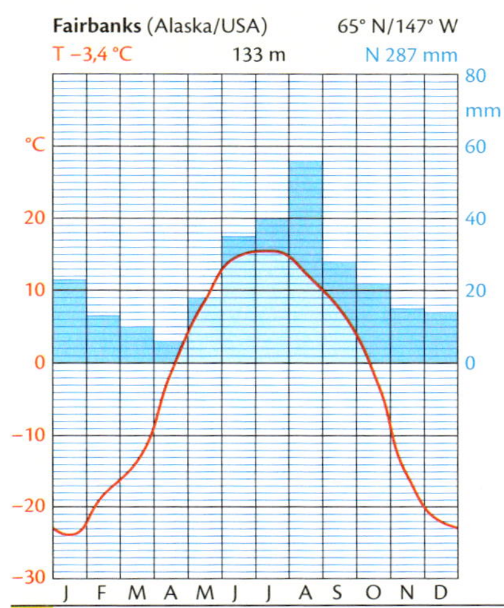

M 6 *Klimadiagramm Fairbanks*

1 Beschreibe das Aussehen der Pflanzen in der Tundra (**M 1, M 2**).

2 Nenne alle Kontinente und Staaten, die Anteil an der Vegetationszone der Tundra haben (Karte S. 27 unten, Atlas).

3 Vergleiche die Verbreitung von Tundra und Permafrost auf der Nordhalbkugel (**M 3,** Karte S. 27 unten, Atlas).

4 Werte die Klimadiagramme aus: Vergleiche die Lage der Orte und die Temperaturverhältnisse (**M 3, M 5, M 6,** Karte S. 103 oben, Atlas).

5 Werte das Profil durch Alaska aus. Stelle einen Zusammenhang zwischen der Tiefe des Permafrostes und den Temperaturen her (**M 4** bis **M 6**).

6 Die Bodenverhältnisse und das Klima haben Auswirkungen auf die Vegetation in der Tundra. Erläutere diese Aussage (**M 1, M 2, M 4** bis **M 6**).

Fairbanks – Leben am Polarkreis

M 1 *Luftaufnahme von Fairbanks*

check-it
- geographische Lage von Fairbanks beschreiben
- Gründe für eine Stadtgründung in der Polarzone benennen
- Probleme einer Stadt in der Polarzone erläutern
- Lebenssituation in der Polarzone beurteilen

Leben in der Polarzone

Winterliche Kälte von bis zu minus 54 Grad Celsius und viele Wintermonate, an denen es nur wenige Stunden am Tag hell wird – ein Leben in der Polarzone stellt besondere Anforderungen an die Menschen, aber auch an die Bauweise und Materialien. Bei Temperaturen unter minus 40 Grad zerbricht Gummi wie Glas und selbst Eisen kann spröde werden. Auf allen Parkplätzen gibt es Steckdosen, damit die Automotoren elektrisch angewärmt werden können, denn auch sie würden bei solchen Minustemperaturen nicht mehr funktionieren.

Im Sommer machen unzählige Stechmücken das Leben schwer. Bei Temperaturen von bis zu 30 Grad taut der Permafrostboden auf. Die Sümpfe sind ideale Brutplätze für die Mücken.

Goldrausch in Alaska

Fairbanks wurde 1901 als Handelsposten für Pelzhändler in der Wildnis gegründet. Als ein Jahr später ganz in der Nähe Gold gefunden wurde, kamen Tausende von Goldsuchern nach Alaska. Viele siedelten sich in Fairbanks an. Bis 1910 wurde Gold im Wert von 40 Millionen Dollar geschürft. Doch dann waren die Goldvorkommen erschöpft und die Menschen verließen Fairbanks wieder.

Einen erneuten Aufschwung erlebte die Stadt, als 1923 die einzige Eisenbahnlinie Alaskas von Seward an der Pazifikküste nach Fairbanks eröffnet wurde. Während des Zweiten Weltkriegs errichtete die US-amerikanische Regierung einen Militärstützpunkt in Fairbanks.

Seit 1959 ist Alaska ein Bundesstaat der USA. Die Regierung im 6743 Kilometer entfernten Washington ist vor allem an den Bodenschätzen dieses nördlichsten Bundesstaates interessiert.

Jahr	Bevölkerung
1910	3541
1920	1155
1930	2151
1940	3455
1950	5771
1960	13311
1970	14711
1980	22645
1990	30843
2000	30224
2010	31535
2015	32116

Quelle: Alaska Population Overview, 2015 Estimates

M 2 *Entwicklung der Einwohnerzahl*

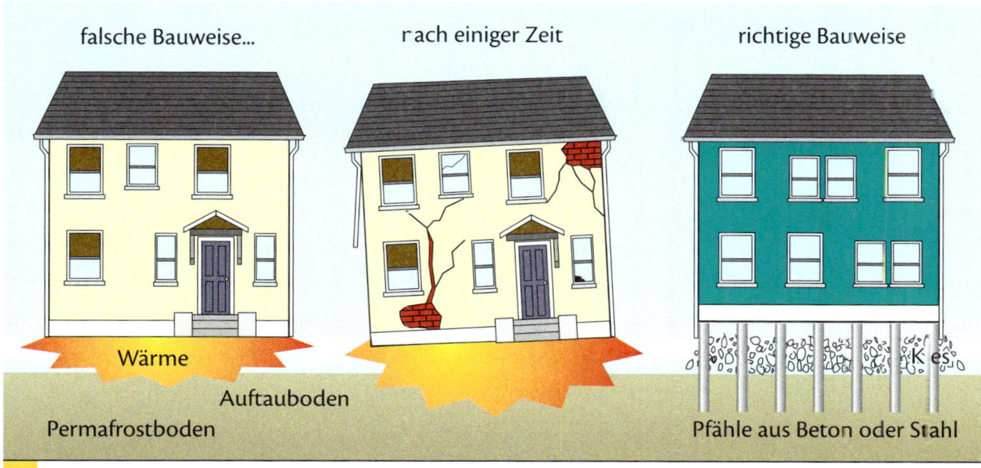

Der Permafrost erfordert eine besondere Technik beim Bau von Häusern. Man bohrt Löcher bis zu 12 Metern Tiefe in den gefrorenen Boden und setzt Eisenbetonpfähle ein, auf denen das Gebäude dann steht.
Beim Bau von Flugplätzen zum Beispiel muss ein Kühlsystem im Untergrund verlegt werden, damit die oberste Bodenschicht nicht auftaut.

M 3 *Bauen im Permafrost*

Erdöl – das „schwarze Gold"

1968 wurden bei Prudhoe Bay an der Küste des Nordpolarmeeres große Erdölvorkommen entdeckt. Um diese nutzen zu können, baute man die Trans-Alaska-Pipeline von Prudhoe Bay über Fairbanks bis nach Valdez an der Pazifikküste, dem nächsten eisfreien Hafen. Von Fairbanks aus wurden die Bauarbeiten koordiniert. Bis hierher konnte das Baumaterial per Eisenbahn oder auf geteerten Straßen transportiert werden. Weiter nördlich gibt es wegen des Permafrosts nur noch ungeteerte Straßen, die viele Monate im Jahr nur schwer passierbar sind.

Der Permafrost machte auch den Pipelinebau sehr aufwändig. Die Pipeline verläuft fast über die Hälfte der Länge auf Stelzen. Das Erdöl, das mit einer Temperatur von 80 Grad gefördert wird, fließt immer noch mit einer Temperatur von 50 Grad durch die Pipeline. Ohne Stelzen würde die Wärme den gefrorenen Untergrund zum Schmelzen bringen. Dadurch könnte die Pipeline versinken und wahrscheinlich beschädigt werden.

Studieren und Arbeiten am Polarkreis

Fairbanks ist heute die zweitgrößte Stadt in Alaska. Wegen der guten Verkehrserschließung haben sich hier viele Firmen der Erdölindustrie angesiedelt. Fairbanks besitzt auch eine Universität. Von Fairbanks aus können die Orte sowie die Nationalparks im Innern Alaskas gut erreicht werden. Deshalb sind heute auch der Handel sowie der Tourismus wichtige Wirtschaftsbereiche.

1 Beschreibe die geographische Lage von Fairbanks (**M 4,** Karte S. 222, Atlas).

2 Vergleiche die Entwicklung der Einwohnerzahl 1910, 1960 und 1990 (**M 2**).

3 Erstelle einen Zeitstrahl von der Gründung der Stadt Fairbanks bis heute. Trage für die Entwicklung der Stadt wichtige Ereignisse ein (**M 1, M 2, M 4**).

4 Erläutere, welche technischen Probleme beim Bau einer Stadt im Permafrostgebiet auftreten (**M 3, M 4**).

5 Leben in einer Stadt in der Polarzone – Traum oder Alptraum? Erörtert dies in der Klasse (**M 1, M 3**).

WEBCODE: UE643431-113

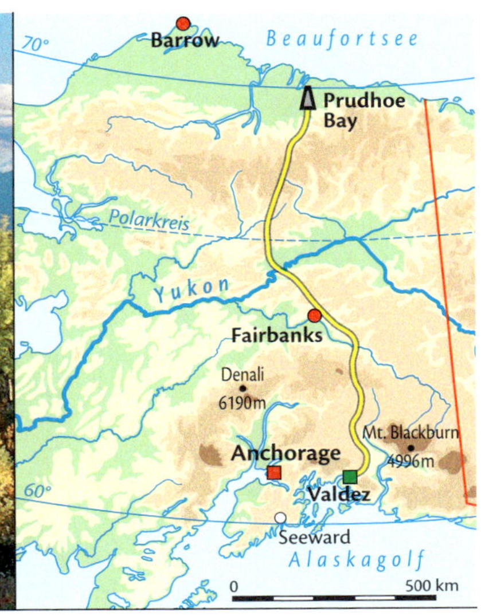

M 4 *Verlauf der Alaska-Pipeline*

Wem gehören die Polargebiete?

check-it
- Rohstoffvorkommen lokalisieren
- Zusammenhang zwischen Erderwärmung, Rohstoffvorkommen und Gebietsansprüchen erläutern
- Rohstoffförderung beurteilen
- Karten auswerten

M 1 *Kampf um den Nordpol*

Rohstoffe unter dem Eis

Neben den bereits bekannten Rohstoffvorkommen in der Arktis werden unter dem Eis weitere große Vorkommen vermutet, vor allem Erdöl und Erdgas. Wenn die globale Erwärmung anhält und das Eis in der Arktis weiter schmilzt, könnte der Abbau dieser Rohstoffe wirtschaftlich interessant werden. Deshalb verhandeln die Staaten rund um das Nordpolarmeer bereits jetzt, um ihre Gebietsansprüche zu sichern.

Schutz für den Südpol – der Antarktisvertrag

Im Gegensatz zur Arktis ist die Antarktis ein eigener Kontinent – jedoch ein Kontinent ohne Bewohner. Deshalb machten auch in der Antarktis verschiedene Staaten Besitzansprüche geltend. Zum Schutz des Naturraums trat deshalb 1961 der Antarktisvertrag in Kraft, der noch eine Laufzeit bis 2041 hat.
Der Antarktisvertrag verbietet jede militärische Nutzung der Antarktis sowie alle Bergbauaktivitäten. Die Antarktis soll ausschließlich für friedliche Forschungen genutzt werden. Heute befindet sich eine Vielzahl von Forschungsstationen verschiedener Staaten in der Antarktis. Sie beschäftigen sich vor allem mit der Klima- und Meeresforschung, denn die Antarktis ist für das Weltklima von großer Bedeutung.
Der Bau und der Betrieb von Forschungsstationen in der Antarktis sind sehr aufwändig und teuer. Das Material sowie die gesamte Versorgung der Forscher müssen in den kurzen antarktischen Sommern per Schiff oder mit dem Flugzeug transportiert werden. In den Wintermonaten hält sich meistens nur eine Notbesatzung in den Stationen auf, um die Forschungsgeräte zu überwachen.

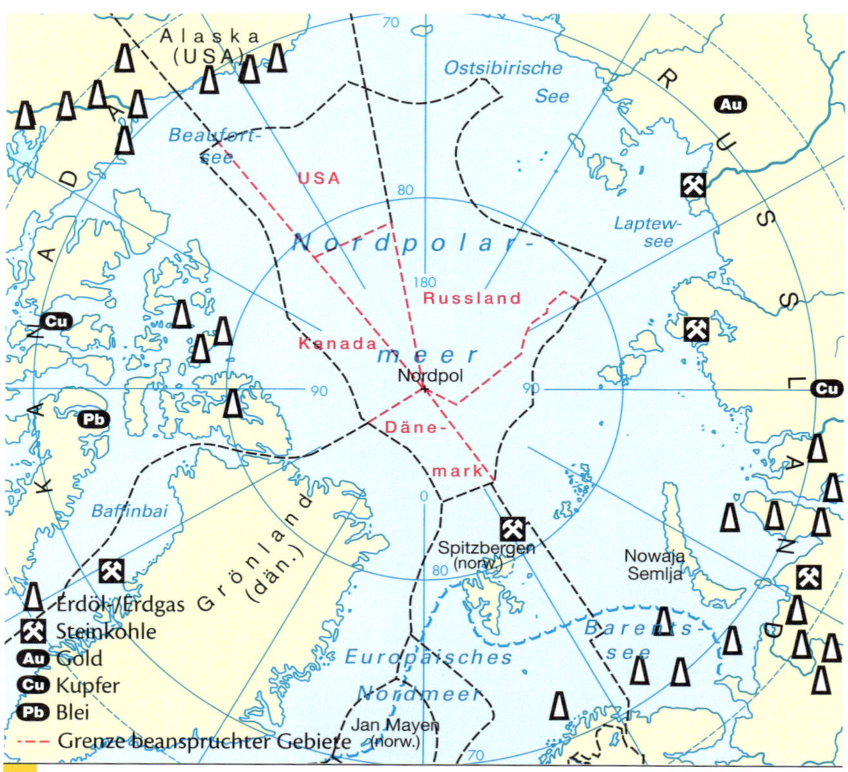

M 2 *Rohstoffvorkommen und Gebietsansprüche in der Arktis*

1 Beschreibe die Lage der Rohstoffvorkommen in der Arktis und Antarktis (**M 2, M 5**).

2 Die Polargebiete – nur Eis und Schnee? Erläutere, welches Interesse die angrenzenden Staaten an Arktis und Antarktis haben (**M 2** bis **M 5**).

3 Je mehr das Eis an den Polen schmilzt, desto größer ist das Interesse an den Rohstoffen. Erläutere dies (**M 1, M 3**).

4 Diskutiert über Nutzen und Schwierigkeiten beim Rohstoffabbau in der Arktis. Teilt euch dazu in Gruppen auf, die die Interessen von Bergbaugesellschaften, einheimischen Bevölkerungsgruppen, Umweltschützern und Anrainerstaaten vertreten (**M 1** bis **M 3**, S. 106/107, S. 110/111 und S. 112/113, Atlas).

Ein Interview mit Hilmar Rempel, Erdölgeologe im Referat Energierohstoffe der Bundesanstalt für Geowissenschaften und Rohstoffe (BGR) in Hannover:

Über das arktische Meer liest man derzeit, es gebe dort „gigantische" Rohstoffvorkommen, es sei eine wahre „Goldgrube". Stimmt das?

H. Rempel: Es gibt in der Arktis zwar Felder, wo Ressourcen tatsächlich schon nachgewiesen sind, das meiste wird bisher allerdings bloß vermutet.

25 Prozent der noch zu erwartenden Ölressourcen weltweit sollen in der Arktis liegen, wenn man der Schätzung des Amerikanischen Geologischen Dienstes USGS glaubt. Ist das realistisch?

H. Rempel: Möglich ist es, wobei man in den meisten Gebieten von der Geologie her wahrscheinlich eher Erdgas als Erdöl erwarten könnte. Man muss die Zahl des USGS allerdings relativieren: Deren 25 Prozent entsprechen etwa 20 Milliarden Tonnen. Das sind ungefähr fünf Jahresverbräuche an Erdöl – wenn der Verbrauch gleich bleibt. Mehr nicht.

Für die Nordmeeranrainer ist das anscheinend sicher genug, um sich jetzt schon um die Rechte an den Ressourcen zu streiten.

H. Rempel: Die größeren Rohstoffvorkommen liegen in den Küstenregionen, innerhalb der nationalen Hoheitsgebiete. Dort gibt es keine rechtlichen Unsicherheiten, sondern nur außerhalb, also im Zentrum der arktischen See. Über Gas und Öl in dieser Region weiß man allerdings fast nichts, weil man die Vorkommen unter dem Packeis kaum erkunden kann.

Rentiert es sich überhaupt, unter arktischen Bedingungen Öl und Gas zu fördern?

H. Rempel: Es ist schwierig und teuer.

Ist das technisch denn möglich?

H. Rempel: Ja, so etwas geht inzwischen. Aber es rentiert sich bloß bei hohen Energiepreisen.

Wird die Förderung einfacher, wenn es durch den Klimawandel wärmer wird?

H. Rempel: Ja, aber das wird die Erschließung allenfalls etwas beschleunigen. Ausschlaggebend ist der Preis für die Rohstoffe. Die Kälte in der Polregion bleibt für Technik und Menschen schwierig und darum für beide eine Herausforderung.

(Quelle: ZEIT online 27.5.2008)

M3 *Nutzung arktischer Rohstoffe*

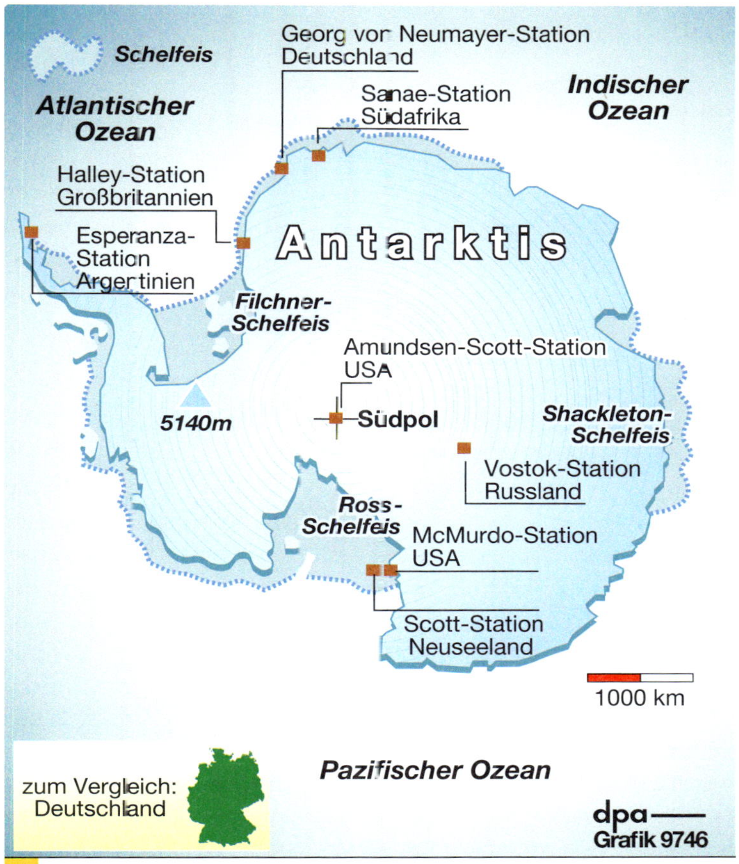

M4 *Ausgewählte Forschungsstationen in der Antarktis*

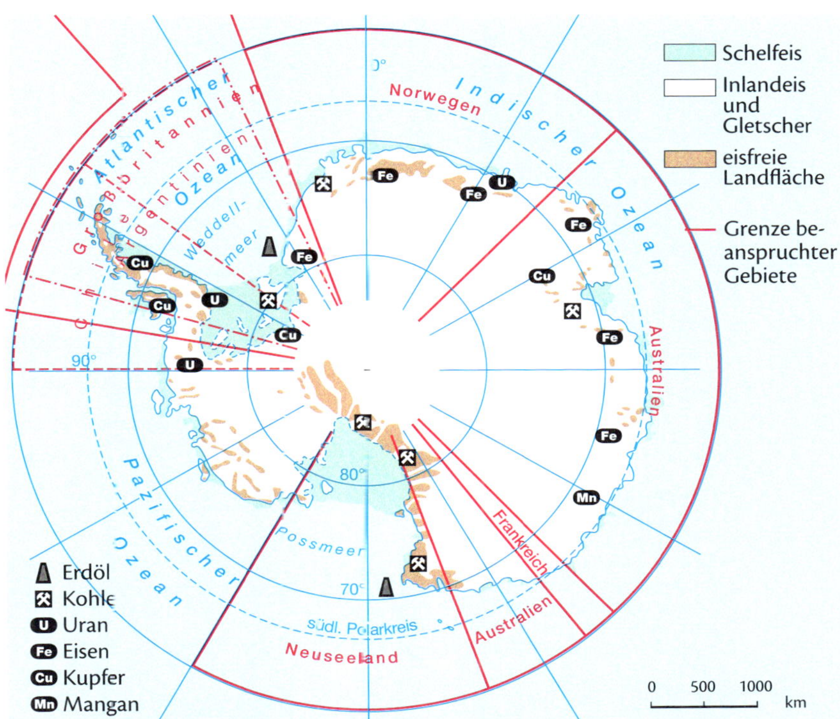

M5 *Bodenschätze in der Antarktis*

Wir erstellen eine Präsentation

M 1 *Präsentation mit Overheadprojektor*

check-it
- Aufbau einer Präsentation kennen
- Präsentation erstellen

Ein Bild sagt mehr als tausend Worte

Im Unterricht wird immer wieder gefordert, dass du Arbeitsergebnisse vortragen sollst – meist in Form eines Referats oder Kurzreferats.

Besonders im Geographieunterricht wird jedes Referat sehr viel anschaulicher, wenn zur Verdeutlichung Bilder, Karten, Diagramme oder Grafiken eingesetzt werden. Einen solchen medienunterstützten Vortrag bezeichnet man als **Präsentation**. Der Einsatz von Medien macht den Vortrag unterhaltsam und abwechslungsreich. Welches Medium am besten geeignet ist, richtet sich nach dem Thema, aber auch nach den technischen Möglichkeiten.

Checkliste zum Erstellen einer Präsentation

1. Schritt: Lege das Thema deiner Präsentation fest. Manchmal ist es sinnvoll, mit der genauen Formulierung des Themas zu warten, bis die Informationsbeschaffung abgeschlossen ist. Eventuell ergibt sich das Thema aus den Materialien.

2. Schritt: Besorge dir Informationen zu deinem Thema zum Beispiel aus Zeitungen und Zeitschriften, Büchern oder aus dem Internet.

Achtung: Wenn du Materialien in deine Präsentation übernimmst, musst du die Quelle angeben.

3. Schritt: Erstelle eine Gliederung deiner Präsentation. Achte dabei darauf, dass sie sinnvoll aufgebaut und der Raum auf einer Karte lokalisiert werden kann. Überlege dir einen Einstieg, der neugierig auf das Thema macht und das Interesse der Zuschauer/Zuhörer weckt.

4. Schritt: Lege fest, welches Präsentationsmedium du einsetzen willst, und stelle sicher, dass die erforderlichen Geräte zur Verfügung stehen.

5. Schritt: Stelle die Präsentation zusammen.
Ordne die Materialien in der richtigen Reihenfolge deinem Vortragstext zu.
Achte darauf, dass Abbildungen gut erkennbar sowie Text und Zahlen in Grafiken und Diagrammen lesbar sind.

6. Schritt: Übe deine Präsentation, denn sie sollte möglichst frei vorgetragen und nicht abgelesen werden. Beachte, dass die Medien deinen Vortrag nur unterstützen sollen. Setze sie sparsam an den Stellen ein, an denen es sinnvoll ist.

7. Schritt: Sorge vor der Präsentation dafür, dass alle Materialien und Medien vorhanden und einsatzbereit sind.

Plakat/Wandzeitung
Überschrift/Thema
klare Gliederung und klarer Aufbau
keine Sätze, nur Schlagworte
deutliche und große Schrift
Bilder und Zeichnungen, Farben gezielt einsetzen
Beim Vortrag nicht verdecken!
Nicht zum Plakat sprechen!

Overheadprojektor
Schriftgröße mindestens 16 pt
keine langen Sätze › Stichworte
große Bilder und Abbildungen
keine Abbildungen mit niedriger Auflösung
Folien sortiert einheften
mit Folie arbeiten (z. B. teilweise abdecken, mit Stift zeigen/markieren/eintragen, …)

Für jedes Präsentationsmedium gilt:
weniger ist oft mehr
Medium muss bei der Präsentation noch aus der letzten Reihe gut zu sehen sein!

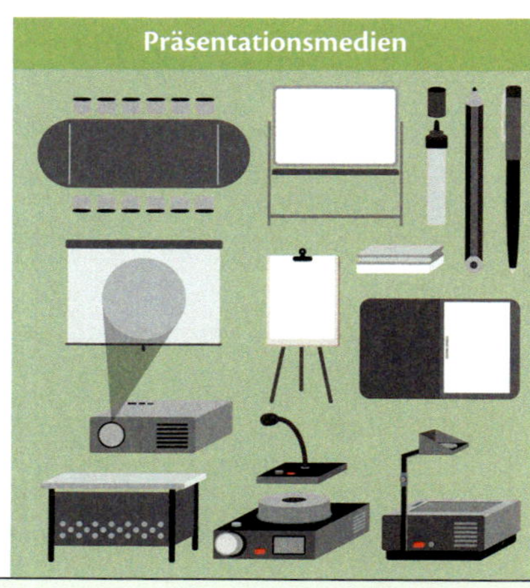

PowerPoint-Präsentation
große Schrift (mind. 24 pt)
klare Gliederung
Farben vorsichtig einsetzen (z. B. kein greller Hintergrund)
wenige, dafür sinnvolle Effekte (Folienübergang, …)
Unbedingt vorher proben und mit der Technik vertraut machen!

Video-Dokumentation
sinnvoll schneiden, klarer Ablauf
passende Vertonung (Kommentare, O-Ton, Musik, …)
Einblendungen (Text, Bilder, …)
angemessene Länge
Zusammenspiel von Video-Beamer und Video-Recorder vorher testen

M 2 *Tipps zum Einsatz verschiedener Medien*

M3 *Titelfolie mit Thema und Karte zur Orientierung*

Inhalt

1. Geographische Lage der Arktis
2. Klima und Vegetation
3. Nutzung und Besiedlung
4. Veränderte Nutzung durch Erwärmung
5. Auswirkungen auf den Naturraum

M4 *Gliederung der Präsentation*

Tipps zum richtigen Präsentieren

- Schaue in Richtung der Zuschauer/Zuhörer. Achte darauf, dass du nicht nur auf den Bildschirm oder die Präsentationswand schaust.
- Versuche frei zu sprechen und nicht abzulesen. Das gelingt besser, wenn du dir Stichpunkte auf den Merkzettel notierst.
- Unterstütze deine Präsentation durch sinnvolle Gestik und Bewegung. Dadurch wirkt das Vorgetragene lebendiger und interessanter.
- Rede laut, deutlich und nicht zu schnell. Bedenke, dass die Zuhörer deine Präsentation zum ersten Mal hören/sehen und alles verstehen wollen.
- Fasse am Ende die angesprochenen Ergebnisse noch einmal kurz zusammen.
- Gib dem Publikum die Möglichkeit, am Schluss Fragen zu stellen.

1 Erstelle eine Tabelle zu den Präsentationsmedien, in der du die jeweils erforderlichen Geräte/Materialien sowie mögliche Einsatzmöglichkeiten auflistest.

2 Bildet Gruppen und wählt ein Thema zur Polarzone aus. Mögliche Themen könnten sein:
- Inuit früher und heute
- Tiere in der Arktis und Antarktis
- Veränderung des Klimas
- Erdöl und Erdgas aus der polaren Zone
- Polarforschung

3 Sammelt Material zu eurem Thema und wählt ein geeignetes Präsentationsmedium aus.

4 Stellt eure Präsentation zusammen und führt sie der Klasse vor.

WEBCODE: UE643431-117

M5 *Grafiken zur Veranschaulichung*

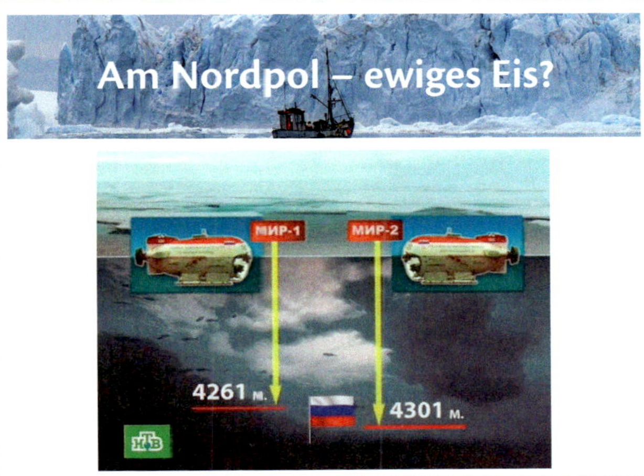

M6 *Russische Fahne am Nordpol*

Nutzung der Polarregionen – Chance oder Gefahr?

M 1 *Schifffahrtswege durch die Arktis*

check-it
- mögliche Schifffahrtsrouten durch die Arktis und ihre Bedeutung beschreiben
- Umweltprobleme in der Polarregion erläutern
- Auswirkungen des Polartourismus grafisch darstellen
- Auswirkungen einer verstärkten Nutzung beurteilen

Schifffahrtswege ohne Eis

Im Sommer 2008 sorgte das deutsche Forschungsschiff „Polarstern" für Schlagzeilen, denn es hatte den Nordpol umrundet. Dies war möglich, weil sowohl die Nordwest- als auch die Nordostpassage erstmals gleichzeitig eisfrei waren.

Forscher gehen davon aus, dass bei fortschreitender globaler Erwärmung diese beiden Schifffahrtsrouten in den Sommermonaten immer länger eisfrei und somit befahrbar sein werden. Beide Routen verkürzen den Weg für Handelsschiffe zwischen Europa und Asien gegenüber der üblichen Route durch den Suezkanal erheblich. Deshalb wird die wirtschaftliche Erschließung der Nordwestpassage bereits vorbereitet. In einer Inuit-Siedlung am Nordpolarmeer ist der Bau eines Tiefwasserhafens für Tanker geplant.

Eisfreie Schifffahrtswege in der Arktis wären auch für den Abbau der Bodenschätze von großer Bedeutung. Heute wird das im Nordpolarmeer und in Nordsibirien geförderte Erdöl und Erdgas noch durch Pipelines über die Kontinente zu den nächsten eisfreien Häfen gepumpt.

Reise zu Eisbär und Pinguin

Sowohl in der Arktis als auch in der Antarktis hat der Tourismus in den letzten Jahren stark zugenommen. Die meisten Touristen kommen mit Kreuzfahrtschiffen in die Polarregionen. Die Hauptreisezeit für Polarreisen ist der Sommer. Das ist die Zeit, in der Robben und Vögel sich fortpflanzen, ihre Jungen säugen oder füttern, das Fell oder Gefieder wechseln. In diese Zeit fällt auch die kurze Wachstumsperiode der Pflanzen, sodass die Natur besonders anfällig für Störungen ist.

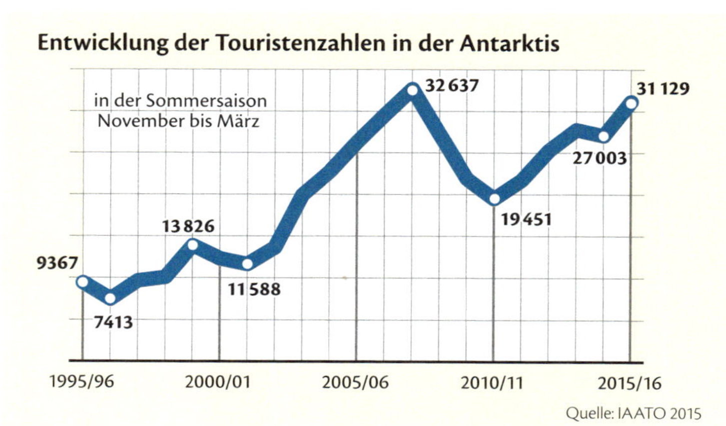

M 2 *Entwicklung der Touristenzahlen in der Antarktis*

M 3 *Touristen und Pinguine*

M 4 *Müllplatz in der Arktis*

In der Arktis können Touristen neben Naturbeobachtungen auch Helikopterausflüge, Campingtouren in die Wildnis sowie Abenteuertouren mit Kanus, Hunde- oder Motorschlitten, Skiern oder Snowboards sowie Mountainbikes unternehmen. Auch Jagden sind möglich. Solche Aktivitäten sind in der Antarktis nicht erlaubt, denn sie ist durch ein Umweltschutzabkommen als Zusatz zum Antarktisvertrag geschützt, das klare Regeln für Besucher enthält. Jeder deutsche Antarktisbesucher – auch Forscher und Wissenschaftler – benötigt eine Erlaubnis des Umweltbundesamts.

Gefahr für die Arktis

Die Polargebiete galten lange als nahezu schadstofffrei. Mit zunehmender Nutzung nehmen jedoch auch die Umweltbelastungen zu, denn die Natur ist besonders anfällig für Störungen. Selbst ein Fußtritt kann die Vegetation der Tundra für Jahre schädigen.
Der Schiffsverkehr allein führt zu einer hohen Belastung der Meere. Schiffsunfälle, bei denen Öl ausläuft, oder auslaufendes Erdöl aus Förderplattformen oder Pipelines verschlimmern die Situation. Meereis behindert den natürlichen Abbau des Öls. Zudem führt die großräumige Bewegung des Eises im Nordpolarmeer dazu, dass es über eine große Fläche verteilt wird.

Müllberge auf dem Eis

Überall dort, wo in den Polargebieten Menschen leben, türmen sich die Müllberge. Das gilt sowohl für die Siedlungen der Inuit in der Arktis als auch für die Forschungsstationen in der Antarktis. In der Kälte der Polargebiete verrotten organische Stoffe kaum oder nur sehr langsam. Zudem ist es in den Permafrostgebieten nicht möglich, Müll zu vergraben. Durch den lagernden Müll gelangen Schadstoffe in den Boden, die Luft und das Meer.

1 Beschreibe den Weg eines Schiffes von Hamburg nach Tokio über die Nordost- und die Nordwestpassage (**M 1**, Globus, Karte S. 224/225, Atlas).
2 Berechne die ungefähre Verkürzung der Reiseroute zwischen Hamburg und Tokio durch die Nordwestpassage im Vergleich zur Route durch den Suezkanal (Globus, Karte S. 224/225, Atlas).
3 Gestalte ein Werbeplakat, mit dem du wahlweise für eine Reise in die Arktis oder Antarktis wirbst. Stellt eure Plakate in der Klasse aus und verleiht einen Preis für die überzeugendste Gestaltung (**M 2, M 3**, Webcode, ***Tipps zum Erstellen von Plakaten und Folien***).
4 Erstelle ein Fließdiagramm zu den Auswirkungen des Polartourismus (**M 3** bis **M 5**).
5 Erläutere, mit welchen Umweltproblemen die Polarregionen zu kämpfen haben (**M 4, M 5**).
6 Neue Nutzungsmöglichkeiten für die Polarregionen durch Klimawandel – Chance oder Gefahr? Verfasse eine Stellungnahme dazu (**M 1** bis **M 5**).

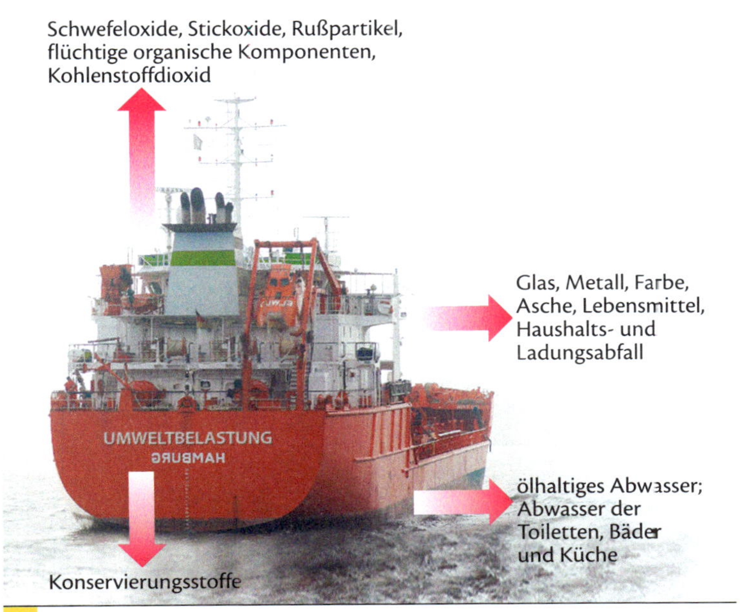

M 5 *Umweltbelastung durch Schiffe*

Geo-Check: Zusammenhänge in der Polarzone untersuchen

Sich orientieren

A = Anderer Name für das Südpolargebiet
B = Insel in der Arktis, die zu Norwegen gehört
C = Pol, der in der Arktis liegt
D = Halbinsel im Nordosten Kanadas
E = Meeresteil im Süden der Antarktis
F = Land, das einen großen Anteil an der Arktis hat
G = Staat, zu dem Grönland gehört
H = Staat Nordamerikas, der Anteil an der Arktis hat
I = Bundesstaat der USA, der Anteil an der Arktis hat
J = Insel südlich der Antarktischen Halbinsel

! Hinweis: Bitte nicht in das Buch schreiben

Lösungswort:

1	2	3	4	5	6	7	8	9	10	11

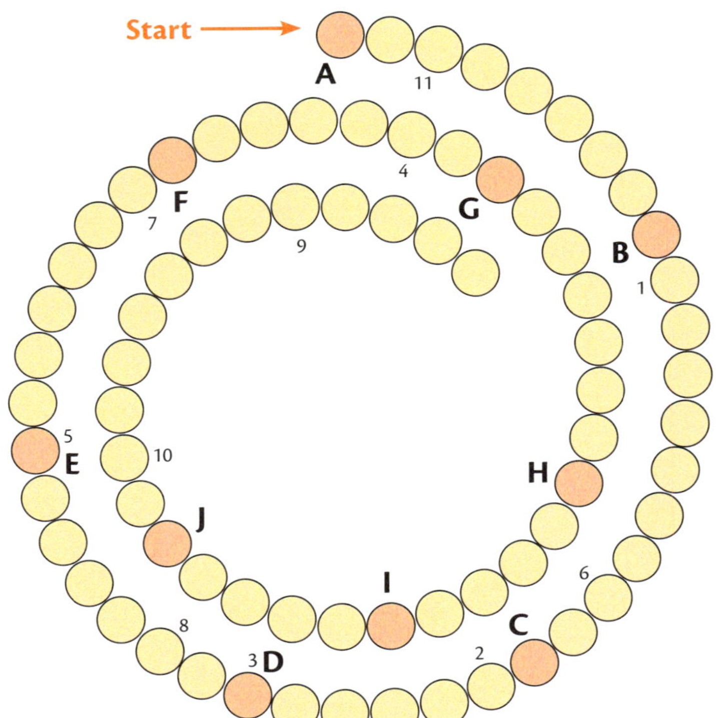

M 1 *Rätselschnecke (Umlaut = 1 Buchstabe)*

M 2 *Im Zoo*

1 Löse die Rätselschnecke in Pfeilrichtung. Der Endbuchstabe des einen Wortes ist zugleich der Anfangsbuchstabe des nächsten Wortes. Schreibe die gesuchten Begriffe und das Lösungswort in dein Heft (**M 1,** Webcode).
2 Stelle in einer Tabelle die Gemeinsamkeiten und die Unterschiede von Arktis und Antarktis gegenüber.
3 Zähle die Anrainerstaaten der Arktis auf und benenne die Kontinente, die Anteil an ihr haben.
4 Nenne alle Meere, die ein Kreuzfahrtschiff auf der Fahrt von Hamburg bis zur Antarktischen Halbinsel durchfahren muss (Karte S. 224/225, Atlas).
5 Erkläre, warum eine Begegnung zwischen Eisbär und Pinguinen in der Natur nicht stattfinden kann (**M 2**).
6 Ordne die Polargebiete den Klima- und Vegetationszonen der Erde zu (Karten S. 27, Atlas).
7 Beschreibe die Verbreitung des Permafrosts auf der Nordhalbkugel.

6 Auswirkungen der Bevölkerungsentwicklung erläutern

Bevölkerungszunahme – eine Herausforderung
Auf der Erde leben mehr als 7 Milliarden Menschen. Jedes Jahr wächst die Weltbevölkerung um etwa 82 Millionen Menschen – so viele, wie Deutschland Einwohner hat. Mit 99 Prozent haben Entwicklungs- und Schwellenländer den größten Anteil am Bevölkerungswachstum. Welche Probleme entstehen durch die wachsende Weltbevölkerung?

Wissen und verstehen

8 Nenne zu jedem dieser Begriffe mindestens zwei Merkmale (**M 3**).

M 3 *Geo-Begriffestapel*

9 Sortiere die Aussagen in richtige und falsche Aussagen. Verbessere die falschen Aussagen und schreibe sie richtig auf:

Richtig oder falsch?
- Wenn das Eis an den Polkappen schmelzen würde, könnte man auf dem Nord- und Südpol wandern.
- Die Tundra ist eine baumlose Landschaft.
- In Permafrostgebieten taut der Boden nur im Sommer vollständig auf.
- Mithilfe der Trans-Alaska-Pipeline wird Erdöl vom Pazifik an die Küste des Nordpolarmeeres transportiert.
- Die Arktis und die Antarktis sind sehr rohstoffreich.
- Der Antarktisvertrag regelt die Nutzung dieses Kontinents.
- Deutschland besitzt keine Forschungsstationen in der Antarktis.
- Die Nordwest- und die Nordostpassage sind niemals gleichzeitig eisfrei.
- Organische Stoffe verrotten in den Polargebieten sehr schnell, sodass Müll kein Problem darstellt.
- Eisbären leben in der Antarktis, Pinguine in der Arktis.

Können und anwenden

10 Überprüfe die Abbildung aus einer Präsentation anhand der Tipps zum Präsentieren (**M 4**).

11 Mache Vorschläge, wie du das angegebene Thema (Inuit früher und heute) präsentieren würdest, und entwirf eine Gliederung.

WEBCODE: UE643431-121

M 4 *Computergestützte Präsentation*

M5 *Neues „Spielzeug“ für den Eisbär*

Sich verständigen, beurteilen und handeln

12 Eisbär und Pinguin treffen mehr und mehr auf ihnen bisher unbekannte Gegenstände. Erläutere die Fotos (**M5, M6**).

13 Erkläre, welche Gefahren für die Tiere und die Natur von den Müllbergen ausgehen (**M5, M6**).

14 Diskutiert, wie man das Müllproblem in den Polargebieten lösen bzw. verringern könnte.

15 Wer staunt hier mehr? Immer mehr Touristen kommen vor allem mit Kreuzfahrtschiffen in die Arktis und Antarktis. Entwerft in Gruppen eine Werbebroschüre für eine Reise in die Arktis oder Antarktis (**M7**). Beschreibt den Naturraum, Klima, Vegetation und Tierwelt. Gebt aber auch Hinweise zum rücksichtsvollen Umgang mit der Natur.

M6 *Müllberge in der Antarktis*

M7 *Außergewöhnliche Begegnung*

16 Beurteilt die Chancen und Risiken einer Ausweitung der Nutzung von Rohstoffen in den Polargebieten.

17 Erstellt einen Forderungskatalog zum Schutz der Polargebiete.

Erde: Bevölkerungswachstum und Geburtenrate

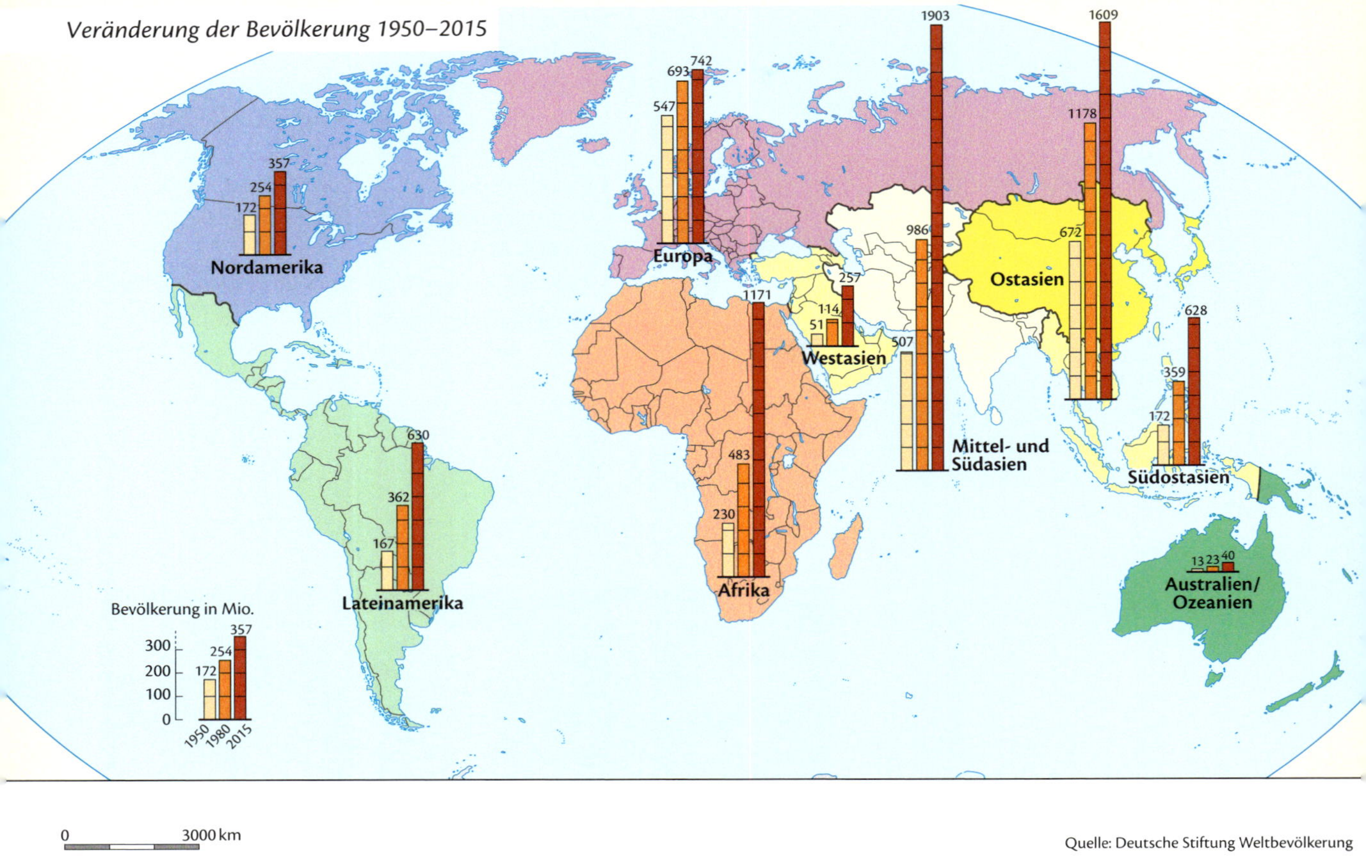

Quelle: Deutsche Stiftung Weltbevölkerung

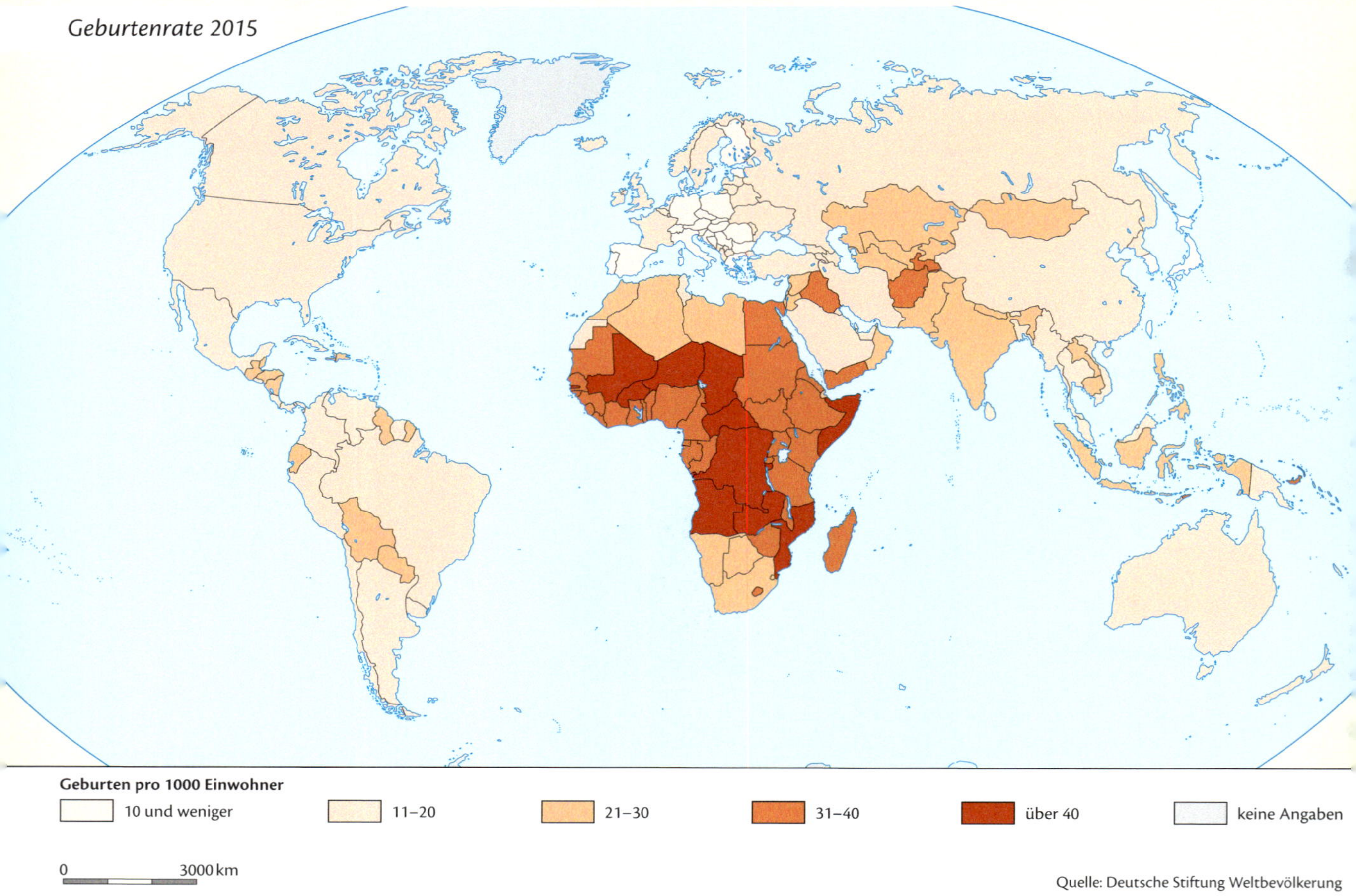

Quelle: Deutsche Stiftung Weltbevölkerung

In diesem Kapitel lernst du
- die Entwicklung der Weltbevölkerung zu beschreiben,
- regionale Unterschiede im Bevölkerungswachstum zu vergleichen und zu erklären,
- Bevölkerungsdiagramme auszuwerten,
- Folgen von Wanderungsbewegungen zu erklären,
- Merkmale und Auswirkungen der Bevölkerungsentwicklung in Deutschland zu charakterisieren,
- regionale Unterschiede in der Verstädterung zu vergleichen,
- Ursachen und Folgen der Verstädterung zu erläutern.

Dabei nutzt du
- Karten,
- Grafiken,
- Bilder,
- Tabellen,
- Diagramme und
- Bevölkerungsdiagramme.

Du beurteilst und bewertest
- Maßnahmen zur Geburtenbeschränkung,
- Auswirkungen und Probleme einer alternden bzw. jungen Gesellschaft,
- Ursachen und Folgen des Wachstums der Weltbevölkerung,
- Folgen des Wachstums in Megastädten.

In den Straßen von Mumbai, Indien

Die Weltbevölkerung wächst – aber weltweit ungleich

check-it
- Wachstum der Weltbevölkerung beschreiben und vergleichen
- Merkmale der Begriffe Wachstums-, Geburten- und Sterberate benennen
- Unterschiede im Bevölkerungswachstum erläutern
- Phasen im Modell des demographischen Übergangs benennen und mit der Wirklichkeit vergleichen
- thematische Karten und Diagramme auswerten

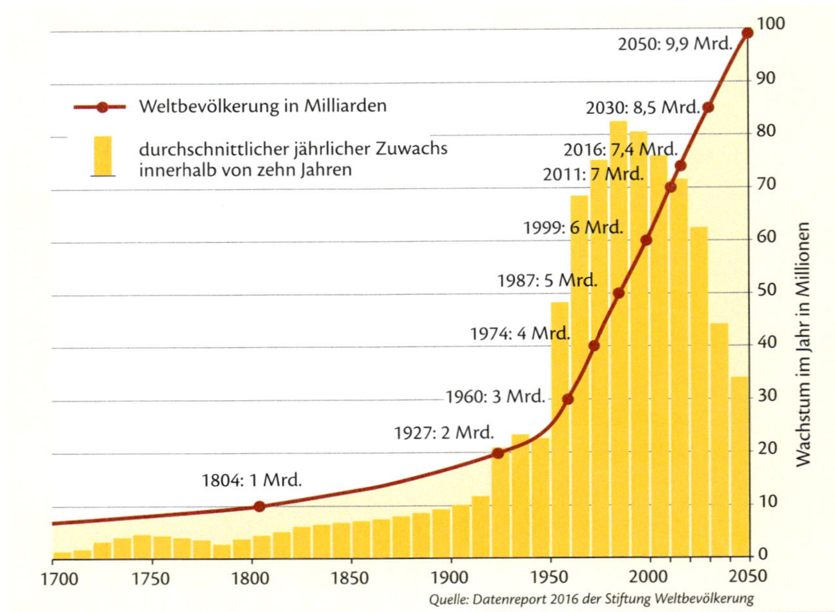

M 1 *Wachstum der Weltbevölkerung*

Auf dem Weg zur achten Milliarde

Ende Oktober 2011 lebten sieben Milliarden Menschen auf der Erde, 2015 waren es bereits 7,3 Milliarden. Pro Minute erblickten im Jahr 2015 159 Neugeborene das Licht der Welt. Das ergab pro Tag mehr als 229 000 Menschen. Im Jahr sind das über 83 Millionen Menschen, mehr als Deutschland Einwohner hat.

Ungleiche Entwicklung

Die Bevölkerung entwickelt sich in den Ländern der Welt unterschiedlich. Während in vielen Industriestaaten die Bevölkerungszahl stabil bleibt oder sogar rückläufig ist, wächst die Bevölkerungszahl in den Schwellen- und Entwicklungsländern Asiens, Afrikas und Lateinamerikas. Die **Wachstumsrate** der Bevölkerung ergibt sich aus der Differenz zwischen **Geburtenrate** und **Sterberate**. Hinsichtlich des Wachstums ist die Ausgangsgröße einer Bevölkerung (Grundgesamtheit) zu berücksichtigen, denn wo bereits viele Menschen leben, ist der absolute Bevölkerungszuwachs auch höher.

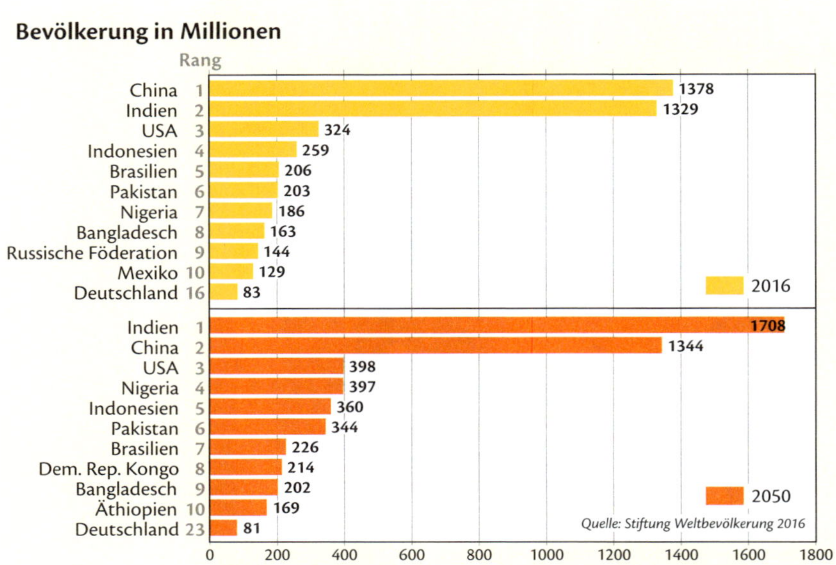

M 2 *Die bevölkerungsreichsten Länder der Welt*

Ursachen des Wachstums

Die Ursachen des **Bevölkerungswachstums** in den Schwellen- und Entwicklungsländern sind vielfältig. Hierzu gehört der Einfluss von Religionen, die Kinder als „Geschenk Gottes" sehen, sodass keine Familienplanung befürwortet wird. Familienplanung findet auch aufgrund fehlender Aufklärung und mangelhafter Bildung nicht statt. Kinder gelten zudem als zusätzliche Arbeitskräfte zur Einkommensverbesserung und zur wirtschaftlichen Absicherung der Eltern im Alter. Durch verbesserte hygienische sowie medizinische Verhältnisse ist die Säuglingssterblichkeit zurückgegangen. Der medizinische Fortschritt, bessere Ernährung und veränderte Lebensgewohnheiten haben die Lebenserwartung der Menschen erhöht.

Der demographische Übergang

Die Demographie ist die Wissenschaft, die sich mit der Bevölkerung befasst. Mitte des 20. Jahrhunderts erarbeiteten Demographen auf Basis der Daten von Industrieländern das **Modell des demographischen Übergangs.** Es beschreibt in Phasen die Entwicklung von Geburten- und Sterberaten. Das Sinken

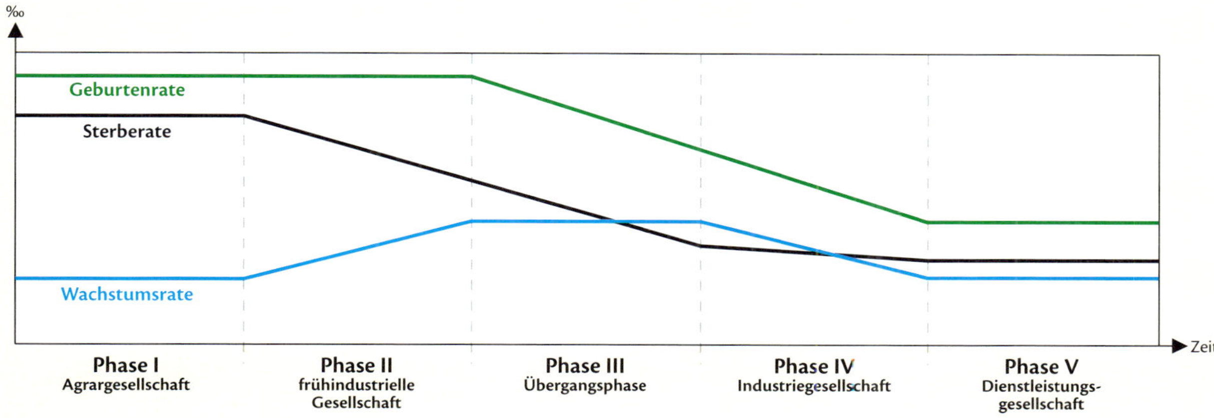

M 3 *Modell des demographischen Übergangs*

der Sterberate in der zweiten und dritten Phase erklärt sich nicht nur infolge medizinischer Fortschritte, sondern auch durch die Erhöhung der landwirtschaftlichen Produktivität sowie die damit verbundene bessere Nahrungsmittelversorgung. Die Geburtenraten sinken erst mit zeitlicher Verzögerung – vor allem ab der dritten Phase. Grund dafür ist der wachsende Wohlstand, wodurch sich die Einstellung zu Kindern ändert. Ab Phase vier sinkt die Sterblichkeitsrate aufgrund des relativ hohen Standes der medizinischen Versorgung nicht mehr. Das Tempo des Geburtenrückgangs verringert sich allmählich und die Geburtenrate bewegt sich wie die Sterberate auf konstantem Niveau ab der fünften Phase. Wenn die Wachstumsrate sinkt, geht damit nicht unbedingt die Bevölkerungszahl zurück. Ein Sinken der Wachstumsrate bedeutet nur, dass die Bevölkerungszahl weniger stark ansteigt.

1 Beschreibe das weltweite Bevölkerungswachstum und erkläre, warum in der 2. Hälfte des letzten Jahrhunderts von einer „Bevölkerungsexplosion“ gesprochen wurde (**M 1**, Karten S. 123, Atlas).

2 Erläutere die Verteilung der Weltbevölkerung 2015 und 2050 (**M 2**, Karten S. 123, Atlas).

3 Wachstumsrate, Geburtenrate und Sterberate: Benenne Merkmale der Begriffe und bringe sie in einen Zusammenhang (**M 3**).

4 Beschreibe das Modell des demographischen Übergangs (**M 3**).

5 Vergleiche die Geburten- und Sterberaten. Entwickle eine Tabelle, die alle fünf Phasen des Modells des demographischen Übergangs und Beispiele für Länder, Ländergruppen und Regionen enthält (**M 4**).

6 Wenn die Wachstumsrate der Bevölkerung sinkt, nimmt die Bevölkerungszahl nicht unbedingt ab. Prüfe die Richtigkeit dieser Aussage und begründe deine Meinung (**M 2** bis **M 4**).

WEBCODE: UE643431-127

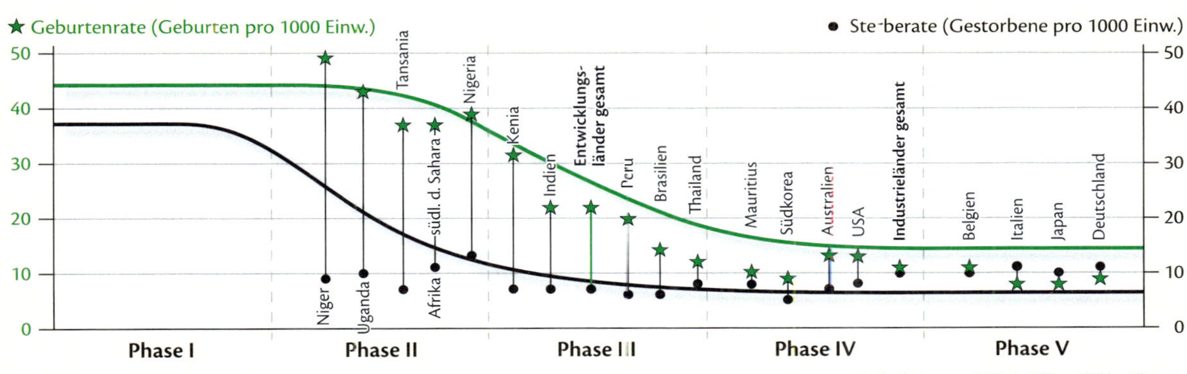

M 4 *Geburten- und Sterberaten (2016) von Ländern, Ländergruppen und Regionen*

Indien – Bevölkerungswachstum ohne Ende?

M 1 *Weltbevölkerungstag in Neu-Delhi 2002: Wunsch der Regierung – und Wirklichkeit*

check-it
- Indiens Bevölkerungswachstum beschreiben
- Ursachen und Auswirkungen des Bevölkerungswachstums erläutern
- Wirkungsgefüge anfertigen
- Diagramme auswerten
- Lösungsansätze zur Verringerung des Bevölkerungswachstums beurteilen

Auf dem Weg zum bevölkerungsreichsten Land

Indien ist nach China das bevölkerungsreichste Land der Erde. Die indische Bevölkerung zählt über 1,3 Milliarden Menschen und wächst jährlich um mehr als 15 Millionen Menschen. Damit hat Indien eine absolute Bevölkerungszunahme pro Jahr, mit der es an der ersten Stelle der Welt liegt – noch deutlich vor China. Prognosen der UN zufolge wird Indien nach 2025 China als bevölkerungsreichstes Land ablösen. Das Bevölkerungswachstum betrifft besonders stark die Millionenstädte.

Probleme des Wachstums

Das Bevölkerungswachstum verursacht viele gesellschaftliche und wirtschaftliche Probleme. Hierzu gehören Hunger und Armut der Bevölkerung sowie fehlende Wohnungen, Schulen, Lehrer und Arbeitsplätze. Durch den Zuwachs der Bevölkerung müssten beispielsweise jährlich drei bis vier Millionen Wohnungen gebaut, sieben bis acht Millionen neue Arbeitsplätze eingerichtet und zusätzlich mindestens eine halbe Million Lehrer/-innen ausgebildet werden. Das indische Gesundheitssystem ist unterfinanziert. Es fehlt an Ärzten und Medikamenten.

Ursachen des Wachstums

Das Bevölkerungswachstum ergibt sich vor allem aus der in den letzten Jahrzehnten verringerten Sterberate. Gründe hierfür waren beispielsweise bessere hygienische Verhältnisse, der gezielte

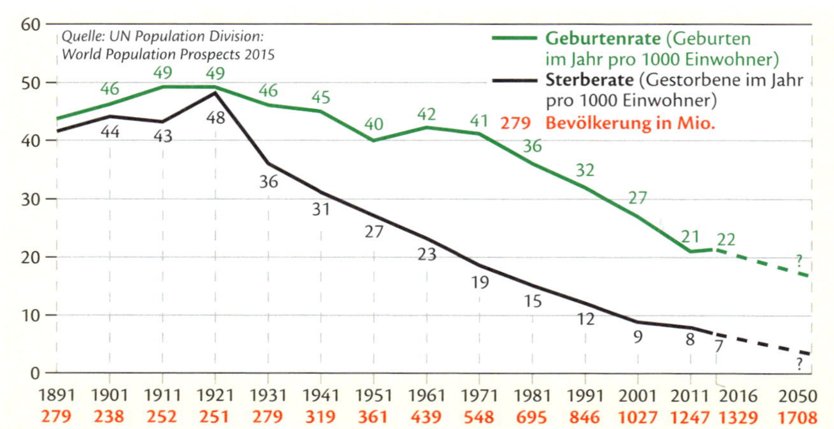

M 2 *Entwicklung der Geburten- und Sterberate in Indien*

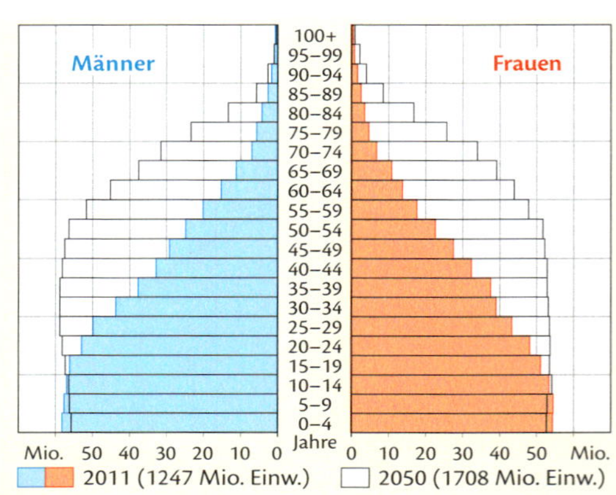

M 3 *Bevölkerungsdiagramme Indiens 2011 und 2050 (Prognose)*

Ausbau des Gesundheitswesens sowie die bessere Verteilung von Nahrungsmitteln im Falle von Hungersnöten. So ist in Indien im Jahr 2015 die Lebenserwartung auf 68 Jahre gestiegen, die Mitte des 20. Jahrhunderts nur bei 40 Jahren lag. Die Geburtenrate sinkt im Vergleich zur Sterberate nur allmählich. Dies hängt unter anderem damit zusammen, dass Kinder auf dem Feld oder durch Arbeit in Handwerksbetrieben zum Familieneinkommen beitragen. Für die unteren Einkommensschichten sind Kinder eine Altersvorsorge, denn es gibt keine Rentenversicherung.

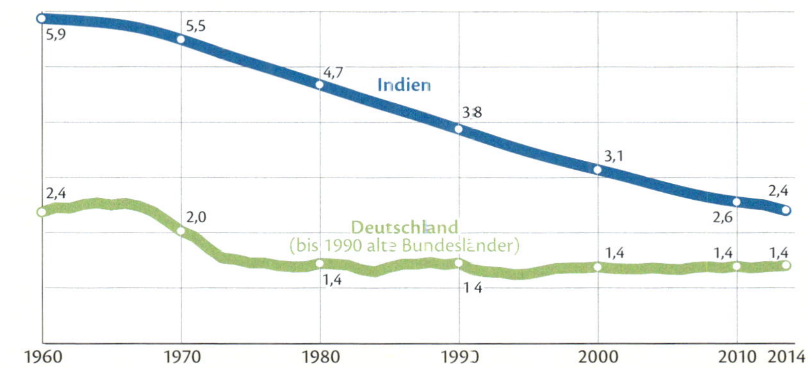

Quelle: Weltbank 2016

M 4 *Durchschnittliche Kinderzahl pro Frau*

Ziel: Zwei-Kind-Familie

1947 brachte eine indische Frau im Durchschnitt sechs Kinder zur Welt. Indien war das erste Land, das sich schon 1952 für eine Politik aussprach, die das Bevölkerungswachstum senken sollte, unter anderem durch die Einführung von Verhütungsmitteln. Allerdings erreicht das staatliche Familienprogramm kaum die ländlichen Regionen. Seit dem Jahr 2000 gibt es eine Familienpolitik, die die Zwei-Kind-Familie durchsetzen soll. Dabei sind regionale Unterschiede zu berücksichtigen. In einigen Bundesstaaten im Süden des Landes wie Kerala oder Tamil Nadu werden im Durchschnitt weniger als zwei Kinder pro Frau geboren. In nördlichen Bundesstaaten wie Bihar oder Uttar Pradesh sind hingegen nach wie vor mehr als vier Kinder pro Frau zu verzeichnen.

Einen wichtigen Faktor bei der Familienplanung stellt die Bildung der Frauen und damit die Verbesserung ihres wirtschaftlichen sowie gesellschaftlichen Status dar. Durch Aufklärung können ungewollte Schwangerschaften verhindert werden. Zudem können Frauen durch eine gute Bildung qualifizierte Berufe ausüben, sodass sie eine größere Unabhängigkeit erlangen.

Mädchen unerwünscht

Da die Töchter bei der Verheiratung grundsätzlich zur Familie des Mannes ziehen, sind Söhne für die Vorsorge notwendig. Sie werden aber auch für rituelle Handlungen wie bei der Bestattung der Eltern benötigt. Zudem ist die Verheiratung einer Tochter kostspielig, denn die Mitgift in Form von Geschenken für die Eltern des Bräutigams erreicht oft die Größenordnung eines Jahreseinkommens einer Familie. Die weibliche Diskriminierung führt so weit, dass trotz gesetzlichen Verbots weibliche Föten abgetrieben werden – in den letzten 20 Jahren etwa 10 Millionen.

WEBCODE: UE643431-129

1 Beschreibe das Bevölkerungswachstum in Indien seit 1901. Ermittle hierzu auch die Wachstumsrate und charakterisiere deren Verlauf (**M 2**).

2 Fertige ein Wirkungsgefüge über die Ursachen und Auswirkungen des Bevölkerungswachstums in Indien an (?).

3 Erläutere die zukünftige Bevölkerungsentwicklung Indiens (**M 2, M 3**).

4 Beurteile die Erfolgsaussichten der Programme zur Familienplanung in Indien (**M 1, M 3** bis **M 5**).

M 5 *Indische Hochzeit*

Die Ein-Kind-Politik in China und ihre Folgen

M 1 *Grundschulklasse in Peking*

ab 1962: erste staatliche Geburtenplanung mit folgenden Empfehlungen: späte Eheschließung, Zwei-Kind-Familie, größere Abstände zwischen Geburten.
ab 1979 bis vor wenigen Jahren: konsequente Ein-Kind-Politik, die insbesondere bis 1983 mit massiven Übergriffen und Gewaltakten wie Zwangsabtreibungen und Zwangssterilisationen verbunden war; „Überzeugungsargumente" stellten Strafzahlungen in Form von Lohneinbehalten oder Geldstrafen dar, beispielsweise drei Jahresgehälter für die Geburt eines zweiten Kindes; innerhalb der Dorfkollektive wurden während der 1980er- und 1990er-Jahre Geburtenpläne erstellt, die den einzelnen Frauen und Ehepaaren bestimmte Zeiträume für die Geburt zuwiesen.
Ausnahmeregelungen (betrifft heute etwa zwei Drittel der Bevölkerung): für nationale Minderheiten; seit 1984 auf dem Land: zweites Kind ist erlaubt, wenn das erste Kind ein Mädchen ist; seit 2004 in einigen Städten: Eltern, die beide aus Ein-Kind-Familien stammen und somit keine Geschwister haben, dürfen zwei Kinder bekommen, ohne dafür bestraft zu werden.
ab Januar 2016 wurde die Zwei-Kind-Regelung eingeführt. Verheiratete Paare dürfen wieder zwei Kinder haben. Bis 2050 soll damit die arbeitsfähige Bevölkerung um 30 Millionen Menschen wachsen.

(Meyers Atlas China. Auf dem Weg zur Weltmacht. S. 74, Mannheim 2010, verändert)

M 2 *Bevölkerungspolitik in China*

check-it
- Maßnahmen, Ursachen und Folgen der Ein-Kind-Politik in China erläutern
- Ursachen und Folgen des Frauenmangels erörtern
- Fließdiagramm erstellen
- bevölkerungspolitische Maßnahmen beurteilen

Ursache der Bevölkerungspolitik

Ein unkontrolliertes Bevölkerungswachstum kann die wirtschaftliche Leistungskraft eines Landes übersteigen und dadurch zu Hungersnöten führen. Dies war in der chinesischen Vergangenheit immer wieder geschehen. Als die Kommunistische Partei 1949 in der Volksrepublik China die Herrschaft übernahm, ging sie zunächst davon aus, dass sie derartige Probleme bewältigen könnte. Zunächst stieg die Geburtenrate noch an. Die erste Phase der Geburtenkontrolle blieb wenig wirkungsvoll und erreichte nicht die ländlichen Regionen. In den 1970er-Jahren bekam eine chinesische Frau im Schnitt sechs Kinder.
Daher wurde 1979 das Ein-Kind-Gesetz als eine Maßnahme zur konsequenten **Bevölkerungspolitik** erlassen. Durch die Ein-Kind-Politik wuchs die chinesische Bevölkerung erheblich langsamer. Die Zahl der Kinder pro Frau lag 2015 bei 1,7 Kindern.

Mehr Jungen, weniger Mädchen

Das Geschlechterverhältnis zum Zeitpunkt der Geburt ist beim Menschen nicht ausgewogen. Im Weltdurchschnitt werden im Verhältnis 105 Jungen zu 100 Mädchen geboren.
Das Geschlechterverhältnis kann beeinflusst werden. Früher war es in China eine Schande, keinen männlichen Erstgeborenen zu haben. Daher wurden neugeborene Mädchen umgebracht, bis es männlichen Nachwuchs gab. In der Volksrepublik China wurde scharf dagegen angegangen.
Moderne medizinische Methoden der Geschlechtsbestimmung verführen zu Abtreibungen eines unerwünschten Geschlechts. Am einfachsten ist eine Ultraschalluntersuchung, die eine Geschlechtsbestimmung ab der 13. Schwangerschaftswoche ermöglicht.
In China verbieten verschiedene Gesetze aus den 1990er-Jahren, Mädchen abzutreiben oder schlecht zu behandeln. Abtreibungen werden durch Bestechlichkeit dennoch vorgenommen. Zudem ist die Mädchen- und Frauensterblichkeit übermäßig hoch. Bis zu 40 Millionen heiratsfähige Männer werden in kommenden Jahrzehnten möglicherweise keine Ehefrau finden.

Mehr Alte, weniger Junge

Schon 1999 waren 10 % der Bevölkerung Chinas älter als 60 Jahre. Staatlichen Prognosen zufolge wird der Anteil

Zahl der männlichen Neugeborenen pro 100 weibliche Neugeborene	
19. Jahrhundert	130–150
1910	121,6
1932–1939	112,2
1950	107,5
1970	106,9
1980	106,6
1990	111,4
2000	116,9
2015	113,5

Quelle: National Bureau of Statistics

M 3 *Geschlechterverhältnis der Neugeborenen in China*

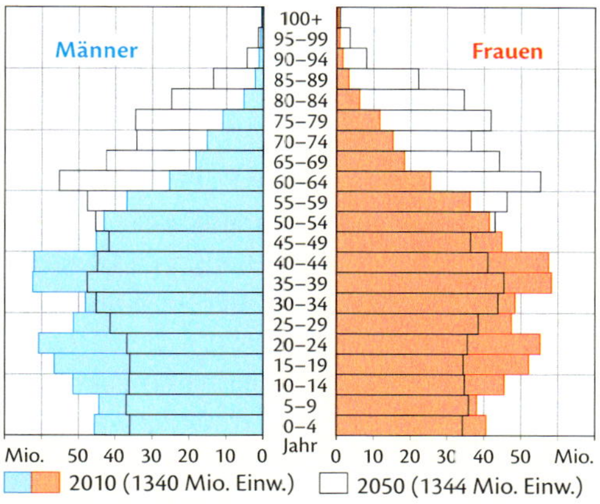

M 4 *Bevölkerungsdiagramme Chinas 2010 und 2050 (Prognose)*

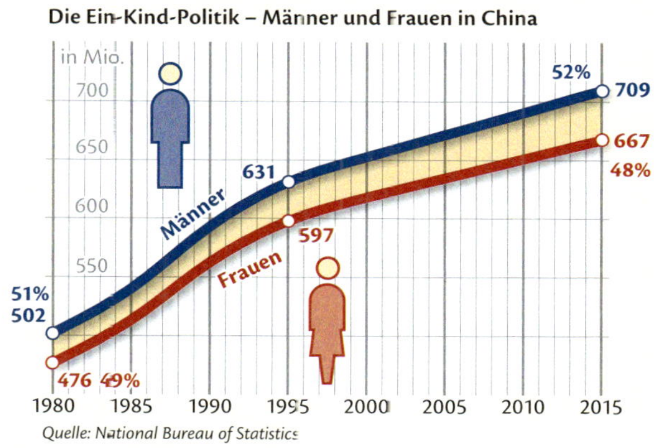

M 5 *Männer und Frauen in China 1980–2015*

2050 auf 31 Prozent angestiegen sein. Die Versorgung der alten Menschen wird dann zum größten gesellschaftlichen Problem werden. Die Bevölkerung im erwerbsfähigen Alter zwischen 15 und 59 Jahren geht zurück. Besonders betroffen sind die ländlichen Gebiete, in denen zunehmend Arbeitskräfte fehlen. Die Ursache dafür ist nicht nur die niedrige Zahl der Geburten, sondern auch die Abwanderung von Arbeitskräften in die Städte.

Die chinesische Regierung rückte deshalb von ihrer alten Bevölkerungspolitik ab. Schon 2007 verkündete der Minister für Bevölkerungsentwicklung und Geburtenplanung, dass China keine Ein-Kind-Politik mehr verfolgt. Seit 2010 wird Frauen über 35 Jahren ein zweites Kind erlaubt. Paare, von denen einer ein Einzelkind war, durften ab 2013 zwei Kinder bekommen. Ende 2015 wurde aus der Ein-Kind-Politik eine Zwei-Kind-Politik für alle.

1 Stelle die Ursachen und Auswirkungen der chinesischen Bevölkerungspolitik in einem Fließdiagramm dar (**M 1** bis **M 3**,).

2 Vergleiche den Aufbau der Bevölkerung Chinas heute und 2050 (**M 4**).

3 Erläutere die Folgen, die sich aus dem Missverhältnis der Geschlechter in China ergeben (**M 3** bis **M 7**).

4 Beurteile die Maßnahmen der Bevölkerungspolitik in China (**M 1** bis **M 6**).

[…] Die Provinz Jiangxi ist trauriger Spitzenreiter eines Negativrekords in China: […] Auf 100 Mädchen werden 138 Jungen geboren, so hat die letzte Volkszählung ergeben. Dafür gibt es keine biologische Erklärung. Schuld ist die traditionelle Vorstellung, dass das Glück einer Familie vom männlichen Stammhalter abhängt. „Bei uns auf dem Land will fast jeder einen Jungen", sagt Bäuerin Xiao Hailan, „denn nur der kann den Familiennamen fortsetzen. Jungen sind kräftiger, besser geeignet für die schwere Arbeit auf dem Ackerboden. Ein Mädchen heiratet und geht weg. Schon deshalb können sich die Eltern im Alter nur auf die Söhne verlassen. Jedenfalls denken so die meisten Leute." […] Trommeln kündigen den Besuch der Familienplanungsbeamten an. […] „Für Mädchen sorgen" heißt ihre Kampagne. […] „Unsere Arbeit besteht darin, die Familien bei der Geburtenplanung zu beraten", doziert Xing Xuelin, Leiter der Kadertruppe. „Und über die staatliche Politik zur Unterstützung der Bauern aufzuklären. Familien mit Töchtern bekommen im Alter vom Staat eine zusätzliche Rente in Höhe von 120 Euro jährlich. Das hat vielen Bauern die Sorge um die Altersversorgung genommen." […] Mädchen werden in Jiangxi seit neuestem vom Staat krankenversichert, für arme Familien ist sogar der Schulbesuch kostenlos. Und: Schwiegersöhne lockt man mit Geld, zur Familie der Frau zu ziehen. […]

(Eva Corell: Propaganda gegen Jungen-Überschuss. Geburtenkontrolle in Chinas Provinz. Deutschlandradio vom 18.2.2006, gekürzt)

M 6 *Mädchen sind auch gut*

In China wird sich das Ungleichgewicht auf dem Heiratsmarkt ab 2010 verschärfen, um 2030 wird der Männerüberschuss wohl 20 Prozent erreichen. Dann könnten jedes Jahr 1,6 Millionen Männer unfreiwillig ledig bleiben. […] Die heiratswilligen Männer werden sich zunächst immer jüngeren Frauen zuwenden und anschließend auf zwei Gruppen konzentrieren […]: zum einen die Witwen […], zum anderen auf die weit größere Gruppe der Geschiedenen. […] Um den insbesondere in China wachsenden Frauenbedarf zu decken, organisieren sich transnationale Netze. Zum Beispiel wandern immer mehr vietnamesische Frauen zur Heirat nach China aus. Gerade in den südchinesischen Provinzen herrscht akuter Frauenmangel. Außerdem sind die Heiratskosten […] drastisch gestiegen. Für ärmere chinesische Familien ist es daher oft billiger, für den Sohn eine Frau aus dem Ausland zu kaufen, um die Mitgift zu sparen [bei den Chinesen ist es der Bräutigam, von dem die Braut eine Mitgift erhält].

(Isabelle Attané: Welt ohne Frauen. Le Monde diplomatique vom 7.7.2006, gekürzt, Übersetzer: Bodo Schulze, taz)

M 7 *In China boomt der Frauenhandel*

Wir werten Bevölkerungsdiagramme aus

check-it
- Aufbau eines Bevölkerungsdiagramms beschreiben
- Merkmale der Grundformen von Bevölkerungsdiagrammen benennen
- Bevölkerungsdiagramme auswerten und vergleichen

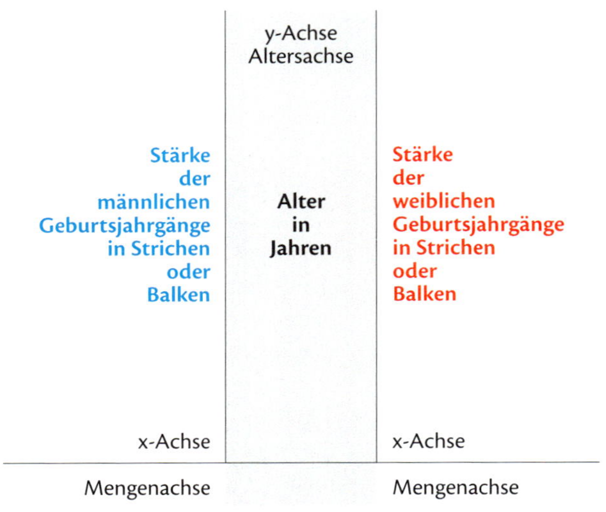

M 1 *Aufbau eines Bevölkerungsdiagramms*

Altersstruktur der Bevölkerung

Geburt und Tod sowie Zu- und Abwanderungen beeinflussen die Alters- und Geschlechterverteilung. Die Gliederung einer Bevölkerung nach dem Lebensalter wird als „Altersstruktur" oder „Altersaufbau" bezeichnet.

Die anschaulichste Darstellung hierfür ist das sogenannte **Bevölkerungsdiagramm.** Dabei werden auf der y-Achse das Alter in der Regel in Fünfjahresklassen, auf der x-Achse die Bevölkerungsbestände von Männern (linke Seite) und Frauen (rechte Seite) dargestellt. Die Bestände werden entweder in absoluten Zahlen oder zum Zweck der besseren Vergleichbarkeit in relativen Zahlen (Prozentanteilen an der Gesamtbevölkerung) angegeben.

Aussagekraft von Bevölkerungsdiagrammen

Der Altersaufbau, die Verteilung der Geschlechter und damit die Form des Bevölkerungsdiagramms spiegelt die Bevölkerungsgeschichte mehrerer Jahrzehnte wider. Geburtenrückgänge und -wachstum, aber auch Auswirkungen von Kriegen, Hungersnöten oder Wanderungsgewinne oder -verluste können aus Bevölkerungsdiagrammen abgelesen werden. Darüber hinaus ermöglicht diese Darstellungsform Voraussagen, ob und warum eine Bevölkerung zukünftig wachsen, sich nicht verändern oder schrumpfen wird.

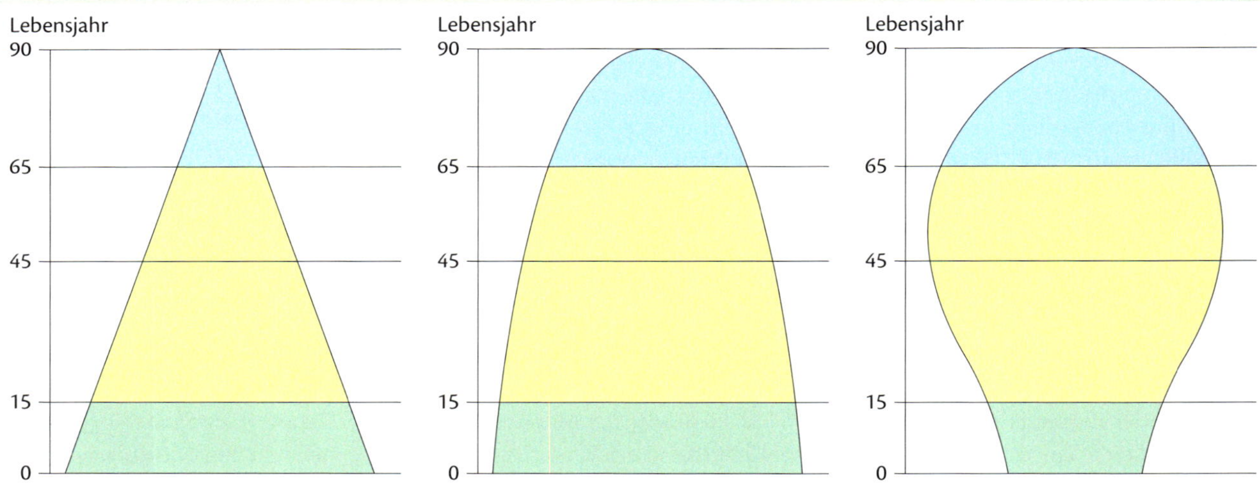

Die **Pyramidenform** kennzeichnet eine wachsende Bevölkerung. Von Jahr zu Jahr steigt der Bestand der Neugeborenen. Aber die Sterblichkeit setzt so früh ein, dass die Bevölkerung nur gering wächst. Die Lebenserwartung ist relativ gering. Diese Form ist typisch für viele Entwicklungs- und Schwellenländer.

Bei der **Glockenform** (auch „Bienenkorbform") wird Jahr für Jahr etwa die gleiche Zahl von Kindern geboren. Die Sterblichkeit nimmt erst in den höheren Altersklassen deutlich zu, das heißt, die Lebenserwartung steigt an. Die Bevölkerungszahl insgesamt bleibt konstant oder sie wächst nur langsam.

Die **Zwiebelform** („Urnenform") ergibt sich, wenn jeder neugeborene Jahrgang kleiner als der vorhergehende ist. Folge: Die Bevölkerung schrumpft. Die Lebenserwartung ist hoch. Diese Form ist typisch für Industrieländer. Da der Anteil der über 65-Jährigen zunimmt, spricht man von „Überalterung".

M 2 *Grundformen der Bevölkerungsdiagramme*

Checkliste zum Auswerten von Bevölkerungsdiagrammen

1. Beschreibe die Darstellungsform. Beachte dabei:
   - Raum und Zeitangabe,
   - Angabe der Bevölkerungszahlen (absolute Zahlen in Tausend oder Millionen, relative Zahlen in Prozent),
   - Einteilung der Altersstufen.
2. Entnimm und vergleiche Informationen zur Altersstruktur der Bevölkerung. Erfasse zum Beispiel:
   - die Geburtenzahl von Jungen und Mädchen,
   - den Anteil der unter 20-Jährigen,
   - den Anteil der Männer und Frauen im erwerbsfähigen Alter zwischen 20 und 65 Jahren,
   - den Anteil der über 65-Jährigen,
   - Unterschiede zwischen den Geschlechtern,
   - Unterschiede zwischen den Altersgruppen.
3. Bestimme die Grundform und ermittle Besonderheiten des Bevölkerungsdiagramms. Zum Beispiel:
   - größere Ungleichheiten in der Anzahl zwischen Männern und Frauen in bestimmten Altersgruppen,
   - Einschnitte (Geburtenrückgänge bzw. -ausfälle),
   - Ausbuchtungen (starke Geburtenzunahme).
4. Erkläre die Altersstruktur der Bevölkerung. Beschaffe dir dazu zusätzliche Informationen aus Geschichte, Politik und Geographie.
5. Erläutere Folgen und Probleme, die sich aus der Altersstruktur der Bevölkerung ergeben.

Erläuterung des Beispiels Deutschland 2050

1. Das Bevölkerungsdiagramm stellt die Prognose für 2050 dar. Die Bevölkerungszahlen sind auf der Mengenachse in Millionen Personen angegeben, die Einteilungen in Altersstufen im Abstand von fünf Jahren.
2. Die Geburtenzahl von Jungen beträgt 257 000, die von Mädchen 244 000. Die Altersgruppe der unter 20-Jährigen beläuft sich auf 10,7 Millionen Personen, die Gruppe der 20- bis unter 65-Jährigen umfasst 35,7 Millionen und die Gruppe der über 65-Jährigen 23 Millionen.
3. Das Bevölkerungsdiagramm ähnelt der Zwiebelform. In der Altersgruppe bis 55 Jahre herrscht Männerüberschuss vor, bei den 65- bis 100-Jährigen Frauenüberschuss.
4. Einem schmalen Sockel mit schwachen jungen Jahrgängen steht ein hoher Anteil der über 65-Jährigen gegenüber. Angenommen wird eine Geburtenhäufigkeit von 1,4 Kindern pro Frau. Die Lebenserwartung ist hoch. Aber es fehlen die Menschen, die Kinder haben könnten.
5. Die Erwerbstätigen sind großen Belastungen ausgesetzt. Sie müssen für die jüngere und die ältere Bevölkerung sorgen. Auf drei Beschäftigte kommen zwei Rentner. Die Überalterung der Gesellschaft erfordert eine Abkehr von der herkömmlichen Lebensgestaltung.

WEBCODE: UE643431-133

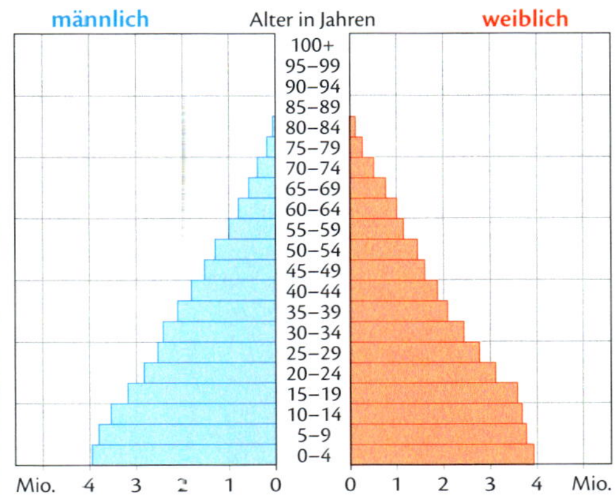

M 3 *Altersaufbau in Deutschland 1910*

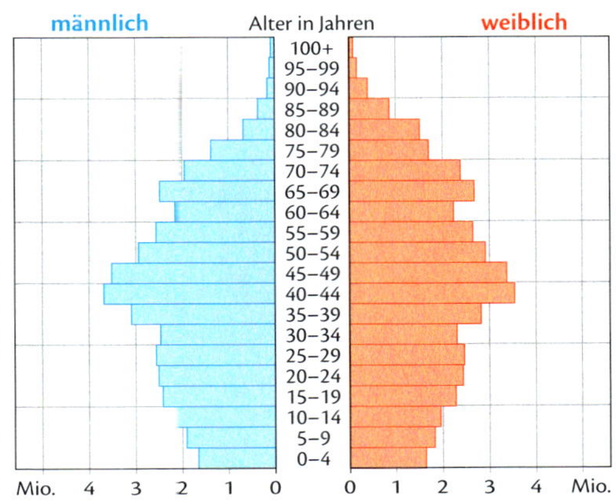

M 4 *Altersaufbau in Deutschland 2010*

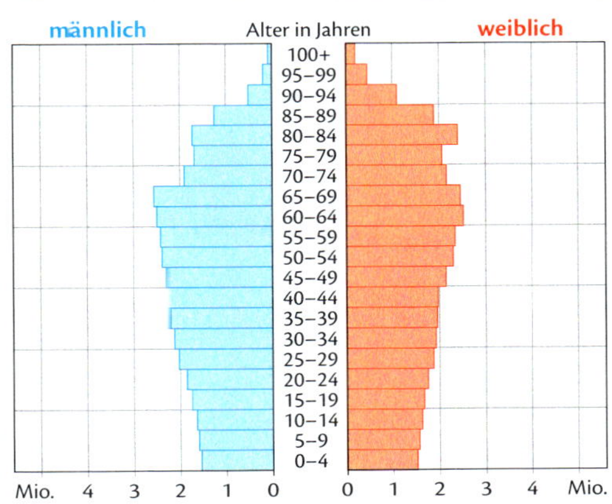

M 5 *Altersaufbau in Deutschland 2050*

1 Beschreibe den Aufbau eines Bevölkerungsdiagramms (**M 1, M 2**).

2 Ordne die Bevölkerungsdiagramme Deutschlands den Grundformen zu (**M 2** bis **M 5**).

3 Werte das Bevölkerungsdiagramm Deutschland 2010 aus. Nutze dazu die Checkliste (**M 4**).

4 Vergleiche den Aufbau der Bevölkerungsdiagramme von Deutschland 2010 und 2050. Erläutere Veränderungen und dadurch bedingte Probleme (**M 4, M 5**).

„Alte" und „junge" Welt

Medina aus Äthiopien
Medina ist 10 Jahre alt und hat sechs Geschwister. Medinas Familie sind Nomaden, die von der Viehzucht leben. Sie besitzen Schafe und Ziegen. Damit die Tiere immer gut versorgt sind, zieht die Familie auf der Suche nach Weideflächen und Wasser mit ihnen durch das Land. Obwohl Medina und ihre Familie ständig an verschiedenen Orten leben, kann sie zur Schule gehen. Eine Schule, die auf- und abgebaut werden kann, ermöglicht ihr das. Der Stundenplan ist so gestaltet, dass Kinder ihre Aufgaben im Haushalt erledigen und trotzdem zur Schule gehen können. Und auch die Lehrer reisen mit der Nomadengemeinschaft von Weidefläche zu Weidefläche. Seit sie in die Schule geht, weiß Medina ziemlich genau, was sie einmal werden möchte: Pilotin. Autofahren möchte sie auch lernen.

German aus Bolivien
German ist 13 Jahre alt und hat fünf Geschwister. Er wurde auf einer Zuckerrohrplantage im Osten Boliviens geboren. Gemeinsam mit seiner Familie wohnte er in einer behelfsmäßigen Unterkunft aus Planen und musste schon früh bei der Zuckerrohrernte mithelfen. Eine Schule gab es nicht.
Als German neun war, zog er mit seinen Eltern und den Geschwistern in das Dorf San Juan del Carmen. Seitdem besucht er vormittags den Schulunterricht und hilft nur noch hin und wieder nachmittags auf den Zuckerrohrfeldern aus. Von dem Geld, das er dabei verdient, kann er sich kleine Zusatzwünsche erfüllen, zum Beispiel Schuhe kaufen.
Seine kleine Schwester Rosaleni ist 7 Jahre alt. Auch sie arbeitet manchmal auf den Zuckerrohrfeldern mit.
Quelle: UNICEF 2016

M 1 *Kinder aus der „jungen" Welt*

check-it
- Lebenssituationen in unterschiedlichen Ländern vergleichen und erklären
- Verteilung der Weltbevölkerung nach Altersgruppen erläutern
- Probleme einer alternden bzw. jungen Gesellschaft erörtern

„Alte" Welt

Die Weltbevölkerung wird bald mehr alte als junge Menschen zählen. Jeder zehnte Bewohner der Erde ist heute 60 Jahre alt – und älter. Im Jahre 2050 wird es bereits jeder fünfte Mensch sein. In den Industrieländern wird der Anteil sogar ein Drittel betragen.

Die Gründe für die rückläufigen Kinderzahlen sind vielfältig. Der Wunsch nach einem gehobenen Lebensstandard sowie nach Selbstverwirklichung und Unabhängigkeit der Frauen zählt hierzu. Vor allem viele sehr gut ausgebildete Frauen bleiben kinderlos. Um diesem Trend entgegenzuwirken, werden unterschiedliche Maßnahmen ergriffen, z. B. die Erhöhung des Kindergeldes oder die Verbesserung der Kinderbetreuung. Da die Altersversorgung in den Industrieländern weitgehend staatlich geregelt ist, sind Kinder dafür nicht notwendig. Die Alterung der Bevölkerung und die rückläufigen Geburtenzahlen haben jedoch zur Folge, dass immer mehr Menschen im Rentenalter versorgt werden müssen. Der **demographische Wandel** hat zudem räumliche Auswirkungen. Durch die sinkenden Einwohnerzahlen in bestimmten Städten und Gemeinden gehen die Nutzerzahlen von öffentlichen Einrichtungen zurück – bei gleichbleibend hohen Kosten. Es kommt daher zu Schließungen von Kindergärten, Schulen oder von Einrichtungen der Verwaltung, der Versorgung und für die Freizeit.

„Junge" Welt

Das Bevölkerungswachstum der Zukunft findet fast ausschließlich in den Entwicklungs- und Schwellenländern statt. Am höchsten wird es auch zukünftig in den 49 ärmsten Ländern der Welt sein.

In den Entwicklungs- und Schwellenländern führt das starke Bevölkerungswachstum zu anderen Problemen als in den Industrieländern. Hier mangelt es an Schulen, Ausbildungs- und Arbeitsplätzen, und es wird schwieriger, die Bevölkerung ausreichend mit Nahrungsmitteln zu versorgen.

AIDS und Lebenserwartung

In vielen dieser Länder wirkt sich die Immunschwächekrankheit **AIDS** stark auf die Lebenserwartung aus, obwohl die Zahl der AIDS-Patienten, die eine Therapie erhalten, deutlich gestiegen ist. Im südlichen Afrika, der am stärksten von HIV/AIDS betroffenen Region, ist die Lebenserwartung seit Anfang der 1990er-Jahre um neun Jahre gesunken.

AIDS betrifft vor allem Erwachsene im erwerbsfähigen Alter, die aufgrund der Krankheit nicht mehr in der Lage sind, zu arbeiten und ihre Familie zu versorgen. In Schulen, in der Industrie und in den öffentlichen Einrichtungen fallen Arbeitskräfte aus, sodass die Wirtschaft gleichsam lahmgelegt wird.

M 2 *Alterung der Gesellschaften in den Ländern der Europäischen Union (EU)*

1 Vergleiche das Leben der beiden Kinder in Äthiopien und Bolivien mit deinem Leben (**M 1**).

2 Vergleiche und erläutere die Verteilung der Altersgruppen auf den Kontinenten (**M 3**).

3 Erörtere die Probleme einer alternden bzw. jungen Gesellschaft (**M 1** bis **M 3**).

4 Begründe die Unterschiede in der Altersstruktur der Industrieländer und der Entwicklungs- und Schwellenländer (**M 1, M 3**).

WEBCODE: UE643431-135

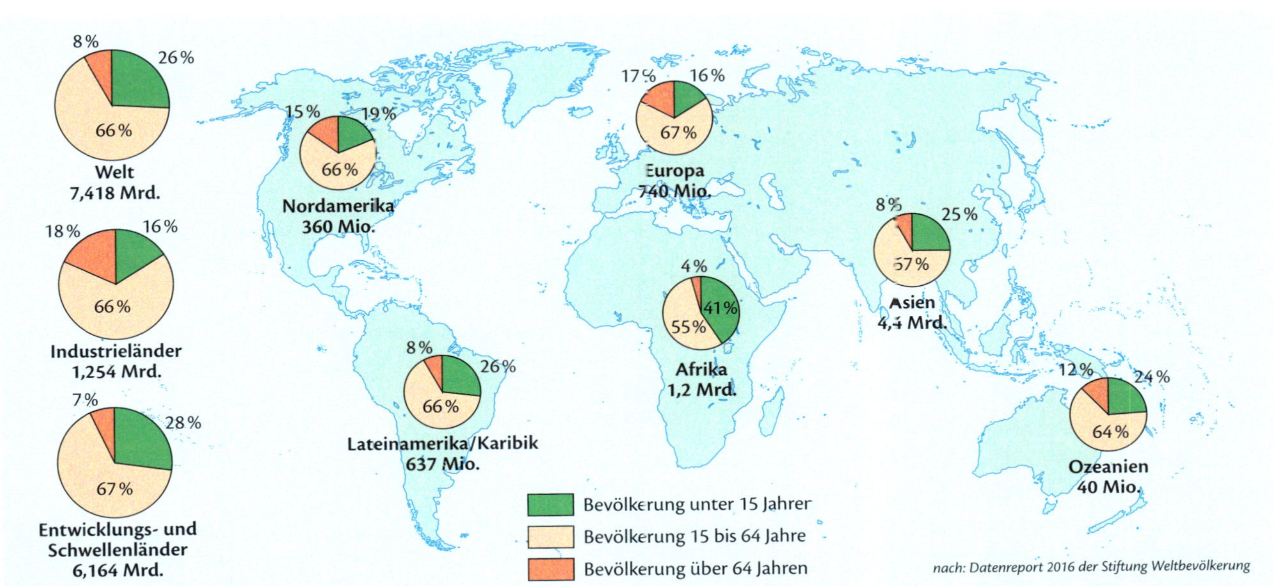

M 3 *Bevölkerung nach Altersgruppen*

Migration – ein weltweites Phänomen

M 1 *Auf der Flucht – in Liberia (Westafrika)*

check-it
- Unterschiede zwischen Migration, Binnenmigration und Flucht erklären
- Ursachen von Migration erläutern
- weltweite Migrantenströme beschreiben
- Flüchtlingsrouten lokalisieren
- Recherche durchführen
- Ergebnisse diskutieren

Migration weltweit

Jeden Tag verlassen Menschen ihre Heimat, um in ein neues Land zu ziehen. **Migration** bezeichnet den zeitweiligen Wohnortwechsel von Menschen. Einige wollen nur für kurze Zeit an einem fremden Ort bleiben, andere für mehrere Jahre. Rund 244 Millionen Menschen weltweit leben heute außerhalb ihrer Geburtsländer, dies sind mehr als drei Prozent der Weltbevölkerung. Dass die Zahl der weltweiten Migranten weiter zunehmen wird, ist für die Zukunft absehbar. Etwa 35 Prozent der Wanderungen sind Süd-Nord-Wanderungen, die zwischen Entwicklungsländern und Industrieländern stattfinden. Menschen, die auswandern, werden als **Emigranten** bezeichnet. Wandern sie ein, werden sie als **Immigranten** bezeichnet. Die Beweggründe für das Verlassen des Heimatlandes sind zahlreich und vielschichtig.

Binnenmigration

Obwohl Migration ein weltweites Phänomen ist, wechseln viele Menschen auch innerhalb ihres Landes oder ihrer Region den Wohnort. **Binnenmigration** spielt eine zentrale Rolle in vielen Staaten, da viele und vor allem junge Menschen auf der Suche nach Arbeit und besseren Lebensbedingungen zum Beispiel in die Städte ziehen. Viele ländliche Regionen insbesondere in Entwicklungsländern sind hiervon betroffen und die Städte können sich kaum vor der zunehmenden Anzahl an Zuwanderern retten.

Flüchtlinge

Die Entscheidung, die Heimat zu verlassen, wird von vielen Menschen nur unter schwerwiegenden Gründen vorgenommen wie Krieg, politische und religiöse Konflikte oder Verfolgung. Als **Flüchtling** gilt nach der Genfer Flüchtlingskonvention von 1951 derjenige, der aus begründeter Furcht vor Verfolgung aufgrund seiner Rasse, Religion, Nationalität oder politischer Überzeugung den Schutz seines Landes nicht mehr in Anspruch nehmen kann oder wegen dieser Befürchtung nicht in Anspruch nehmen will. Viele Flüchtlinge suchen **Asyl** in anderen Staaten, in denen sie in Sicherheit leben können. Die größere Anzahl von Flüchtlingen wandert innerhalb ihres Staates, sie werden als **Binnenflüchtlinge** bezeichnet.

Zukunftsperspektiven schaffen

Menschen, die aus wirtschaftlichen Gründen ihre Heimat verlassen und nicht wissen, ob und wann sie zurückkehren können, brauchen Perspektiven für ihre Rückkehr. Hinzu kommt insbe-

Gründe für Migration	
Heimatland	**Zielland**
– schlechte Lebensbedingungen – wirtschaftliche Not – hohe Arbeitslosigkeit – (Bürger-)Kriege oder innerstaatliche Konflikte – politische oder religiöse Verfolgung – Unterdrückung der Menschenrechte – umweltbedingte Faktoren (Naturkatastrophen, Klimawandel)	– Bildungsmöglichkeiten (Studium) – Arbeits- und Erwerbsmöglichkeiten – Neugier, Abenteuerlust – Familienzusammenführung – attraktive wirtschaftliche Lage – Sicherheit vor politischer oder sonstiger Verfolgung und Gewalt – liberal wahrgenommene Politik
Auswirkungen von Migration	
Heimatland	**Zielland**
– Bevölkerungsabnahme – weniger (qualifizierte) Arbeitskräfte – weniger Steuereinnahmen – Abnahme der Geburtenzahl – Zunahme der älteren Bevölkerung – weniger Verbraucher – höhere Belastung des Sozialstaats – weniger mobile und weniger offene Gesellschaft	– Bevölkerungszunahme – mehr (qualifizierte) Arbeitskräfte – mehr Steuereinnahmen – Zunahme der Geburtenzahl – Zunahme der jüngeren Bevölkerung – mehr Verbraucher – höhere Belastung des Sozialstaats – leistungsfähigere, mobilere und offenere (buntere) Gesellschaft

M 2 *Gründe von Migration und Auswirkungen*

Modibo wurde in der Nähe der Oasenstadt Timbuktu in Mali geboren. Da die Erträge der Landwirtschaft irgendwann nicht mehr ausreichten, zogen seine Eltern mit ihm und seinen Geschwistern nach Timbuktu, um dort Arbeit zu finden. Seit Jahren wird Mali von Krisen erschüttert. Zunächst hatten Rebellen im Norden des Landes für Unruhen gesorgt, dies löste später einen Militärputsch in der Hauptstadt Bamako aus. Die Demokratie in Mali wurde stark erschüttert. Mit dem Ausbruch der Krankheit Ebola kam eine weitere Krise nach Mali, die zahlreiche Todesopfer forderte. Durch die gewaltsamen Auseinandersetzungen um Macht, Land und Rohstoffe verließ Modibo schweren Herzens seine Heimat. Mit sich nehmen konnte er nur zwei Taschen und die Kleidung, die er am Körper trägt. Die Idee, sich zunächst im Westen von Mali in Kayes niederzulassen, scheiterte, da er dort keine Arbeit und kein Stück Land zum Bewirtschaften fand. Die Flüchtlingslager waren hoffnungslos überfüllt und seine Situation hatte sich kaum verbessert. Er entschied sich, weiter zu gehen. Ziel seiner Reise ist Casablanca. Das wirtschaftliche Zentrum Marokkos soll seine neue Heimat werden. Er hofft dort als Hafenarbeiter anheuern zu können, um seiner Familie regelmäßig Geld zu schicken.

M 3 *Modibos Weg*

sondere in einigen afrikanischen Staaten, dass die Situation aufgrund zahlreicher kriegerischer Auseinandersetzung problematisch ist.
Durch die Verminderung von Armut sollen die wirtschaftlichen Anreize für die Migration genommen werden. Aber auch das Schaffen von Bildungsmaßnahmen und beruflichen Perspektiven sowie die Lösung von Krisen stellen wichtige Maßnahmen dar. Doch Migration hat auch positive Aspekte. Viele Migranten sind hochqualifiziert und können in den Zielländern wichtige Arbeitsplätze einnehmen. Außerdem haben sie ihre Heimat nicht vergessen und schicken oft Geld in ihre Heimatländer, welches dort die Wirtschaft unterstützt.

1 Erkläre die Unterschiede zwischen Migration, Binnenmigration und Flucht.
2 Beschreibe die weltweiten Migrantenströme (**M 4**).
3 Erläutere Ursachen und Auswirkungen von Migration (**M 1** bis **M 3**).
4 Lokalisiere die Flüchtlingsroute von Modibo und errechne die Anzahl der Kilometer, die er zurückgelegt hat (**M 3**, Karte S. 218/219, Atlas).
5 Recherchiert im Internet die Aufgaben und aktuellen Aktionen des UN-Flüchtlingshilfswerk UNHCR und diskutiert die Ergebnisse (***Eine Internetrecherche durchführen***).

WEBCODE: UE643431-137

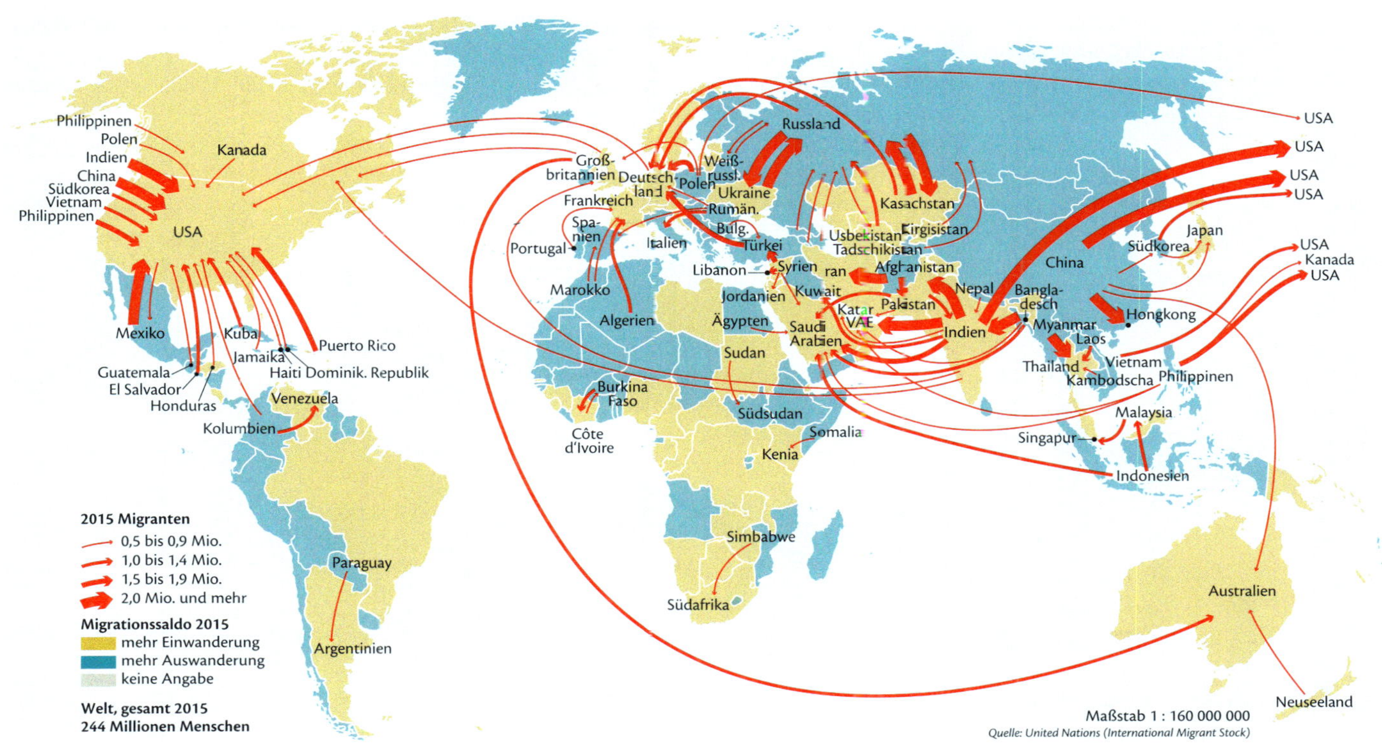

M 4 *Migrantenströme weltweit (2015)*

Verstädterung, Megastädte und Global Cities

M1 *Global City und Megastadt Tokio*

check-it
- Megastädte und Global Cities verorten
- Unterschiede der Verstädterung vergleichen und erläutern
- Begriffe „Megastadt" und „Global City" kennen
- zur Entwicklung und räumlichen Verteilung von Megastädten Stellung nehmen

Verstädterung in Industrieländern

Das 21. Jahrhundert ist das Jahrhundert der Städte, denn mittlerweile lebt die Hälfte der Weltbevölkerung in Städten. Der Prozess der **Verstädterung** begann durch die Industrialisierung im 19. Jahrhundert in Europa und setzte sich etwas später in Nordamerika und in der ersten Hälfte des 20. Jahrhunderts fort. Durch die schnelle Bevölkerungszunahme dehnten sich die Städte weit in ihr Umland aus. Städte unterschiedlicher Größe waren davon betroffen. In den Industrieländern verliefen Verstädterung und Industrialisierung parallel.

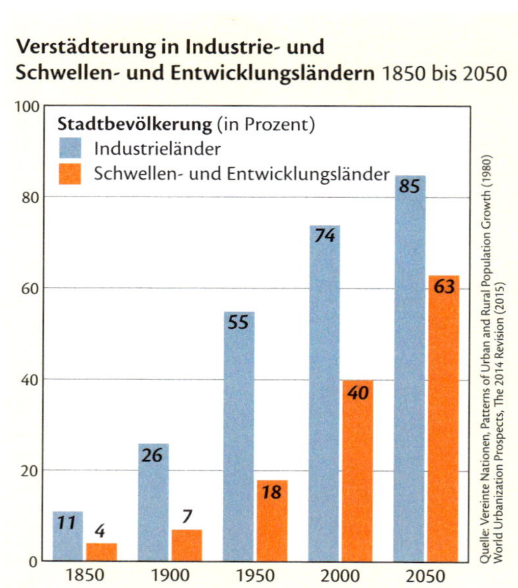

M2 *Verstädterung*

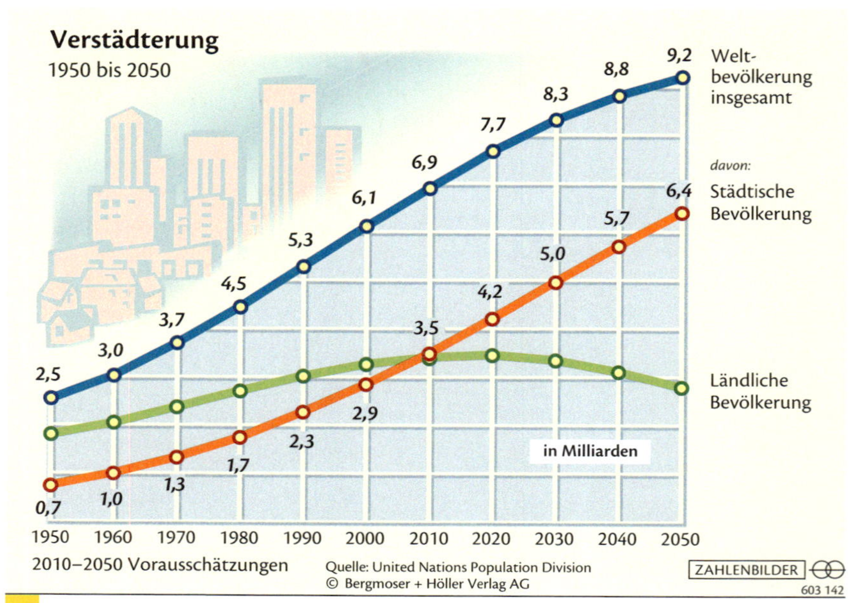

M3 *Verstädterung zwischen 1950 und 2050*

London war um 1800 die erste Millionenstadt, hundert Jahre später lebten dort schon 6,5 Millionen Menschen. Bis zum Beginn des Ersten Weltkrieges blieb sie die größte Stadt der Welt, gefolgt von New York, Tokio und Paris. Diese vier Städte hielten ihre Spitzenposition bis 1950.
Die UN definiert gegenwärtig Städte mit mehr als zehn Millionen Einwohnern als Megastädte.

	1975	Mio.	2015	Mio.	2030 (Prognose)	Mio.
1	Tokio	26,6	Tokio	38,0	Tokio	37,2
2	Osaka-Kobe	16,3	Delhi	25,7	Delhi	36,1
3	New York	15,9	Schanghai	23,7	Schanghai	30,8
4	Mexiko-Stadt	10,7	São Paulo	21,1	Mumbai	27,8
5	São Paulo	9,6	Mumbai	21,0	Peking	27,7
6	Los Angeles	8,9	Mexiko-Stadt	21,0	Dhaka	27,4
7	Buenos Aires	8,7	Peking	20,4	Karachi	24,8
8	Paris	8,6	Osaka-Kobe	20,2	Kairo	24,5
9	Kolkata	7,9	Kairo	18,8	Lagos	24,2
10	Rio de Janeiro	7,7	New York	18,6	Mexiko-Stadt	23,9

Quelle: World Urbanization Prospects, The 2014 Revision, 2015

M 4 *Die größten Städte der Welt (Mio. Einwohner)*

Verstädterung in Schwellen- und Entwicklungsländern

In diesen Ländern konzentriert sich das Wachstum auf Groß- und Millionenstädte, die wirtschaftliche Entwicklung hält nicht Schritt mit dem städtischen Wachstum. Im Jahr 2015 gab es in den Schwellen- und Entwicklungsländern 426 Städte mit mehr als einer Million Einwohnern, gegenüber 128 Millionenstädten in den Industrieländern. Die Städte in den Schwellen- und Entwicklungsländern wachsen außerdem deutlich schneller als die Städte der Industrieländer in der Zeit ihres schnellsten Wachstums. Zum einen erfolgen viele Zuwanderungen aus ländlichen Gebieten in die Städte, zum anderen haben die Städte ein großes natürliches Bevölkerungswachstum durch die relativ junge Bevölkerung.

Global Cities

Global Cities sind Städte von überragender weltweiter Bedeutung auf politischem, wirtschaftlichem und kulturellem Gebiet. Sie können auch zugleich **Megastädte** sein.
In Global Cities befinden sich die Hauptsitze internationaler Unternehmen, hochrangige Finanzdienstleister wie Banken und Börsen, unternehmensorientierte Dienstleistungen wie Unternehmensberatungen und Werbeagenturen.

Politische und gesellschaftliche Zentren:

In Global Cities haben weltweit tätige politische Institutionen, zum Beispiel Einrichtungen der Vereinten Nationen und Nichtregierungsorganisationen, ihren Sitz. Sie sind Veranstaltungsorte für politische und wirtschaftliche Konferenzen.

Zentrale internationale Funktionen:

Global Cities sind internationale Verkehrsknotenpunkte Sie verfügen für ihre weltweiten Aktivitäten über ein hochwertiges Verkehrsnetz mit internationalem Flughafen und oft auch Seehafen. Auch namhafte Hochschulen, Forschungseinrichtungen, internationale Gerichte und andere Einrichtungen sind in Global Cities zu finden. Global Cities besitzen Kultureinrichtungen mit internationalem Ruf, zum Beispiel Bibliotheken, Museen, Konzert- und Opernhäuser.

1 London	14 Sydney
2 New York	15 Melbourne
3 Paris	16 Berlin
4 Tokio	17 Toronto
5 Hongkong	18 Moskau
6 Los Angeles	19 Wien
7 Chicago	20 Schanghai
8 Singapur	21 Buenos Aires
9 Peking	22 Amsterdam
10 Washington	23 San Francisco
11 Seoul	24 Boston
12 Brüssel	25 Istanbul
13 Madrid	

Quelle: Global Cities Index 2016

M 5 *Die 25 bedeutendsten Global Cities 2016*

1 Vergleiche die Verstädterung in Industrie- und Schwellen- und Entwicklungsländern (**M 2**).
2 Beschreibe die Entwicklung der städtischen und ländlichen Bevölkerung (**M 3**).
3 Vergleiche die zehn größten Städte der Welt und erläutere die Veränderungen. Verwende die Begriffe: Megastadt, Industrieland, Schwellenland und Entwicklungsland (**M 4**, Lexikon S. 207–211).
4 Entwickle eine Mindmap zu den Merkmalen von Global Cities (**M 1**, ***Eine Mindmap erstellen***).
5 Trage die 25 bedeutendsten Global Cities in eine Weltkarte ein und erläutere deren Verteilung (**M 5**).
6 Nimm Stellung zur Aussage: Tokio ist eine Global City und eine Megastadt.

WEBCODE: UE643431-139

Megastädte – Megaprobleme?

M 1 *Slums vor der Skyline von Manila*

check-it
- Push- und Pullfaktoren von Megastädten benennen
- Merkmale von Slums charakterisieren
- Merkmale und Bedeutung des informellen Sektors kennzeichnen
- Lösungsansätze für Megastädte diskutieren
- Diagramme und Grafiken auswerten

Megastädte und deren Probleme

Viele Megastädte sehen sich wachsenden Problemen gegenüber, besonders die Megastädte in den Entwicklungsländern. Durch die große Zahl der Zuwanderer aus den Dörfern stoßen die Interessen sehr vieler Menschen auf engstem Raum aufeinander. Die Stadtverwaltungen müssen versuchen, diese in Einklang zu bringen und die Grundversorgung der Bevölkerung mit medizinischer Betreuung, mit Energie und Trinkwasser, Bussen und Bahnen sowie anderen Dienstleistungen zu gewährleisten.

Probleme ergeben sich auch daraus, dass die Bevölkerung in Arme und Reiche geteilt ist. Die Armen leben meist in Elendsvierteln. Die Reichen wohnen in abgeschotteten, von Mauern umgebenen und privaten Wachdiensten gesicherten Wohnanlagen.

Die Megastädte in den Entwicklungsländern stehen vor riesigen Herausforderungen auf den Gebieten Wirtschaft, Soziales und Umwelt. Solche Herausforderungen sind beispielsweise: die Verbesserung der Lebensbedingungen der Armen, die Bekämpfung der massenhaften Arbeitslosigkeit, die Verringerung der Verschmutzung von Luft und Wasser, die Sicherstellung der Abfallentsorgung, die Entwicklung eines umweltverträglichen Verkehrs, die Schaffung von ausreichend bezahlbarem Wohnraum.

Ein besonderes Problem: Elendsviertel

Im Zuge der Verstädterung entstehen auch Elendsviertel, die **Slums.** Darunter versteht man baulich verfallene Stadtteile sowie Hüttensiedlungen mit selbst gebauten Häusern aus Steinen, Wellblech, Holz, Pflanzenfasern und ähnlichen Materialien. Slums sind durch folgende Merkmale gekennzeichnet: Viele Menschen leben auf engstem Raum, einfache Gebäude, mangelhafter oder kein Zugang zur öffentlichen Versorgung mit Wasser, Strom, Abwasser, unsichere Eigentumsverhältnisse durch den illegalen Bau der Gebäude. Oft liegen die Slums an steilen Hängen oder in überflutungsgefährdeten Stadtteilen. In den Megastädten der Entwicklungsländer sind vor allem die Slumbewohner von infektiösen Erkrankungen wie Fieber, Tuberkulose, Durchfall sowie AIDS betroffen.

Beweggründe für Abwanderung
Push-Faktoren
- Besitzlosigkeit
- wenig Arbeit
- schlechte Bezahlung
- fehlende Ausbildung
- schlechte ärztliche Versorgung
- Naturkatastrophen
- Krieg, Bürgerkrieg
- Flucht, Vertreibung
- hohes Wachstum der Bevölkerung
- Informationen über angeblich besseres Leben in der Stadt

Erwartungen der Zuwanderer
Pull-Faktoren
- Arbeitsplatz
- gesichertes Einkommen
- menschenwürdige Wohnung mit Strom- und Wasseranschluss
- Schule für die Kinder
- Möglichkeit, etwas Geld zu sparen
- Hoffnung, eines Tages wieder in das Dorf zurückzukehren

Probleme in Megastädten
- hohe Arbeitslosigkeit
- schlechte Bezahlung
- hohe Wohndichte
- Wohnungsmangel
- Elendsviertel (Slums)
- unregelmäßige oder keine Strom- und Trinkwasserversorgung
- Müllkippen
- Seuchengefahr
- Verkehrschaos
- Kriminalität

M 2 *Push- und Pullfaktoren sowie Probleme in Megastädten*

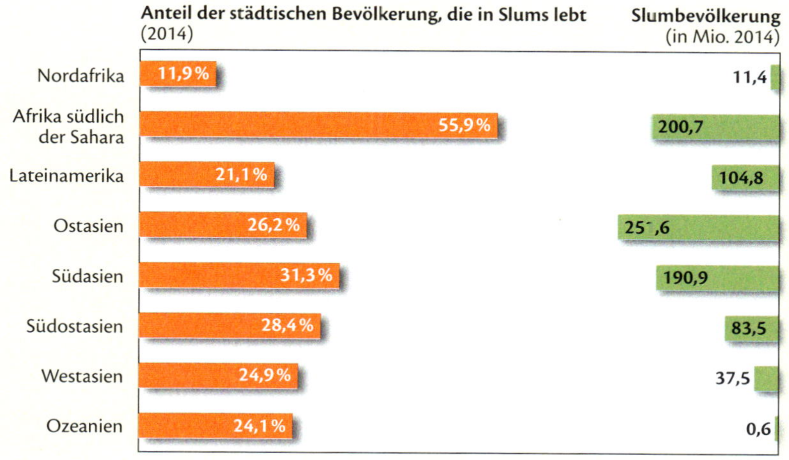

Quelle: UN Habitat: Global Urban Indicators Database 2014

M 3 *Slumbevölkerung nach Regionen*

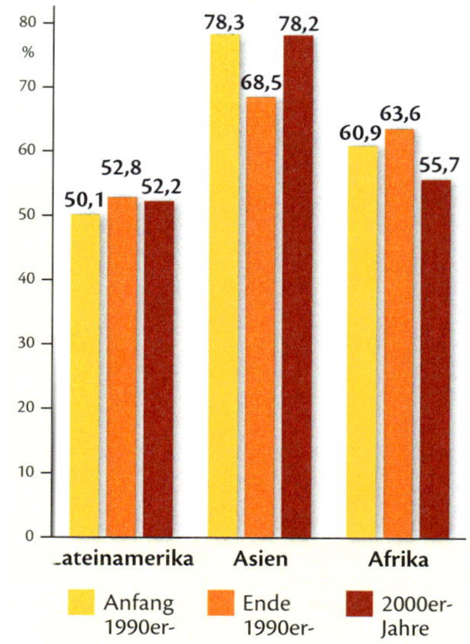

M 4 *Anteil der Beschäftigten im informellen Sektor*

Aber die Slums ernähren auch Millionen Menschen, denen es gelungen ist, der Armut auf dem Land zu entfliehen. Lange galten Elendssiedlungen als illegal. Langsam setzt sich jedoch in einigen Megastädten die Auffassung durch, dass sie nicht mit Bulldozern abgeräumt werden können. „Aufwertung der Slums" und „Ordnung und Gesetz für die Slums" heißen die neuen Initiativen der Stadtplaner.

Besonderheiten des informellen Sektors

Viele Slumbewohner sind arbeitslos und üben deshalb Tätigkeiten im **informellen Sektor** aus. Sie erfordern nur eine geringe Qualifikation, für die kein Schulabschluss nötig ist. Wer im informellen Sektor tätig ist, erhält keinen Mindestlohn, genießt keinen Gesundheits- sowie Arbeitsschutz und erhält keine Leistungen einer Renten- oder Arbeitslosenversicherung.

1 Erkläre die Begriffe „Pushfaktor" und „Pullfaktor" (**M 2**).
2 Benenne Gründe für die Abwanderung aus dem ländlichen Raum und für die Zuwanderung in die Städte (M 2).
3 Erläutere die Folgen des Wachstums für die Megastädte (**M 1, M 2**).
4 Charakterisiere Merkmale und Probleme von Slums (**M 2**).
5 Vergleiche die Verteilung der Slums in den verschiedenen Regionen der Erde (**M 3**).
6 Diskutiert die Frage: Megastädte – Megaprobleme? Ihr könnt euch dazu auch in Gruppen aufteilen (**M 1** bis **M 5**).
7 Kennzeichne die Merkmale und Bedeutung des informellen Sektors für die Stadtbevölkerung in den Entwicklungsländern (**M 4, M 5**).

WEBCODE: UE643431-141

Art der Tätigkeit – Handel – Herstellung, Verarbeitung – Dienstleistungen wie Instandhaltung, Reparatur, Wartung, Pflege, Beherbergung, Spar- und Kreditdienste, Bau, Transport – Kleinbergbau	**Geschlecht** auffallend hoher Anteil von Frauen, in manchen Branchen bis zu 90 Prozent, im Durchschnitt bei 60 Prozent **Voraussetzungen für die Arbeit** – geringe Berufskenntnisse – wenige eigene Produktionsmittel	**Grad der Selbstständigkeit** – selbstständige Arbeit als Einzelperson oder als Eigentümer eines Kleinstbetriebes oder Kleinbetriebes mit Mitarbeitern – abhängige Heimarbeit für einen Arbeitgeber, der Stücklohn bezahlt – unselbstständige Tätigkeit als mitarbeitendes, nicht entlohntes Familienmitglied oder als entlohnte Arbeitskraft
Berufsgruppen Dorfschmied, Töpfer, Schlosser, Maurer, Mechaniker, Elektriker, Näherin, Straßenhändler/-in, Losverkäufer/-in, Lastenträger/-in, Handkarrenschieber, Rikschafahrer, Müllsammler/-in	**Mitarbeiterzahl** Einzelperson, Familienmitglieder, Betrieb mit 1 bis 10 Mitarbeitern – häufig unbezahlte Mithilfe von Kindern und Alten bei Frauen, die zu Hause produzieren	**Arbeitsstätte** – Wohnung – eigene Werkstatt – eigener Grund – öffentliche Straße, öffentlicher Platz

M 5 *Merkmale des informellen Sektors*

Lagos – Bevölkerungsmagnet in Nigeria

M 1 *Satellitenbild Lagos (18. Dezember 1984)*

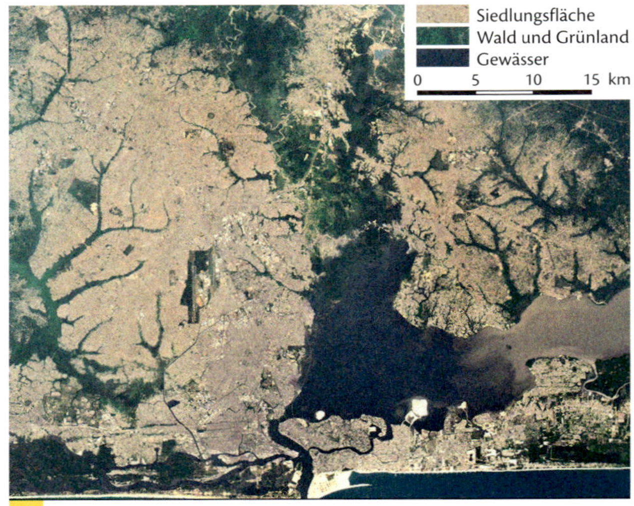

M 2 *Satellitenbild Lagos (26. Dezember 2016)*

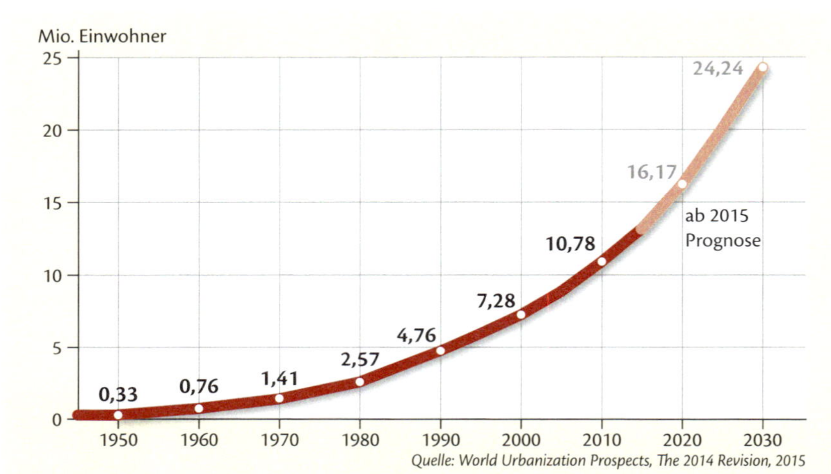

M 3 *Einwohner (Mio.) im Ballungsraum von Lagos*

M 4 *Slumsiedlung in Lagos*

check-it
- geographische Lage beschreiben
- Ursachen und Folgen städtischen Wachstums erläutern
- eine Präsentation erarbeiten
- Aussagen von Einwohnern erörtern

Größte Stadt südlich der Sahara

Täglich kommen 6000 neue Zuwanderer nach Lagos – aus Nigeria selbst, aber auch aus den Nachbarstaaten. Sie hoffen auf Arbeit und eine bessere Zukunft für sich und ihre Familien. Zusätzlich trägt die hohe Geburtenrate zum rasanten Bevölkerungswachstum bei. Schon einmal hatte es einen starken Zuwanderungsstrom gegeben. Das war in den 1980er-Jahren, als Nigeria vom weltweiten Erdölboom profitierte. Der wirtschaftliche Aufschwung kam Lagos zugute, neue Arbeitsplätze entstanden in der Industrie und im Dienstleistungsbereich. Viele Zuwanderer kamen ursprünglich nicht mit der Absicht, auf Dauer in der Stadt zu bleiben. Doch selbst in wirtschaftlich schlechten Zeiten hielt die Zuwanderung an. Auch die Verlagerung des Regierungssitzes 1991 in das Landesinnere nach Abuja hat keine Entlastung für Lagos erbracht.
Lagos ist heute eine der am schnellsten wachsenden Städte der Welt. Von seiner Attraktivität hat es nichts verloren: Es bleibt Nigerias Zentrum für Wirtschaft, Handel und Kultur.

Stadtplaner

Lagos ist die neuntgrößte Stadt der Welt, mit der schwächsten Infrastruktur. Das ist eine Herausforderung. Deshalb bitten wir den Westen: Helft mit. Tragt dazu bei, dass unsere Stadt den Platz bekommt, der ihr gebührt. Wenn Lagos in der Krise ist, wenn Lagos ein Problem wird mit seinen zwölf Millionen, dann kann das ganz Westafrika zerstören. Unser Nachbarland Benin hat gerade mal zehn Millionen Einwohner, Togo nur sieben Millionen, Liberia, Sierra Leone auch nur ein paar Millionen. Wenn irgendetwas Schlimmes passiert mit Lagos und der Westen schaut zu, dann spürt das die ganze Welt.

Entlassener Hafenbeamter

Wir überleben durch Beten. Jeden Morgen beten wir zu Gott für unser tägliches Brot. Alles andere ist unwichtig. Wenn wir ein-, zweimal am Tag essen können, ist es gut. Wir kommen schon zurecht. Aber wenn jemand sagt, alle Nigerianer sind reich, dann irrt er. Nicht, dass kein Geld da wäre in diesem Land, Geld ist da. Aber die Politiker, die denken nicht an uns, nur an sich selbst. Wir könnten auf der Straße sterben. Am liebsten würden sie uns arme Leute wohl auf Lastwagen verladen und irgendwo ins Meer kippen. Die Armen können sterben, die Reichen wollen leben, die, die alles Geld im Land kontrollieren.

Zuwanderin

Wir sind vor zehn Jahren aus dem Kamerun nach Lagos gekommen. Wir hatten es erst auf dem Land versucht, aber da war kein Platz. Draußen in der Lagune war Platz auf einem Boot. Mein Mann fährt jeden Tag hinaus zum Fischen. Manchmal fängt er so viel, dass wir satt werden. Wenn ich Fisch verkaufe, haben wir sogar ein bisschen Geld. Irgendwann brauchen wir ein neues Haus. Es ist immer feucht auf dem Boot. Das Holz fault.

Geschäftsfrau

Wir sind sehr gute Geschäftsleute und Händler. Lagos bietet jedem eine Chance. Jeder glaubt, hier kann er Geld verdienen. Aber Geld ist nicht alles. Man muss vertrauenswürdig sein und positiv denken, dann ist alles okay. Es gibt Leute, die schon sehr lange in Lagos leben und die meinen, es gäbe keinen besseren Ort auf der Welt. Viele, die Lagos verlassen haben, kommen wieder zurück.

M 5 *Meinungen von Einwohnern*

Folgen des Bevölkerungswachstums

Die Stadtplaner hatten schon 1987 einen „Masterplan" für die Neuordnung der Millionenstadt entworfen. Aber einflussreiche Interessengruppen verhinderten bislang die Umsetzung. So sind die Probleme in Lagos mit der steigenden Bevölkerung weiter gewachsen. Etwa acht Millionen Einwohner leben in den rund hundert Slums – oft ohne elektrischen Strom und Wasseranschluss. Allein der größte Slum beherbergt drei Millionen Menschen. Er befindet sich auf einer riesigen Müllhalde. Die städtische Müllabfuhr kommt gegen den Müll in der Stadt nicht mehr an, Müllverbrennungsanlagen funktionieren nicht. Die Abwasserkanäle sind durch jahrzehntealten Dreck und Ablagerungen blockiert. Regelmäßig bricht der Verkehr zusammen, denn seit dreißig Jahren wurde das Straßennetz dem Verkehr nicht angepasst. Wenn selbst auf den fünfspurigen Stadtautobahnen nichts mehr geht, ist die Stunde der Händler und Straßenverkäufer gekommen. Sie stehen wie die Kleinhandwerker, Schuhputzer und andere Dienstleister auf der untersten Stufe der sozialen Leiter. Sie arbeiten im informellen Sektor. In Lagos sind es sechs von zehn Arbeitnehmern. Die meisten von ihnen sind Jugendliche, die keine Ausbildung haben, und Menschen, die ihre Arbeitsstelle verloren. Auch viele Zuwanderer suchen im informellen Sektor ihr Auskommen. Der informelle Sektor ist zu einem wichtigen Wirtschaftssektor geworden – nicht zuletzt, weil die hier Beschäftigten sich schnell und flexibel an die Nachfrage anpassen.

1 Beschreibe die geographische Lage von Lagos (Karte S. 218/219, Atlas).

2 Vergleiche das Wachstum der Bevölkerung und die Veränderungen des Stadtgebietes von Lagos (**M 1** bis **M 3**).

3 Erstelle eine Tabelle zu Ursachen und Folgen des städtischen Wachstums in Lagos und erläutere diese (**M 1** bis **M 4**).

4 Werte die Meinungen der Einwohner aus und erörtere deren unterschiedliche Meinungen zu Lagos (**M 5**).

5 Erarbeite eine Präsentation zum Thema „Lagos – Nigerias Wirtschafts- und Kulturzentrum".

WEBCODE: UE643431-143

Mumbai – zwei Gesichter einer Stadt

M1 *Nariman Point in Mumbai*

check-it
- geographische Lage Mumbais beschreiben
- Mumbai in Stadtviertel gliedern
- verschiedene „Gesichter" Mumbais charakterisieren
- Leben im Slum darlegen
- Sanierungsvorhaben für einen Slum beurteilen

Sieben Kisten stehen in dem winzigen, stickigen Raum ohne Ventilator und sieben Menschen sitzen mit gebücktem Rücken davor und betreiben manuelle Mülltrennung. Sie klauben Stück für Stück den Abfall-Haufen vor sich aus. [...] Wenn die Kisten voll sind, schüttet ein Mann [...] den Inhalt in einen Shredder, der Plastikkörner daraus macht. In einer klobigen Anlage [...] entsteht dann durch Erhitzen eine Art Brei. Der wird durch Düsen gepresst und endlose Kunststoff-Spaghetti quellen heraus, die ein automatisches Messer in kleine Schnipsel zerhackt – Rohmaterial für neue Plastik-Artikel vom Yogurtbecher bis zum Fernseher-Gehäuse.
[...] Willkommen im Recycling-Zentrum Dharavi. [...] Draußen riecht es penetrant nach Abfall und Fäulnis. Der Kanal, der Dharavi entwässern soll, ist eine Brühe, die sich durch ein Bett aus Plastikflaschen, Blechdosen, Küchenabfall und Exkrementen aller Art den Weg sucht. [...]
Den Menschen hier geht es deutlich besser als den Heerscharen der Zuwanderer, die jeden Tag in die Boomstadt Mumbai strömen und auf den Bürgersteigen und den Mittelstreifen der Ausfallstraßen unter freiem Himmel oder armseligen Plastikplanen kampieren. Denn Dharavi hat Strom und jeden Tag eine Stunde Wasser. [...]
Dieses Gewirr aus ein- und zweistöckigen Gebäuden ist kein Slum, in dem Menschen apathisch die Tage verstreichen lassen [...]. Hier werkeln in über 200 Recycling-Betrieben für Plastik, ein paar hundert Lederwerkstätten, Töpfereien und Kartonage-Fabriken jeden Tag Zehntausende meist von neun Uhr morgens bis neun Uhr abends. [...]
Ein Fernsehgerät steht fast in jeder Hütte, auch wenn sich meist eine Großfamilie vier mal vier Quadratmeter teilen muss. [...] Das Handy ist hier ein normaler Gebrauchsgegenstand, das Internet kein exotischer Begriff, selbst das indische IT-Vorzeige-Unternehmen „Infosys" bietet in Dharavi Computerkurse „oberstes Niveau" an. [...]
An der „Dharavi Main Road" sind zwischen windschiefen Hütten und handgemalten Hinweisschildern [...] postmoderne Fassaden in Marmor, Stuck und verspiegeltem Glas eingezwängt. [...]
Diese Schaufensterfronten gehören zu den Juweliergeschäften, für die Dharavi in Mumbai und Umgebung berühmt ist. „Es gibt hier genau 104 Schmuckläden", sagt stolz [...] der Besitzer von „Shree Nellai Juwellers". [...]
Quelle: Fiedler, Teja, 26. September 2008, www.stern.de, gekürzt

M2 *Dharavi: Ein Slum als Trendviertel*

Größte Metropole Indiens

Das ehemalige Bombay, das seit 1995 „Mumbai" heißt, ist eine der einwohnerreichsten Megastädte der Welt. In der Metropolregion lebten 2016 laut Schätzung 22,9 Millionen Menschen. Auch die Bevölkerungsdichte ist mit über 26 000 Einwohnern auf einem Quadratkilometer entsprechend hoch, in Berlin sind es im Vergleich dazu lediglich 3000.

Boombay

Mumbai ist die wichtigste Hafenstadt und das Zentrum von Finanzindustrie, Wirtschaft, Handel und Mode in Indien. Für die indische Bevölkerung versinnbildlicht es daher den wirtschaftlichen Aufschwung des Landes. Das Einkommen pro Kopf ist drei Mal so hoch wie im Landesdurchschnitt. Weltbekannt wurde die Stadt auch durch ihre Filmindustrie „Bollywood".
Zu den Wohlstandssymbolen zählen die Bürohochhäuser am Nariman Point, dem Manhattan Mumbais mit den höchsten Immobilienpreisen der Welt. Mumbai beheimatet mehr Millionäre als Manhattan.
Bis in die 1970er-Jahre verdankte Mumbai seinen Reichtum der Baumwoll- und Textilindustrie sowie dem Hafenumschlag. Heute herrschen der Maschinenbau, Diamantenbearbeitung und die Softwareindustrie vor. Zehn Prozent der industriellen Arbeitsplätze Indiens befinden sich in der Stadt und 40 Prozent des Außenhandels von Indien werden hier abgewickelt. Die indische Börse sowie 48 Banken haben in Mumbai ihren Sitz – ebenso wie die Hauptverwaltungen der größten, auch international tätigen Unternehmen.

„Die Leute regen sich über Dharavi auf wie über einen internationalen Zwischenfall“, sagt Mukesh Mehta. Der Stadtplaner hat neun Jahre lang das „nachhaltige, slumfreie Mittelschicht-Dharavi“ entworfen. Mehta will Dharavi in fünf Sektoren aufteilen und diese unter Beteiligung von Investoren, hauptsächlich von Ländern im Ausland, sanieren. Dafür sollen zunächst 57 000 Familien in Hochhäuser umquartiert werden. Jede Familie hat Anspruch auf 21 Quadratmeter Wohnfläche. Plus Innentoilette! Als Gegenleistung für den Bau der mietfreien Häuser erhalten die Privatunternehmen lockende Anreize, damit sie auch „Profithäuser“ bauen, die für teures Geld verkauft werden sollen.

M 3 *Dharavi, die Schattenstadt*

M 4 *Dharavi, Asiens größter Slum*

Slumbay

Über 50 Prozent der Bevölkerung leben in etwa 2500 Slums. Mumbai weist damit die höchste Slumrate in Indien auf. Ein Beispiel ist der im Zentrum von Mumbai gelegene Slum Dharavi, der mit schätzungsweise einer Million Einwohnern als der größte Slum Asiens gilt. Er erstreckt sich über knapp zwei Quadratkilometer.

Mumbais Straßen sind auch durch zahlreiche *pavement dweller*, Obdachlose, geprägt. Schätzungsweise 600 000 bis 1,5 Millionen Menschen leben ohne Dach über dem Kopf an Straßenrändern und auf Bürgersteigen. Hieran wird deutlich, wie dringend notwendig Wohnraum in Mumbai ist.

1 Beschreibe die geographische Lage Mumbais (Karte S. 220/221, Atlas).

2 Gliedere die Stadt in Stadtviertel und beschreibe deren Lage (**M 5**).

3 Charakterisiere die zwei Gesichter Mumbais und erläutere die Bezeichnungen „Boombay“ und „Slumbay“ (**M 1, M 4**).

4 Lokalisiere in der Karte Nariman Point und Dharavi und beschreibe die Lage (**M 5**).

5 Beschreibe das Leben in Dharavi (**M 2**).

6 Nimm Stellung zum Sanierungsvorhaben in Dharavi (**M 3, M 4**).

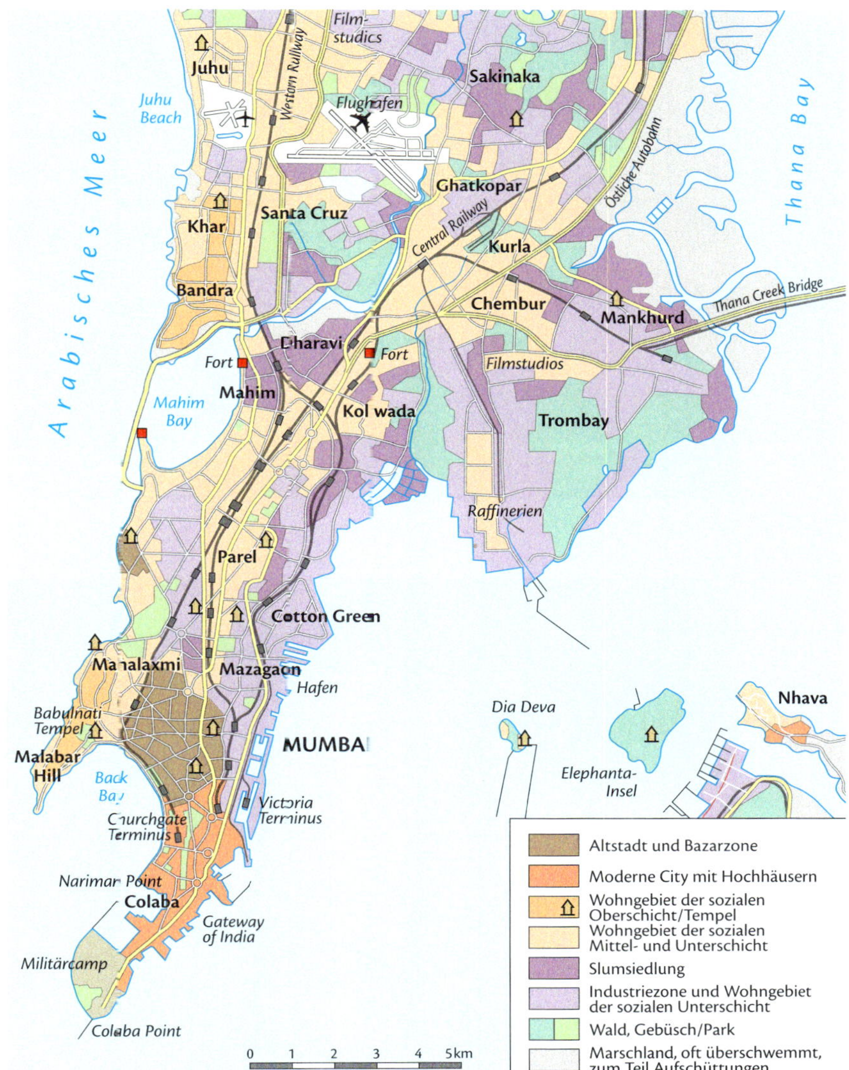

M 5 *Stadtgliederung von Mumbai*

Überleben auf der Straße

M 1 *Straßenkinder ... in Angola*

M 2 *... in Indien*

M 3 *... in Nepal*

check-it
- Gründe für die Existenz von Straßenkindern benennen
- Lebensbedingungen von Straßenkindern charakterisieren
- über Projekte für Straßenkinder berichten
- Hilfsmaßnahmen für Straßenkinder erörtern

Straßenkinder

Auf der Welt gibt es schätzungsweise 80 Millionen Straßenkinder. Die meisten von ihnen leben in den Großstädten der Entwicklungsländer, aber auch in ländlichen Gebieten nimmt ihre Zahl zu. Die Jüngsten sind erst fünf Jahre alt. Genaue Angaben liegen nicht vor, weil viele Kinder nicht einmal eine Geburtsurkunde haben. Alle diese Kinder müssen schwer arbeiten, um zu überleben – teilweise bis zu 14 Stunden am Tag. Viele versuchen, durch Drogenkonsum ihr hartes Schicksal wenigstens für kurze Zeit zu vergessen.

Die beengten Wohnverhältnisse und der tägliche Kampf ums Überleben in den Elendsvierteln der Städte führen zu Streit, Gewalt und dem Auseinanderbrechen der Familien. Für viele Kinder erscheint deshalb zunächst das Leben unter Gleichgesinnten auf der Straße verlockend. Andere Kinder und Jugendliche sind gezwungen, das Geld für ihren Lebensunterhalt oder den ihrer Familien auf den Straßen zu verdienen. Aber auch Kinder, die von ihren Müttern verlassen wurden oder deren Eltern gestorben sind, führen ein Leben auf der Straße.

Man unterscheidet drei Gruppen von Straßenkindern:
- Kinder, die auf der Straße arbeiten, aber noch bei ihren Familien leben;
- Kinder, die aufgrund großer Entfernungen nur am Wochenende zu ihren Familien zurückkehren;
- Kinder, die auf der Straße leben und arbeiten, da sie keine Familien haben. Sie schlafen beispielsweise auf Treppen, in Hauseingängen oder unter geparkten Autos.

Wieso lebt ihr auf der Straße?
Jimmy: Ich muss hier auf der Straße leben, wegen der Armut. Mein Vater ist schon lange tot und meine Mutter ist gestorben, als ich zehn Jahre alt war. [...]
Joseph: Ich bin hier auf der Straße aufgewachsen. Meine Mutter ist schon früh gestorben und mein Vater und meine Verwandten leben irgendwo außerhalb der Stadt.
Was gefällt euch am Leben auf der Straße und was sind die größten Probleme?
Jimmy: Was mir wirklich gefällt, ist, dass meine Freunde und ich durch dick und dünn gehen, wir halten zusammen und würden uns nie verraten. [...] Das einzige Problem ist, wie brutal wir hier [...] behandelt werden. Polizisten und Sicherheitsleute kommen ganz plötzlich, sie nehmen einfach alle Straßenkinder mit [...] und misshandeln sie dann.
Joseph: Wir werden grün und blau geschlagen. Sie behandeln uns wie Tiere. [...] Alle Polizisten machen mit, niemand nimmt uns in Schutz. Ein Polizist hat mich sogar mit seinem Gewehr in den Rücken gehauen.

(Quelle: terre des hommes – Hilfe für Kinder in Not, www.tdh.de [Ralf Willinger])

M 4 *Interview mit Jimmy (16) und Joseph (21), die seit vielen Jahren auf der Straße leben*

Folgen des Lebens auf der Straße

Die meisten Straßenkinder gehen nicht zur Schule, sondern arbeiten im informellen Sektor. Mit Kinderarbeit hat das nichts zu tun. Straßenkinder arbeiten, um selbst zu überleben oder um zum Lebensunterhalt der Familie beizutragen. Häufig werden sie ausgebeutet und müssen gefährliche, gesundheitsgefährdende Tätigkeiten ausführen. Viele betteln zusätzlich. Oft sind sie krank, weil das durch Arbeit oder Betteln verdiente Geld nicht ausreicht. Trauen sie sich in ein Krankenhaus, erhalten sie selten eine angemessene Behandlung und werden weggeschickt.

Die Zahl der Mädchen auf der Straße wird oft unterschätzt. Sie arbeiten im Haushalt, in Hotels und Bars oder leben von der Prostitution. Aus Angst vor Vergewaltigung – auch durch ältere Straßenkinder – schlafen sie selten im Freien. Meistens schließen sich kleinere Straßenkinder zu Gruppen zusammen. In diesen Gruppen fühlen sie sich zumindest halbwegs sicher und geborgen.

Größere Straßenkinder organisieren sich in Banden, sind gewaltbereit und erpressen sogar jüngere unerfahrene Straßenkinder. Häufig wiederholen sich in den Gruppen die schlimmen Erfahrungen, die Straßenkinder zu Hause erlebt hatten.

Trotzdem herrscht zwischen den Straßenkindern eine Art Solidarität. Sie halten zusammen, entwickeln bestimmte Fertigkeiten wie Einfallsreichtum und Eigenverantwortlichkeit. Ihr Mut und ihr Überlebenswillen ermöglichen ihnen, sich dem Straßenleben mit seinen negativen Begleiterscheinungen anzupassen. Je länger sie auf der Straße leben, desto schwieriger ist ihre Rückkehr in ein „normales" Leben. Die Gesellschaft grenzt sie aus. Straßenkinder gelten als Plage, vor der man sich schützen muss – sei es durch Vertreibung von öffentlichen Plätzen oder Unterbringung in Heimen.

Internationale Organisationen versuchen, den Straßenkindern zu helfen. Doch das Misstrauen gegenüber Erwachsenen bleibt. Dabei wäre Bildung und somit Kontakt zu Erwachsenen besonders wichtig. Viele Kinder sind prinzipiell bereit, abends noch zu lernen.

WEBCODE: UE643431-147

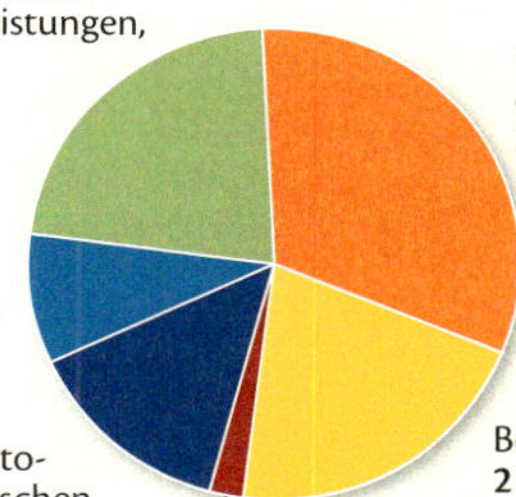

M 5 *Hauptbeschäftigung der Straßenkinder in Manila*

1. Nenne Tätigkeiten, die Straßenkinder ausführen (**M 1** bis **M 3, M 5**).
2. Benenne Gründe, warum viele Kinder in Entwicklungsländern auf der Straße leben (**M 4**).
3. Charakterisiere die Lebensbedingungen von Straßenkindern und die Arbeitsbedingungen im informellen Sektor (**M 1** bis **M 4**, S. 140/141).
4. Finde im Internet Organisationen, die Straßenkindern helfen. Berichte über deren Projekte ( ).
5. Erörtere Maßnahmen, wie den Straßenkindern geholfen werden kann.

Geo-Check: Auswirkungen der Bevölkerungsentwicklung erläutern

Sich orientieren

Die Welt – ein Dorf

Wenn die Welt ein Dorf
mit nur 100 Einwohnern wäre …

Bevölkerung 2016

… wären davon: 16 Afrikaner
5 Nordamerikaner
10 Europäer
8 Lateinamerikaner
1 Ozeanier
und 60 Asiaten.

26 wären Kinder unter 15 Jahren.
8 Menschen wären älter als 64.

Familienplanung
Im Durchschnitt bekämen die Frauen 2,5 Kinder.

Zukunft 2050

Die Zahl der Dorfbewohner würde jährlich um etwa eine Person steigen. Im Jahre 2050 würden bereits 133 Menschen im Dorf leben: 33 Afrikaner
6 Nordamerikaner
10 Europäer
10 Lateinamerikaner
2 Ozeanier
und 72 Asiaten.

Grafik: Stiftung Weltbevölkerung
Quelle: Datenreport der Stiftung Weltbevölkerung 2016

M 1 *Die Welt 2016 und 2050*

1 Erkläre räumliche Unterschiede in der Verteilung der Weltbevölkerung 2015 und 2050 (**M 1**).

2 Benenne die Megastädte nach Kontinenten geordnet (**M 2,** Karte S. 224/225, Atlas).

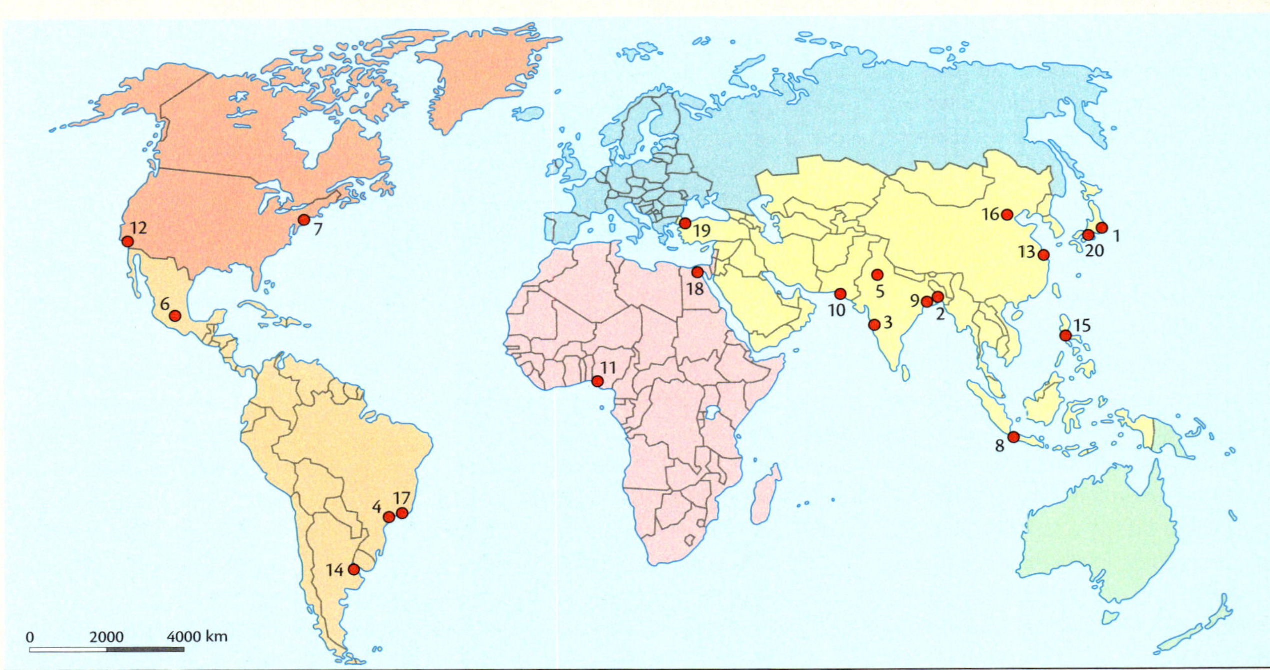

M 2 *Megastädte im Jahr 2015*

7 Ungleichheiten im Entwicklungsstand charakterisieren

Wissen und verstehen

3 Ordne jedem dieser Begriffe (**M 3**) mindestens zwei Merkmale zu.

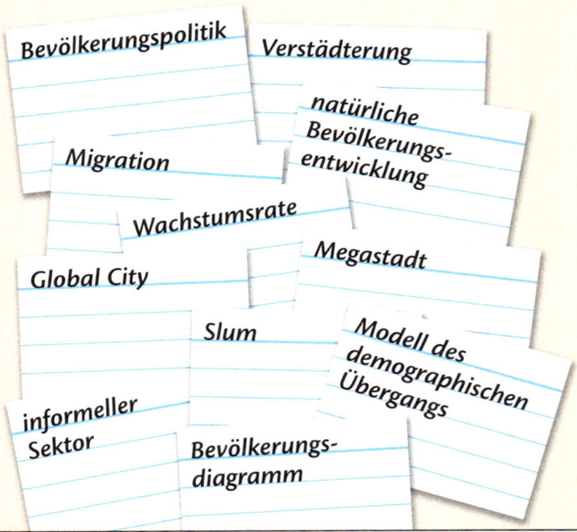

M 3 *Geo-Begriffestapel*

4 Sortiere die Aussagen in richtige und falsche. Verbessere die falschen Aussagen und schreibe sie richtig auf.

Richtig oder falsch?

- Das Bevölkerungswachstum findet zu 99 Prozent in den Schwellen- und Entwicklungsländern statt.
- In Deutschland verändert sich die Einwohnerzahl nicht, weil viele Menschen auswandern.
- In Indien liegt die Geburtenrate deutlich über der Sterberate, deshalb wächst die Bevölkerung.
- Die Ein-Kind-Politik in China führt zu einer Verjüngung der Bevölkerung.
- Die Ursache von Wanderungen der Bevölkerung sind ausschließlich wirtschaftliche Gründe.
- Unter „Verstädterung" versteht man die enorme Zunahme von Hochhausbauten.
- Megastädte sind typische Erscheinungsformen in Schwellen- und Entwicklungsländern.
- Pull-Faktoren sind Erwartungen an das Zielgebiet, die eine Wanderung auslösen.
- Demographischer Wandel heißt: Die Bevölkerung wächst, wird jünger und internationaler.

Bevölkerung	1950	1960	1970	1980	1990	2000	2010	2020	2030	2040	2050
Stadt: Industrieländer	427	538	652	745	818	873	925	972	1016	1049	1071
Stadt: Schwellen- und Entwicklungsländer	310	458	680	996	1456	1981	2570	3237	3949	4660	5327
Land: Industrieländer	386	378	357	338	331	321	308	282	245	208	174
Land: Schwellen- und Entwicklungsländer	1412	1657	2010	2373	2689	2949	3104	3176	3107	2907	2619

Quelle: Datenreport 2016 der Stiftung Weltbevölkerung

M 4 *Städtische und ländliche Bevölkerung in Millionen*

5 Erstelle ein Liniendiagramm und erläutere dein Ergebnis (**M 4**).

6 Übertrage das Rätselschema (**M 5**) in dein Arbeitsheft oder lade es per Webcode herunter und löse es. Formuliere mithilfe des Lösungswortes eine Aussage, die Deutschland betrifft.

! Hinweis: Bitte nicht in das Buch schreiben

WEBCODE: UE643431-149

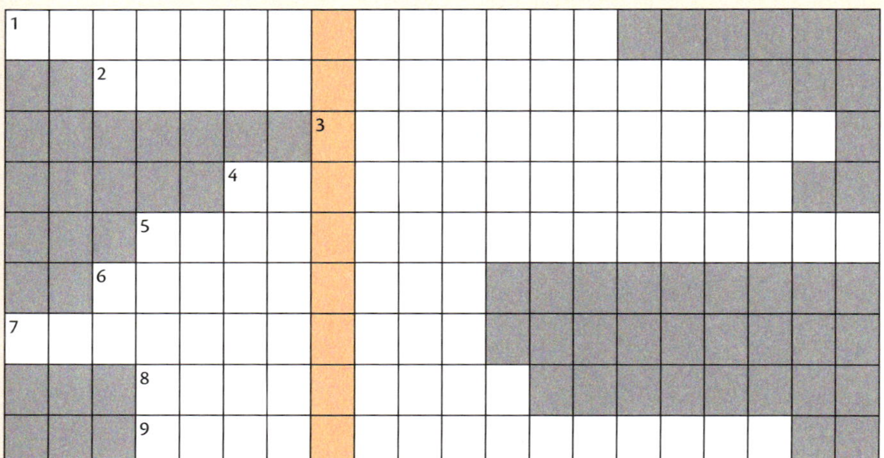

1 Zunahme der Bevölkerung
2 Beschränkung der Kinderzahl
3 Zahl der Lebendgeborenen je 1000 Einwohner
4 Zunahme und Wachstum von Städten
5 Land, das Zuwanderer aufnimmt
6 Stadt mit mehr als zehn Millionen Einwohnern
7 Personen, die unter Zwang ihre Heimat verlassen
8 wirtschaftliches/kulturelles Zentrum eines Staates
9 mögliches erreichbares Alter

M 5 *Rätsel (Umlaute = 1 Buchstabe)*

Können und anwenden

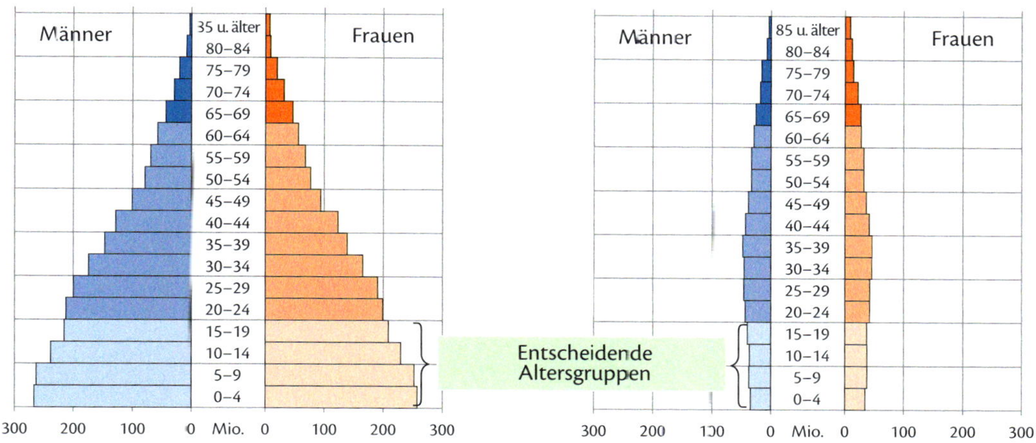

M 6 *Bevölkerungsdiagramme*

7 Ordne die beiden Diagramme den Industrie- und den Entwicklungs- und Schwellenländern zu. Begründe die unterschiedliche Bevölkerungsentwicklung (**M 6**).

8 Vergleiche jeweils den Anteil der männlichen Bevölkerung von 15 bis 19 Jahren an der Gesamtbevölkerung.

9 Vergleiche den jeweiligen Anteil der Personen über 65 Jahren an der Gesamtbevölkerung.

10 Erläutere, warum deine Altersgruppe als die „entscheidende" bezeichnet wird (**M 6**).

Sich verständigen, beurteilen und handeln

11 Werte die beiden Karikaturen aus (**M 7, M 8**).

12 Nehmt zu den Aussagen der beiden Karikaturen Stellung.

M 7 *Überbevölkerung*

M 8 *Altersheim statt Kindergarten*

Erde: menschliche Entwicklung und Bruttonationaleinkommen

Human Development Index (HDI, Index der menschlichen Entwicklung) 2014

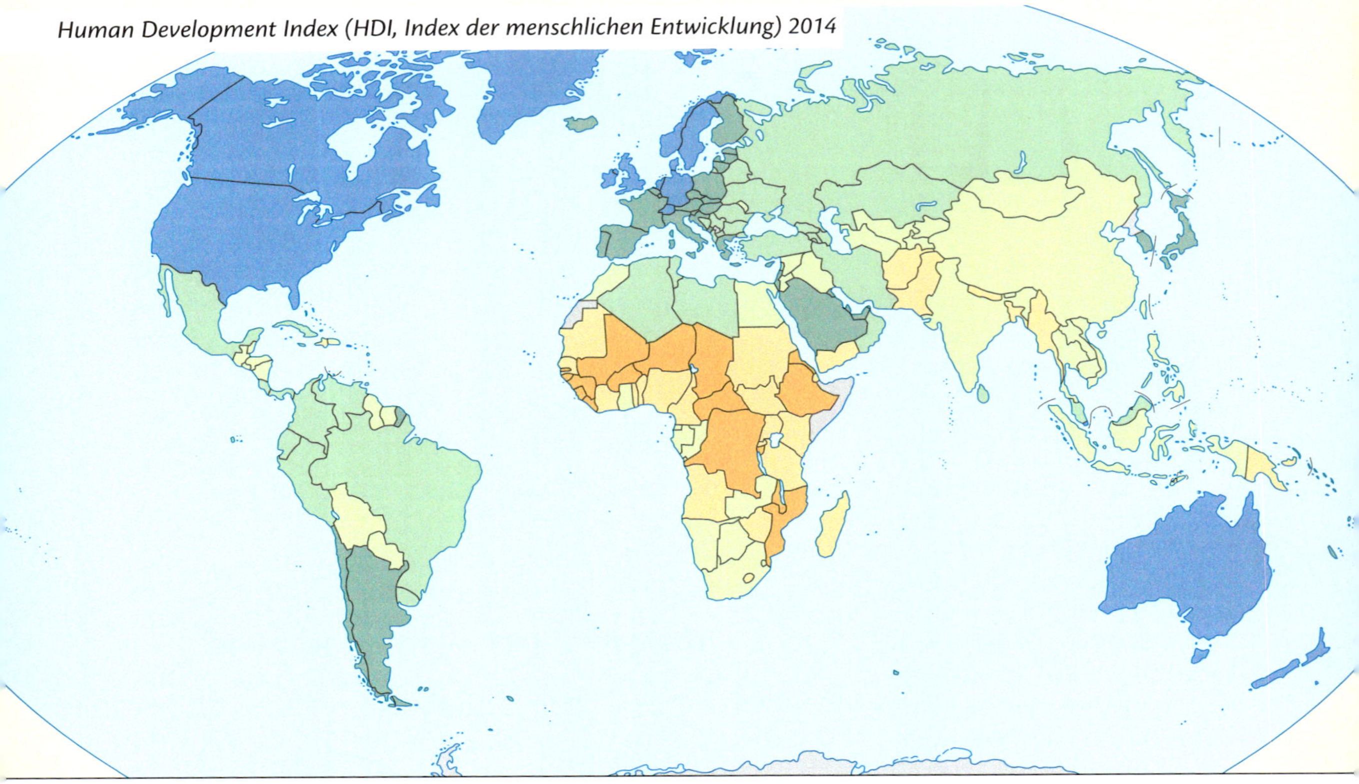

Entwicklungsstand anhand des HDI 2014

sehr hoch
über 0,9
0,8–0,9
hoch
0,71–0,8
mittel
0,53–0,71
niedrig
0,45–0,53
unter 0,45
keine Angaben

Quelle: Human Development Report 2015

0 3000 km

Bruttonationaleinkommen (BNE) 2014

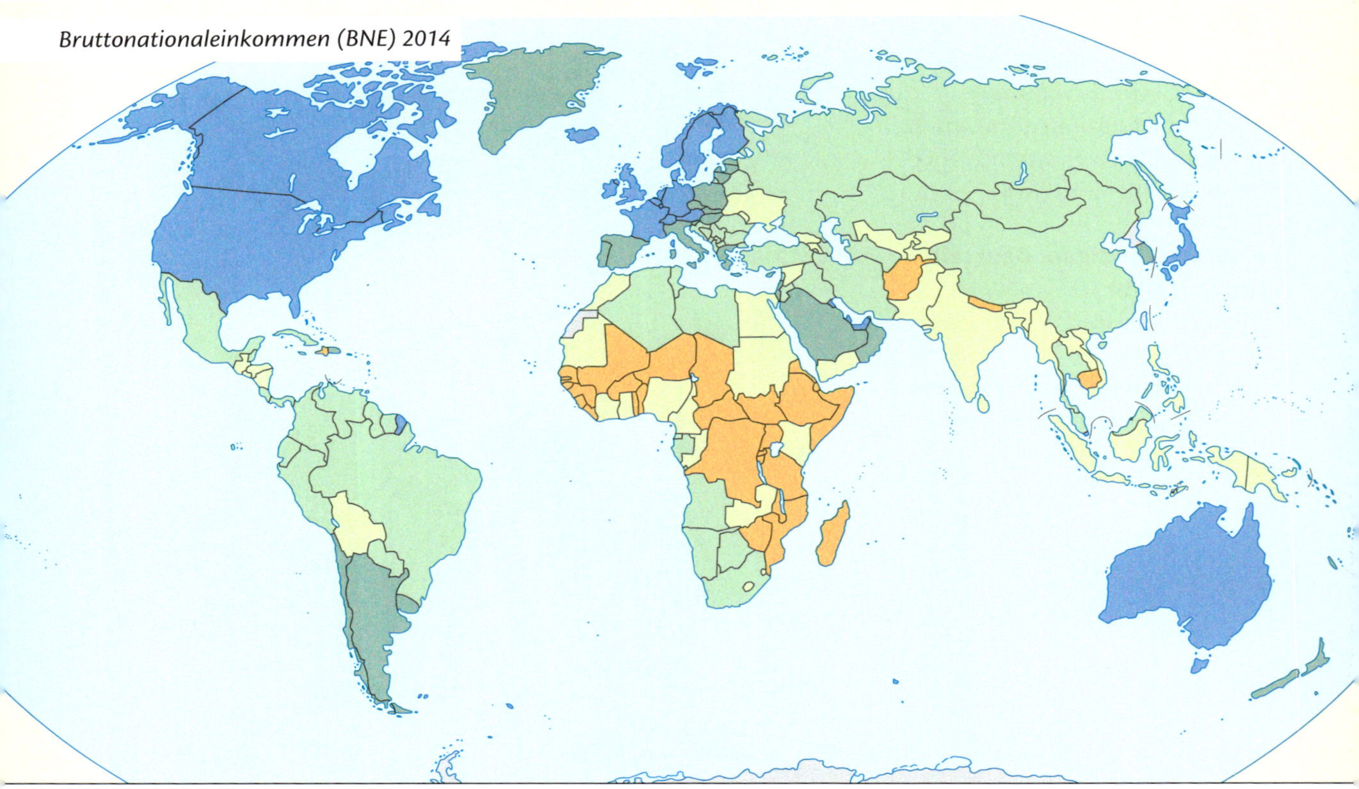

Bruttonationaleinkommen (BNE) je Einwohner 2014 in Euro

hohes Einkommen
über 30 000 €
10 000 – 30 000 €
mittleres Einkommen
3 000 – 10 000 €
800 – 3 000 €
niedriges Einkommen
unter 800 €
keine Angaben

Quelle: Weltbank 2015

0 3000 km

Eine Welt – viele Welten

Wir alle leben in dieser einen Welt, doch die „Eine Welt" ist längst noch nicht Wirklichkeit. Gegensätze und Ungleichheiten prägen die Welt.

In diesem Kapitel lernst du
- Länder und Regionen unterschiedlichen Entwicklungsstandes zu lokalisieren,
- die Merkmale von Entwicklungs- und Schwellenländern zu erläutern,
- Ziele, Formen und Projekte der Entwicklungszusammenarbeit darzulegen,
- Räume zu analysieren.

Dabei nutzt du
- Karten,
- Grafiken,
- Bilder,
- Tabellen,
- Diagramme.

Du beurteilst und bewertest
- Maßnahmen zur Überwindung von Ungleichheiten,
- Möglichkeiten wirtschaftlicher und sozialer Entwicklung.

Links: Dhaka, Bangladesch
Rechts: Darling Harbour in Sydney, Australien

Unsere Erde – eine Welt?

M 1 *Reisen in Deutschland*

M 2 *Reisen in Bangladesch*

check-it
- Merkmale von Industrie-, Schwellen- und Entwicklungsländern vergleichen und erläutern
- Verteilung der Länder der Erde nach dem Entwicklungsstand beschreiben
- Ländereinteilung nach Weltbank und HDI erklären
- zu einer Frage Stellung nehmen

Unsere Welt ist politisch, wirtschaftlich und ökologisch eng vernetzt. Staatsgrenzen spielen kaum noch eine Rolle, Unternehmen finden überall Absatzmärkte für ihre Produkte, Menschen suchen ihren Arbeitsplatz weltweit. Die Erkenntnis vom zukünftig gemeinsamen, nachhaltigen Handeln aller Menschen („Global denken, lokal handeln") gilt dabei als Leitbild.

Was die „Eine Welt" trennt

Aber: Noch ist diese „Eine Welt" nicht in allen Teilen unserer Erde Wirklichkeit. Noch leben wir in einer Welt voller Ungleichheiten, Gegensätze und Konflikte. Die Menschen haben unterschiedliche Vorstellungen davon, welche Probleme vorrangig zu lösen sind und wie eine glückliche Zukunft aussehen soll. Für die Bestimmung des Entwicklungsstandes eines Landes gibt es verschiedene Kennzeichen: Die Weltbank legt mit dem jährlichen **Bruttonationaleinkommen** ausschließlich ein wirtschaftliches Kennzeichen zugrunde.

Das Entwicklungsprogramm der Vereinten Nationen (UNDP) berücksichtigt im **Human Development Index**, dem **HDI**, neben dem Bruttonationaleinkommen auch die durchschnittliche Lebenswartung, den Bildungsstand der Bevölkerung und deren Lebensstandard (Ernährung, gesundheitliche Versorgung, Zugang zu sauberem Trinkwasser).

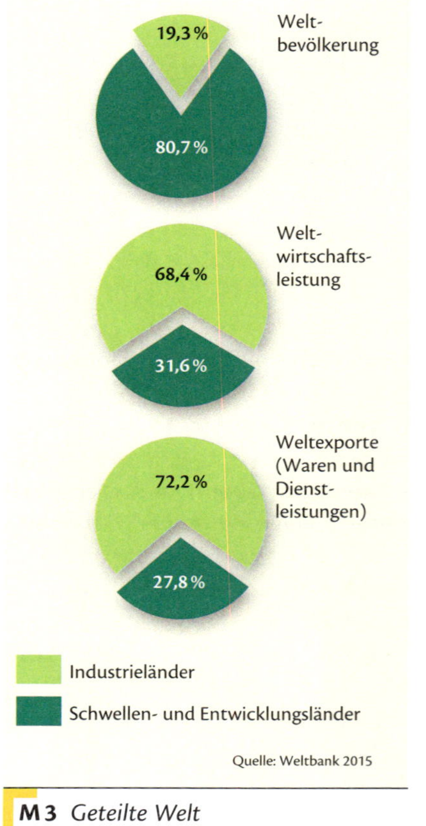

M 3 *Geteilte Welt*

Vielfalt der einen Welt

Man unterteilt die Welt vorwiegend in drei Ländergruppen: Industrieländer, Schwellenländer und Entwicklungsländer. Da die verschiedenen Organisationen wie die Weltbank, die UN u.a. verschiedene Merkmale zur Abgrenzung verwenden, ist die Zuordnung der Länder zu den drei Gruppen nicht immer eindeutig.

Als **Industrieländer** bezeichnet man Länder mit einem hohen Anteil des Dienstleistungssektors (über 70 Prozent) sowie einer technologisch hoch entwickelten Industrieproduktion. Das jährliche Pro-Kopf-Einkommen liegt über 12735 US-Dollar (Weltbank 2015). Weitere Merkmale sind eine geringe Auslandsverschuldung, niedrige Arbeitslosigkeit, eine gut ausgebaute Infrastruktur sowie ein hoher Bildungsstand und politische Stabilität.

Die Anzahl der **Schwellenländer** in der Welt, auch als „Newly Industrialized Countries" oder „Take-Off-Countries" bezeichnet, ist umstritten. Weltbank und Internationaler Währungsfonds nennen zehn, andere Institutionen bis zu dreißig Länder. Durch Umbau und Modernisierung der Wirtschaftsstrukturen stehen diese Länder an der Schwelle zum Industrieland. Vergleichsweise hohe wirtschaftliche Wachstumsraten, die Herstellung von hochwertigen Industrieprodukten und ein Pro-Kopf-Einkommen von über 1000 US-Dollar im Jahr kennzeichnen die Schwellenländer. Andererseits verstärkt diese Entwicklung aber auch den Gegensatz von Arm und Reich in diesen Ländern.

In **Entwicklungsländern** mangelt es häufig an der Versorgung mit lebensnotwendigen Gütern und Dienstleistungen. Aufgrund hoher Geburtenraten, unzureichender Bildung und einer starken Ausrichtung auf die Landwirtschaft verfügt die Bevölkerung nur über ein geringes Pro-Kopf-Einkommen (unter 1000 US-Dollar im Jahr). Armut, Hunger und Krankheiten sind die Folgen. Viele Menschen wandern in der Hoffnung, Arbeit zu finden, in die großen Städte ab.

	Industrieländer	Schwellenländer	Entwicklungsländer	Welt
Einwohner 2014 (in Mrd.)	1,399	5,24	0,622	7,261
Jährliches Bevölkerungswachstum 2014 (in %)	0,59	1,19	2,72	1,2
Geburtenrate je 1000 Einwohner 2013 (in %)	11,6	19,3	36,4	19,2
Sterberate je 1000 Einwohner 2013 (in %)	8,3	7,5	10,2	8,0
Anteil der städtischen Bevölkerung 2014 (in %)	80,7	49,0	29,8	53,4
Bruttonationaleinkommen je Einwohner 2014 (in €)	28842	3503	471	8113
Anteil der Bevölkerung, die mit weniger als 1,9 US-Dollar pro Tag auskommen muss 2014 (in %)	–	12,5	47,2	12,7

Quelle: Weltbank 2015

M 4 *Aufteilung der Welt*

1 Benenne und erkläre Unterschiede einer Zugfahrt in Deutschland und Bangladesch (**M 1, M 2**).

2 Erkläre, welche Kennzeichen für die Einteilung von Ländern verwendet werden (**M 4, M 5,** Karten S. 151).

3 Beschreibe die Verteilung von Ländern mit unterschiedlichem Entwicklungsstand auf der Erde. Lege eine Tabelle an und ordne jeweils fünf Länderbeispiele aus möglichst verschiedenen Kontinenten zu (**M 5,** Karten S. 151 und S. 224/225, Atlas).

4 Vergleiche und erläutere die unterschiedlichen Merkmale von Industrie-, Schwellen-, Entwicklungsländern (**M 4,** Karten S. 151).

5 „Unsere Erde – Eine Welt oder eine geteilte Welt?" Nimm Stellung zu dieser Frage (**M 3** bis **M 5**).

WEBCODE: UE643431-155

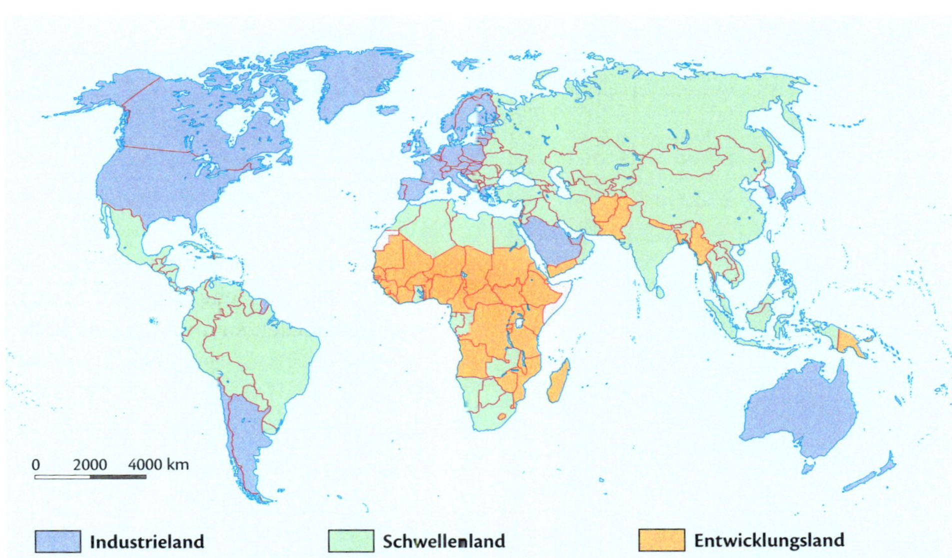

Quelle: Human Development Report 2015

M 5 *Die Welt nach dem Stand der menschlichen Entwicklung*

Bangladesch – ein Entwicklungsland

M 1 *Überschwemmungsopfer in Bangladesch*

M 2 *Mädchen in einer Textilfabrik in Dhaka*

check-it
- geographische Lage von Bangladesch beschreiben
- Bangladesch als Entwicklungsland charakterisieren
- Bedeutung des Klimas für die Lebens- und Arbeitsbedingungen erklären
- Klimadiagramm erstellen und auswerten

Reich und Arm zugleich

Bangladesch, das Land der Bengalen, zählt weltweit zu den am dichtesten besiedelten Ländern. Städte wachsen rasant. In der Hauptstadt Dhaka leben mehr als 14 Millionen Menschen. Neben den Glaspalästen ausländischer Unternehmen stehen die Hütten der einheimischen Bevölkerung. Die Textilindustrie ist der Hauptarbeitgeber für die heranwachsende junge Bevölkerung. Diese ist aber abhängig von der Entwicklung der Absatzmärkte in den USA und Europa.

Bangladesch verfügt nur über wenige natürliche Ressourcen und ist auf Importe angewiesen, unter anderem von Energie, Dünger und Nahrungsmitteln.

		Bangladesch	Deutschland
Einwohner (in Mio.)		159,1	80,9
Bevölkerungsdichte (Einwohner je Quadratkilometer Landfläche)		1 222	232
Anteil der städtischen Bevölkerung (in %)		34	75
Jährliches Bevölkerungswachstum (in %)		1,2	0,3
Säuglingssterblichkeit (je 1000 Lebendgeborene)		30,7	3,1
Wirtschaftskraft: Bruttonationaleinkommen (BNE) je Einwohner (in €)		813	35 860
Anteil am BNE (in %):	– Landwirtschaft	15,9	0,7
	– Industrie	27,9	30,7
	– Dienstleistungen	56,2	68,6
Erwerbstätige nach Wirtschaftssektoren (in %):	– Landwirtschaft	48,1	1,6
	– Industrie	14,5	28,2
	– Dienstleistungen	37,4	70,2
Alphabetisierungsrate (in %)		m 63 / w 56	99
Ärzte je 10 000 Einwohner		3,6	38,9
Internetnutzer je 100 Einwohner		5	86
Rang im Human Development Index (HDI) 2015		142	6

Quelle: Weltbank 2015/UNDP 2015

M 3 *Strukturdaten von Bangladesch 2015, zum Vergleich Deutschland*

Vor 15 Jahren fand Shahidul Mullah mit seiner Familie auf der Insel Char Bangla etwas Land und einen Platz zum Leben. In seiner Hütte gibt es weder Strom noch Fernsehen, noch kann er lesen. Er weiß nur, dass bald die Regenzeit kommt und die ganze Insel überschwemmt. Dann müssen die Arbeiten am neuen Stall und an der Hütte fertig sein. Hier wird Mullah mit seiner Familie ausharren, bis die Flut zurückgeht.
Von den Inselbewohnern lernte er, dass man in der Regenzeit Reis anpflanzt. Geht das Wasser zurück, baut man wieder Chilis und Rüben an – wie immer.
Mullah klagt, dass der Regen jedes Jahr immer unpünktlicher komme. Von einstmals drei Feldern besitzt er noch zwei. Noch reiche es täglich für eine Schale Dal, ein Brei aus Linsen und Zwiebeln, und ein wenig Reis. Manchmal komme ein Stück Fleisch oder ein Fisch hinzu. Nach der Arbeit gibt es für ihn ein Paket Paan, eine Mixtur aus Muskatnuss und Kalk, die beruhigt und die Sorgen vergessen lässt.
Wenn seine Frau mit den drei Kindern auf dem Weg zum Arzt ist, hofft er, dass sie vor der Regenzeit wiederkommen. Sonst muss er monatelang ohne seine Familie leben. Sein größter Wunsch ist es, dass seine Kinder einmal in Dhaka leben und arbeiten. Doch die kleine Inselschule sei nur während der trockenen Monate offen und für die Schule in der Stadt müsse man viel Geld bezahlen. Nur Gott könne ihm noch aus dieser Situation helfen.
(Spiegel online, Autor: Matthias Gebauer)

M 4 *Ein Leben ohne Alternative*

Dhaka, Bangladesch 23°46 N, 90°23		Höhe über NN: 8 m
Monat	**Temperatur (°C)**	**Niederschlag (mm)**
Januar	19,1	5
Februar	21,9	26
März	26,5	77
April	28,5	180
Mai	28,7	329
Juni	29,2	325
Juli	28,7	404
August	29,1	386
September	28,8	357
Oktober	27,8	147
November	24,5	28
Dezember	20,5	12
Jahr	**26,1**	**2275**

M 5 *Klimadaten von Dhaka*

Die landwirtschaftliche Nutzfläche ist erschöpft. Überschwemmungen, ein hohes Wachstum der Städte und Industrialisierung verringern die Anbaufläche jährlich um etwa ein Prozent. Der Großteil der Bevölkerung lebt daher in ärmlichen Verhältnissen und leidet an Mangel- und Unterernährung, trotz der hohen landwirtschaftlichen Erträge auf dem fruchtbaren Schwemmland.
Auf 40 Prozent der Anbaufläche wird das Hauptnahrungsmittel Reis angebaut. Doch die Lebensmittelpreise sind stark gestiegen, allen voran der Reispreis. Die Exporteinnahmen aus dem Tee- und Juteanbau hingegen nehmen aufgrund sinkender Weltmarktpreise ab. 70 Prozent der Bauern besitzen maximal einen halben Hektar Land und müssen zusätzlich als Landarbeiter arbeiten, um ihre Familie ernähren zu können. Selbst die Kinder müssen Geld verdienen und so zum Einkommen beitragen. Nur zwei Drittel aller Kinder gehen in die Grundschule, obwohl deren Besuch kostenlos ist. Viele Erwachsene arbeiten als Saisonarbeiter in den Erdölstaaten des Nahen Ostens und überweisen einen Großteil des Lohnes zurück an ihre Familien.
Wer mehr als drei Hektar Land besitzt, gehört zur besitzenden Schicht und lebt von Pachteinnahmen oder als Händler und Geldverleiher. Bestechlichkeit ist in Bangladesch weit verbreitet und verstärkt die Armut großer Teile der Bevölkerung.

Wasser – Segen und Fluch zugleich

Die Lage im Delta von Brahmaputra, Ganges und Meghna beschert Bangladesch einen großen Wasserreichtum. Die regelmäßigen Überschwemmungen lagern fruchtbares Schwemmland ab. Zur Vergrößerung der Anbaufläche wurde sogar ein Großteil der tropischen Regenwälder gerodet. Diese Überflutungen verursachen aber auch den Verlust von Ackerland, Siedlungen, Verkehrswegen und kosten Menschenleben. In der Regenzeit steht mehr als die Hälfte des Landes unter Wasser. Epidemien wie Cholera oder Malaria sind die Folge. Das Wasser ist verseucht – nicht zuletzt durch den hohen Einsatz von Chemikalien in der Landwirtschaft.
Bei Wirbelstürmen fließt das Wasser zudem nicht in den Golf von Bengalen ab. Bei Sturmfluten dringt Meerwasser ins Landesinnere und versalzt die Böden. All dies verringert die Ernteerträge. Zerstört werden auch die riesigen **Mangrovenwälder** an der Küste, die gerade Schutz gegen die Stürme bieten. Aus diesen Wäldern bezieht die Bevölkerung Honig, Muscheln, Krabben, Fische und Holz für den Eigenverbrauch und den Export.

1 Beschreibe die geographische Lage von Bangladesch (Karten S. 220/221 und S. 224/225, Atlas).
2 Charakterisiere Bangladesch als ein Entwicklungsland (**M 1** bis **M 3**).
3 Stelle die Klimadaten von Dhaka in einem Diagramm dar und werte es aus (**M 5**).
4 Erkläre die Bedeutung des Klimas für die wirtschaftliche und soziale Situation der Bevölkerung (**M 1** bis **M 4**).

WEBCODE: UE643431-157

Malaysia – ein Schwellenland

M 1 *Petronas Towers in Kuala Lumpur*

check-it
- geographische Lage Malaysias beschreiben
- Daten vergleichen
- Industrialisierungspolitik Malaysias erklären
- Bedeutung des Bildungswesens erläutern
- Streifendiagramm auswerten
- Entwicklungsstand Malaysias beurteilen

Auf dem Weg von der Kronkolonie zu einer Industrienation

Malaysia exportierte während der Kolonialzeit fast nur agrarische und **mineralische Rohstoffe**. Nach der Unabhängigkeit 1948 und dem blutigen Dschungelkrieg hat das Land seit 1957 konsequent seine wirtschaftliche Entwicklung vorangetrieben. Dennoch gibt es viele Menschen, die die wenigen sich bietenden Chancen und Ressourcen nicht für sich nutzen können. Sie gehören politischen, ethnischen oder religiösen Minderheiten an oder leben in entlegenen Regionen.

Kern des wirtschaftlichen Aufbaus war eine **Industrialisierungspolitik.** Da am Anfang kaum finanzielle Mittel zur Verfügung standen, begann man mit arbeitsintensiven Industrien wie der Textil- und Nahrungsmittelindustrie. Durch die Ausfuhr von Fertigwaren stiegen die Einnahmen des Landes. Die Abhängigkeit von Rohstoffexporten und Preisschwankungen nahm ab. Weitere Industrien folgten, die auch mithilfe ausländischer Unternehmen aufgebaut wurden.

Mittlerweile haben sich malaysische Unternehmen wie die Ölgesellschaft Petronas entwickelt, die selbst in ausländische Projekte investieren. Heute bestreitet das Land 90 Prozent der Exporte mit verarbeiteten Gütern und erwirtschaftet damit 80 Prozent des Bruttonationaleinkommens. Malaysia hat den Aufstieg vom britischen Rohstofflager über das Billiglohnland zum Hersteller und Exporteur von Hightech-Elektronik geschafft.

Mit dem Programm „Vision 2020" will das Land zu den Industrienationen der Welt aufschließen. Angesichts des jährlich um 4,5 Prozent steigenden Energiebedarfs schenkt man der Förderung **erneuerbarer Energien** besondere Aufmerksamkeit.

Die Abhängigkeit von Erdöl und Erdgas soll reduziert und der Einsatz von Bio-

		Malaysia	Kambodscha
Einwohner (in Mio.)		29,9	15,3
Bevölkerungsdichte (Einwohner je Quadratkilometer Landfläche)		91	87
Anteil der städtischen Bevölkerung (in %)		74	34
Jährliches Bevölkerungswachstum (in %)		1,5	1,2
Säuglingssterblichkeit (je 1000 Lebendgeborene)		6	24,6
Wirtschaftskraft: Bruttonationaleinkommen (BNE) je Einwohner (in €)		8 099	768
Anteil am BNE (in %):	– Landwirtschaft	9,1	29,8
	– Industrie	40,5	27,3
	– Dienstleistungen	50,4	42,9
Erwerbstätige nach Wirtschaftssektoren (in %):	– Landwirtschaft	12,6	51
	– Industrie	28,4	18,6
	– Dienstleistungen	59	30,4
Alphabetisierungsrate (in %)		m 95 / w 91	m 83 / w 66
Anzahl der Ärzte pro 10 000 Einwohner		12	1,7
Anzahl der Internetnutzer pro 100 Einwohner		68	9
Rang im Human Development Index (HDI) 2015		62	143

Quelle: Weltbank 2015/UNDP 2015

M 2 *Strukturdaten von Malaysia 2015, zum Vergleich Kambodscha* masse, Sonnenenergie und Wasserkraft durch staatliche Subventionen soll gefördert werden.

Erfolg durch Bildung

Dieser Aufstieg macht Malaysia zu einem der wohlhabenderen Länder Asiens.

Der Monatslohn eines Industriearbeiters stieg von 31 Euro im Jahr 1963 bis heute auf das Zehnfache. Immer mehr Familien verfügen so über ausreichende Mittel, wenigstens einem Kind nach elfjähriger Highschool-Pflichtzeit auch ein Studium zu ermöglichen.

Die Regierung gibt jedes Jahr bis zu 30 Prozent der Staatsausgaben für Bildung aus. Das kommt auch den Studenten an den zahlreichen staatlichen und privaten Hochschulen zugute. Von 2016 bis 2020 gilt der „11. Malaysiaplan", um das Land zu einer Wissensgesellschaft zu entwickeln.

Zu lösende Probleme

Staatliche Maßnahmen sollen dazu beitragen, Malaysia zu einem Land mit hohem Einkommen zu machen. Der Anteil der Menschen unterhalb der Armutsgrenze soll auf zwei Prozent sinken. Denn Armut ist immer noch das Hauptproblem.

Ein großer Teil der Bevölkerung lebt von der Landwirtschaft, die von Monokulturen und der schwankenden Nachfrage auf dem Weltmarkt geprägt ist. Die auf Export ausgerichteten Plantagen nehmen 40 Prozent der landwirtschaftlichen Nutzfläche ein. Hier werden **Cash-Crops** erzeugt, wie Kautschuk und Palmöl. Daneben existieren kleinbäuerliche Familienbetriebe, die in staatlichen Genossenschaften organisiert sind.

Die Anbaufläche für Ölpalmen wächst stetig. Das geschieht zulasten der tropischen Regenwälder, unter anderem um Europa mit Biokraftstoff zu beliefern. Zunehmend mehr Kraftwerke werden mit Pflanzenöl betrieben. Da das bei uns produzierte Rapsöl nicht ausreicht, bietet sich Palmöl als willkommene Ergänzung an.

M 3 *Strategien zur Industrieentwicklung Malaysias*

1. Beschreibe Malaysias geographische Lage (Karten S. 220/221 und S. 224/225, Atlas).
2. Vergleiche die Strukturdaten Malaysias mit denen von Kambodscha und Deutschland (**M 2**, S. 156 **M 3**).
3. Erkläre die Strategien der Entwicklung Malaysias zu einer Industrienation (**M 3**).
4. Lege dar, welche Bedeutung das Bildungswesen für den Aufstieg des Landes hat.
5. Fertige eine Tabelle an, in der du Gunst- und Ungunstfaktoren für die gesellschaftliche Entwicklung in Malaysia gegenüberstellst (**M 2** bis **M 4**).
6. Beurteile, ob Malaysia bereits als ein „Schwellenland" bezeichnet werden kann (**M 2** bis **M 4**, S. 155 **M 4**).

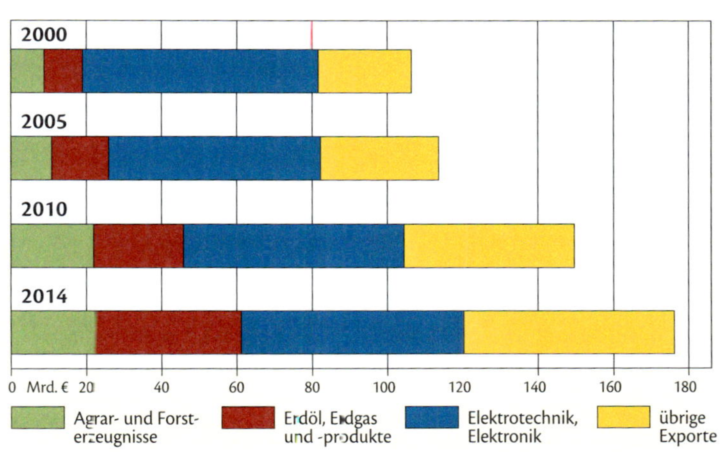

Quelle: Department of Statistics, Malaysia 2015

M 4 *Entwicklung der Warenexporte*

Wir analysieren einen Raum

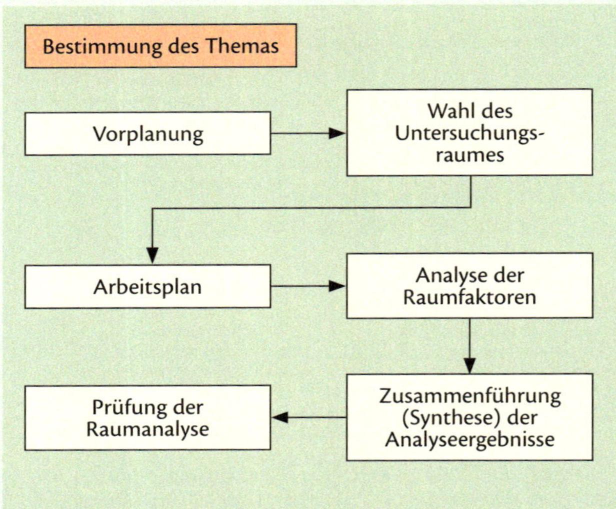

M1 *Ablaufschema für eine Raumanalyse*

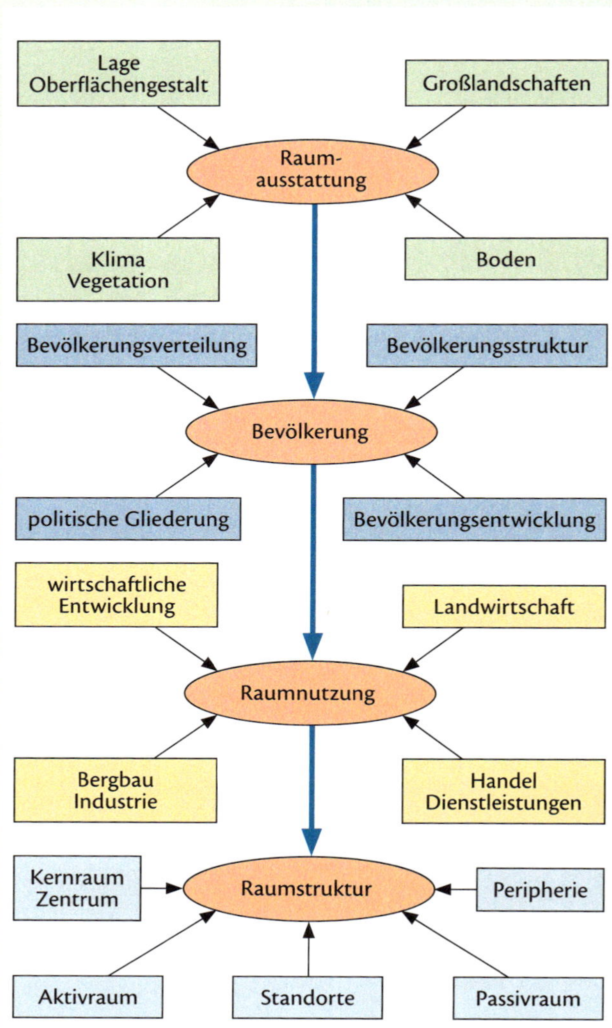

M2 *Beispiel zur Planung einer Raumanalyse*

check-it
- eine Raumanalyse durchführen
- Raum nach selbst gewählten Merkmalen gliedern
- geographische Sachverhalte erläutern
- Stellung nehmen zu Entwicklungen im Raum

Was ist eine Raumanalyse?

Jeder Großraum ist in sich unterschiedlich, da er sich aus Teilräumen zusammensetzt. Mithilfe einer Raumanalyse lassen sich Aufbau und Gliederung eines Raumes untersuchen. Es geht darum, herauszufinden, welche Naturfaktoren vorliegen und wie der Mensch den Raum verändert. Da die Raumstrukturen vielschichtig sind, müssen die wichtigsten Raumfaktoren zunächst einzeln betrachtet werden, bevor eine Gesamtschau erfolgen kann. Aus den Raumstrukturen können Schlussfolgerungen für die Entwicklung gezogen werden.

Checkliste zur Analyse eines Raumes

1. Wähle einen Raum aus.
2. Stelle einen Arbeitsplan auf.
   Formuliere eine Leitfrage oder ein Thema.
   Lege die Faktoren und Erscheinungen fest, die untersucht werden sollen.
3. Führe die Analyse durch.
   Sammle dazu Informationen aus Nachschlagewerken, zum Beispiel aus dem Fischer Weltalmanach, und aus dem Internet.
4. Werte die gewonnenen Ergebnisse aus und setze sie zueinander in Beziehung.
   Verfasse eine kurze Charakterisierung des untersuchten Raumes. Fertige zur Veranschaulichung Karten an.
   Erstelle Tabellen und Wirkungsgefüge.
5. Überprüfe, ob die Leitfrage richtig gestellt wurde und die analysierten Faktoren und Erscheinungen für die Raumanalyse ausreichen.

Checkliste zur Raumanalyse mithilfe einer Karte

Analyse:
1. Formuliere die Problemstellung.
2. Stelle die geographischen Gegebenheiten heraus.
3. Gliedere den Raum in Teilbereiche.

Synthese (Zusammenführung):

4. Erstelle eine räumliche Übersicht.
5. Stelle Bezüge zu der Problemstellung her.
   Verfasse einen Interpretationstext.
   Entwirf eine Interpretationsskizze zur Karte.

Bewertung:

6. Bewerte die Kartenaussage mit Bezug auf die Problemstellung.

WEBCODE: UE643431-160

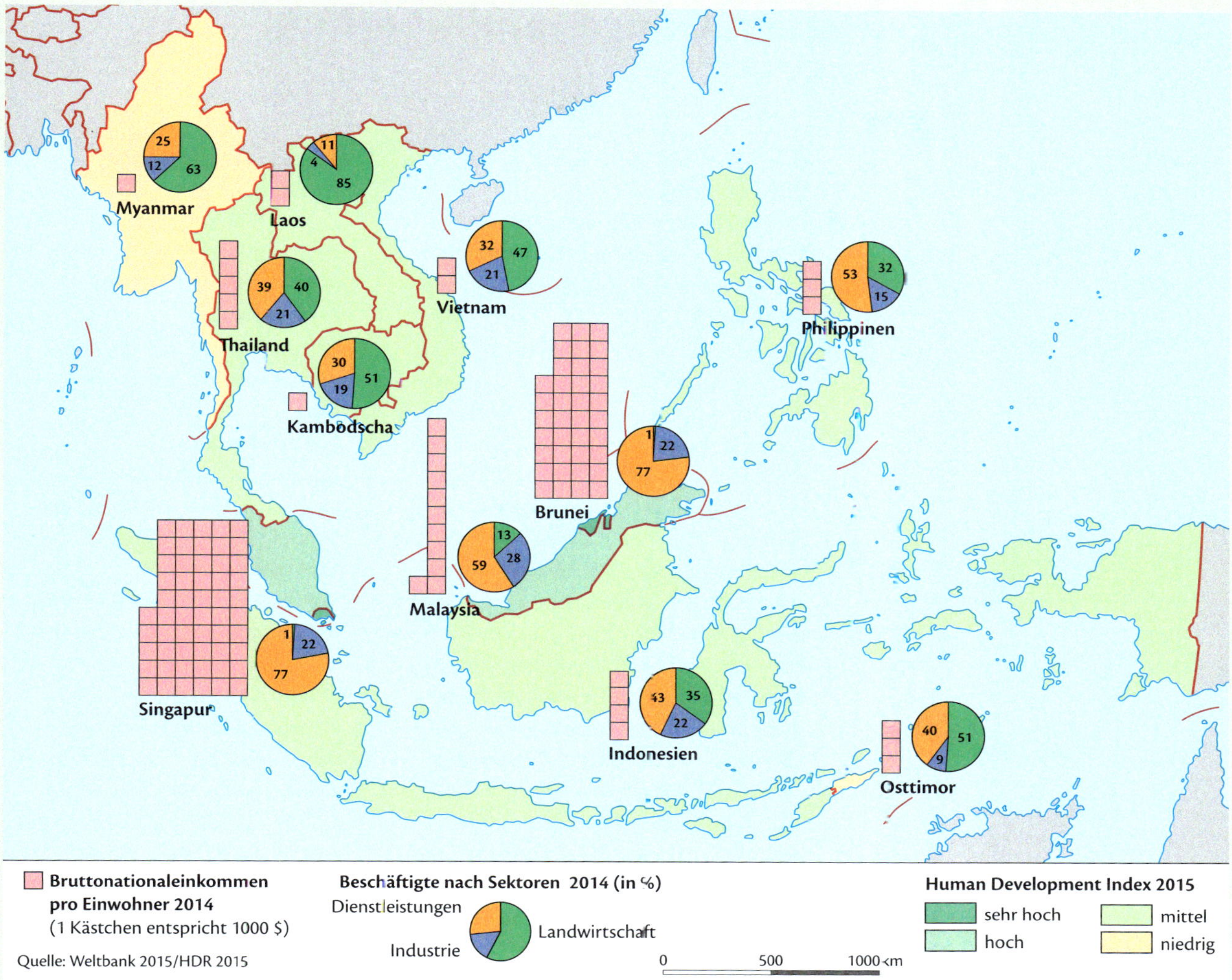

M3 *Beispiel: Entwicklungsstand der Staaten Südostasiens*

1. Problemstellung:
Welche Entwicklungsunterschiede bestehen in Südostasien?

2. Geographische Gegebenheiten:
Der Großraum Südostasien umfasst eine Fläche von rund fünf Millionen Quadratkilometern. Von den elf Staaten liegen sechs auf dem asiatischen Festland, fünf gehören zur sogenannten „malaiischen Inselwelt".

3. Gliederung nach Teilbereichen:
a) Bruttonationaleinkommen je Einwohner in der internationalen Kaufkraft der Währung
Singapur bildet mit mehr als 61 000 US-Dollar die Spitze, gefolgt von Brunei. Malaysia und Thailand nehmen das Mittelfeld ein, während die übrigen Staaten sich zwischen 1200 und 6 400 US-Dollar je Einwohner bewegen.
b) Beschäftigte nach Sektoren
Mit Ausnahme von Singapur, Brunei und Malaysia ist der Anteil der in der Landwirtschaft Beschäftigten sehr hoch. Er erreicht mit 85 bzw. 63 Prozent Höchstwerte in Laos und Myanmar. In einigen Ländern liegt der Anteil der in der Industrie Beschäftigten sehr niedrig. Malaysia hat den höchsten Anteil mit 28 Prozent. Bei den Beschäftigten im Dienstleistungssektor liegen Singapur und Brunei mit 77 Prozent gleichauf an der Spitze. Malaysia und die Philippinen folgen mit 59 bzw. 53 Prozent.
c) Human Development Index
Singapur und Brunei erreichen einen sehr hohen Wert. Auch Malaysia nimmt noch einen relativ hohen Stand ein. Die übrigen Länder fallen mit Ausnahme von Myanmar und Osttimor in die Gruppe mittlerer Entwicklungsstand.

4. Räumliche Übersicht
Südostasien stellt weder eine geographische noch eine wirtschaftliche Einheit dar. Es bestehen deutliche Entwicklungsunterschiede zwischen Ländern mit erheblichem Entwicklungsvorsprung und weniger entwickelten Staaten.

5. Bezüge zur Problemstellung
Die wirtschaftliche Entwicklung Südostasiens verläuft unterschiedlich. Während in den Zentren wie Singapur, Thailand und Malaysia Industrieproduktion und Dienstleistungen eine führende Rolle spielen, herrscht in den peripheren Räumen der Landwirtschaftssektor vor. Die weiter entwickelten Staaten Singapur, Malaysia, Thailand, Indonesien und die Philippinen werden deshalb auch als „Tigerstaaten" bezeichnet, in denen sich eine schnelle Industrialisierung vollzog. Die übrigen Staaten sind durch einen Entwicklungsrückstand gekennzeichnet.

6. Bewertung
Die Karte zeigt die Unterschiede zwischen den Staaten, aber nicht die Aktiv- und Passivräume in den Ländern.

Welternährung zwischen Hunger und Überfluss

check-it
- Hungergürtel der Erde verorten
- Nahrungsmittelproduktion und Bevölkerungsentwicklung vergleichen
- Ursachen und Folgen von Hunger erläutern
- Verantwortung für eine bessere Welternährungslage bewerten

M 1 *Geteilte Welt: Überfluss und Mangel*

Wie viele Menschen kann die Erde ernähren?

Grundsätzlich reicht die Nahrungsmittelproduktion auf der Erde für alle Menschen aus. Pro Kopf stehen rein rechnerisch täglich 2700 Kilokalorien zur Verfügung, 500 Kilokalorien mehr als von der Welternährungsorganisation FAO empfohlen. Doch in Wirklichkeit sind viele Menschen unterernährt oder leiden akuten Hunger. Obwohl deren Anzahl seit 2005 kontinuierlich abnimmt, liegt die Zahl der Hungernden 2015 bei etwa 800 Millionen Menschen. Die große Mehrzahl von ihnen lebt in den ländlichen Gebieten der Entwicklungsländer. Sie leiden Hunger, weil sie nicht genug Mittel haben, selbst hinreichend Nahrung zu produzieren oder zu erwerben. Dabei spielen neben natürlichen Faktoren wie Klima und Boden, die die Nahrungsmittelproduktion vor Ort beeinflussen, viele weitere Faktoren eine Rolle bei der weltweiten Ungleichverteilung der Nahrungsmittel.

Was heißt eigentlich ...
- **Unterernährung?**
  Zustand unzureichender Ernährung; der Kalorienbedarf wird nicht ausreichend gedeckt
- **Fehlernährung?**
  Unzureichende und qualitativ minderwertige Zufuhr von Nahrung
- **akuter Hunger?**
  Zustand weitgehenden oder völligen Mangels an Nahrungsaufnahme
- **Mangelernährung?**
  Zustand unzureichender Ernährung infolge einseitiger Zusammensetzung der Nahrung
- **Überernährung?**
  Nahrungsaufnahme, die mengenmäßig über den täglichen Kalorienbedarf hinausgeht

M 2 *Fachbegriffe*

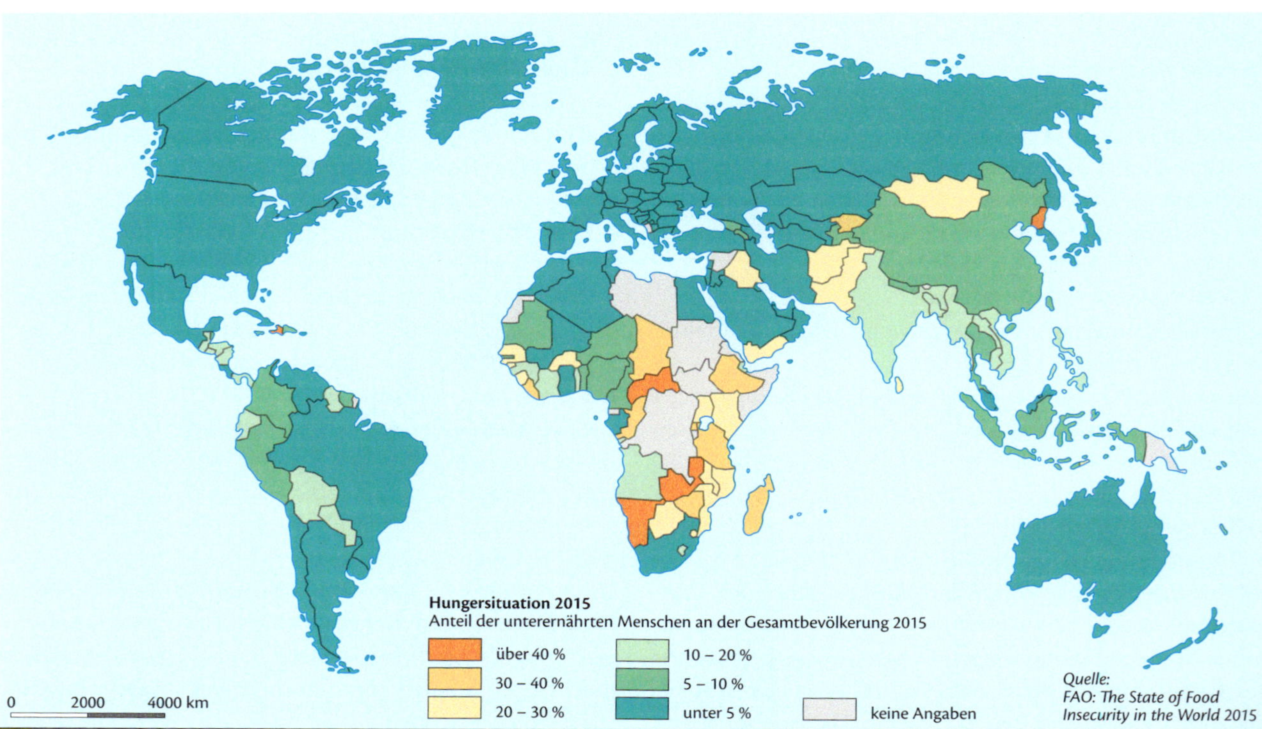

M 3 *Hungersituation 2015*

M 4 *Innere und äußere Ursachen von Hunger und Unterernährung*

Internationale Zusammenarbeit

Der Hunger auf der Welt kann nur im Rahmen der Zusammenarbeit zwischen Entwicklungs- und Industrieländern wirkungsvoll bekämpft werden. Diese Erkenntnis besteht seit langem. Doch auf internationalen Zusammenkünften wie zum Beispiel dem Welternährungsgipfel in Rom im Jahr 2009 bleibt es meistens bei Absichtserklärungen: Das Recht jedes Menschen auf Nahrung wird zwar anerkannt, aber Hilfsmaßnahmen, die auf verbindlichen Zeitplänen beruhen, werden nicht vereinbart.

1 Führt ein Brainstorming durch: Was bedeutet Hunger für mich? Diskutiert eure Ergebnisse und vergleicht diese mit **M 2**.
2 Benenne die Länder und beschreibe die geographische Lage der Länder, in denen der Anteil der unterernährten Menschen über 20 % ist (**M 3**, Karte S. 224/225, Atlas).
3 Erläutere die Entwicklung des Wettlaufs um Nahrungsmittel (**M 5**, **M 6**).
4 Ordne die Ursachen für Hunger und Unterernährung tabellarisch den Kriterien „innere Ursache“ und „äußere Ursache“ zu (**M 4**).
5 Bewerte die Verantwortung der Industrie- und Entwicklungsländer, zur Verbesserung der Ernährungslage beizutragen (**M 1**, **M 4**).

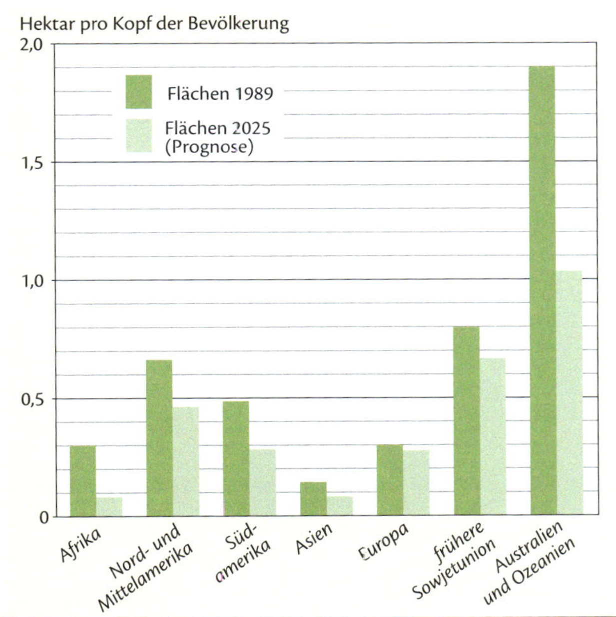

M 5 *Verfügbares Ackerland*

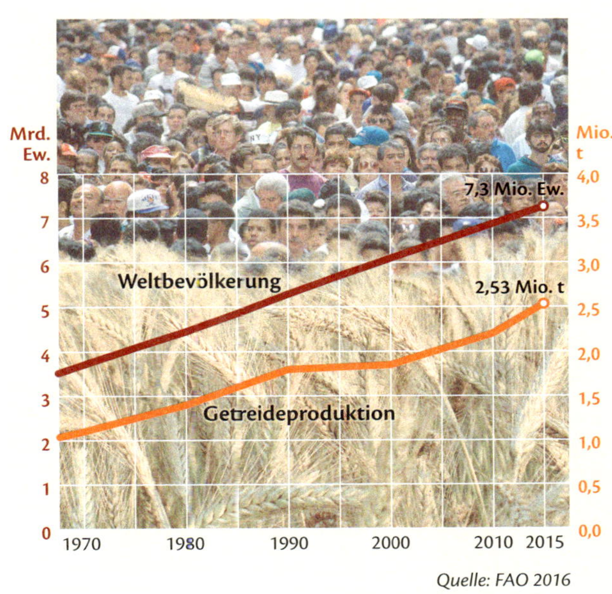

M 6 *Weltbevölkerung und Getreideproduktion*

Hunger macht krank

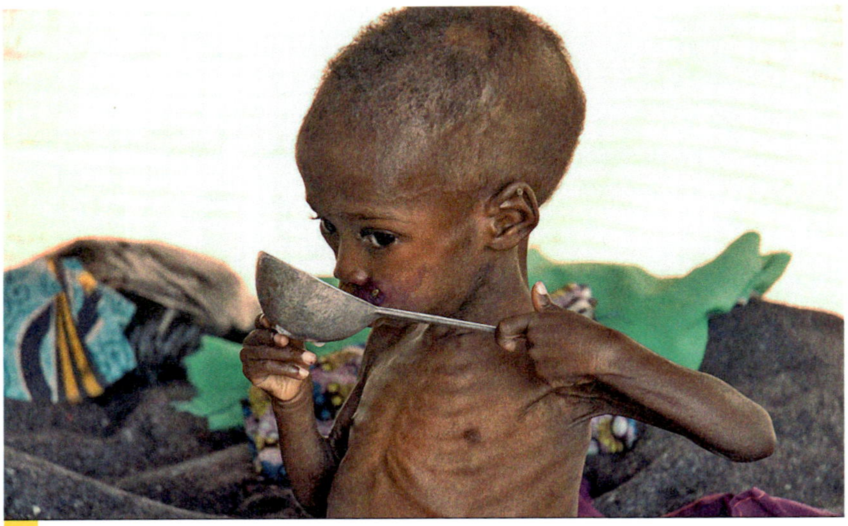

M 1 *Kind in Niger*

check-it
- Länder mit Wachstumsstörungen bei Kindern lokalisieren
- Folgen von Hunger und Unterernährung erläutern
- Gründe für Kindersterblichkeit nennen
- Lösungen zur Bekämpfung des Hungers diskutieren

Eine von den weltweit Hungernden ist die siebenunddreißigjährige Siah aus Liberia. Wie ihr Mann und ihre sechs Kinder hat sie auch an diesem Tag nur einen Schluck Wasser zum Frühstück getrunken und einen Rest Getreidebrei gegessen. Am Nachmittag gibt es Maniok und eine dünne Soße. Eine nährstoffarme Kost, die sie bei Weitem nicht mit den täglich 2300 Kilokalorien versorgt, die von der Ernährungs- und Landwirtschaftsorganisation der Vereinten Nationen empfohlen werden. Siah und ihre Familie sind chronisch unterernährt. [...]
Siah ist oft schon am Morgen völlig erschöpft und schafft es kaum, Wasser zu holen oder auf dem Feld zu arbeiten.
Sie ist eine zierliche Frau und wie viele Menschen in ihrem Dorf von kleinerer Statur als die Menschen aus der reicheren Hauptstadt oder der benachbarten Elfenbeinküste. [...] Auch Siahs Kinder sind kleiner, als sie für ihr Alter sein müssten. Dies ist nicht nur Veranlagung. Dies ist die Folge des dauerhaften Nahrungsmangels, der die Menschen kontinuierlich auszehrt: Ihre Knochen werden brüchig, weil Mineralstoffe fehlen. [...] Eiweißstoffe im Blut verringern sich, sodass der Organismus seinen Schutz vor Infektionskrankheiten verliert und oft schon leichte Erkrankungen tödlich sein können.
(Post, U.: Hunger. Ausmaß, Verbreitung, Ursachen, Auswege. Deutsche Welthungerhilfe, Bonn, S. 2)

M 2 *Was Hungern bedeutet*

Folgen von Hunger und Unterernährung

Alle sechs Sekunden stirbt ein Kind an den Folgeerscheinungen von Hunger. In den Entwicklungsländern ist Unterernährung Mitverursacher, dass jährlich fast elf Millionen Kleinkinder das sechste Lebensjahr nicht erreichen. Mehr als 13 Millionen Kinder werden jährlich mit Untergewicht geboren. Ihre Mütter sind oft überarbeitet und selbst unterernährt, sodass sie das Stillen frühzeitig einstellen. Neugeborene mit großem Untergewicht haben nur geringe Chancen, während ihrer Kindheit den Mangel auszugleichen.
Kinder sind von Unterernährung stärker bedroht als Erwachsene. Sie haben im Zeitraum ihres Wachstums einen verhältnismäßig höheren Nährstoffbedarf. Im Falle von Unterernährung ist ihr Körpergewicht bis zu einem Viertel geringer als das Durchschnittsgewicht eines ausreichend ernährten Kindes vergleichbarer Größe. Früher oder später kommt es zu einer Schwächung der inneren Organe und der Abwehrkräfte. Wenn unterernährte Kinder von Infektionskrankheiten befallen werden, ver-

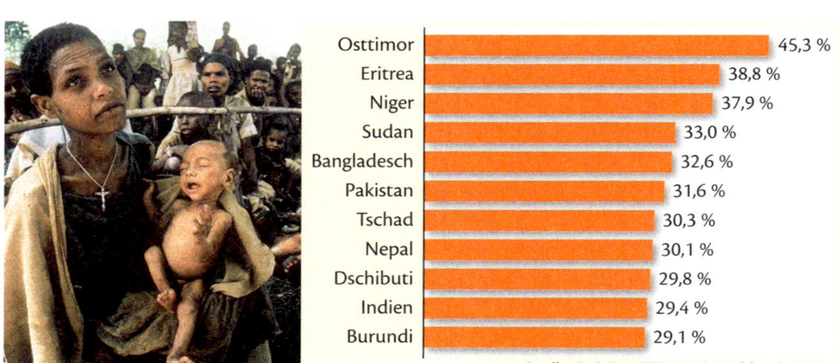

M 3 *Anteil der unterernährten Kinder in der Altersgruppe bis fünf Jahre (2015)*

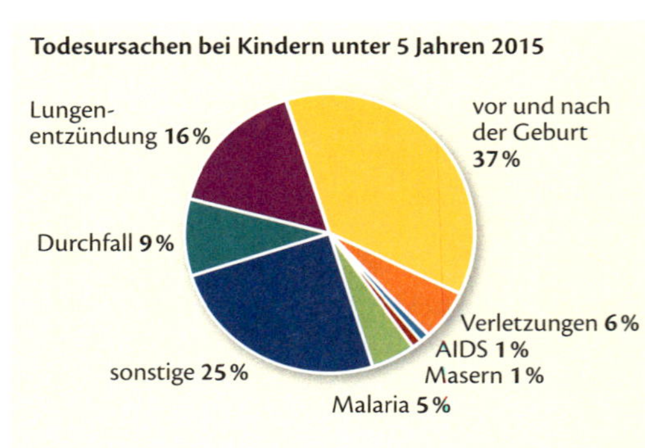

M 4 *Ursachen für Kindersterblichkeit*

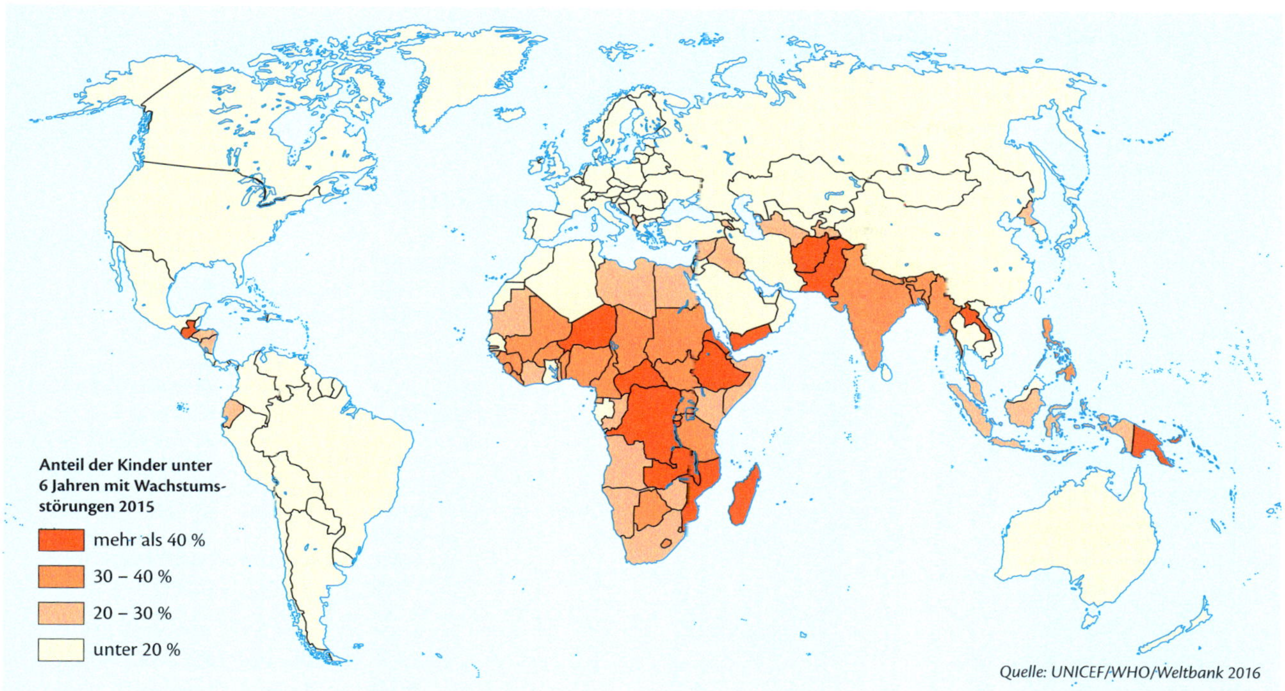

M 5 *Verbreitung von Wachstumsstörungen bei Kindern*

fügen ihre geschwächten Körper nicht über genügend Widerstandskraft (Immunabwehr). In der Schule sind unterernährte Kinder antriebsarm und ihre Leistungen sind gering. Deshalb erhalten sie später oft nur schlecht bezahlte Arbeit. Daraus folgt, dass sie nicht über genügend Geld für eine ausreichende Ernährung verfügen. Sie verringern somit ihre eigenen Lebenschancen und möglicherweise zugleich die Lebenschancen ihrer Kinder.

Als „versteckten Hunger" bezeichnen Ärzte einen Mangel an Vitaminen und Mineralien. Besonders Kindern in Entwicklungsländern drohen lebenslange Beeinträchtigungen wie Erblindung oder geistige Behinderungen. Ihre Lernfähigkeit ist ohnehin infolge der Unterernährung vermindert. Schul- und Berufsausbildung können deshalb nur mit Erschwernis verwirklicht werden. Das Ergebnis: Im Erwachsenenalter liegt ihr Einkommen fünf bis zehn Prozent unter dem Durchschnitt.

Die Auswirkungen von Hunger und Unterernährung schwächen die Wirtschaft der Entwicklungsländer. Ihnen gehen umgerechnet etwa 500 Milliarden Euro jährlich verloren.

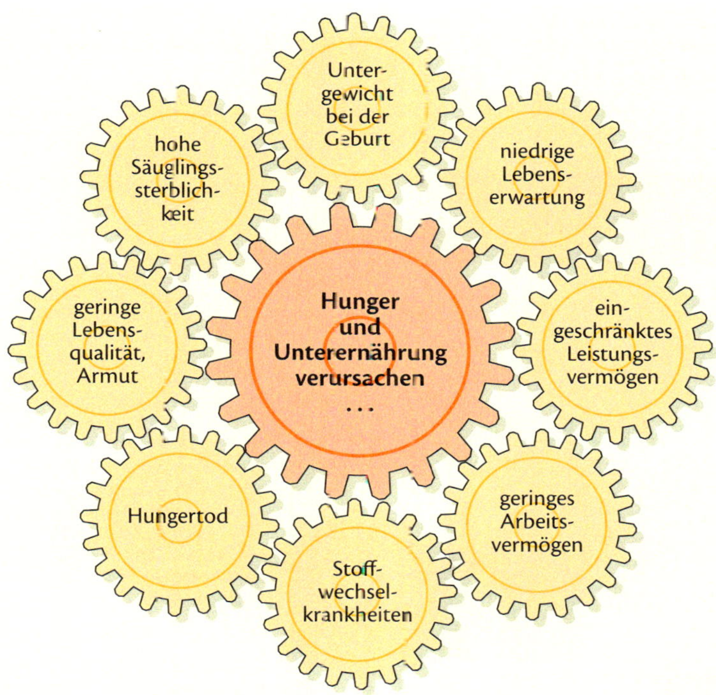

M 6 *Im Teufelskreis von Hunger und Unterernährung*

1 Beschreibe die Lebenssituation von Siah (**M 2**).

2 Ordne die Länder, in denen Kinder von Hunger und Unterernährung besonders betroffen sind, nach Regionen. Lege eine Tabelle an (**M 3, M 5**).

3 Nenne Ursachen für Kindersterblichkeit und einen Zusammenhang zur Ernährung (**M 4**).

4 Erläutere die Folgen von Hunger und Unterernährung (**M 1** bis **M 6**).

5 Diskutiert in der Klasse, ob für Entwicklungsländer Nahrungsmittelhilfen eine Lösung des Hungerproblems bewirken können.

Entwicklungszusammenarbeit

„Entwicklungszusammenarbeit will Menschen die Freiheit geben, ohne materielle Not selbstbestimmt und eigenverantwortlich ihr Leben zu gestalten und ihren Kindern eine gute Zukunft zu ermöglichen. Sie leistet Beiträge zur nachhaltigen Verbesserung der weltweiten wirtschaftlichen, sozialen, ökologischen und politischen Verhältnisse. Sie bekämpft die Armut und fördert Menschenrechte, Rechtsstaatlichkeit und Demokratie. Entwicklungszusammenarbeit trägt zur Prävention von Krisen und gewalttätigen Konflikten bei. Sie fördert eine sozial gerechte, ökologisch tragfähige und damit nachhaltige Gestaltung der Globalisierung."
(bmz.de 2015)

M 1 *Ziele der Bundesregierung für die Entwicklungszusammenarbeit*

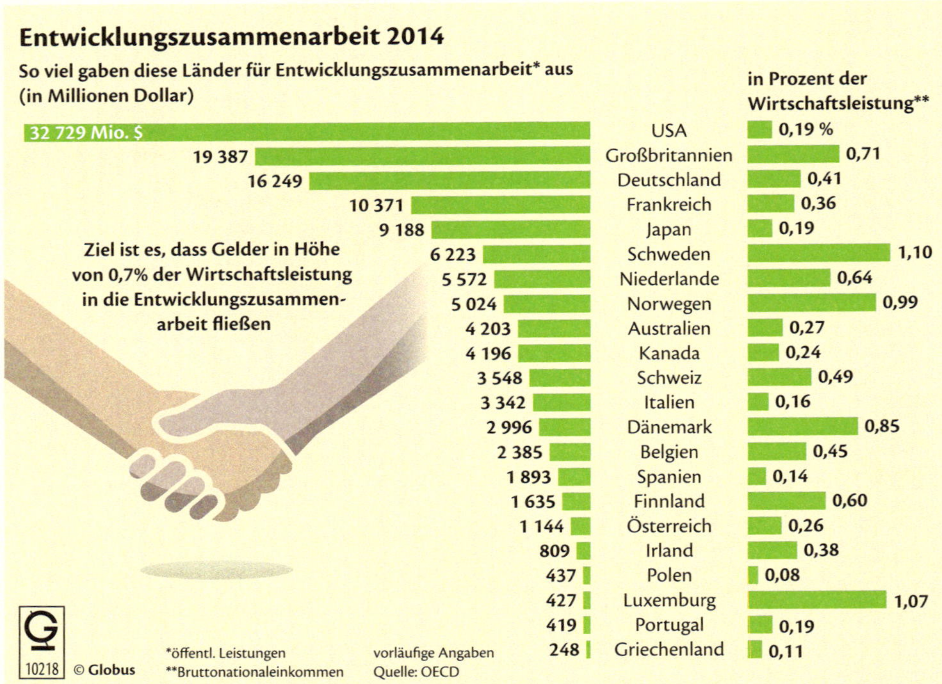

M 2 *Öffentliche Gelder für die Entwicklungszusammenarbeit 2014*

terre des hommes – Hilfe für Kinder in Not
giz – Deutsche Gesellschaft für Internationale Zusammenarbeit (GIZ) GmbH
KFW
Stiftung Weltbevölkerung
welt hunger hilfe
Brot für die Welt
MISEREOR – IHR HILFSWERK
BGR
PTB

M 3 *Institutionen für Entwicklungszusammenarbeit (Auswahl)*

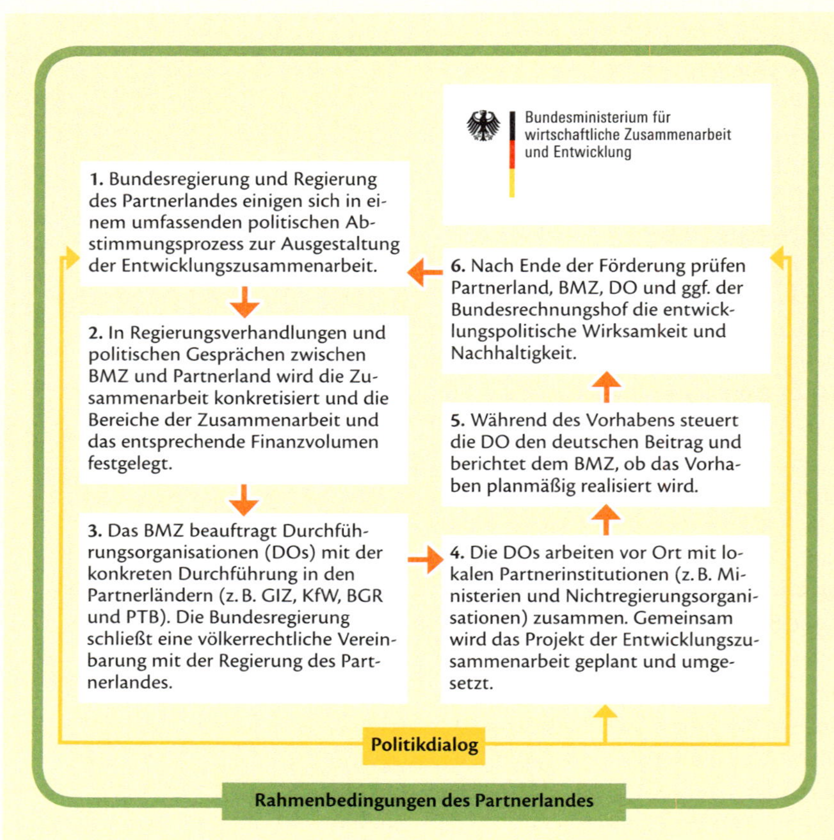

M 4 *Planung und Durchführung von Projekten der zwischenstaatlichen Entwicklungszusammenarbeit*

Am 25. September 2015 wurden die 17 Sustainable Development Goals (SDGs, *engl.: Ziele nachhaltiger Entwicklung*) als Leitbild der globalen Entwicklung bis zum Jahr 2030 von der Generalversammlung der UN verabschiedet. Sie basieren auf den großen globalen Herausforderungen wie Klimawandel, Migration und nachhaltige Ressourcennutzung, die das Handeln der internationalen Staatengemeinschaft bestimmen sollen. Die SDGs berücksichtigen die soziale, wirtschaftliche und ökologische Entwicklung. Es wird damit eine nachhaltige, globale Entwicklung der Weltgemeinschaft angestrebt, die auch auf neue Möglichkeiten der handelnden Akteure zum Beispiel durch die Kraft der Schwellenländer setzt.

M5 *Die Sustainable Development Goals*

Ziel 1 – Kampf gegen Armut: Spätestens im Jahr 2030 soll niemand auf der Welt mehr von weniger als 1,25 Dollar pro Tag leben müssen. 836 Millionen Menschen haben derzeit weniger Geld zur Verfügung und gelten damit als extrem arm. In den Millenniums-Zielen war noch beabsichtigt, die Zahl der Menschen in extremer Armut bis 2015 auf 625 Millionen zu halbieren. Dieses Ziel wurde verfehlt – trotzdem ist die Armut weltweit in den vergangenen 15 Jahren stark zurückgegangen.

Ziel 2 – Kampf gegen Hunger: Zehn Prozent aller Menschen auf der Welt sind unterernährt. Um dieses Problem zu bekämpfen, sieht die Agenda 2030 vor, die Produktivität und das Einkommen von Kleinbauern zu verdoppeln. Die Bekämpfung von Hunger und Armut waren schon vor 15 Jahren zentrale Ziele der Vereinten Nationen.

Ziel 3 – Gesundheit: Aids, Tuberkulose, Malaria und anderen Krankheiten sagt die Agenda 2030 den Kampf an. Auch die Geburten- und Kindersterblichkeit soll radikal gesenkt werden. Schon die Millenniums-Ziele hatten diese Absicht. Trotzdem sterben jährlich immer noch sechs Millionen Kinder vor ihrem fünften Geburtstag.

Ziel 4 – Bildung: Alle Jungen und Mädchen sollen eine Grundschule sowie eine weiterführende Schule besuchen. Bei den Millenniums-Zielen hatte man sich noch auf die Grundschulbildung beschränkt. Insgesamt gehen weltweit 91 Prozent aller Kinder im Schulalter zur Grundschule.

Ziel 5 – Geschlechtergleichstellung: Die Diskriminierung von Frauen und Mädchen soll, ebenso wie Gewalt gegen das weibliche Geschlecht, ein Ende haben. Das gleiche Ziel setzten sich die Vereinten Nationen auch schon vor 15 Jahren.

Ziel 6 – Zugang zu Trinkwasser und sanitären Anlagen: 663 Millionen Menschen haben derzeit keinen Zugang zu sauberem Trinkwasser. Bis 2030 soll sich das ändern. Außerdem soll die Qualität von Wasser weiter verbessert werden.

Ziel 7 – Energie: Jeder soll Zugang zu verlässlicher, bezahlbarer und nachhaltiger Energie haben. Die Agenda 2030 sieht zudem vor, den Anteil an erneuerbaren Energien sowie die Energieeffizienz zu erhöhen.
(...)
(aus FAZ 25.9.2015, „UN-Nachhaltigkeitsgipfel. Das steckt hinter der Agenda 2030." Autorin: Lisa Hofmeier)

M6 *Die Sustainable Development Goals (Ziele 1 bis 7)*

WEBCODE: UE643431-167

Ihr könnt

- die Begriffe „Entwicklungszusammenarbeit" und „Entwicklungspolitik" mithilfe des Internets recherchieren,
- eine komplette Übersicht über die SDGs erstellen und diese diskutieren (**M5, M6,** Webcode),
- Ziele, Formen, Wege und Akteure von Entwicklungszusammenarbeit erarbeiten (**M1** bis **M4**),
- die weltweite Entwicklung der öffentlichen Entwicklungszusammenarbeit erläutern (**M2, M5**),
- die Aussage „Die meisten Industrieländer haben das Ziel verfehlt." erläutern (**M2, M5, M6**),
- Gruppen zu einem Entwicklungsschwerpunkt oder einem der Entwicklungsziele (SDGs) bis 2030 (Armut, Bildung, Ernährung, Gesundheit, Umwelt, Wirtschaft) bilden und eine Präsentation erstellen (**M5, M6**),
- mithilfe des Internets beurteilen, inwieweit bei der Entwicklungszusammenarbeit Fortschritte erzielt worden sind,
- euch über die acht Millenniums-Ziele (MDGs, Millennium Development Goals) informieren, die von 2000 bis 2015 liefen, und überprüfen, wieweit diese Ziele erreicht wurden.

Geo-Check: Ungleichheiten im Entwicklungsstand charakterisieren

Sich orientieren

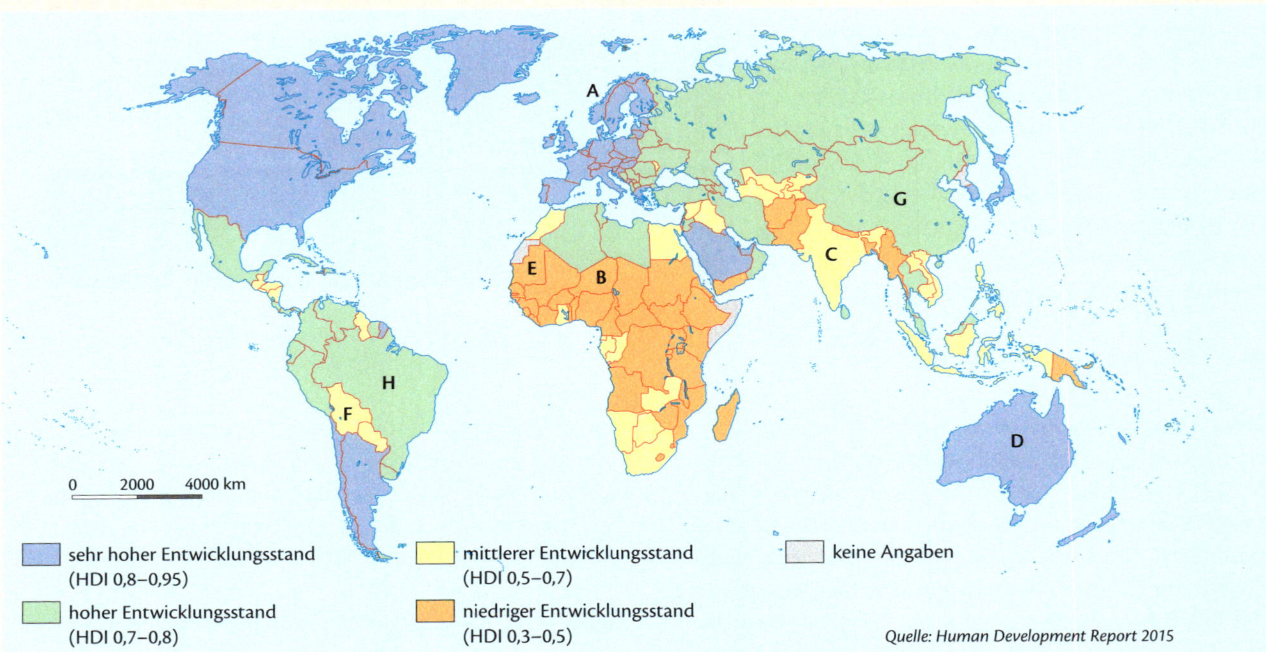

M 1 *Weltkarte des Human Development Index (HDI) 2015*

1 Benenne die mit Buchstaben gekennzeichneten Länder. Trage sie in eine Tabelle mit vier Spalten ein (**M 1**).

2 Ordne diesen Ländern den HDI-Wert und den Entwicklungsstand zu (**M 1**).

Buchstaben	Land	HDI-Wert	Entwicklungsstand
...	...	...	...

Wissen und verstehen

3 Ordne jedem dieser Begriffe (**M 2**) mindestens zwei Merkmale zu.

M 2 *Geo-Begriffestapel*

4 Sortiere die Aussagen in richtige und falsche. Verbessere die falschen Aussagen und schreibe sie richtig auf.

Richtig oder falsch?

- Wir leben in einer Welt voller Ungleichheiten.
- Der Human Development Index gibt die jährlichen Ausgaben eines Staates für die Bildung in Dollar an.
- Malaysia ist eines der ärmsten Länder Asiens, weil es zu wenig in Bildung investiert.
- Entwicklungszusammenarbeit hilft Industrieländern, ihre Produkte in Entwicklungsländern besser zu verkaufen.
- In den Schwellenländern ist die Zunahme der landwirtschaftlichen Produktion sehr hoch.
- Indien ist ein Land großer Gegensätze zwischen Armut und Reichtum, Hightech und Landwirtschaft zur Selbstversorgung.
- Die meisten Menschen, die Hunger leiden, leben in den Entwicklungsländern, sie können nicht genügend Nahrung erwerben oder produzieren.

8 Wirtschaftliches Handeln untersuchen

In Containern um die Welt

In den Hafenstädten überall auf der Welt stapeln sich die Container und warten auf ihren Weitertransport – mit dem Schiff, der Eisenbahn oder dem Lkw. In ihnen reisen die Waren um die Welt. Der Container ist in wenigen Jahrzehnten zum wichtigsten Transportbehälter der Weltwirtschaft und des Welthandels geworden.

M 3 *Rätsel (Umlaute = 1 Buchstabe)*

Waagerecht

1 Wirtschaftssektor, in dem in Entwicklungsländern viele Menschen arbeiten
2 Herstellung von Wirtschaftsgütern
3 Sammelbegriff für: Wissen, Lernen, Lehren, Kenntnisse und Erkenntnisse
4 Gesamtheit aller in einem Staat lebenden Menschen
5 Gegenteil von Reichtum

Senkrecht

6 Zuwanderung von Ausländern in einen anderen Staat
7 deutsches Wort für „Export"
8 wirtschaftsstarkes und reiches Land
9 für viele Entwicklungsländer wichtiger Wirtschaftszweig
10 Land, das noch zu den Entwicklungsländern gehört, sich aber auf dem Weg zur Industrialisierung befindet

5 Löse das Rätsel (**M 3**). Die Buchstaben in den farbigen Feldern ergeben richtig angeordnet das Lösungswort. Es kennzeichnet eine besondere Art von Staat.

Hinweis: Bitte nicht in das Buch schreiben

Sich verständigen, beurteilen und handeln

6 „Jeder kann etwas gegen die Armut tun!"
Erörtere diese Aussage und diskutiere mit deinen Mitschülern die Chancen, Ungleichheiten im Entwicklungsstand auszugleichen.

7 Informiere dich im Internet über die Ziele und Projekte der Entwicklungsorganisationen (**M 4**).

Brot für die Welt

World Vision Zukunft für Kinder!

GEMEINSAM FÜR AFRIKA

MISEREOR IHR HILFSWERK

terre des hommes Hilfe für Kinder in Not

M 4 *Entwicklungsorganisationen*

Können und anwenden

8 Fertige eine Raumanalyse zu Indien mithilfe von Karten an (**M5**, Karten S. 220/221, Atlas).
- Wiederhole dazu die Checkliste auf S. 160.
- Eine mögliche Problemstellung könnte sein: Indien – Agrarland oder Schwellenland mit moderner Industrie?
- Nutze auch die Informationen auf S. 128/129.
- Die Legende zu den Wirtschaftssignaturen findest du im hinteren Buchdeckel.

M5 *Indien: Wirtschaftskarte*

Erde: Wirtschaftsbündnisse, Schiffs- und Flugverkehr

Erde: Wirtschaftsbündnisse

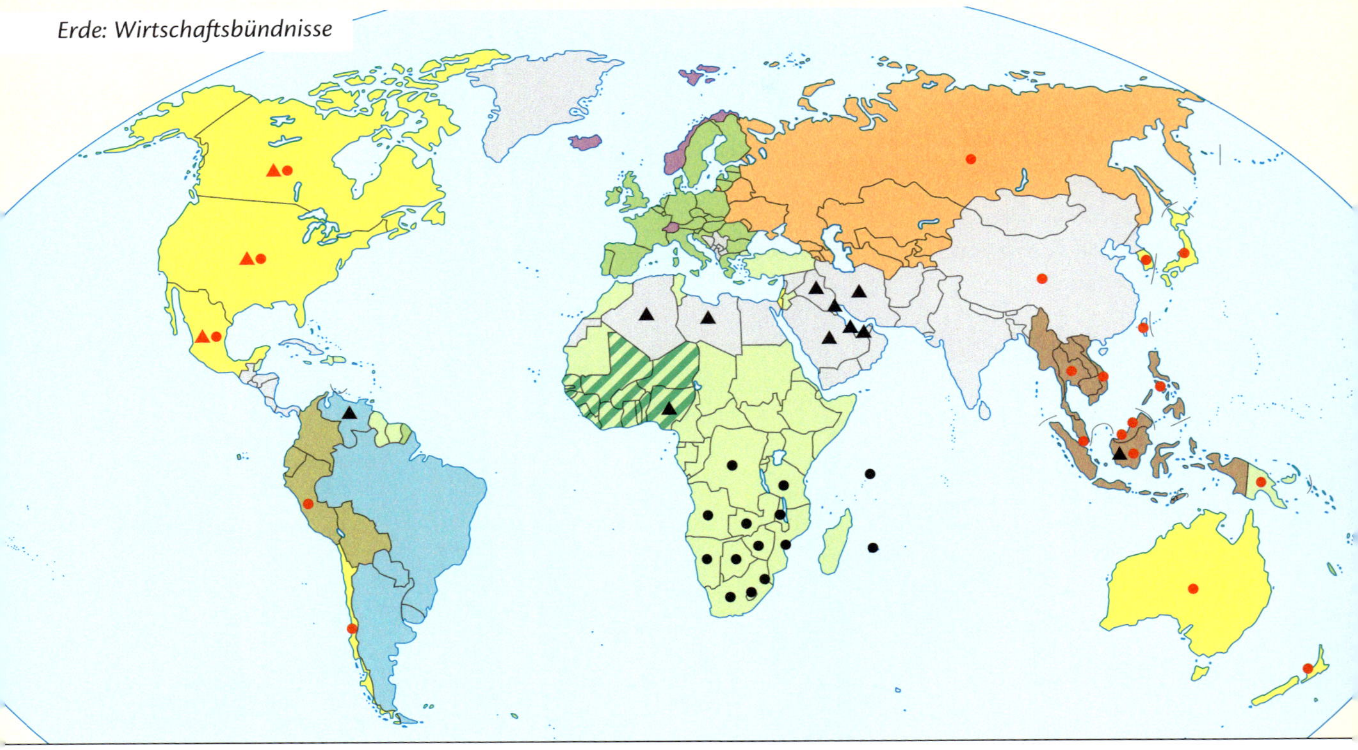

- OECD (Organisation für wirtschaftliche Zusammenarbeit und Entwicklung)
- EU (Europäische Union)
- EU-assoziierte Staaten
- GUS (Gemeinschaft Unabhängiger Staaten)
- EFTA (Europäische Freihandelszone)
- Mercosur (Gemeinsamer Markt im Süden Lateinamerikas)
- ASEAN (Verband Südostasiatischer Staaten)
- Andenpakt
- ECOWAS (Wirtschaftsgemeinschaft Westafrikanischer Staaten)
- ▲ NAFTA (Nordamerikanische Freihandelszone)
- ● APEC (Asiatisch-pazifische Wirtschaftskooperation)
- ● SADC (Entwicklungsgemeinschaft des Südl. Afrika)
- ▲ OPEC (Organisation Erdöl exportierender Staaten)

0 3000 km

Erde: Schiffs- und Flugverkehr

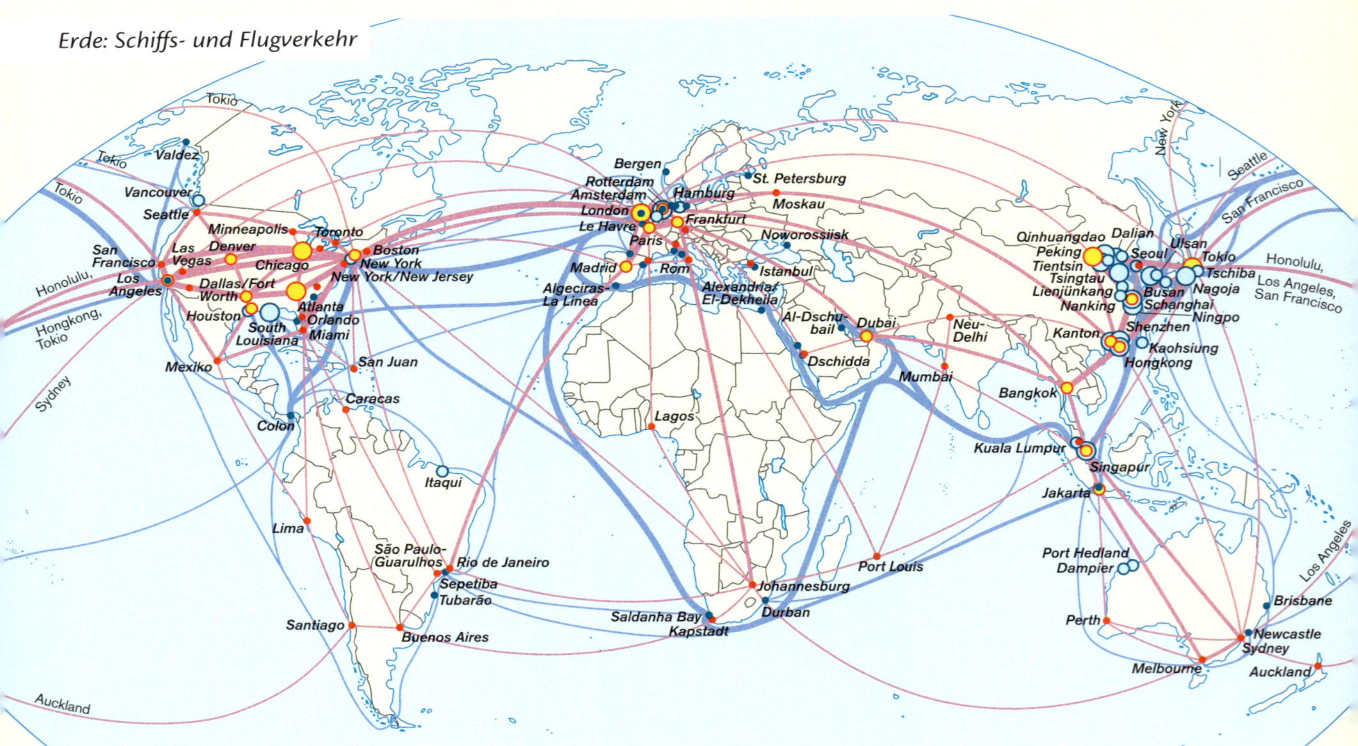

Bedeutende Seehäfen (Gesamtumschlag in Mio. Tonnen)
- über 200
- 100–200
- unter 100 (in Auswahl)

Transportiertes Frachtvolumen auf Hauptschifffahrtsrouten
- sehr hoch
- hoch
- bedeutend (in Auswahl)

Bedeutende Flughäfen (Passagieraufkommen in Mio.)
- über 60
- 40–60
- unter 40 (in Auswahl)

Anzahl der Flüge auf Hauptrouten
- sehr hoch
- hoch
- bedeutend (in Auswahl)

0 3000 km

In diesem Kapitel lernst du
- weltweite Handelsströme zu lokalisieren,
- Lagemerkmale wichtiger Zentren der Globalisierung zu beschreiben,
- Merkmale und Akteure der Weltwirtschaft zu benennen,
- die internationale Arbeitsteilung zu erläutern,
- die Bedeutung des Welthandels sowie des Internets für die Globalisierung zu erklären,
- die Produktion und den Handel von Bananen zu erläutern,
- Wirtschaftsräume hinsichtlich ihrer Teilhabe an der Globalisierung zu analysieren.

Dabei nutzt du
- thematische Karten,
- Diagramme und Tabellen,
- Kartogramme,
- Bilder und
- das Internet.

Du beurteilst
- die Auswirkungen der internationalen Arbeitsteilung,
- die Bedeutung von Wirtschaftsbündnissen,
- die Chancen einer veränderten Weltwirtschaftsordnung,
- Produktionsbedingungen und Umweltstandards in Billiglohnländern,
- die Chancen und Gefahren der Globalisierung,
- Möglichkeiten und Ansätze für einen fairen Handel.

Im Hamburger Containerhafen

Die Weltwirtschaft – weltweit verflochten

check-it
- Merkmale und Akteure der Weltwirtschaft benennen
- internationale Arbeitsteilung erklären
- unterschiedliche Teilhabe von Staaten an der Weltwirtschaft erläutern
- Bedeutung von Wirtschaftsbündnissen bewerten

M 1 *Supermarkt-Regal in Hongkong*

Wirtschaft weltweit

Süßigkeiten aus Deutschland in einem Supermarkt in China, tropische Früchte aus Brasilien sowie Fotoapparate aus Japan bei uns – die Wirtschaft produziert heute nicht mehr nur für lokale Märkte. In zunehmendem Maße werden Waren, Dienstleistungen und Kapital über Staatsgrenzen und Kontinente hinweg weltweit ausgetauscht. Dadurch erweitert sich das Warenangebot in allen Ländern.

Seit den 1970er-Jahren nimmt die Verflechtung der **Weltwirtschaft** zu. Immer mehr nationale und internationale Märkte verschmelzen zu Weltmärkten und immer größere internationale Unternehmen entstehen. Sie sind die treibenden Hauptakteure der Weltwirtschaft, denn sie gründen Produktionsstätten und Tochterunternehmen im Ausland und sind so auf mehreren Kontinenten vertreten.

Internationale Arbeitsteilung

Die Staaten der Erde unterscheiden sich in Bezug auf ihre Ressourcen sowie ihre technologische und gesellschaftliche Entwicklung. Deshalb können sie Waren und Dienstleistungen zu unterschiedlichen Bedingungen produzieren und auf dem Weltmarkt anbieten. Im Zuge der **internationalen Arbeitsteilung** spezialisieren sich die Länder auf die Produkte oder Produktionsschritte, bei denen sie Kostenvorteile haben. Die Ressourcen und Produktionsmöglichkeiten werden durch die Verflechtung der Weltwirtschaft optimal genutzt. Dadurch ist eine große Vielfalt der Produkte weltweit gesichert. Das hat jedoch zur Folge, dass manche Produkte bereits Tausende von Kilometern zurückgelegt haben, bis sie zum Verkauf angeboten werden. Krabben von der deutschen Nordseeküste werden in Marokko geschält, Kaufhäuser lassen ihre Waren in Asien fertigen, Autoteile oder auch ganze Autos werden in Osteuropa produziert.

Viele Produkte werden in Deutschland oder anderen Industriestaaten nur noch entwickelt und vor dem Verkauf montiert und kontrolliert. Hergestellt werden sie in den Ländern, wo die Arbeitskräfte am billigsten sind. Nur so können die Produkte auf dem Weltmarkt konkurrenzfähig bleiben. Für Deutschland und andere Industriestaaten bedeutet das, dass Produktionsschritte in andere Länder ausgelagert werden und viele Arbeitsplätze in der Industrie verloren gehen. Gleichzeitig wird es immer wichtiger, dass die Ar-

	Anteil an der Weltwirtschaftsleistung (in %)	Anteil am Export (in %)	Anteil an der Weltbevölkerung (in %)
USA	22,5	9,9	4,4
China	12,9	10,5	18,8
Japan	6,8	3,6	1,8
Deutschland	4,9	7,4	1,1
Frankreich	3,6	3,6	0,9
Großbritannien	3,6	3,6	0,9
Indien	2,6	2,1	17,8

Quelle: Weltbank 2016

M 2 *Hauptakteure der Weltwirtschaft (2014)*

	EU	NAFTA	ASEAN
	EU (Europäische Union): 28 Mitgliedsstaaten	NAFTA (North American Free Trade Agreement): Kanada, USA und Mexiko	ASEAN (Association of Southeast Asian Nations): Brunei, Indonesien, Kambodscha, Laos, Malaysia, Myanmar, Philippinen, Singapur, Thailand, Vietnam
Anteil an der Weltbevölkerung (in Prozent)	7,0	6,6	8,6
Anteil an der Weltwirtschaftsleistung (in Prozent)	23,2	26,4	3,3
Anteil am Welthandelsvolumen (Export/Import – in Prozent)	33,3	15,4	6,5

Quelle: Weltbank 2016

M 3 *Wirtschaftsbündnisse im Vergleich (2014)*

beitskräfte sehr gut ausgebildet sind, um hochwertige Produkte entwickeln zu können, die man weiterhin gut auf dem Weltmarkt verkaufen kann.
In den Billiglohnländern kann der Konkurrenzdruck dazu führen, dass soziale und ökologische Mindeststandards nicht eingehalten werden. Internationale Organisationen bemühen sich, verbindliche Regeln für die Weltwirtschaft aufzustellen.

Wirtschaftsbündnisse

Um für alle Staaten der Erde gleiche Voraussetzungen für den Zugang zum Weltmarkt zu schaffen, wurde 1994 die Welthandelsorganisation (WTO) gegründet. Sie setzt sich für den Abbau von Zollschranken und anderer Handelshemmnisse ein. Dem steht jedoch die Bildung von **Freihandelszonen** und Wirtschaftsblöcken entgegen.
Freihandelszonen sind Wirtschaftsbündnisse mehrerer Staaten, die Zollschranken untereinander zwar abschaffen, die Handelshemmnisse gegenüber Nicht-Mitgliedsländern aber eher verstärken, um den eigenen Markt vor billiger Konkurrenz zu schützen.
Mehr als die Hälfte des **Welthandels** findet innerhalb von Wirtschaftsbündnissen statt. Besonders innerhalb der großen Freihandelszonen wie der EU und der NAFTA spielt sich der größte Teil des Handels unter den Mitgliedsstaaten ab. Nicht so starke Organisationen wie MERCOSUR und ASEAN sind weiterhin auf den Weltmarkt angewiesen, denn nur ein Viertel des Handels findet innerhalb des eigenen Wirtschaftsbündnisses statt.

1 Benenne anhand eines Beispiels aus **M 1** Merkmale und Akteure der Weltwirtschaft (**M 1** bis **M 3**).
2 Wähle ein Produkt aus und erkläre am Beispiel dieses Produktes, was man unter „internationaler Arbeitsteilung“ versteht. Gestalte dazu einen Kurzvortrag ().
3 Erläutere die unterschiedliche Teilhabe von Staaten an der Weltwirtschaft (**M 2** bis **M 4**).
4 Bildet Gruppen und informiert euch jeweils über eines der Wirtschaftsbündnisse. Stellt eure Ergebnisse der Klasse vor (**M 3, M 4,** Karte S. 171 oben, Webcode, ***Eine Internetrecherche durchführen***).
5 Vergleiche die weltwirtschaftliche Stellung der Hauptakteure mit der der Wirtschaftsbündnisse (**M 2, M 3**).
6 Bewerte die Bedeutung der Wirtschaftsbündnisse für den Welthandel (**M 3, M 4**).

WEBCODE: UE643431-175

M 4 *Geteilte Welt: Entwicklungsländer und Industrieländer*

Welthandel – immer schneller, vielfältiger und kostengünstiger

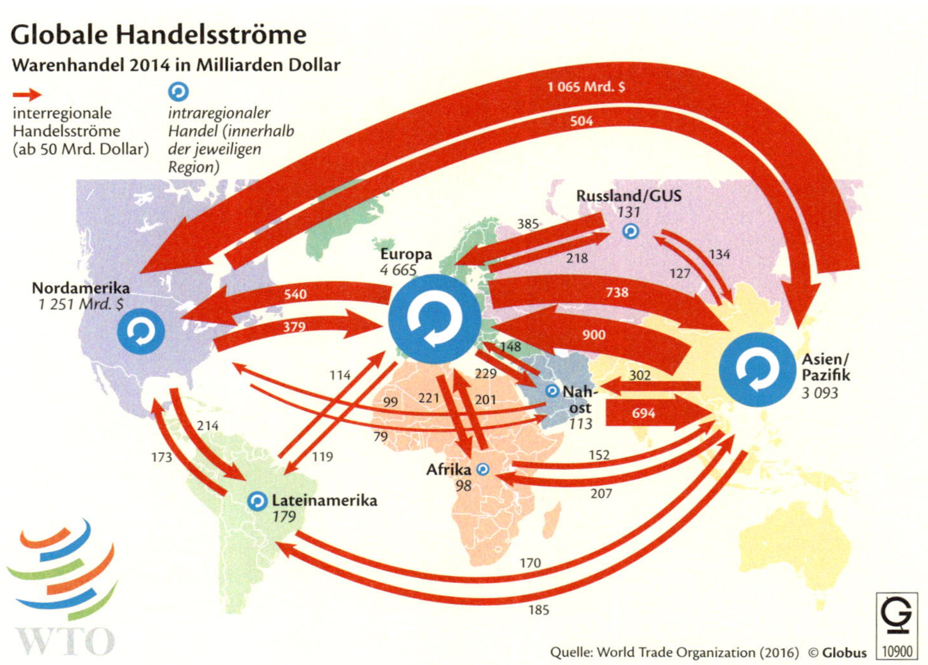

M 1 *Weltweite Handelsströme*

check-it
- weltweite Handelsströme beschreiben
- Voraussetzungen für die Entwicklung des Welthandels erläutern
- Begriff „Globalisierung" erklären
- Welthandel als Motor der Globalisierung erörtern
- thematische Karten und Diagramme auswerten

Entwicklung des Welthandels

Der Welthandel ist in den letzten Jahrzehnten stark gewachsen, und zwar weitaus stärker als die Güterproduktion. Waren und Güter werden weltweit ausgetauscht. Wir können Autos, Handys, Kleidung und Obst aus allen Teilen der Welt bei uns kaufen, und bei uns produzierte Waren werden in viele andere Länder der Erde exportiert. Von entscheidender Bedeutung für die Zunahme des Welthandels waren der technische Fortschritt sowie die damit verbundenen Verbesserungen im Transport- und Kommunikationswesen. Im Jahr 2008 kostete der Seetransport eines Fernsehers von China nach Europa zehn US-Dollar und der eines Staubsaugers einen US-Dollar.

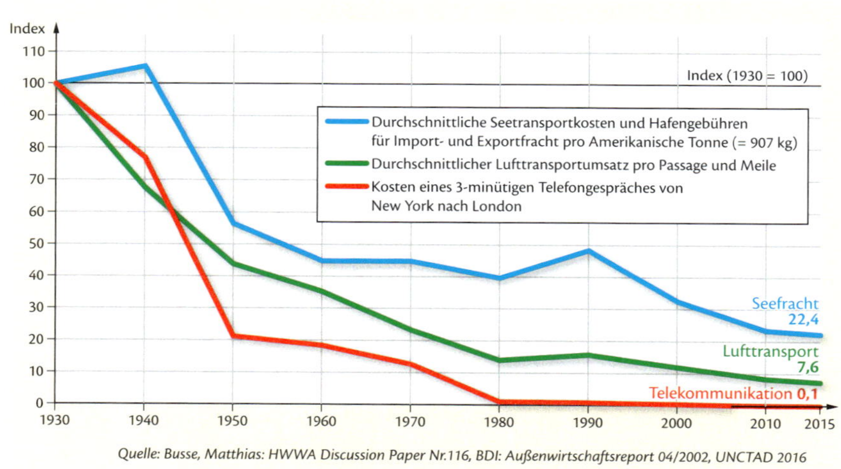

M 2 *Kostenentwicklung im Welthandel (1930–2015)*

Mangel und Überschuss – Motoren des Welthandels

Internationaler Handel wird betrieben, wenn ein bestimmtes Gut in einem Land nicht existiert oder nicht produziert werden kann. Aufgrund unterschiedlicher Ressourcen und wirtschaftlicher Faktoren – zum Beispiel dem Vorkommen von Bodenschätzen, klimatischen Bedingungen sowie der Infrastruktur – verfügen Regionen über Waren, für die in anderen Ländern ein Bedarf besteht. Diese werden dann gehandelt.

Neben dem Mangel an bestimmten Gütern ist aber auch die Überproduktion von Gütern ein Grund für internationalen Handel. Überproduktion ist häufig die Folge von Spezialisierung. Jedes Land beziehungsweise jedes Unternehmen produziert in hohen Stückzahlen das, was es am kostengünstigsten erzeugen kann, und verkauft die Überschüsse ins Ausland.

Welthandel als Motor der Globalisierung

Die Ausweitung und Intensivierung des Handels mit Gütern und Dienstleistungen, der Austausch von Kapital, Wissen und Technologien sowie die Tätigkeit multinationaler Unternehmen haben zu einer engen Verflechtung bestimmter Teile der Erde und ihrer Menschen geführt. Diesen Prozess bezeichnet man als **Globalisierung**. Sie wird geprägt durch eine Vielzahl weltweiter Verbindungen von Staaten, Gesellschaften, Unternehmen und Einzelpersonen – sowohl auf wirtschaftlichem als auch auf gesellschaftlichem und kulturellem Gebiet. Entscheidungen, die in einem Teil der Welt getroffen werden, können Auswirkungen auf weit entfernte Gebiete haben. Der Kauf eines

T-Shirts in Deutschland hat beispielsweise Folgen für das Einkommen sowohl der Baumwollproduzenten in Afrika als auch der Näherinnen in Asien. Jede Kaufentscheidung wirkt sich auf Produktion, Warentransporte und damit auch auf Energieverbrauch, Verkehrs- und Umweltbelastungen aus.

Welthandel auf Seewegen

Seit Anfang der 1970er-Jahre hat sich der Weltseehandel nahezu verdoppelt. Der größte Teil der Welthandelsgüter wird über den Seeweg transportiert. Man baut heute Spezialschiffe, die hinsichtlich der Größe, der Geschwindigkeit und der technischen Ausstattung optimal an die zu transportierenden Güter angepasst sind.
Handelsschiffe wählen aus wirtschaftlichen Gründen den kürzesten Weg. So bilden sich Seewege heraus, die oft von Hunderten von Schiffen in dichter Reihenfolge befahren werden. Die Meerengen und großen Seekanäle bilden Nadelöhre des Seeverkehrs.

1 Benenne die Wirtschaftsräume der Erde, zwischen denen die Haupthandelsströme verlaufen (**M 1,** S. 178/179 **M 1,** Atlas).

2 Ordne die Handelsnationen den Wirtschaftsräumen zu (**M 1, M 4**).

3 Verfolge die Schifffahrtsrouten für Erdöl vom Persischen Golf a) nach Schanghai und b) nach Rotterdam. Nenne Häfen, Meere, Meerengen und Seekanäle entlang der Routen (Karte S. 171 unten, S. 178/179 **M 1,** Atlas).

4 Erläutere, welche Engstellen der Welthandel passieren muss (Karte S. 171 unten, S. 178/179 **M 1,** Atlas).

5 Beschreibe die Entwicklung des Welthandels und erkläre, wodurch diese Entwicklung ermöglicht wurde (**M 2, M 3,** S. 178 **M 2**).

6 „Entfernungen verlieren an Bedeutung." – Nimm Stellung zu dieser Aussage (**M 2, M 3**).

7 Erörtere, inwiefern der Welthandel der Motor der Globalisierung ist (**M 1** bis **M 4**).

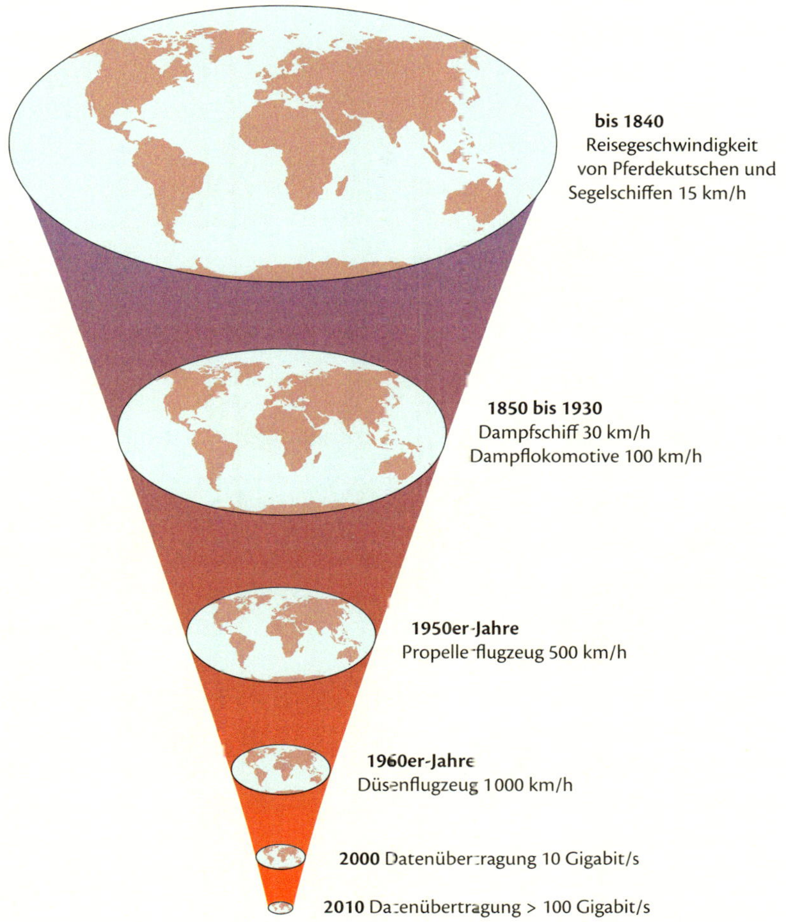

M 3 *Die Welt rückt zusammen*

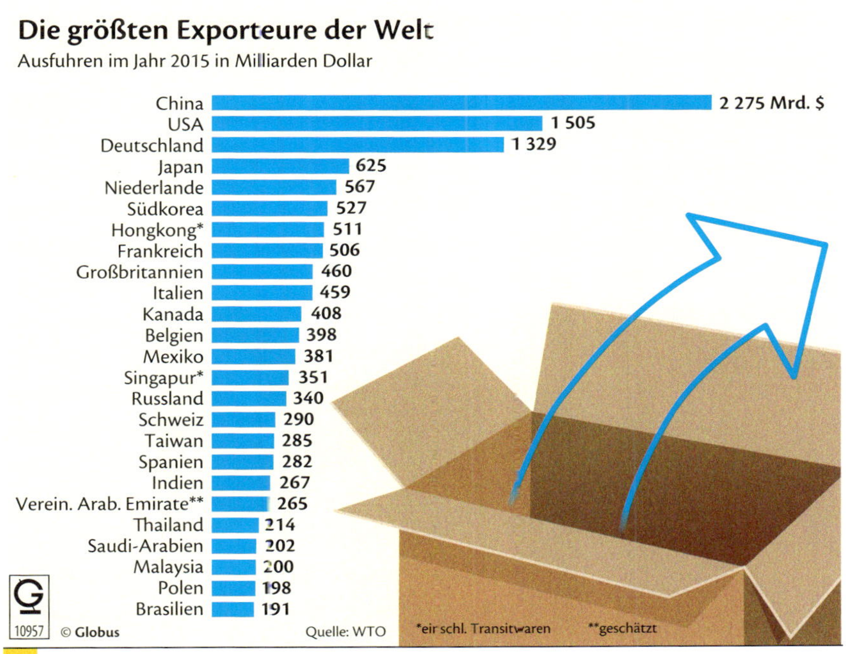

M 4 *Die größten Exporteure der Welt*

Hauptwege des Welthandels

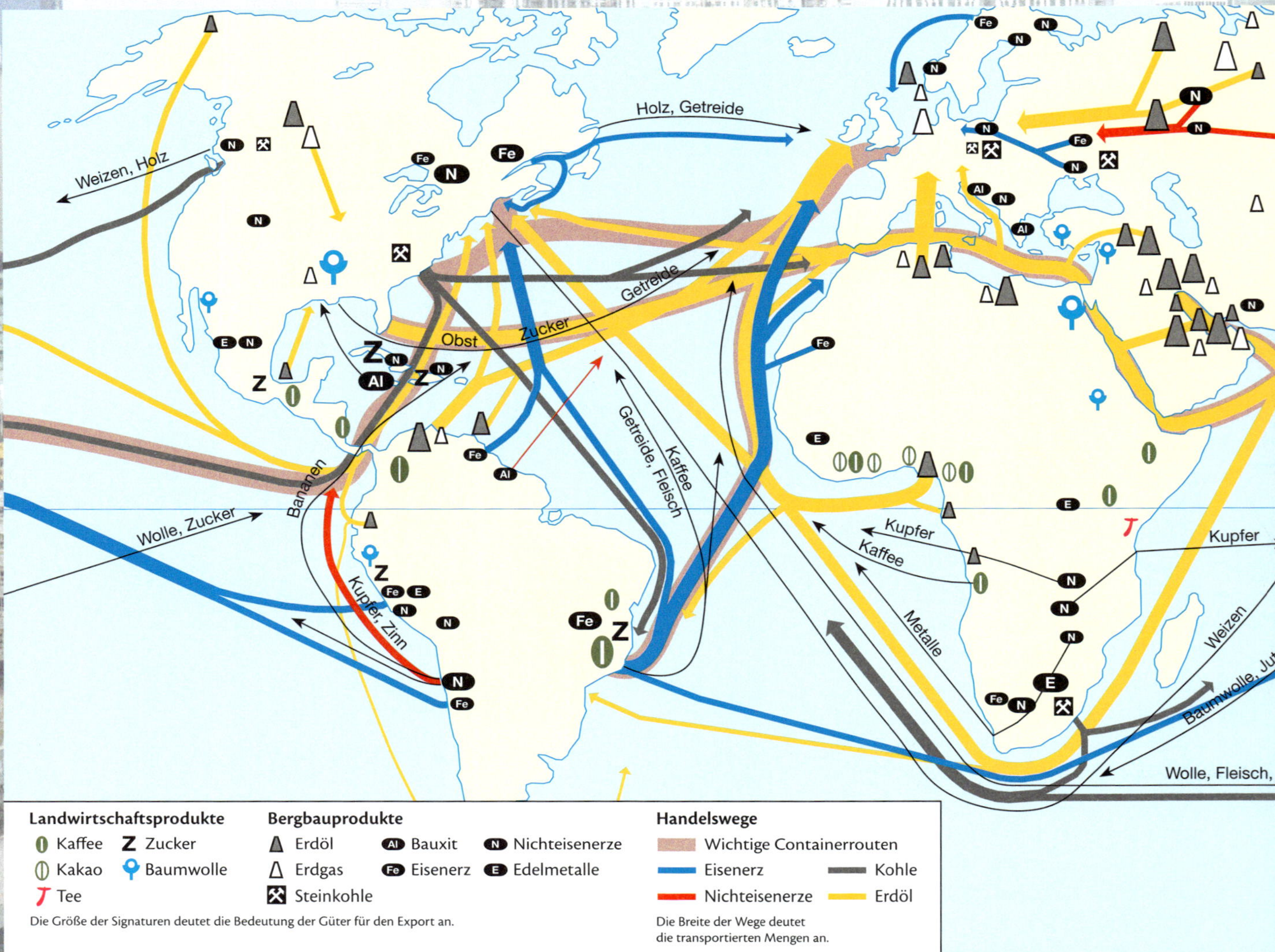

M 1 *Hauptwege des Welthandels*

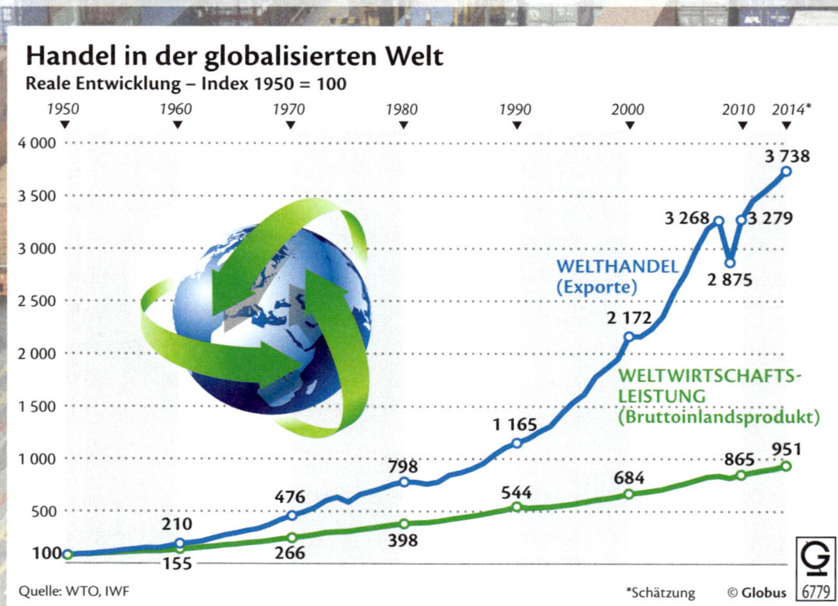

M 2 *Exporte und Weltwirtschaftsleistung (1950–2014)*

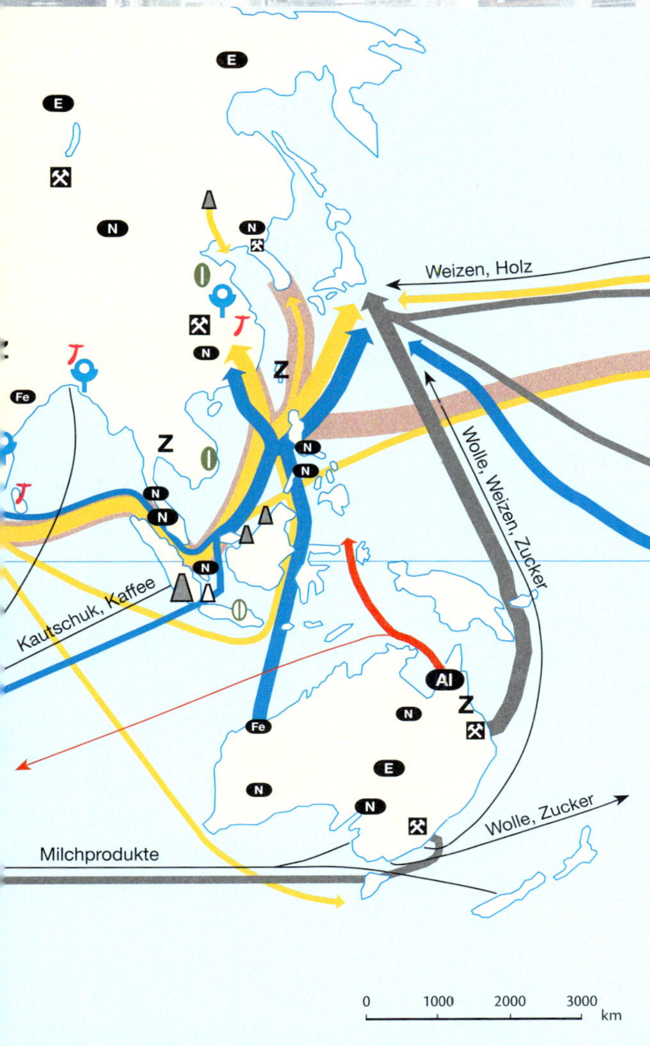

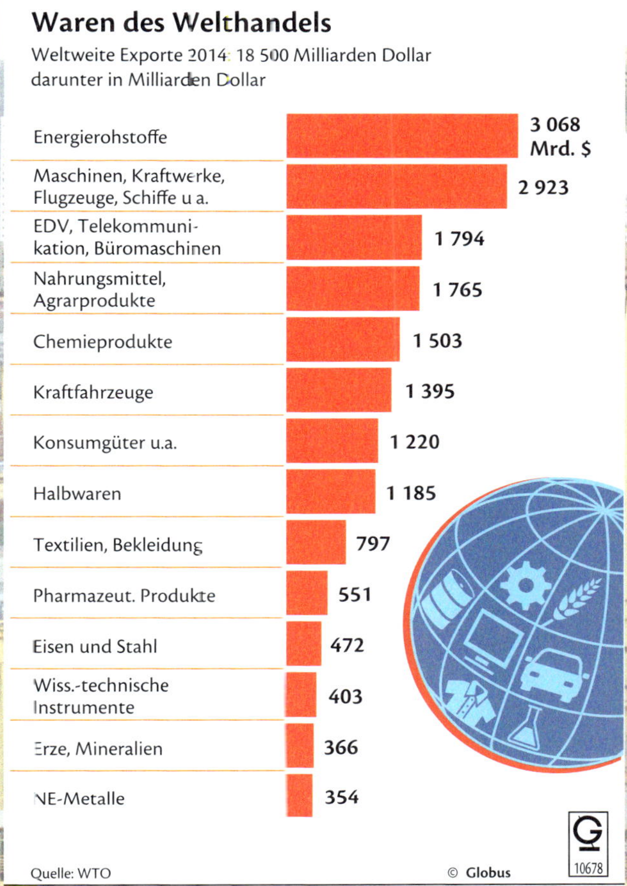

M3 *Exportgüter im Welthandel (2014)*

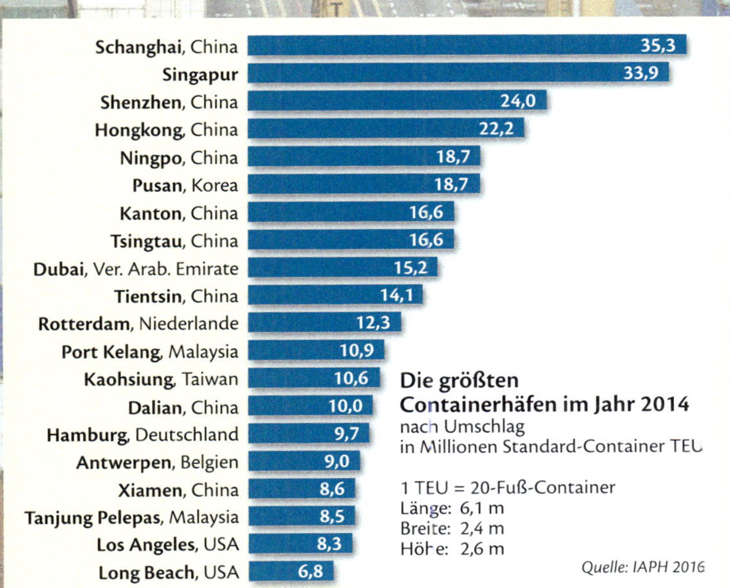

M4 *Die größten Containerhäfen (2014)*

Container – Transportbehälter der Globalisierung

Vor mehr als 50 Jahren trat der Container seinen Siegeszug als Transportbehälter an. Der amerikanische Transportunternehmer Malcolm McLean soll sich darüber geärgert haben, dass er jedes Teil einzeln von einem Verkehrsmittel auf das andere verladen musste. Deshalb entwickelte er eine Box, in der die Waren verstaut werden konnten. Beim Transport wurde dann nur noch die gesamte Kiste vom Lkw auf die Bahn und das Schiff verladen. Das ersparte viel Zeit und Arbeitskräfte.
Mit Ausnahme der Rohstoffe wie Öl und Eisenerz werden die meisten Güter im Welthandel in Containern transportiert.

M5 *Container und Globalisierung*

Die Banane – eine tropische Frucht

check-it
- Karte zum Anbau von Bananen zeichnen
- Merkmale der Bananenpflanze und Wachstumsbedingungen darstellen
- Anbau von Bananen analysieren und erläutern
- Merkmale der Begriffe Monokultur und Plantage benennen
- Tabelle auswerten
- einen Kurzvortrag gestalten
- eine Aussage erörtern

Wachstumsbedingungen

Bananenpflanzen benötigen viel Sonne und eine gleichmäßige Wärme mit Jahresdurchschnittstemperaturen von über 20 °C. Die Niederschläge sollten über 2000 Millimeter im Jahr liegen und möglichst gleichmäßig über das ganze Jahr verteilt sein. Deshalb gedeiht die Bananenpflanze nur in den Tropen und feuchten Subtropen. Wenn die Niederschlagsmengen nicht ausreichen, muss bewässert werden.

Anbau auf Plantagen und in Kleinbetrieben

Es wird geschätzt, dass mehr als 80 Prozent der weltweit geernteten Bananen von Kleinbetrieben mit einer Größe von 0,1 bis 10 Hektar erzeugt werden. Diese werden für die Versorgung der Bevölkerung vor Ort genutzt, denn Kochbananen decken in den ärmsten Ländern bis zu einem Viertel des täglichen Kalorienbedarfs. Dort werden bis zu 100 Kilogramm Bananen pro Kopf und Jahr verzehrt. In den Industrieländern sind es dagegen durchschnittlich etwa 12 Kilogramm Obstbananen pro Kopf und Jahr. Wir Deutschen bringen es auf etwa 11,9 Kilogramm pro Kopf und Jahr.

Bananen für den Export sind Obstbananen und werden auf Plantagen angebaut. Das sind landwirtschaftliche Großbetriebe von mindestens 100 Hektar Größe. Viele Plantagen in den Tropen wurden im 19. Jahrhundert von Europäern angelegt, die sie auch leiteten. Inzwischen sind die meisten Plantagen im Besitz internationaler Konzerne oder von wenigen Einheimischen. Sie beschäftigen Landarbeiter oder Saisonarbeiter, die häufig schlecht bezahlt werden.

Für die Anlage der Plantagen wurden riesige Flächen des tropischen Regenwaldes abgeholzt und in landwirtschaftliche Nutzflächen umgewandelt. Dennoch reichen die Nahrungsmittel für die Bevölkerung nicht aus, denn dort, wo Bananen für den Export angebaut werden, können keine Nahrungsmittel wie Hirse, Mais, Kartoffeln und Gemüse mehr angebaut werden.

Anbau in Monokultur

Mehrjährige Nutzpflanzen oder Dauerkulturen wie Kaffee, Kakao, Tee, Bananen oder Kautschuk werden als **Monokultur** angebaut.

Monokulturen sind sehr anfällig für Schädlinge und Krankheiten. Deshalb werden die Bananen, sobald sich die Früchte bilden, mit Plastikfolie umhüllt. Diese ist an der Innenseite mit Pflanzenschutzmitteln versehen. Zusätzlich werden die Bananenstauden während der gesamten Wachstumszeit vom Flugzeug aus mit Pflanzenschutzmitteln besprüht. Diese Chemikalien vergiften nicht nur die Böden und Gewässer, sondern verursachen auch Gesundheitsschäden bei den Arbeitskräften.

Die Früchte der Bananenpflanze sind die größten Beeren der Welt. Bananen wachsen nicht an Stauden. Die steifen Blätter der großen Bananenpflanze liegen so dicht aneinander, dass sie wie ein Stamm aussehen. In etwa acht Monaten wächst die Staude vier bis acht Meter in die Höhe. Aus der Blattkrone sprießt die rotviolette Blütendolde. In den Achseln der Deckblätter stehen mehrere Querreihen von Blüten, aus denen sich die „Bananenfinger" entwickeln. Weil diese sich nach oben zum Sonnenlicht hin krümmen, wird die Banane krumm. Nur einmal in ihrem kurzen Leben trägt eine Bananenpflanze Früchte und stirbt danach ab. Bananen können das ganze Jahr über geerntet werden, denn aus der Bananenstaude schießen immer wieder Schösslinge hervor, an denen sich neue Fruchtstände entwickeln. Von der Blüte bis zur Ernte dauert es etwa drei bis vier Monate.
Es gibt etwa 100 verschiedene Bananenarten, die einerseits in die süßen Obstbananen und andererseits in die Kochbananen unterschieden werden.

M 1 *Wissenswertes zur Banane*

M 2 *Bananenernte in Ecuador*

M 3 *„Seilbahn" für Bananen*

Bananenernte

Die Bananen werden grün, also im unreifen Zustand, geerntet. Würden die Bananen an der Staude ausreifen, wären sie erst mehlig und dann matschig. Die bis zu 50 Kilogramm schweren Bananenbüschel werden von der Staude geschnitten und zur Verpackungsstation transportiert. Dort werden sie gewaschen und verpackt.

1 Markiere die größten Produzenten von Bananen auf einer Umrisskarte farbig und beschreibe deren Lage (**M 5**, Atlas).

2 Gestalte einen Kurzvortrag zum Thema: „Die Banane – Merkmale und Wachstumsbedingungen" (**M 1**,).

3 Analysiere den Anbau von Bananen und erläutere die wesentlichen Merkmale (**M 2** bis **M 6**).

4 Erkläre anhand der Anbaubedingungen, warum man bei uns das ganze Jahr Bananen kaufen kann (**M 4**).

5 Erörtere die Aussage: Die Banane ist eine problematische Frucht.

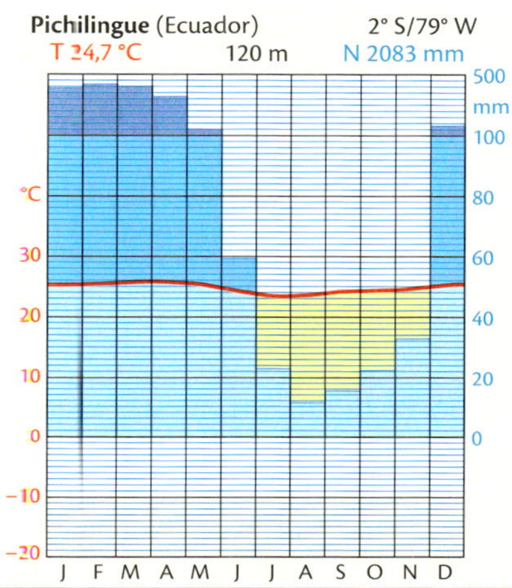

M 4 *Klimadiagramm Pichilingue*

Indien	27 575 000
China	12 075 238
Philippinen	8 645 749
Brasilien	6 892 622
Ecuador	5 995 527
Indonesien	5 359 115
Guatemala	3 188 050
Angola	3 095 013
Tansania	2 678 680
Burundi	2 235 697
Costa Rica	2 174 986
Mexiko	2 127 772
Kolumbien	2 098 625
Welt	**100 608 210**

Quelle: FAO 2016

M 5 *Die größten Produzenten von Obstbananen (ohne Kochbananen, in Tonnen, 2013)*

„Ein Ernteteam schafft bis zu fünfzig Bananenbüschel am Tag", erklärt der Vorarbeiter. Stolz blitzt es aus seinen Augen, er ist einer von vier Aufsehern auf der Plantage und hat viele Arbeiter wie Jiménez und Herra angelernt. Insgesamt arbeiten auf der Finca Trópico, einer 204 Hektar großen Plantage im Osten von Costa Rica, etwa 200 Menschen. Zu den etwa hundert Erntehelfern und ihren Aufsehern kommen Spezialisten für neue Setzlinge, Dünger, Pestizide und Pflanzenpflege. Außerdem waschen, sortieren und verpacken rund vierzig Männer und Frauen die Bananen in der Packstation. Weitere zwanzig Mitarbeiter sind in der Verwaltung tätig. Jede Plantage ist wie ein kleines Unternehmen – und wer dort arbeitet, weiß: Es lebt davon, dass die Bananen in möglichst gutem Zustand beim Kunden ankommen, bei jeder Lieferung. Die Arbeiter werden nach Menge und Qualität der geernteten und verschifften Bananen bezahlt, mal gibt es mehr, mal etwas weniger Geld. Auch deshalb achten sie penibel darauf, dass die empfindlichen Früchte keine Kratzer oder Druckstellen bekommen.

Quelle: Zierul, Sarah: Billig. Billiger. Banane. Wie unsere Supermärkte die Welt verramschen. München 2015, S. 39

M 6 *Bananenernte auf der Finca Trópico*

Bananen – von der Plantage in den Supermarkt

In Antwerpen hievt der Kranführer den Rest der insgesamt 150 Container an Bord, die das Schiff tragen kann. Jeder von ihnen ist gefüllt mit 960 Bananenkartons – macht insgesamt 144 000 Bananenkartons zu jeweils gut 18 Kilogramm. Die Container sind mit einer Kühlvorrichtung ausgestattet, die im Inneren für stabile 13,3 Grad Celsius und einen geringen Sauerstoffanteil sorgt. Die Kälte und die spezielle Luftmischung halten die noch grün geernteten Bananen davon ab, schon auf der Reise zu reifen – ohne durch zu große Kälte zu verderben. Auf keinen Fall dürfen die Früchte gelb sein, bevor sie im Hafen ankommen: Nur im grünen Zustand kann man sie lagern, um sie punktgenau, kurz vor Erreichen der Supermarktregale, reifen zu lassen.

„Jede Woche kommen in Antwerpen im Schnitt sechs Bananenschiffe an", zählt van Ederen auf, „alle aus verschiedenen Regionen in Lateinamerika." Zwischen 1,3 und 1,5 Millionen Tonnen Bananen werden hier Jahr für Jahr importiert; Antwerpen ist der größte Bananenhafen der Welt. Bananen reisen so gut wie ausschließlich per Schiff, nur selten im Flugzeug. Das wäre zu teuer. Von der belgischen Küste aus gelangen die gelben Früchte in Supermärkte und Discounter in ganz Europa. Die meisten Schiffe legen zusätzlich in weiteren europäischen Häfen an, je nachdem, für welchen Abnehmer die Bananen bestimmt sind.

Quelle: Zierul, Sarah: Billig. Billiger. Bananen. Wie unsere Supermärkte die Welt verramschen. München 2015, S. 21–23

M 1 *Entladen von Bananen-Containern im Hafen von Antwerpen*

check-it
- Reise der Banane nach Europa beschreiben
- Weg der Banane zum Kunden erläutern
- Obstpreise vergleichen und Ursachen benennen
- deutsche Bananenimporte und weltweite Exporte vergleichen
- Grafiken und Diagramme auswerten
- Veränderungen im Bananenhandel erklären und bewerten

Bananen – auf den Weltmeeren und in den Häfen

Nach der Ernte müssen die Bananen schnell weitertransportiert werden. Durch das Abschlagen des Stängels von der Bananenstaude wird die Nährstoffzufuhr unterbrochen und der Reifeprozess beginnt, was durch Kühlung verhindert werden kann.

Nach etwa zwei Monaten erreichen die speziellen Kühlschiffe Europa. Im Zielhafen angekommen, kommen die Bananenkartons zur Nachreife in moderne, computergesteuerte Reifekammern. Bei Temperaturen von 14–17 °C sind die Bananen nach vier bis sechs Tagen reif und für die Lieferung zum Supermarkt bereit. Ein großes Unternehmen in Bremen kann zum Beispiel rund 350 000 Kartons Bananen pro Woche reifen und für den Handel bereitstellen.

Moderne Containerschiffe und speziell für den Transport von Bananen gebaute Container verändern den Weg der Bananen in den Supermarkt zunehmend. Die Bananen werden direkt von den Produzenten in die Container verladen. Die Reifung erfolgt in den Containern während der Reise über das Meer. So werden Transport- und Energiekosten gespart, denn Containerschiffe brauchen weniger Energie als Kühlschiffe. Auch Reifungsanlagen in den Häfen sind dann nicht mehr notwendig.

Bananenhandel

Die Macht der großen Bananenkonzerne, die auch mit anderen Früchten, wie zum Beispiel Ananas, handeln, schien lange stark und kaum zu brechen. Doch sie verlieren an Einfluss,

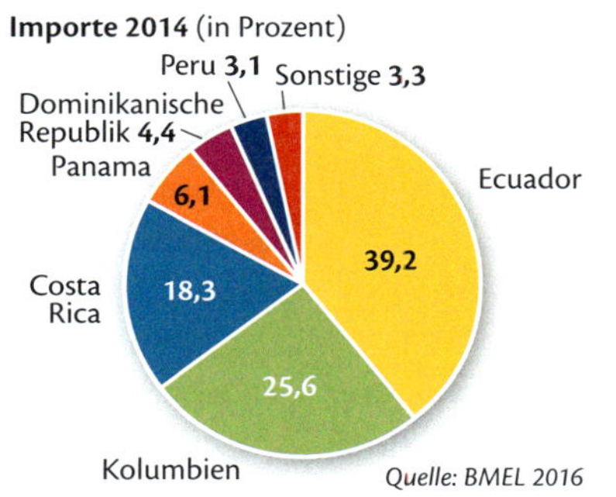

M 2 *Herkunftsländer der nach Deutschland eingeführten Bananen 2014*

weil die Schifffahrtslinien einen Teil der Aufgaben im Bananenhandel übernehmen. In der Zwischenzeit hat sogar der Einzelhandel die Möglichkeit, ohne großen Aufwand direkt beim Produzenten zu bestellen. Dies garantiert ebenfalls eine hohe Qualität und termingerechte Lieferung. Der Unterschied ist nur der höhere Preis, der beim Einkauf beim Produzenten anfällt. Und der Preiskampf ist hart auf dem Bananenmarkt.

Anbau und erste Verarbeitungsschritte

- Pflanzen und Pflegen der Bananenstauden
- Ernte
- Säubern der Bananen
- Sortieren und Verpacken der Kartons

- Unternehmen zur Produktion von Dünger und Pestiziden, Verpackungsfolien, Kartons
- Finanzierung durch Banken

Transport und Großhandel

- Export
- Import
- Reifung
- Großhändler

- Werften: Bau von Kühlschiffen oder Transportcontainern
- Großhandelsunternehmen

Weg zum Kunden

- Transport in die Geschäfte
- Verkaufen
- Verbrauchen
- Entsorgen

- Transportunternehmen
- Einzelhändler
- Abfallwirtschaft

M 3 *Bananen: Von der Pflanze bis zum Kunden (nach: Südwind e. V. 2012)*

1 Beschreibe die Wege von Containerschiffen mit Bananen aus den unterschiedlichen Herkunftsländern nach Deutschland (**M 1** bis **M 3**, Karte S. 224/225, Atlas).

2 Erläutere den Weg der Bananen von der Plantage bis zum Kunden (**M 1, M 3**).

3 Analysiere, aus welchen Ländern Deutschland Bananen einführt, und vergleiche diese mit den größten Exportländern für Bananen (**M 2**, S. 181 **M 5**).

4 Vergleiche den Bananenpreis mit anderen Obstpreisen und benenne Ursachen dafür (**M 5**).

5 Erkläre und bewerte Veränderungen im Bananenhandel (**M 1, M 4**).

6 Recherchiere im Supermarkt, aus welchen Ländern die Bananen kommen und welche Handelsunternehmen auf dem Etikett oder dem Karton erkennbar sind.

Unternehmen	Anteil am Weltmarkt in Prozent	
	2002	2013
Dole (USA)	16	11
Chiquita (USA)	22	13
Del Monte (USA)	20	12
Fyffes (Irland)	4	6
Noboa (Ecuador)	8	2
andere	30	56

(Quelle: BananaLink 2016)

M 4 *Weltmarktführer im Bananenhandel*

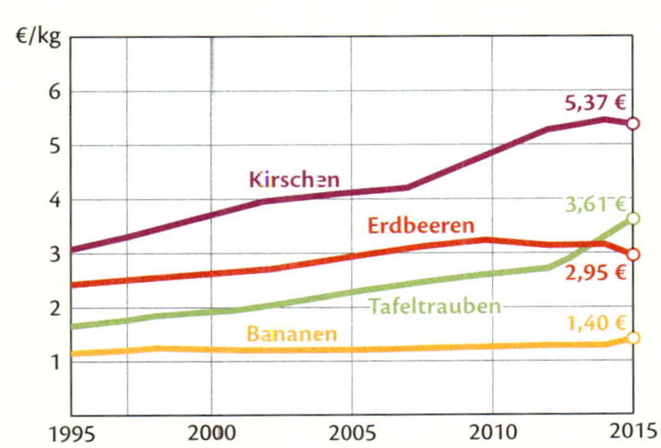

M 5 *Obstpreise in Deutschland 1995–2015*

Die Banane kann auch „fair" sein

check-it
- Preisunterschiede vergleichen
- fairen Handel erläutern
- eine Aussage überprüfen
- im Supermarkt recherchieren
- Vorteile fairen Handels bewerten

Jährlich werden rund 1,4 Millionen Tonnen Bananen nach Deutschland eingeführt. Auf den Bananen sind nicht nur Etiketten mit den Namen der großen internationalen Konzerne wie Chiquita, sondern auch Siegel wie „Rainforest Alliance certified", „BanaFair" oder „FAIRTRADE" zu finden. Diese Organisationen arbeiten mit Kleinbauern und Plantagen zusammen. Sie bezahlen den Bauern einen Mindestpreis und eine Prämie für soziale, ökonomische und ökologische Projekte. Dafür garantieren die Bauern, dass die Bananen und die anderen landwirtschaftlichen Produkte nach bestimmten Vorschriften angebaut werden und dies auch kontrolliert wird.
Nur 5 Prozent der in Deutschland angebotenen Bananen stammen aus dem **fairen Handel.** Allerdings sind knapp die Hälfte der in Deutschland gehandelten Biobananen „FAIRTRADE".

Faire Bananen aus Ecuador – die Kooperative El Guabo

Seit 1997 existiert die Kooperative El Guabo, in der sich drei Kleinbauerngenossenschaften zusammengeschlossen haben. El Guabo bedeutet für die Kleinbauern nicht nur Unabhängigkeit von großen Fruchthändlern, sondern auch Beratung bei Anbau und Verkauf ihrer Bananen.
Heute gehören etwa 220 Kleinbauern der Kooperative an, die 20 000 der insgesamt vier Millionen wöchentlich aus Ecuador exportierten Kisten Bananen produzieren. Die Früchte werden ökologisch angebaut und im Fairen Handel verkauft. Bananenarbeiter verdienen hier mehr als den durchschnittlichen Lohn für Bananenarbeiter in Ecuador. Männer und Frauen erhalten den gleichen Lohn. Es gibt für alle außerdem täglich eine warme Mahlzeit. Mit den verlässlichen Mehreinnahmen aus dem Fairen Handel konnten ein Bewässerungssystem und eine Kläranlage für die Bauern von El Guabo gebaut werden. Der Aufbau einer Gesundheitsstation ist in Planung. Alle Arbeiter und Arbeiterinnen der Kleinbauernvereinigung sind sozialversichert. Ihre Kinder gehen zur Schule. Die Kooperative bietet Weiterbildungen für ihre Mitglieder an. Aus einem Gemeinschaftsfonds werden Kleinkredite finanziert.
Außerdem wurde ein spezieller Bio-Flüssigdünger zur Verbesserung des Wachstums der Wurzeln entwickelt. Die Bauern können den Dünger aus natürlichen Zutaten wie zum Beispiel Kuhdung, Wasser, Kuhmilch und Knochenmehl selbst herstellen. Auf diese Weise brauchen sie keine teuren Düngemittel zu kaufen. Mehreinnahmen aus dem fairen Handel sollen es in Zukunft ermöglichen, weitere Tanks für die Herstellung des Bio-Düngers zu kaufen.

Fairer Handel auch für Obst und Gemüse in Ecuador?

Kooperativen wie El Guabo gehören meist einem überregionalen Dachverband an, der viele Kooperativen unter dem Dach des Verbandes vereinigt. Das bringt Vorteile beim Verkauf von Bananen, aber vor allem beim Einkauf von Maschinen und Geräten, bei der Beschaffung von Krediten und bei der Verbesserung von Bildung und Gesundheitswesen.

FAIRTRADE steht für bessere Arbeits- und Lebensbedingungen der Kleinbauern und Beschäftigten in Afrika, Asien und Lateinamerika. 1,5 Millionen Kleinbauern und Beschäftigte profitieren bereits von stabilen Mindestpreisen, der FAIRTRADE-Prämie für Gemeinschaftsprojekte und der Förderung von umweltschonendem Anbau.

M 1 *Fairtrade*

M 2 *Bananenplantage der Kooperative „El Guabo"*

Der Verein BanaFair handelt seit 1998 mit Bio-Bananen aus Süd- und Mittelamerika. Die Bananen kommen aus kleinen Betrieben. Ein kleiner Teil des Preises wird dazu verwendet, die Umwelt-, Lebens- und Arbeitsbedingungen im Herkunftsland zu verbessern. Neben einer gerechteren Bezahlung und bezahlten Überstunden erhalten die Plantagenarbeiter feste Arbeitsverträge, eine kostenlose Gesundheitsversorgung und preiswerte Grundnahrungsmittel. Ihre Kinder können die Schule besuchen.
Die Bananen mit dem BanaFair-Siegel erfüllen sowohl die international festgelegten Anforderungen an fair gehandelte Produkte als auch die EG-Öko-Verordnung.

M 3 *BanaFair*

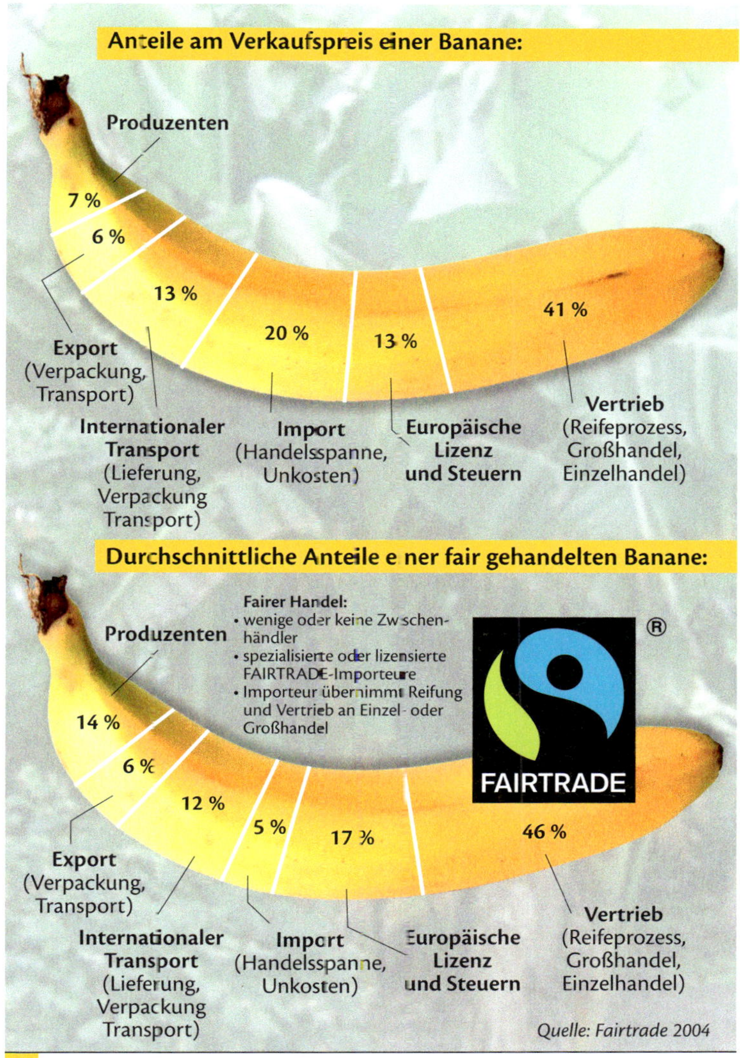

M 4 *Wer verdient wie viel an der Banane?*

Ende 2012 entwickelte UROCAL die Idee, ein Geschäft in der Stadt Machala zu eröffnen. Damit die Bauern nicht nur Bananen, sondern auch für ihr anderes Obst und Gemüse, für alles, was sie auf ihrem Acker anbauen, bessere Verkaufschancen haben und zu fairen Preisen verkaufen können. Für die Stadtbewohner bietet sich damit die Möglichkeit, Nahrungsmittel direkt vom Erzeuger zu kaufen – für Ecuador etwas nicht Alltägliches. Im Jahr 2014 wurde das Geschäft eröffnet. UROCAL nennt es stolz „El Arbolito" (Das Bäumchen). Es ist gleichzeitig auch Anlaufstelle, damit UROCAL über seine Arbeit und Ziele zum Wohle der Bauern informieren kann.
Der Laden bietet frische Produkte im Thekenverkauf und einen Lieferservice ins Haus für Früchte und Gemüsekisten an. Die städtischen Kunden können auf direktem Weg die Erzeugnisse aus biologischer Landwirtschaft von Bauernfamilien der umliegenden Landgemeinden kaufen. Kunden und Produzenten erleben durch die faire Preisgestaltung und die Qualität der Produkte die Vorteile der Direktvermarktung von Erzeugnissen. UROCAL fördert damit Kenntnisse über den Fairen Handel bei den Frauen. Darüber hinaus können die Frauen einen Beitrag zum Familieneinkommen leisten.

1 Erläutere, worin der Beitrag der Verbraucher besteht, wenn sie Bananen mit dem FAIRTRADE-Siegel oder dem BanaFair-Siegel kaufen, und worin sich beide Siegel unterscheiden (**M 1, M 3**).
2 Begründe die Richtigkeit der Aussage: Die Banane ist ein „krummes Ding" (**M 4**).
3 Zeige am Beispiel der Kooperative „El Guabo" und des Dachverbandes UROCAL auf, welche Möglichkeiten sich durch ökologische Landwirtschaft und fairen Handel eröffnen. Setze dazu die Partnerinterview-Methode ein (**M 2, M 4**,).
4 Bewerte die Vorteile fair gehandelter Bananen für die Produzenten und die Verbraucher (**M 1, M 3, M 4**).
5 Vergleiche in verschiedenen Supermärkten und Bio-Geschäften die Siegel auf den Bananen und deren Preise (**M 1, M 3, M 4**).

WEBCODE: UE643431-185

Gerechter Welthandel – eine Utopie?

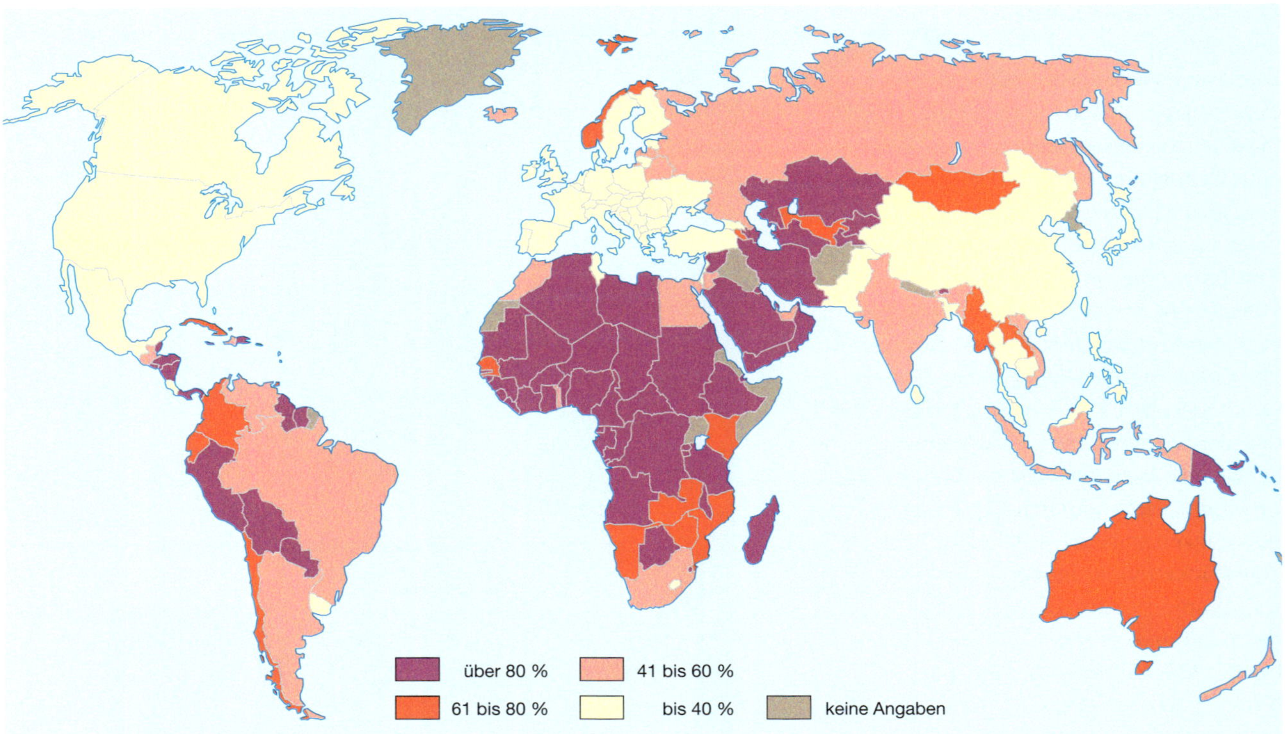

M 1 *Rohstoffexporte in Prozent des Gesamtexports (2014)*

check-it
- geographische Lage der Staaten mit besonders hohem Anteil an Rohstoffexporten beschreiben
- Entwicklung der Rohstoffpreise erläutern
- Auswirkungen schwankender Rohstoffpreise für rohstoffexportierende Länder analysieren
- Chancen einer veränderten Wirtschaftsordnung beurteilen

Export ist nicht gleich Export

Jedes Land der Erde ist darauf angewiesen, Rohstoffe und Fertigprodukte aus dem Ausland zu beziehen. Die Einfuhren sollen möglichst mit dem Geld bezahlt werden, das man mit Exporten oder Dienstleistungen – zum Beispiel dem Tourismus – verdient.

Obwohl 80 Prozent der Bevölkerung in Entwicklungs- und Schwellenländern wohnen, kommt nur etwa ein Drittel der Exporte von dort. Besonders benachteiligt sind die am wenigsten entwickelten Länder, immerhin 49 Staaten, auf die 2007 nur 0,9 Prozent der weltweiten Exporte entfielen.

Zahlreiche Entwicklungsländer exportieren überwiegend Rohstoffe, um ihre Fertigproduktimporte wie Maschinen, Anlagen oder Fahrzeuge aus den Industriestaaten bezahlen zu können. Wird der Wert der Exportgüter (Rohstoffe) mit dem Wert der Importprodukte (Industriegüter) zu Weltmarktpreisen verglichen, so erhält man die **Terms of Trade.** Durch die schwankenden Rohstoffpreise verschlechtert sich das Austauschverhältnis zwischen den Preisen für Importe und Exporte für viele Entwicklungsländer. Sie erhalten für die gleiche Menge an exportierten Rohstoffen immer weniger Industriegüter wie Maschinen oder Fahrzeuge, die sie zur Modernisierung der Wirtschaft benötigten, um auf dem Weltmarkt besser konkurrenzfähig zu werden.

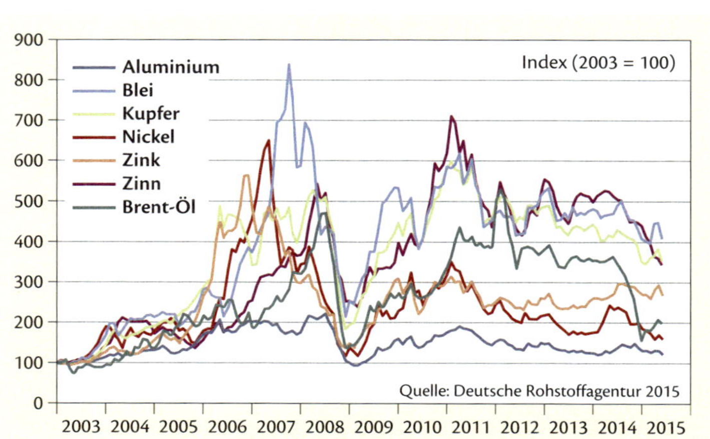

M 2 *Rohstoffpreisentwicklung an den Warenbörsen (2003 bis 2015)*

Gerechter Welthandel – aber wie?

Die Abhängigkeit von den Rohstoffexporten hat vor allem für Entwicklungsländer mit überwiegend landwirtschaftlicher Produktion schwerwiegende Nachteile. Die Preise für Industriegüter sind höher als die für Rohstoffe. Wegen der starken Preisschwankungen für Rohstoffe sind finanzielle Planungen schwierig. Sinken die Rohstoffpreise, so müssen überwiegend vom Export abhängige Länder Schulden machen. Viele Entwicklungs- und auch Schwellenländer sind gegenüber ausländischen Regierungen und Banken so hoch verschuldet, dass eine Rückzahlung dieser Gelder praktisch unmöglich ist. Die hohen Schulden behindern die Entwicklung in den betroffenen Ländern, da zum Beispiel für das Bildungs- und Gesundheitswesen kein Geld vorhanden ist.

In jüngster Zeit haben deshalb die führenden Industriestaaten der Erde beschlossen, den ärmsten Entwicklungsländern ihre Schulden ganz oder zum Teil zu erlassen, wenn diese sich verpflichten, die eingesparten Gelder für die Entwicklung des Landes zu verwenden.

Nach Ansicht der Welthandelsorganisation (WTO) wird nur ein freier Welthandel zu mehr Gerechtigkeit führen. Der Abbau von **Subventionen** und **Zollschranken** in den Industriestaaten würde den Entwicklungsländern den ungehinderten Zugang zu den Absatzmärkten ermöglichen. Gleichzeitig müsste aber die Exportstruktur der Rohstoff exportierenden Länder sich so verändern, dass mehr Halbfertig- und Fertigprodukte exportiert werden – zum Beispiel durch den Aufbau eigener Industrien.

M 3 *Welthandelsorganisation – Subventionen und Welthandel*

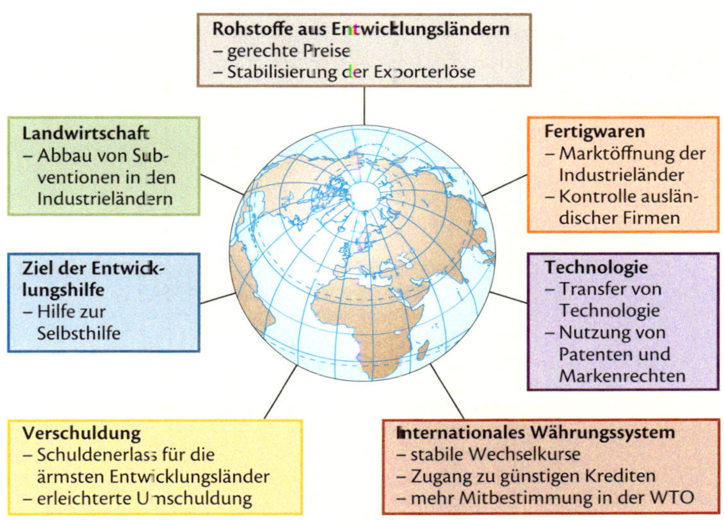

M 4 *Vorschläge für eine veränderte Weltwirtschaftsordnung*

1 Beschreibe die geographische Lage der Staaten, deren Rohstoffanteil am Export über 60 Prozent liegt, und erkläre, warum Norwegen als einziges europäisches Land zu dieser Gruppe gehört (**M 1**, S. 178 **M 1**, Karte S. 224/225, Atlas).

2 Erläutere die Entwicklung der Rohstoffpreise und die Auswirkungen der Entwicklung (**M 2**, **M 4**).

3 Bildet Gruppen und wählt je eines der überwiegend Rohstoffe exportierenden Länder aus. Analysiert anhand eures Länderbeispiels die Auswirkungen schwankender Rohstoffpreise auf die Wirtschaft des Landes (**M 1**, **M 2**, Webcode).

4 Werte die Karikatur aus, indem du erläuterst, welche Aufgaben die Welthandelsorganisation hat (**M 3**, ***Karikaturen auswerten***).

5 Nimm Stellung zu den Vorschlägen für eine veränderte Weltwirtschaftsordnung und beurteile die Chancen für ihre Umsetzung (**M 4**).

WEBCODE: UE643431-187

Geo-Check: Wirtschaftliches Handeln untersuchen

Wissen und verstehen

1 Nenne zu jedem dieser Begriffe mindestens zwei Merkmale (**M 1**).

M 1 *Geo-Begriffestapel*

2 Sortiere die Aussagen in richtige und falsche Aussagen. Verbessere die falschen Aussagen und schreibe sie richtig auf.

Richtig oder falsch?

- Die internationale Arbeitsteilung führt zu einer optimalen Nutzung der Ressourcen jedes Landes.
- Mangel und Überproduktion behindern den Handel.
- Der größte Teil der Welthandelsgüter wird mit dem Lkw transportiert.
- Die Globalisierung wurde durch bessere Transport- und Kommunikationsbedingungen ermöglicht.
- Die Welthandelsorganisation setzt sich für Zollschranken ein, um die Industrieländer vor Billigprodukten aus Entwicklungsländern zu schützen.
- Der Anbau, der Transport und der Verkauf von Bananen ist nur ein Beispiel für das Zusammenwirken wirtschaftlichen Handelns von der Nahrungsmittelproduktion bis zum Kauf durch den Kunden.
- Entwicklungsländer importieren vor allem Rohstoffe und sind dadurch von den Rohstoffpreisen auf dem Weltmarkt abhängig.

3 Vergleiche die größten Exporteure mit den größten Importeuren im Welthandel. Formuliere deine Erkenntnisse in einem kurzen „Welthandelsbericht" (**M 2,** S. 174 **M 2**).

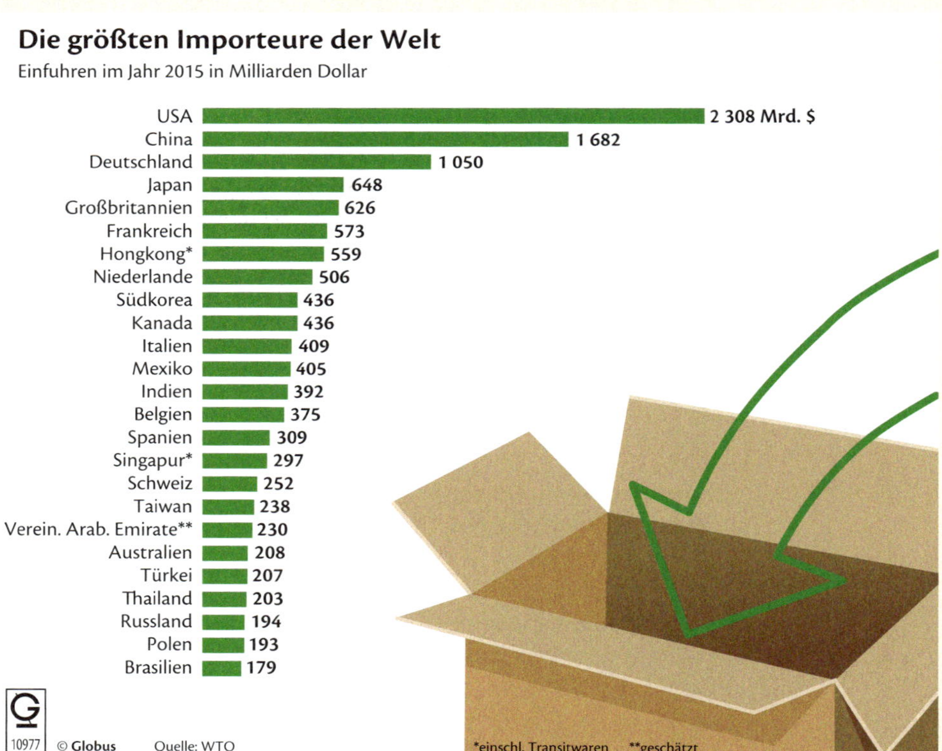

M 2 *Die größten Importeure der Welt*

Können und anwenden

4 Erstelle ein Wirkungsgefüge zum Thema „Auswirkungen der internationalen Arbeitsteilung“ (**M 3**).

In den Entwicklungsländern werden viele Arbeitsplätze geschaffen, darunter auch viele qualifizierte. Trotz Niedriglohn sind die Löhne bei den **Global Players** höher als bei der einheimischen Wirtschaft der Entwicklungsländer. Langfristig findet eine Übertragung von Kapital, Know-how und Technologie in die Entwicklungsländer statt. Die einheimischen Unternehmen in den Entwicklungsländern übernehmen Dienstleistungen oder andere Aufgaben für die Global Player. Langfristig findet auch eine Übertragung von Arbeits- und Umweltstandards aus den Industrieländern in die Entwicklungsländer statt. Daher werden Umweltsünden der Industrieländer in der Vergangenheit nicht wiederholt, weil man aus den Erfahrungen der Vergangenheit gelernt hat. Allerdings sind die staatlichen Auflagen und Umweltgesetze in den Entwicklungsländern häufig nicht so streng wie in den Industrieländern.
Zum Teil werden Umweltschäden in den Entwicklungsländern in Kauf genommen, um Global Player ins Land zu locken. Diese rechnen mit niedrigen Kosten in den Entwicklungsländern, weil die soziale Absicherung der Arbeiter fehlt. Die Regierungen an den Standorten in den Entwicklungsländern haben wenig Einfluss auf die Wirtschaftsentwicklung. Die Global Player treffen Entscheidungen wie zum Beispiel Unternehmensschließungen ohne Rücksicht auf die jeweilige Region.

M 3 *Auswirkungen der internationalen Arbeitsteilung*

Sich verständigen, beurteilen und handeln

5 Werte die Karikatur aus, indem du zunächst die Abbildung beschreibst. Beachte dabei alle genannten Begriffe (**M 4**).

6 Diskutiert in der Klasse, ob die Globalisierung eher positive oder negative Auswirkungen für die Menschen hat. Überlegt, ob man zum Beispiel unterscheiden muss, wo die Menschen leben oder welche Berufe sie haben, um diese Frage beantworten zu können.

7 Beantworte die Frage in der Bildunterschrift und begründe deine Antwort (**M 4**).

M 4 *Wirkungsvolle Hilfe?*

M 5 *Die Erde ist zerbrechlich!*

8 Erläutere, worauf die Abbildung aufmerksam machen möchte (**M 5**).

9 Diskutiert, in welchen Bereichen die Erde besonders zerbrechlich ist und deshalb geschützt werden muss.

10 Zeige am Beispiel der Produktion und des Handels mit Bananen auf, wie ökonomische und soziale Gerechtigkeit auch aussehen kann.

WEBCODE: UE643431-189

Daten von Klimastationen weltweit

Zone	Station		J	F	M	A	M	J	J	A	S	O	N	D	Jahr
Polare Zone	**Dudinka, Russland**		J	F	M	A	M	J	J	A	S	O	N	D	Jahr
	69°24'N/86°10'O	°C	−29,5	−25,7	−22,5	−16,0	−6,4	3,8	12,0	10,4	3,2	−8,4	−21,8	−26,9	−10,7
	20 m	mm	12	11	9	10	12	29	32	49	33	28	18	13	256
	Kirkenes, Norwegen		J	F	M	A	M	J	J	A	S	O	N	D	Jahr
	71°18'N/156°47'W	°C	−11,5	−11	−7	−2	3,5	9	12,6	11	6,7	0,9	−5	−9,2	−0,2
	10 m	mm	34	25	23	22	25	42	61	63	48	37	35	35	450
	Inuvik, Kanada		J	F	M	A	M	J	J	A	S	O	N	D	Jahr
	68°18'N/133°29'W	°C	−28,8	−28,5	−24,1	−14,1	−0,7	10,6	13,8	10,5	3,3	−8,2	−21,5	−26,1	−9,5
	59 m	mm	16	11	11	13	19	22	34	44	24	30	17	17	257
Gemäßigte Zone	**Freiburg i. Br., Deutschland**		J	F	M	A	M	J	J	A	S	O	N	D	Jahr
	48°01'N/7°50'O	°C	2,5	3,5	7,4	10,9	15,4	18,6	20,8	20,2	16,1	11,6	6,3	3,5	11,4
	236 m	mm	47	51	68	74	110	95	94	85	90	76	65	79	934
	Berlin, Deutschland		J	F	M	A	M	J	J	A	S	O	N	D	Jahr
	52°31'N/13°24'O	°C	0,3	1,3	4,7	9,1	14,5	17,5	19,2	18,8	15,0	10,4	5,4	1,8	9,8
	37 m	mm	44	36	37	40	52	74	56	61	45	33	47	55	582
	Warschau, Polen		J	F	M	A	M	J	J	A	S	O	N	D	Jahr
	52°09'N/20°59'W	°C	−3,5	−2,5	1,4	8,0	14,0	17,5	19,2	18,2	13,9	8,1	3,0	−0,6	8,1
	107 m	mm	23	26	24	36	44	62	79	65	41	35	37	30	502
	Edmonton, Kanada		J	F	M	A	M	J	J	A	S	O	N	D	Jahr
	53°34'N/113°13'W	°C	−14,1	−11,6	−5,5	4,2	11,2	14,3	17,3	15,6	10,8	5,1	−4,2	−10,4	2,7
	206 m	mm	24		21	28	46	80	85	65	34	23	22	25	473
	Montreal, Kanada		J	F	M	A	M	J	J	A	S	O	N	D	Jahr
	45°30'N/73°35'W	°C	−8,7	−7,8	−2,1	6,2	13,6	18,9	21,6	20,5	15,6	9,4	2,3	−5,9	6,9
	17 m	mm	87	76	86	83	81	91	102	87	95	83	88	89	1048
	Denver, USA		J	F	M	A	M	J	J	A	S	O	N	D	Jahr
	39°46'N/104°53'W	°C	−1,1	0,3	3,3	8,6	13,7	19,4	23,0	22,2	17,5	11,3	4,0	0,6	10,2
	1610 m	mm	14	18	31	54	69	37	39	33	29	26	18	12	380
Subtropische Zone	**Rom, Italien**		J	F	M	A	M	J	J	A	S	O	N	D	Jahr
	41°54'N/12°29'O	°C	7,3	8,3	10,1	12,8	17,0	20,9	23,9	23,9	20,8	16,3	11,6	8,3	15,1
	46 m	mm	103	98	67	65	48	34	23	33	68	94	130	111	875
	Madrid, Spanien		J	F	M	A	M	J	J	A	S	O	N	D	Jahr
	40°25'N/3°41'O	°C	6,1	7,9	10,7	12,3	16,1	21,0	24,8	24,4	20,5	14,6	9,7	7,0	14,6
	667 m	mm	37	35	26	47	52	25	15	10	28	49	56	56	436
	Los Angeles, USA		J	F	M	A	M	J	J	A	S	O	N	D	Jahr
	33°56'N/118°24'W	°C	13,8	14,2	14,4	15,6	17,1	18,7	20,6	21,4	21,1	19,3	16,4	13,8	17,2
	30 m	mm	61	64	50	18	4	1	1	4	8	9	45	42	307
	Tunis, Tunesien		J	F	M	A	M	J	J	A	S	O	N	D	Jahr
	36°50'N/10°14'O	°C	11,5	12,0	13,2	15,6	19,3	23,2	26,3	26,8	24,4	,4	15,9	12,5	18,4
	3 m	mm	59	57	47	38	23	10	3	7	33	66	56	67	466
Tropische Zone	**Manaus, Brasilien**		J	F	M	A	M	J	J	A	S	O	N	D	Jahr
	3°08'S/60°01'W	°C	26,1	26,0	26,1	26,3	26,3	26,4	26,5	27,0	27,5	27,6	27,3	26,7	26,7
	72 m	mm	260	288	314	300	256	114	88	58	83	126	183	217	2287
	Nairobi, Kenia		J	F	M	A	M	J	J	A	S	O	N	D	Jahr
	1°19'S/36°55'O	°C	19,4	20,2	20,7	20,2	19,1	17,7	16,7	17,3	18,6	19,7	19,3	19,0	19,0
	1624 m	mm	42	48	69	157	108	27	12	14	25	43	121	80	745
	Khartoum, Sudan		J	F	M	A	M	J	J	A	S	O	N	D	Jahr
	15°36'N/32°33'O	°C	23,2	25,0	28,7	31,9	34,5	34,3	32,1	31,5	32,5	32,4	28,1	24,5	29,9
	380 m	mm	0	0	0	1	4	11	46	75	25	5	1	0	168
	Bamako, Mali		J	F	M	A	M	J	J	A	S	O	N	D	Jahr
	12°32'N/7°57'W	°C	25,1	27,8	30,2	31,6	31,4	29,1	26,8	26,1	26,6	27,7	26,5	24,8	27,8
	380 m	mm	0	0	2	25	46	121	218	234	165	65	2	0	878
	Timbuktu, Mali		J	F	M	A	M	J	J	A	S	O	N	D	Jahr
	16°43'N/3°00'W	°C	21,3	24,2	27,4	31,1	34,2	34,1	32,0	30,3	31,3	30,7	36,2	21,7	28,7
	263 m	mm	0	0	0	1	4	15	45	64	27	2	1	0	159

Lösungstipps zu den Aufgaben

Kapitel 1 Die Erdoberfläche im Wandel begreifen

S. 11

2 Beschreibe verschiedene Arten der Verwitterung (**M 2**).
▶ Benenne die Verwitterungsarten. Beschreibe, wodurch die Verwitterung ausgelöst wird und wie sie wirkt.

S. 17

1 Bildet Gruppen und wählt pro Gruppe einen der folgenden Flüsse aus: Neckar, Main, Weser, Elbe oder Saale. Beschreibt den Verlauf des gewählten Flusses. Benennt Quelle und Mündung. Legt eine Tabelle an, in der ihr gegliedert nach Ober-, Mittel- und Unterlauf Städte, Landschaften und Nebenflüsse notiert (Karten S. 214 und S. 216/217, Atlas).
▶ Die Tabelle könnte so aussehen:

	Oberlauf	Mittellauf	Unterlauf
Städte	...	...	...
Landschaften	...	...	...
Nebenflüsse	...	...	...

S. 19

2 Beschreibe die durch Winderosion geschaffenen Oberflächenformen und erkläre deren Entstehung (**M 2, M 4** und **M 5**).
▶ Die Entstehung der Formen kannst du erklären, indem du Windrichtung und Windgeschwindigkeit berücksichtigst.

4 Im Eiszeitalter wurde am Nordrand der Mittelgebirge fruchtbares Material, der Löss, angeweht. Erläutere und begründe, wo dieses Material abgetragen wurde (Karte S. 214, Atlas).
▶ Beachte, welche Bereiche Europas in der Eiszeit eisbedeckt waren und was die Gletscher bewirkten. Weitere Informationen findest du im Textabschnitt „Skandinavien – ein Abtragungsgebiet“ auf S. 12.

Kapitel 2 Merkmale von Klima und Vegetation erklären

S. 31

1 Drei gleich große Strahlenbündel (A, B, C) bescheinen auf der Erdoberfläche unterschiedliche Flächen. Erkläre, wo die Erwärmung am stärksten ist, und führe hierzu den Versuch durch (**M 1, M 4**).
▶ Vergleiche die Größe des Einfallswinkels der Sonnenstrahlen (α_1 bis α_3) und die Größe der Flächen A bis C.
▶ Formuliere nun drei Sätze nach folgendem Muster: Die beleuchtete Fläche A ist klein, die Sonnenstrahlen fallen aber senkrecht auf die Erde, deshalb wird diese Fläche sehr stark erwärmt.

3 Erläutere die Ursachen für die Entstehung der Temperaturzonen (**M 1, M 3**).
▶ Beachte bei der Beantwortung, dass die Erde eine Kugelgestalt hat und welche Folgen sich daraus für die Erwärmung der Erde durch die Sonne ergeben.

4 Beschreibe die Merkmale der Temperaturzonen. Benenne Veränderungen vom Äquator aus (**M 3**).
▶ Ermittle dazu für die fünf Temperaturzonen nördliche Polarzone, nördliche gemäßigte Zone, tropische Zone, südliche gemäßigte Zone und südliche Polarzone jeweils folgende Merkmale:
- Einfallswinkel der Sonnenstrahlen,
- mögliche Sonnenscheindauer,
- Jahresmittel der Temperatur.

6 Erstelle eine Tabelle der Temperaturrekorde der Erde mit den dazu gehörenden Staaten und Kontinenten (**M 2**).
▶ So könnte deine Tabelle aussehen:

Die Temperaturrekorde der Erde

Staat/Kontinent	Temperaturrekord
...	...
...	...

S. 33

1 Erläutere die Entstehung von Hochdruckgebieten und Tiefdruckgebieten (**M 2, M 5**).

▶ Formuliere Sätze nach folgendem Muster:
- Luft hat ein Gewicht und übt deshalb einen ... aus.
- Gebiete mit einem niedrigen, tiefen Luftdruck nennt man ...
- Gebiete mit einem hohen Luftdruck nennt man ...
- Ursachen für die Veränderung des Luftdrucks liegen in ...
- Wird die Luft erwärmt, dehnt sie sich aus und ..., am Boden entsteht ..., weil die Zahl der Luftteilchen ...
- Kalte Luft sinkt nach unten zum Boden, dadurch ...
- Der Luftdruck ..., es entsteht ...

4 Erkläre, wie Wind entsteht (**M 2, M 5, M 6**).

▶ Bedenke dabei, dass Luft das Bestreben hat, Luftdruckunterschiede auszugleichen.

S. 35

4 Erkläre die Zirkulation der Atmosphäre und benenne Unterschiede zwischen der Nord- und Südhalbkugel (**M 2, M 3**).

▶ Beschreibe zunächst die Lage der Hochgürtel und Tiefdruckrinnen und ziehe daraus Schlussfolgerungen für die Entstehung der Windgürtel.

▶ Vergleiche danach die Verteilung der Druckgürtel und die Windrichtungen auf der Nord- und der Südhalbkugel.

5 Erläutere den Wärmetransport auf der Erde (S. 36/37).

▶ Um den Wärmetransport erläutern zu können, musst du folgende Fragen beantworten:
- Wo liegt auf der Erde das wärmste Gebiet?
- Wo liegen auf der Erde die zwei kältesten Gebiete?
- Wie kommt es zum Austausch zwischen warmen und kalten Luftmassen?
- Wodurch erfolgt dieser Austausch zwischen warmen und kalten Luftmassen?
- Wie heißen die Winde, die zum Äquator hin wehen?
- Wie heißen die Winde, die polwärts wehen?

6 Ordne Deutschland in das Modell der Zirkulation ein. Beachte dabei **M 3**.

▶ Verwende die Karte auf S. 224/225 und ermittle die Lage Deutschlands im Gradnetz.

▶ Stelle danach in **M 3** fest, welche Druckgebiete Deutschland beeinflussen können und in welchem Windgürtel wir liegen.

S. 41

1 Erkläre, warum die Luft im Bereich des Äquators aufsteigt (**M 2**).

▶ Verwende für die Erklärung folgende Begriffe: Zenitstand der Sonne, Erwärmung der Erdoberfläche, Verdunstung, Entstehung von Wolken, Abkühlung mit zunehmender Höhe, Zenitalregen.

2 Erläutere den Passatkreislauf und die Entstehung des Nordostpassats und des Südostpassats (**M 1** bis **M 4**).

▶ Die Lösung der Aufgabe sollte eine Antwort auf folgende Fragen beinhalten:
- Zwischen welchen Breitenkreisen findet dieser Kreislauf statt?
- Warum wird dieses Gebiet so stark erwärmt?
- Welche Folgen hat die starke Erwärmung und das Aufsteigen der Luft bis in große Höhen?
- Wie verändert sich der Luftdruck dadurch am Boden?
- Was passiert mit der Luft und dem Luftdruck an den Wendekreisen?
- Wie heißt die bodennahe Ausgleichsströmung zwischen dem hohen Luftdruck an den Wendekreisen und dem tiefen Luftdruck am Äquator?
- Warum weht der Passat auf der Nordhalbkugel als Nordostpassat?
- Und warum auf der Südhalbkugel als Südostpassat?

3 Werte die Klimadiagramme aus und vergleiche sie bezüglich der Wirkung der Passate (**M 5**).

▶ Hilfe für die Auswertung der Klimadiagramme findest du auf S. 38/39.

S. 43

4 Begründe, warum der Mensch bei Tornados schlechter Vorsichtsmaßnahmen ergreifen kann als bei Hurrikanen.

▶ Denke bei deiner Begründung an die Orte, an denen die Wirbelstürme entstehen, und wie schnell sie sich entwickeln können.

S. 45

1 Vergleiche die Begriffe „Wetter“ und „Klima“ und benenne Unterschiede.

▶ Überlege, welches Merkmal den Unterschied von Wetter und Klima bestimmt.

5 Beschreibe verschiedene Großwetterlagen und die Auswirkungen auf das Wetter in Deutschland (**M 1, M2**).

▶ Beachte dabei insbesondere die Lage der Hoch- und Tiefdruckgebiete und die Windrichtung.

6 Erläutere, in welchen Regionen es zu Sturmschäden kommen kann (**M 3** Wetterbericht vom 1. Februar 2016, S. 46 **M 1**).

▶ Im Wetterbericht wird vor starken Windböen gewarnt. Nenne jene Regionen, in denen Sturmböen und Orkanböen vorkommen.

S. 47

1 Erkläre, wie das Islandtief entsteht und warum es nach Mitteleuropa wandert (**M 2**).

▶ Beantworte bei der Erklärung folgende Fragen:
- Wie entsteht ein Tiefdruckgebiet? (S. 32/33)
- Warum entsteht ein Tiefdruckgebiet bei Island über dem Atlantischen Ozean?
- In welcher Windzone befinden wir uns in den gemäßigten Breiten? (S. 36/37)
- Welche Zugrichtung nimmt das Islandtief deshalb?

3 Bis sich ein Tiefdruckgebiet auflöst, vergehen zwischen 12 und 48 Stunden. Beschreibe die Vorgänge dabei.

▶ Lies dazu den Textabschnitt „Wetter und Klima“ und führe die Vorgänge nacheinander auf:
- die Kaltfront holt die Warmfront ein
- …

S. 49

2 Erläutere, wie sich das Klima vom Äquator nach Norden und nach Süden verändert (**M 1**).

▶ Beachte dabei die Merkmale des Klimas: durchschnittliche Jahrestemperatur, Jahresniederschläge, Auftreten von Trockenzeiten, Jahresschwankung der Temperaturen.

3 Erläutere die Zusammenhänge zwischen Klima und Vegetation (**M 1**).

▶ Beachte dabei Temperatur, Niederschlag, Höhe und Art der Pflanzen.

Kapitel 3 Zusammenhänge in der tropischen Zone erklären

S. 59

2 Werte die Klimadiagramme aus und vergleiche das Klima am Äquator und in Deutschland (**M 6, M 7**).

▶ Beachte dabei die Höchst- und Tiefsttemperaturen, den Temperaturverlauf übers Jahr, die Höhe und die Verteilung der Niederschläge übers Jahr.

4 Zeichne ein Fließdiagramm zum Wasserkreislauf im tropischen Regenwald und erkläre ihn damit (**M 5**,).

▶ Beachte die Arbeitstechnik ***Fließdiagramme zeichnen.***

5 Der tropische Regenwald – sehr warm und immer feucht: Begründe, warum das so ist (**M 3** bis **M 7**).

▶ Schaue dir noch einmal die Abbildung **M 4** „Ein Tag im tropischen Regenwald“ an.

S. 61

3 Erkläre den Nährstoffkreislauf im tropischen Regenwald vor und nach der Rodung (**M 3**).

▶ Beachte dabei, in welchem Bereich sich Nährstoffteilchen und Wasser jeweils bewegen und wie sich das auf die Bodenbeschaffenheit und auf das Pflanzenwachstum auswirkt.

S. 65

1 Erstelle ein Fließdiagramm zur Brandrodung und zum Wanderfeldbau der Kleinbauern im tropischen Regenwald (**M 1** bis **M 4**,).

▶ Das Fließdiagramm könnte folgendermaßen aussehen:

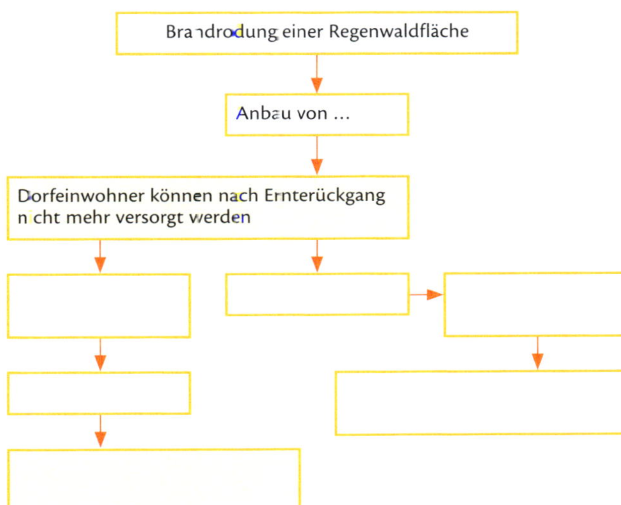

2 Erläutere die Entwicklung der Ernteerträge (**M 2**).

▶ Berücksichtige die Nährstoffverhältnisse im tropischen Regenwald und was mit den Nährstoffen passiert, wenn der Regenwald gerodet ist (S. 61 **M 3**).

S. 67

2 Erläutere die Arbeitsbedingungen auf einer Plantage am Beispiel des Kaffees (**M 1** bis **M 3**).

▶ Beschreibe die Fotos **M 1** und **M 3**. Was sagen sie über die Arbeit auf einer Kaffeeplantage aus? Weitere Informationen findest du im Textabschnitt „Anbau auf Plantagen".

3 Plantagenwirtschaft mit Monokulturen im tropischen Regenwald – erläutere, welche Probleme sich daraus ergeben (S. 61).

▶ Berücksichtige dabei die Nährstoffverhältnisse im tropischen Regenwald. Weitere Informationen erhältst du im Textabschnitt „Anbau auf Plantagen" sowie „Handelsware Kaffee".

S. 69

2 Erläutere anhand eines Fließdiagramms die Ursachen für die weltweite Abholzung der tropischen Regenwälder (**M 2** bis **M 4,**).

▶ Beachte die Arbeitstechnik ***Fließdiagramme zeichnen.***

5 Werte die Karikatur aus (**M 1,**).

▶ Beschreibe zunächst die Abbildung und erläutere, welche weitreichenden Folgen die Arbeit der Holzfäller
a) für die Lebewesen im tropischen Regenwald und
b) für die ganze Erde hat.

▶ Beachte außerdem die Arbeitstechnik ***Karikaturen auswerten.***

S. 72

2 Erkläre die unterschiedlichen Anpassungsformen der Vegetation an die Trockenzeit (**M 1** bis **M 8**).

▶ Diese Anpassungsformen solltest du erklären:
- Kakteen und den Stamm des Baobab,
- Dornen und kleine lederartige Blätter,
- die tiefen Wurzeln der Schirmakazie.

S. 75

2 Benenne Merkmale des Nomadismus und fertige dazu eine Mindmap an (**M 1** bis **M 3,**).

▶ Beachte dazu die Arbeitstechnik ***Eine Mindmap erstellen.***

4 Erläutere Veränderungen im Leben der nomadisierenden Viehzüchter in den Savannen Afrikas (**M 4, M 5**).

▶ Beachte, welche Ursachen die Veränderungen hervorrufen und welche Folgen diese haben. Du kannst auch eine Ursache benennen und die Folge dazu erläutern.

▶ Hilfe gibt auch der Text auf S. 79.

S. 77

1 Beschreibe die natürlichen Anbaubedingungen in den Savannen (**M 1** und **M 3,** S. 73).

▶ Beachte dabei die Temperaturen, die Niederschlagsmenge insgesamt und die Verteilung der Niederschläge über die einzelnen Monate.

▶ Verwende auch die Begriffe: „Trockengrenze des Anbaus" und „Regenfeldbau".

4 Erkläre, warum sich die Hirse besonders gut für den Anbau in der Savanne eignet und wie dieses Getreide angebaut bzw. verwendet wird (**M 2** bis **M 5**).

▶ Lege dazu Folgendes dar: Ansprüche von Hirse an Temperaturen und Niederschläge, Feldarbeiten während des Jahres und Einsatz von Geräten und Personen, Verarbeitung und Verwendung der Hirse.

S. 79

1 Beschreibe die geographische Lage der Sahelzone (**M 4,** Karte S. 218/219, Atlas).

▶ Beachte folgende Lagemerkmale zur Sahelzone:
- In welchem Kontinent liegt sie und in welchem Teil des Kontinents?
- Welche Meere grenzen an die Sahelzone?
- Welche Länder gehören zur Sahelzone?

4 Arbeitet in Gruppen. Stellt in einer Tabelle die Ursachen und Folgen der Wüstenausbreitung im Sahel gegenüber und erläutert diese (**M 1** bis **M 6**).

▶ Dabei könnt ihr auch die Aufgabe innerhalb der Gruppe teilen: Eine Teilgruppe bearbeitet die natürlichen Ursachen und deren Folgen, eine andere Teilgruppe den Einfluss des Menschen und seine Folgen.
Die Tabelle kann folgendermaßen aussehen:

Natürliche Ursachen	Folgen
…	…
Vom Menschen bedingte Ursachen	Folgen
…	…

Kapitel 4 Ursachen und mögliche Auswirkungen des Klimawandels erläutern

S. 87

3 Erläutere die Rolle des Eises im Klimasystem (**M 2**).
▶ Beachte, was mit Eis geschieht, wenn es erwärmt wird. Wie wirkt sich das a) auf die Meere und b) auf die Küsten und Inseln aus?

4 Erstelle eine Übersicht mit den Eisformen, ihren Verbreitungsgebieten auf der Erde und den Zeiträumen ihrer Veränderungen (**M 2**).
▶ Erstelle eine Tabelle, die so aussehen könnte:

Eisformen	Verbreitungsgebiet	Zeitraum der Veränderung
Schnee	auf dem Festland	Tage bis Jahre
Meereis	…	…
…	…	…

S. 89

2 Erläutere den natürlichen und den anthropogenen Treibhauseffekt (**M 4**).
▶ Lies dazu die entsprechenden Textabschnitte. Begründe, warum der natürliche Treibhauseffekt lebensnotwendig ist. Erkläre, wodurch dieser verstärkt wird und wie der anthropogene Treibhauseffekt entsteht. Benenne auch die Treibhausgase.

3 Werte die Karikatur aus und formuliere ihre Aussage in zwei bis drei Sätzen (**M 1**, 🔑).
▶ Beachte die Arbeitstechnik ***Karikaturen auswerten***.

5 Erörtere die Notwendigkeit und den Erfolg von Maßnahmen zur Vermeidung der Treibhausgase (**M 2**).
▶ Beachte dabei auch die Verweildauer der Treibhausgase in der Atmosphäre.

S. 91

2 Erläutere den Kohlenstoffkreislauf (**M 4**).
▶ Beginne bei der Erläuterung des Kohlenstoffkreislaufes mit der Verbrennung fossiler Brennstoffe, zum Beispiel von Kohle, Erdöl und Erdgas in Kraftwerken und der Industrie. Überlege davon ausgehend, wohin dieser Kohlenstoff gelangt und welche weiteren Kohlenstoffquellen es gibt.

3 Vergleiche Kohlenstoffsenke und Kohlenstoffquelle (**M 3** und **M 4**).
▶ Erkläre zunächst, was eine „Kohlenstoffquelle" ist und wo diese zu finden ist. Erkläre nun, was unter einer „Kohlenstoffsenke" verstanden wird. Benenne die Unterschiede zwischen beiden.

4 Beurteile, welche Bedeutung die industrielle Entwicklung für die Entwicklung der CO_2-Emissionen weltweit hat (**M 1** bis **M 5**, Karte S. 83 unten).
▶ Vergleiche hierzu, welche Länder die Hauptverursacher der CO_2-Emissionen sind und wodurch diese verursacht werden. Beachte auch die Entwicklung der CO_2-Emissionen seit 1860.

S. 93

3 Erkläre, wie Ozonsmog und Ozonloch entstehen, und erläutere die Auswirkungen für Mensch und Natur (**M 2**).
▶ Beachte die unterschiedlichen Wirkungen von bodennahem Ozon und dem Ozon in der Ozonschicht.

4 Bildet Gruppen und gestaltet ein Informationsplakat, das am Strand vor den Folgen des Ozonlochs warnt und Schutzmaßnahmen aufzeigt (**M 2** und **M 3**, 🔑).
▶ Beachtet dabei die Arbeitstechnik ***Tipps zum Erstellen von Plakaten und Folien***.

S. 95

1 Benenne mögliche Auswirkungen des Klimawandels und ordne diesen Beispiele zu (**M 1** bis **M 5**).
▶ Eine mögliche Ordnung der Auswirkungen des Klimawandels könnten folgende Themen sein:
- Auswirkungen für die Küsten,
- Auswirkungen für die Wirtschaft,
- Auswirkungen für Temperaturen und Niederschläge,
- Auswirkungen für den Menschen,
- Auswirkungen für Ökosysteme.

2 Zeige Auswirkungen des Klimawandels für Deutschland auf. Zeichne dazu eine Mindmap (**M 1**, **M 2** und **M 5**, 🔑).
▶ Beachte die Arbeitstechnik ***Eine Mindmap erstellen***.

4 Beurteile die Auswirkungen des Klimawandels (**M 1** bis **M 5**).
▶ Erstelle zunächst eine Tabelle, in die du positive und negative Auswirkungen einträgst. Beurteile anschließend, was überwiegt, und begründe deine Entscheidung.

S. 97

2 Erläutere Auswirkungen der großen Dürrezeit zu Beginn unseres Jahrhunderts (**M 1, M 2, M 4**).

▶ Bedenke dabei: Auswirkungen auf die Menschen, die Natur und die Wirtschaft, Auswirkungen auf Australien und weltweit.

3 Erstelle eine Tabelle, in der du die Folgen des Klimawandels für Australien und Anpassungsstrategien gegenüberstellst. Beurteile deren Erfolgschancen (**M 1** bis **M 4**).

▶ Lies dazu auch den Text. Die Tabelle könnte so aussehen:

Folgen des Klimawandels	Anpassungsstrategien Australiens
Ackerbau ist von Dürre stark gefährdet.	Neue Farmen sollen in Regionen mit höheren Niederschlägen entstehen. Import von Weizen aus Neuseeland.

Kapitel 5 Zusammenhänge in der Polarzone untersuchen

S. 107

2 Beschreibe die geographische Lage und Ausdehnung der Arktis und der Antarktis (**M 2, M 5,** Karten S. 103 und S. 224/225, Atlas).

▶ Beachte dabei zum Beispiel:
- von welchem Meer sie umgeben sind,
- auf welcher Erdhalbkugel sie liegen,
- benachbarte Kontinente und Staaten.

4 Beschreibe das Abschmelzen des Eises in der Arktis und erörtere, welche Folgen das für Menschen und Tiere hat (**M 1,** Webcode).

▶ Betrachte die angegebene Abbildung und beschreibe den dort abgebildeten Rückgang des Eises. Überlege, welche Folgen es für Menschen und die dort lebenden Tiere hat, wenn sich der Lebensraum stark verändert. Berücksichtige dabei zum Beispiel die Ernährung oder die Möglichkeiten der Fortbewegung. Weitere Hinweise findest du in dem Textabschnitt „Tauwetter an den Polen".

S. 109

5 Überprüfe, wo Menschen am 21. Juni den ganzen Tag ohne Sonnenlicht auskommen müssen (Karten S. 103 und S. 224/225, Atlas).

▶ Überlege dazu, wo am 21. Juni Polarnacht ist.

6 Vergleiche mithilfe einer Tabelle die Beleuchtungsverhältnisse im südlichen und nördlichen Polargebiet (**M 3**).

▶ Deine Tabelle könnte folgendermaßen aussehen:

	nördliches Polargebiet	südliches Polargebiet
Sommer		
Winter		

S. 111

4 Werte die Klimadiagramme aus: Vergleiche die Lage der Orte und die Temperaturverhältnisse (**M 3, M 5, M 6,** Karte S. 103 oben, Atlas).

▶ Auf S. 39 kannst du nachlesen, wenn du Hilfe beim Auswerten der Klimadiagramme brauchst.

6 Die Bodenverhältnisse und das Klima haben Auswirkungen auf die Vegetation in der Tundra. Erläutere diese Aussage (**M 1, M 2, M 4** bis **M 6**).

▶ Ermittle folgende Sachverhalte und stelle diese in einen Zusammenhang:
- Pflanzen, die in der Tundra wachsen und deren Wuchshöhen,
- Dauer der Wachstumszeit,
- Temperaturen und Niederschläge,
- Dauerfrost im Boden.

S. 113

1 Beschreibe die geographische Lage von Fairbanks (**M 4,** Karte S. 222, Atlas).

▶ Beachte dabei die Lage zu Flüssen, Gebirgen, Landesgrenzen, Meeren und Verkehrswegen. Gib den ungefähren Breitengrad an.

4 Erläutere, welche technischen Probleme beim Bau einer Stadt im Permafrostgebiet auftreten (**M 3, M 4**).

▶ Beschreibe die Art des Bauens, die in **M 3** und **M 4** dargestellt ist, und erläutere, warum dies erforderlich ist. Erläutere, welche Probleme bei der Anlage von Straßen und anderen Verkehrswegen auf Permafrostboden entstehen können. Weitere Informationen hierzu findest du im Textabschnitt „Ewiges Eis unter der Erdoberfläche" auf S. 111.

S. 114

3 Je mehr das Eis an den Polen schmilzt, desto größer ist das Interesse an den Rohstoffen. Erläutere dies (**M 1, M 3**).

▶ Beachte dabei die Möglichkeiten einer Förderung und deren Kosten sowie die Möglichkeiten und Kosten des Transports der Rohstoffe.

S. 119

4 Erstelle ein Fließdiagramm zu den Auswirkungen des Polartourismus (**M 3** bis **M 5**,).

▶ Fasse die Informationen aus den Textabschnitten „Reise zu Eisbär und Pinguin" sowie „Gefahr für die Arktis" zu den Auswirkungen des Polartourismus in dem Fließdiagramm zusammen.

5 Erläutere, mit welchen Umweltproblemen die Polarregionen zu kämpfen haben (**M 4, M 5**).

▶ Benenne die Umweltprobleme, die du in den Abbildungen ablesen kannst, und erläutere, warum diese speziell in den Polarregionen sehr problematisch sind. Weitere Informationen findest du in den Textabschnitten „Gefahr für die Arktis" sowie „Müllberge auf dem Eis".

Kapitel 6 Auswirkungen der Bevölkerungsentwicklung erläutern

S. 127

5 Vergleiche die Geburten- und Sterberaten. Entwickle eine Tabelle, die alle fünf Phasen des Modells des demographischen Übergangs und Beispiele für Länder, Ländergruppen und Regionen enthält (**M 4**).

▶ Beachte auch das Lexikon. Die Tabelle könnte so aussehen:

Phasen des demographischen Übergangs

	Gesellschaftsform	Beispiele
Phase I	Agrargesellschaft	...
Phase II	...	...
Phase III	...	...
Phase IV	...	...
Phase V	...	USA, Industrieländer, Australien

6 Wenn die Wachstumsrate der Bevölkerung sinkt, nimmt die Bevölkerungszahl nicht unbedingt ab. Prüfe die Richtigkeit dieser Aussage und begründe deine Meinung (**M 2** bis **M 4**).

▶ Als Beispiel für die Überprüfung der Aussage und deine Begründung ist Brasilien gut geeignet.

▶ Bei der Begründung solltest du folgende Fragen beantworten:
- In welcher Phase des demographischen Übergangs ist Brasilien?
- Was bedeutet das für die Wachstums-, die Geburten- und die Sterberate?
- Warum wächst die Bevölkerungszahl in Brasilien bis 2050 weiter?

S. 129

2 Fertige ein Wirkungsgefüge über die Ursachen und Auswirkungen des Bevölkerungswachstums in Indien an ( ).

▶ Beachte die Arbeitstechnik ***Ein Wirkungsgefüge erstellen.*** Das Wirkungsgefüge könnte folgendermaßen aussehen:

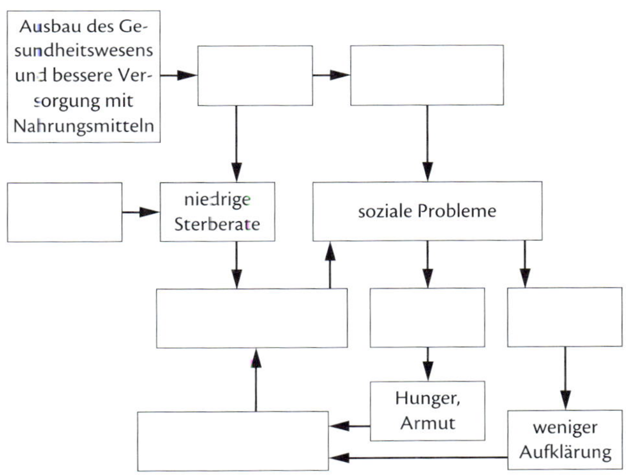

4 Beurteile die Erfolgsaussichten der Programme zur Familienplanung in Indien (**M 1, M 3** bis **M 5**).

▶ Beachte dabei:
- die durchschnittliche Kinderzahl pro Frau in **M 4**,
- das Heiratsalter,
- die Bildung von Frauen,
- die Unterschiede zwischen Städten und ländlichen Gebieten.

S. 131

1 Stelle die Ursachen und Auswirkungen der chinesischen Bevölkerungspolitik in einem Fließdiagramm dar (**M 1** bis **M 3**,).

▶ Beachte dazu die Arbeitstechnik ***Fließdiagramme zeichnen.*** Das Fließdiagramm könnte folgendermaßen aussehen:

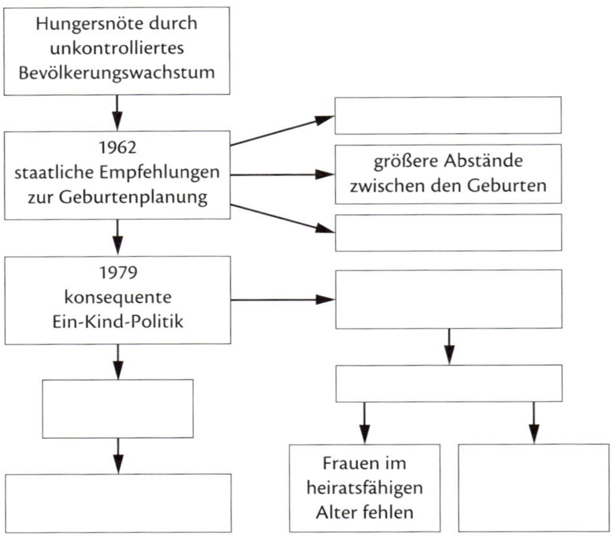

3 Erläutere die Folgen, die sich aus dem Missverhältnis der Geschlechter in China ergeben (**M 3** bis **M 7**).

▶ Denke dabei zum Beispiel an die Zusammensetzung von Kindergartengruppen und Schulklassen, an die Familien und die Erziehung von Einzelkindern und an Eheschließungen.

4 Beurteile die Maßnahmen der Bevölkerungspolitik in China (**M 1** bis **M 6**).

▶ Mögliche Gesichtspunkte für die Beurteilung:
- das Verhältnis von neugeborenen Jungen und Mädchen und die sich daraus ergebenden Auswirkungen für die Erziehung und für Eheschließungen,
- der Altersaufbau und die Folgen für die Wirtschaft,
- die Unterschiede zwischen Städten und ländlichen Gebieten,
- die Lösung von Problemen durch die Einwanderung von Ausländern,
- Maßnahmen, mit denen der chinesische Staat die Probleme der Ein-Kind-Politik zu lösen versucht.

S. 135

1 Vergleiche das Leben der beiden Kinder in Äthiopien und Bolivien mit deinem Leben (**M 1**).

▶ Berücksichtige dabei insbesondere:
- Familie,
- Schule,
- Zukunftspläne und
- Probleme.

3 Erörtere die Probleme einer alternden bzw. jungen Gesellschaft (**M 1** bis **M 3**).

▶ Informationen dazu kannst du auch dem Text entnehmen.
Gesichtspunkte für die Erörterung könnten sein:
- Schulbildung und Berufsbildung,
- Arbeitsmarkt und Alterssicherung,
- Ernährung und Versorgung mit Nahrungsmitteln,
- Wohnen,
- soziale und kulturelle Einrichtungen.

S. 137

2 Beschreibe die weltweiten Migrantenströme (**M 4**).

▶ Berücksichtige dabei folgende Gesichtspunkte:
- Betrachte nur die zahlenmäßig bedeutsamen Bewegungen.
- Fasse einzelne Migrantenströme zusammen, wie z. B. die von Mittelamerika in die USA.
- Benenne wichtige Einwanderungsländer und Auswanderungsländer.
- Benenne bedeutende Wanderungen zwischen Kontinenten, z. B. von Asien nach Nordamerika.

3 Erläutere Ursachen und Auswirkungen von Migration (**M 1** bis **M 3**).

▶ Unterscheide bei deiner Erläuterung bei den Ursachen zwischen Migration und Flucht und nach Beweggründen im Heimatland oder im Zielland.

▶ Bei den Auswirkungen unterscheide zwischen dem Heimatland, den betroffenen Personen selber und dem Zielland.

S. 139

6 Nimm Stellung zur Aussage: Tokio ist eine Global City und eine Megastadt.

▶ Beachte dazu auch das Lexikon und **M 4**.

S. 141

7 Kennzeichne die Merkmale und Bedeutung des informellen Sektors für die Stadtbevölkerung in den Entwicklungsländern (**M 4, M 5**).

▶ Zur Kennzeichnung der Bedeutung des informellen Sektors sind folgende Gesichtspunkte wichtig:
- die Verdienstmöglichkeiten zur Sicherung des Lebensnotwendigen,
- die Anforderungen an die Bildung der im informellen Sektor arbeitenden Menschen,
- die Art der Tätigkeiten bzw. „Berufe" im informellen Sektor,
- die sozialen Probleme und Folgen,
- die wirtschaftliche Bedeutung für die Entwicklungsländer.

S. 143

1 Beschreibe die geographische Lage von Lagos (Karte S. 218/219, Atlas).

▶ Die Lagebeschreibung sollte folgende Merkmale beinhalten: Lage der Stadt im Kontinent, zum Meer und zu Nachbarstaaten, Lage in Nigeria, Höhenlage, Lage zum Äquator.

4 Werte die Meinungen der Einwohner aus und erörtere deren unterschiedliche Meinungen zu Lagos (**M 5**).

▶ Erstelle eine Tabelle, in der du die Meinungen der Einwohner unter bestimmten Gesichtspunkten erfasst. Nutze die Tabelle als Grundlage für die Erörterung.

5 Erarbeite eine Präsentation zum Thema „Lagos – Nigerias Wirtschafts- und Kulturzentrum" ( ).

▶ Hilfe bietet dir die Geo-Methode ***Wir erstellen eine Präsentation*** auf S. 116/117.

S. 145

1 Beschreibe die geographische Lage Mumbais (Karte S. 220/221, Atlas).

▶ Beachte bei der Beschreibung der geographischen Lage:
- die Lage Mumbais in Indien,
- die Lage zum Meer,
- die Höhenlage.

6 Nimm Stellung zum Sanierungsvorhaben in Dharavi (**M 3, M 4**).

▶ Benenne zunächst die für Dharavi geplanten Sanierungsvorhaben.

▶ Äußere dann deine Meinung zu den geplanten Vorhaben und begründe diese.

S. 147

4 Finde im Internet Organisationen, die Straßenkindern helfen. Berichte über deren Projekte ( ).

▶ Beachte dazu die Arbeitstechnik ***Eine Internetrecherche durchführen.***

5 Erörtere Maßnahmen, wie den Straßenkindern geholfen werden kann.

▶ Berücksichtige bei deiner Erörterung:
- staatliche Maßnahmen, die verhindern, dass Kinder in die Situation von Straßenkindern geraten, oder Kindern wieder ermöglichen, aus dem Leben eines Straßenkindes herauszukommen,
- ebenso wie Hilfen vor Ort, die Straßenkindern helfen und ihre Situation verbessern können.

Kapitel 7 Ungleichheiten im Entwicklungsstand charakterisieren

S. 155

2 Erkläre, welche Kennzeichen für die Einteilung von Ländern verwendet werden (**M 4, M 5,** Karten S. 151).

▶ Verwende dazu die Begriffe „Human Development Index" (HDI) und jährliches Pro-Kopf-Einkommen.

3 Beschreibe die Verteilung von Ländern mit unterschiedlichem Entwicklungsstand auf der Erde. Lege eine Tabelle an und ordne jeweils fünf Länderbeispiele zu (**M 5,** Karten S. 151).

▶ Die Tabelle könnte so aussehen:

Länder mit einem hohen Entwicklungsstand (Industrieländer)	Länder mit einem mittleren Entwicklungsstand (Schwellenländer)	Länder mit einem niedrigen Entwicklungsstand (Entwicklungsländer)
...	...	...
...	...	...
...	...	...
...	...	...
...	...	...

5 „Unsere Erde – Eine Welt oder eine geteilte Welt?“ Nimm Stellung zu dieser Frage (**M 3** bis **M 5**).

▶ Finde Gründe, warum in der Aussage betont wird, dass wir **in einer Welt** leben. Suche nun Gründe, warum unsere Welt eine geteilte Welt ist. Denke dabei daran, welche Unterschiede es in den Ländern der Erde gibt. Beachte auch den Text auf S. 155 und die Karten auf S. 151.

S. 157

1 Beschreibe die geographische Lage von Bangladesch (Karten S. 220/221 und S. 224/225, Atlas).

▶ Beachte dabei die Lage im Kontinent Asien, zum Ozean, die Nachbarländer, die Gewässer, die Landeshauptstadt und weitere große Städte.

3 Stelle die Klimadaten von Dhaka in einem Diagramm dar und werte es aus (**M 5**).

▶ Benutze die Checkliste zum Zeichnen eines Klimadiagramms auf Seite 38.

S. 159

1 Beschreibe Malaysias geographische Lage (Karten S. 220/221 und S. 224/225, Atlas).

▶ Beachte dabei:
- die Lage im Kontinent Asien,
- die Lage zum Ozean,
- die Nachbarländer,
- die Landeshauptstadt und
- weitere große Städte.

5 Fertige eine Tabelle an, in der du Gunst- und Ungunstfaktoren für die gesellschaftliche Entwicklung in Malaysia gegenüberstellst (**M 2** bis **M 4**).

▶ Die Tabelle könnte so aussehen:
Gesellschaftliche Entwicklung in Malaysia

Gunstfaktoren	Ungunstfaktoren
...	große Zahl von Menschen, die Bildungschancen nicht nutzen können
Bekämpfung der Armut durch höhere Einkommen	...
...	...

6 Beurteile, ob Malaysia bereits als ein „Schwellenland“ bezeichnet werden kann (**M 2** bis **M 4**, S. 155 **M 4**).

▶ Folgende Merkmale sollte deine Beurteilung berücksichtigen:
- den HDI,
- das Bruttonationaleinkommen pro Einwohner sowie Anteil von Landwirtschaft, Industrie und Dienstleistungen daran,
- die Art der Waren, die exportiert werden,
- das Bevölkerungswachstum,
- den Bildungsstand der Bevölkerung.

S. 163

5 Bewerte die Verantwortung der Industrie- und Entwicklungsländer, zur Verbesserung der Ernährungslage beizutragen (**M 1, M 4**).

▶ Beachte dabei die inneren und die äußeren Ursachen von Hunger in **M 4.**

▶ Schätze nun ein, welchen Einfluss und welche Verantwortung die Industrie- bzw. Entwicklungsländer auf diese Ursachen haben.

S. 165

4 Erläutere die Folgen von Hunger und Unterernährung (**M 1** bis **M 6**).

▶ Überlege zunächst, wo du beginnen möchtest, und achte dann darauf, dass deine Sätze sinnvoll verknüpft sind. Dazu musst du passende Konjunktionen einfügen (zum Beispiel: weil, obwohl, dadurch, deshalb ...). Du könntest so beginnen: „Wo Hunger herrscht, sind die Menschen unterernährt. Unterernährte Mütter gebären untergewichtige Kinder, da sie während der Schwangerschaft unterversorgt waren. ...“

Kapitel 8 Wirtschaftliches Handeln untersuchen

S. 175

2 Wähle ein Produkt aus und erkläre am Beispiel dieses Produktes, was man unter „internationaler Arbeitsteilung“ versteht. Gestalte dazu einen Kurzvortrag (💡).

▶ Beachte dazu die Arbeitstechniken ***Eine Internetrecherche durchführen und Einen Kurzvortrag, ein Kurzreferat halten.***

▶ Mögliche Produkte könnten sein:
- Jeanshose
- T-Shirt
- Computer
- Handy
- Auto
- Flugzeug

▶ Suche im Internet zum Beispiel nach dem jeweiligen Produkt unter Zusatz von „globalisiert“ (globalisiertes Handy,...).

5 Vergleiche die weltwirtschaftliche Stellung der Hauptakteure mit der der Wirtschaftsbündnisse (**M 2, M 3**).

- Untersuche, welche der in **M 2** genannten Staaten du einem der in **M 3** genannten Wirtschaftsbündnisse zuordnen kannst. Vergleiche anschließend die Wirtschaftsleistung der noch verbliebenen Staaten mit der der Wirtschaftsbündnisse.

6 Bewerte die Bedeutung der Wirtschaftsbündnisse für den Welthandel (**M 3, M 4**).

- Hinweise hierzu findest du im Textabschnitt „Wirtschaftsbündnisse".
- Beachte, welche Ziele Wirtschaftsbündnisse verfolgen, und überlege, ob diese Ziele mit einem fairen Welthandel übereinstimmen.

S. 177

4 Erläutere, welche Engstellen der Welthandel passieren muss (Karte S. 171 unten, S. 178/179 **M 1**, Atlas).

- Untersuche, wo besonders viele Schiffe unterwegs sind. Überprüfe, ob es auf diesen Routen Meerengen, Kanäle oder Hafenstädte gibt, und nenne sie.

6 „Entfernungen verlieren an Bedeutung." – Nimm Stellung zu dieser Aussage (**M 2, M 3**).

- Betrachte dabei sowohl die Geschwindigkeit, in der Waren und Nachrichten transportiert werden können, als auch die dabei entstehenden Kosten.

7 Erörtere, inwiefern der Welthandel der Motor der Globalisierung ist (**M 1** bis **M 4**).

- Berücksichtige bei deiner Erörterung, welche Auswirkungen die Zunahme des Welthandels hat, zum Beispiel: Ausbau des internationalen Verkehrs, der Kommunikationsmedien, Abbau von Handelsschranken, Zunahme internationaler Geschäftsbeziehungen.

S. 181

2 Gestalte einen Kurzvortrag zum Thema: „Die Banane – Merkmale und Wachstumsbedingungen" (**M 1,**).

- Beachte dazu die Arbeitstechnik ***Einen Kurzvortrag/ein Kurzreferat halten.***

3 Analysiere den Anbau von Bananen und erläutere die wesentlichen Merkmale des Anbaus (**M 2** bis **M 6**).

- In der Erläuterung sollten die Begriffe Plantage und Monokultur vorkommen und die Auswirkungen dieser Anbauarten für Mensch und Umwelt dargelegt werden.

5 Erörtere die Aussage: Die Banane ist eine problematische Frucht.

- Die „problematische Frucht" sollte unter zwei Gesichtspunkten erörtert werden:
  - Probleme für die Menschen in den Anbauländern,
  - Probleme für die Umwelt.

S. 183

2 Erläutere den Weg der Bananen von der Plantage bis zum Kunden (**M 1, M 3**)

- Beachte dabei auch das Material **M 5.** Die Erläuterung sollte auch enthalten, wer an der Bananenproduktion und am Bananenhandel direkt und indirekt verdient.

6 Recherchiere im Supermarkt, aus welchen Ländern die Bananen kommen und welche Handelsunternehmen auf dem Etikett oder dem Karton erkennbar sind.

- Berücksichtige den Textabschnitt „Bananenhandel".
- Beziehe folgende Entwicklungen in deine Erklärung ein: Der Transport von Bananen in Spezialcontainern auf Containerschiffen hat in den letzten Jahren stark zugenommen. Die Container und Schiffe gehören oft den Schifffahrtslinien, nicht den Fruchthandelsunternehmen wie Dole, Chiquita und anderen.
- Beachte für die Bewertung auch **M 5.**

S. 185

3 Zeige am Beispiel der Kooperative „El Guabo" und des Dachverbandes UROCAL auf, welche Möglichkeiten sich durch ökologische Landwirtschaft und fairen Handel eröffnen. Setze dazu die Partnerinterview-Methode ein (**M 2, M 4,**).

- Beachte dabei die Arbeitstechnik ***Ein Partnerinterview durchführen.***

4 Bewerte die Vorteile fair gehandelter Bananen für die Produzenten und die Verbraucher (**M 1, M 3, M 4**).

- Gesichtspunkte für deine Bewertung könnten zum Beispiel sein:
  - für die Produzenten: Einkommen, Bildung, Arbeit für Frauen, Gesundheitswesen.
  - für die Verbraucher: Bananenpreis (S. 183 **M 5**), Einkaufgewohnheiten, Einfluss der Verbraucher.

S. 187

2 Erläutere die Entwicklung der Rohstoffpreise und die Auswirkungen der Entwicklung (**M 2, M 4**).

- Bedenke die Auswirkungen auf die Länder, die Rohstoffe exportieren und die Länder, die Rohstoffe importieren.

Arbeitsaufträge und ihre Bedeutung

Arbeitsaufträge unterstützen dich, die Materialien (Bilder, Diagramme, Karten, Profile, Schaubilder, Tabellen und Texte) in deinem Geographiebuch richtig zu erschließen und zu bearbeiten. Dabei werden deine Fähigkeiten und Fertigkeiten, also deine Kompetenzen trainiert. Wenn du die Arbeitsaufträge bearbeitet hast, kannst du selbst kontrollieren, ob du alles richtig gemacht hast. Am Anfang einer Doppelseite steht im „check-it"-Kasten, was du wissen und können sollst.

Bereich Wissen und Kenntnisse	
Arbeitsauftrag	**Was von dir erwartet wird**
Analysiere	Du untersuchst gezielt Materialien und stellst fest, welche der einzelnen Aussagen von Bedeutung oder richtig sind.
Arbeite heraus	Du entnimmst Informationen aus den Materialien und gibst sie unter bestimmten Gesichtspunkten wieder.
Berichte	Du erkennst Informationen und Aussagen und gibst diese richtig wieder.
Beschreibe	Du gibst in eigenen Worten und möglichst genau wieder, was die Materialien aussagen. Erklärungen sind nicht nötig.
Charakterisiere	Du benennst und beschreibst typische Merkmale oder Eigenarten eines Sachverhaltes, die dir auffallen.
Erkläre	Du stellst verständlich die Ursachen, Folgen und Gesetzmäßigkeiten von Sachverhalten und Abläufen dar.
Erläutere	Du beschreibst Sachverhalte im Zusammenhang und machst Beziehungen deutlich.
Lokalisiere	Du findest auf einer Karte einen Fluss, eine Stadt oder einen Ort und beschreibst die geographische Lage.
Nenne/benenne	Du gibst Informationen aus Materialien oder eigene Kenntnisse ohne Erklärungen wieder.
Ordne ein/zu	Du versuchst, Sachverhalte oder Räume in einen Zusammenhang zu stellen.
Stelle dar/lege dar	Du zeigst einen Sachverhalt sprachlich oder grafisch ausführlich auf.
Unterscheide	Du vergleichst Sachverhalte miteinander und stellst die Unterschiede fest.
Vergleiche	Du ermittelst Gemeinsamkeiten und Unterschiede, stellst diese gegenüber und formulierst ein Ergebnis.
Zeige auf	Du gibst komplexe Informationen und Sachverhalte knapp und eventuell vereinfacht wieder.

Bereich Methoden, Arbeitstechniken und Handeln	
Arbeitsauftrag	**Was von dir erwartet wird**
Erstelle	Du stellst Sachverhalte zeichnerisch z. B. in Kartenskizzen und Fließdiagrammen dar und beschriftest diese mit Fachbegriffen.
Führe durch	Du führst eine Untersuchung wie z. B. eine Befragung oder einen Versuch nach einer genauen Anleitung durch.
Gestalte	Du fertigst mit verschiedenen Materialien eine Darstellung zu einem vorgegebenen Thema an, z. B. ein Lernplakat.
Plane	Du legst dein Vorgehen zur Bearbeitung einer Fragestellung, einer Problemstellung oder eines Projektes fest.
Präsentiere	Du stellst anderen einen Sachverhalt in verständlicher Form vor.
Recherchiere/informiere dich	Du suchst selbstständig oder mit Hilfe Informationen zu dir unbekannten Sachverhalten und stellst deine Ergebnisse zusammen.
Werte aus	Du entnimmst Informationen und Sachverhalte aus den Materialien und verknüpfst diese zu Aussagen.
Zeichne	Du stellst einen Sachverhalt zeichnerisch dar, z. B. als Skizze, Mindmap oder Diagramm.

Bereich Beurteilen und Bewerten	
Arbeitsauftrag	**Was von dir erwartet wird**
Begründe	Du suchst Argumente oder Beispiele, die vorgegebene Aussagen und Behauptungen unterstützen.
Beurteile	Du überprüfst Aussagen, Vorschläge oder Maßnahmen auf ihre Richtigkeit und kommst zu einem eigenen Urteil.
Bewerte	Du nimmst persönlich Stellung zu den Materialien oder Aussagen und begründest anschließend deine Meinung.
Erörtere/diskutiere	Zu einer Problemstellung entwickelst du eigene Gedanken, untersuchst Pro und Kontra und kommst zu einem Sachurteil.
Prüfe/überprüfe	Du untersuchst an konkreten Sachverhalten, ob Aussagen und Behauptungen richtig und stimmig sind.

Arbeitstechniken

Fließdiagramme zeichnen

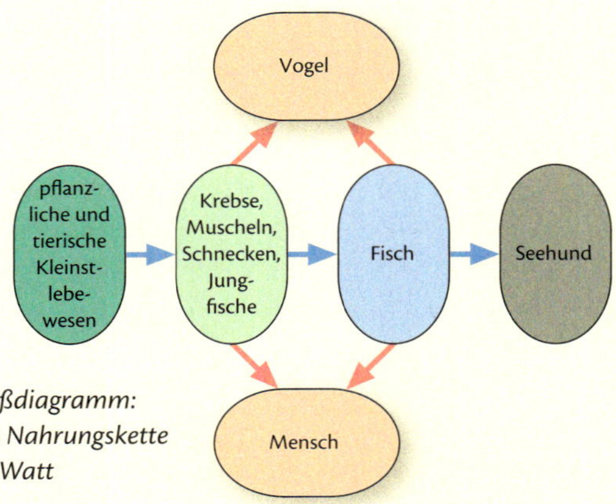

Fließdiagramm: Die Nahrungskette im Watt

Mit Fließdiagrammen können Abläufe und Entwicklungen anschaulich dargestellt werden, wie bei diesem Beispiel die Nahrungskette im Watt.

Eine Internetrecherche durchführen

Eine gute Möglichkeit, Informationen zu beschaffen, bietet das Internet. Allerdings solltet ihr folgende Hinweise bei der Arbeit mit dem Internet beachten.
Zunächst solltet ihr prüfen, ob die Internetrecherche sinnvoll ist. Sie kann sinnvoll sein, wenn
- ihr schnell Informationen benötigt,
- ihr aktuelles Datenmaterial sucht,
- ihr Material benötigt, über das die örtlichen Bibliotheken nicht oder nicht so schnell verfügen können,
- ihr vielleicht noch nicht genau wisst, welche Informationen es zu einem Thema gibt.

Wie finde ich was im Internet?

Am einfachsten ist es, wenn man die Adresse kennt. Sehr häufig wird inzwischen in Zeitungen, Zeitschriften und im Fernsehen die Internetadresse angegeben – sie beginnt mit „www". Achtet darauf, die Adresse genau anzugeben – vor allem die Punkte. Manche Adressen sind naheliegend: www.deutschland.de
Viele Adressen sind hingegen unbekannt. Sie müssen über „Suchmaschinen" herausgefunden werden. Wichtige Suchmaschinen sind: www.google.de, www.metager.de, www.bing.de. Und die bekanntesten Suchmaschinen für Kinder findet ihr unter www.blindekuh.de oder www.fragfinn.de

Mit Suchmaschinen arbeiten

1. Schritt: Gib den Namen der gewünschten Suchmaschine ein.
2. Schritt: Auf der Startseite der Suchmaschine gibst du den Suchbegriff ein, z. B. „Wattenmeer". Die Suchmaschine durchforstet das ganze Web und du erhältst innerhalb kürzester Zeit auf dem Bildschirm eine Liste mit Internetadressen. An der Statuszeile kannst du ablesen, wie viele Einträge diese Liste umfasst.
3. Schritt: Die Liste ist zu lang? Du kannst deine Auswahl auch durch zwei oder mehr Suchbegriffe einschränken (z. B. „Gefährdungen", „Naturschutzpark").
4. Schritt: Sobald du eine vielversprechende Adresse hast, klickst du mit dem Mauszeiger auf diesen Link. Findest du unter der angezeigten Seite Informationen, die du zur Lösung deiner Fragestellung gebrauchen kannst, solltest du sie komplett oder in Auszügen auf der Festplatte deines Computers speichern und ausdrucken. Gib die Adresse dieser Seite als „Quelle" an, auch wenn du nur Auszüge verwendest. **Und Achtung:** Jeder kann im Internet Inhalte ungeprüft veröffentlichen. Du musst also auch prüfen, von wem die Informationen stammen und – soweit dies geht – ob sie sachlich richtig sind.

Karikaturen auswerten

Karikaturen sind bewusst übertriebene Darstellungen eines Sachverhalts oder eines Problems. Um die Aussage einer Karikatur herauszufinden, musst du so vorgehen:
- Betrachte die Karikatur genau und beschreibe, was dargestellt wird. Welche Bedeutung haben die dargestellten Personen und Gegenstände?
- Stelle fest, auf welchen Sachverhalt, welches Problem sich die Karikatur bezieht.
- Wie sieht der Zeichner die Situation/das Problem? Welche Meinung hast du zur Aussage der Karikatur?

Einen Kurzvortrag, ein Kurzreferat halten

Ein Kurzvortrag ist eine mündliche Form der Präsentation, also der Darstellung eines Themas. Ein Kurzvortrag ist in drei Abschnitte gegliedert: Einleitung – Hauptteil – Schluss. Wenn du einen Kurzvortrag zu einem bestimmten Thema halten sollst, beachte folgende Schritte:
1. Das Thema/Problem erfassen: Wie genau lautet das Thema deines Vortrages? Formuliere eine passende Überschrift oder Fragestellung.
2. Informationen recherchieren, sammeln und ordnen: Informationsquellen können dein Schulbuch, weitere Bücher aus Bibliotheken oder das Internet sein. Angesichts der Fülle der Informationen musst du Schwerpunkte festlegen und das vorhandene Material sortieren.
3. Erstelle eine Gliederung für dein Referat. Bedenke, dass es sich um einen kurzen Vortrag handelt (etwa fünf bis zehn Minuten).
4. Du kannst bei deinem Vortrag auch Anschauungsmaterial einsetzen: Bilder, Gegenstände, Tabellen, ein Poster oder Ähnliches sowie Schlüsselwörter an die Tafel schreiben.
5. Referate sollen frei vorgetragen werden. Dabei hilft dir eine Zusammenstellung der wichtigsten Stichwörter auf Karteikarten. Achte dabei auf eine gut lesbare und große

Schrift. Beschränke dich auf das Wesentliche. Vermeide komplizierte und verschachtelte Sätze.

6. Damit euer Minireferat gelingt, müsst ihr den Vortrag üben. Es empfiehlt sich, alles einem Freund oder einer Freundin oder der Familie vorzutragen.
7. **Tipps für den eigentlichen Vortrag:**
   - Stelle dich so hin, dass dich alle sehen können.
   - Versuche frei zu sprechen.
   - Orientiere dich an deinen Stichwörtern.
   - Schau beim Sprechen die Zuhörer/Mitschüler an.
8. Nach dem Vortrag können die Zuhörer Rückfragen stellen, um Begriffe und Sachverhalte präzisieren zu können.

Eine Mindmap erstellen

Eine Mindmap ist eine Gedankenlandkarte. Sie hilft, Informationen zu ordnen und besser im Gedächtnis zu behalten. Bei einer Mindmap fängt man in der Mitte an. Mindmaps bestehen aus Hauptästen und Nebenästen. Es werden immer nur Stichwörter aufgeschrieben.

Eine Mindmap zu erstellen, funktioniert in drei Schritten:

- Nehmt ein unliniertes Blatt Papier und schreibt euer Thema/den zentralen Begriff in die Mitte des Blattes.
- Überlegt, welche wichtigen Oberbegriffe euch zu dem Thema einfallen. Von der Mitte ausgehend zeichnet ihr für jeden gefundenen Oberbegriff die Hauptstränge (Äste) und an jedem Ast notiert ihr den Oberbegriff.
- Von den Ästen gehen Zweige ab, an denen ihr die untergeordneten Gesichtspunkte und Begriffe notieren könnt.

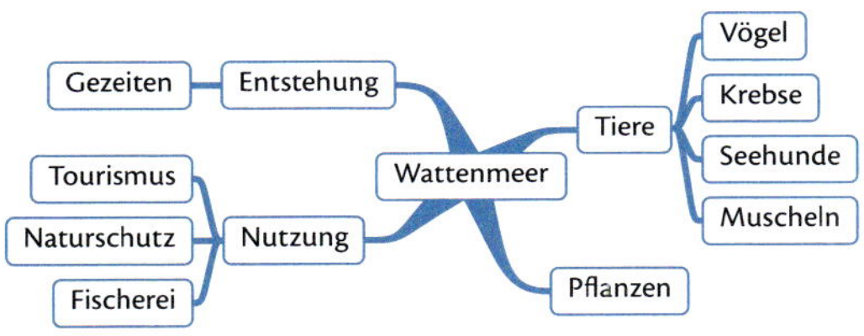

Beispiel einer Mindmap

Ein Partnerinterview durchführen

Im Partnerinterview befragt ihr einen Mitschüler oder eine Mitschülerin zu einer bestimmten Frage innerhalb einer vorgegebenen Zeit. Jeder von euch ist Interviewer und Befragter. Anschließend sammelt ihr eure wichtigsten Ergebnisse aus der Interviewphase und präsentiert diese in der Klasse.

Wie wird die Partnerinterview-Methode durchgeführt?

1. Bearbeitet zunächst in Einzelarbeit die Fragestellung.
2. Setzt euch mit euren Partner zusammen und legt fest, wer zuerst der Interviewer ist.
3. Wechselt nach der Hälfte der Zeit die Rollen.
4. Fasst eure Ergebnisse zusammen.
5. Präsentiert eure Ergebnisse in der Klasse.

Tipps:

- Nutzt einen Notizzettel, um wichtige Stichpunkte festzuhalten.
- Hört eurem Partner konzentriert zu und stellt Fragen, wenn ihr etwas nicht verstanden habt.
- Klärt vor dem Interview untereinander ab, wer von euch der Zeitwächter ist.

Eine Pro-und-Kontra-Diskussion führen

In einer Pro-und-Kontra-Diskussion werden unterschiedliche Positionen kurz und prägnant einander gegenübergestellt und argumentativ begründet. Die Arbeitstechnik eignet sich für strittige Sachverhalte, die aus eurer Sicht kontrovers diskutiert werden können. Dabei müsst ihr auch Sichtweisen und Begründungen vertreten, die vielleicht nicht eurer eigenen Meinung entsprechen.

A Vorbereitungen:

Folgende Rollen müssen vorab festgelegt werden: Moderator, zwei Anwälte und ein bis vier Sachverständige. Alle übrigen Schüler bilden das Publikum. Der Moderator erhält einen Ablaufplan.

Sachverständige und Anwälte bereiten sich in vorgelagerten Arbeitsgruppen intensiv auf ihre Aufgabe vor. Das spätere Publikum kann daran beteiligt werden.

B Ablauf:

Eine Pro-und-Kontra-Diskussion kann in sieben Phasen unterteilt werden:

1. Eröffnung (5 Min.): Der Moderator eröffnet die Diskussion, begrüßt die Teilnehmer, verweist auf die Spielregeln und nennt das Thema.
2. Erste Abstimmung (5 Min.): Vor der Diskussion stimmt das Publikum das erste Mal geheim über eine strittige Frage im Rahmen des Themas ab. Das Ergebnis wird festgehalten.
3. Plädoyers (2 Min.): Die Anwälte halten Eingangsplädoyers: Sowohl der Pro-Anwalt als auch der Kontra-Anwalt erhalten dafür eine Minute Zeit. Beide begründen ihre Position und werben um Zustimmung.
4. Befragung der Sachverständigen (5 bis 20 Min.): Maximal vier Sachverständige, die nicht diskutieren dürfen, sondern nur auf Fragen antworten, werden von den Anwälten abwechselnd befragt.
5. Schlussplädoyers (2 Min.): Jeder Anwalt erhält wiederum eine Minute Zeit, um nochmals seine Position zu verdeutlichen, indem er auf die Aussagen der Sachverständigen eingeht.
6. Zweite Abstimmung (5 Min.): Nach der Diskussion stimmt das Publikum erneut über die strittige Frage ab, um festzustellen, ob einige Zuhörer ihre Meinung geändert haben.
7. Auswertungsgespräch (20 bis 30 Min.): Im Anschluss an eine Pro-und-Kontra-Diskussion findet eine Auswertung statt. Bei diesem Gespräch werden die Plausibilität und Überzeugungskraft der Argumente diskutiert.

C Tipps zur Umsetzung:

Das Thema sollte auf eine Entscheidungsfrage zugespitzt werden, damit aus der Pro-und-Kontra-Diskussion keine ausufernde Debatte wird. Vor einer solchen Diskussion solltet ihr mit dem Problem bereits vertraut sein und unterschiedliche Positionen kennengelernt haben.

Wichtig ist es, genau zuzuhören, abzuwarten, Aussagen der Gesprächspartner genau wiederzugeben, sie zu kommentieren, Gegenthesen zu bilden oder stützende Argumente zu finden.

Tipps zum Erstellen von Plakaten und Folien

Überschrift: Jedes Plakat/jede Folie hat einen Namen.

- Große Schrift: Nur so ist der Text auch lesbar. Bei Plakaten am besten dicke Stifte verwenden.
- Struktur: Der Aufbau muss mit einem Blick erkennbar sein. Da helfen
  - Blockbildung,
  - Trennlinien,
  - Kästen.
- Sinneinheiten sollen räumlich nah beieinander stehen.
- Wichtiges hervorheben: Dies lässt sich durch farbige Schrift, Unterstreichen, Umrahmen oder Schraffieren erreichen.
- Farben: Sie beleben das Plakat/die Folie. Pro Darstellung maximal drei Farben verwenden.
- Bild schlägt Wort: Nicht nur Text, sondern auch Schemazeichnungen, Diagramme oder Bilder verwenden.
- Mut zur Lücke: Auch Freiflächen sind Gestaltungselemente. Mindestens ein Drittel freilassen.
- Fernwirkung: Aus mindestens fünf Metern Entfernung müssen Plakate noch gut lesbar sein. Bei Folien sollte dies auch vom hinteren Bereich des Raumes möglich sein.

Ein Wirkungsgefüge erstellen

Ein Wirkungsgefüge kann Zusammenhänge grafisch darstellen. Es eignet sich besonders dazu, Verläufe von Handlungen und Entwicklungen zu verdeutlichen.

Diese Schritte haben sich zur Erarbeitung von Wirkungsgefügen bewährt:

1. Erfassen der Materialgrundlage

Lest z. B. den euch vorliegenden Text aufmerksam durch. Markiert die Schlüsselbegriffe. Fasst diese zu übergeordneten Begriffen zusammen.

2. Festlegen der Strukturelemente

a) Überlegt, ob das Wirkungsgefüge zu eurem Thema einen „Anfang" und ein „Ende" haben sollte oder eine Darstellung als „Kreislauf" der Sache besser entspricht.

b) Gliedert schwierige Teilbereiche in weitere Unterbereiche auf.

c) Wählt die Darstellungsform aus (nur Schrift, Kästchen, Kreise usw.).

d) Überlegt die Art der Pfeildarstellung in eurem Wirkungsgefüge:

- Ein Kausalpfeil weist auf Ursache und Wirkung hin.
- Ein Prozesspfeil verdeutlicht z. B. die Umsetzung von Stoffen.

Ihr könnt die Aussagekraft der Pfeile durch ihre Stärke, Farbe oder mit den Zeichen plus (+) und minus (–) verstärken. Vermeidet Überschneidungen der Pfeile; diese beeinträchtigen die Anschaulichkeit.

3. Umsetzen in eine grafische Darstellung

a) Erarbeitet zunächst eine Skizze.

b) Fertigt dann euer Wirkungsgefüge an. Dazu könnt ihr z. B. Programme wie Word oder auch PowerPoint benutzen.

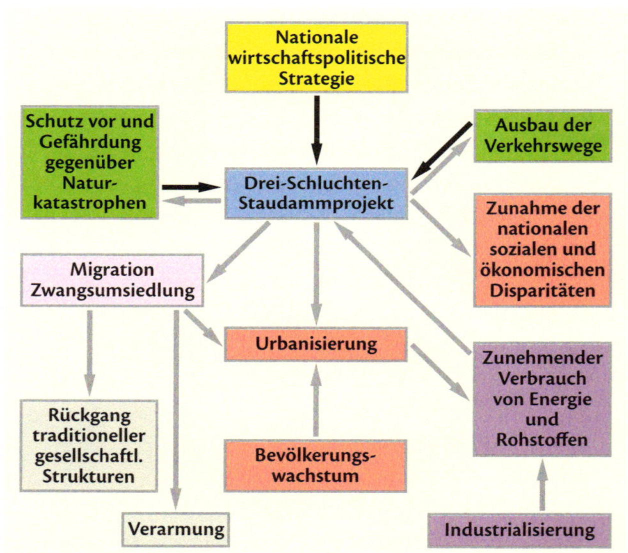

Beispiel für ein Wirkungsgefüge

Lexikon

AIDS (S. 135): (engl. = acquired immune deficiency syndrome) erworbene Immunschwächekrankheit, die von Viren übertragen wird. Im Endstadium bricht das Immunsystem des Patienten zusammen und er stirbt an eigentlich harmlosen Infektionen.

Akkumulation (S. 19): Anhäufung, Ansammlung und Ablagerung von festen Stoffen, z. B. Sanddünen (vgl. → *Sedimentation*).

Albedo (S. 86): spezifisches Reflexionsvermögen von Körpern. Eine Verhältnisgröße, die angibt, welcher Anteil der ankommenden Strahlung reflektiert wird.

arid (S. 20): (lat. = trocken) In einem ariden Gebiet fallen weniger Niederschläge, als Wasser verdunsten könnte. Das kann sich auf Monate oder das Jahr (arides Klima) beziehen. Im Klimadiagramm liegt die Temperaturkurve über den Niederschlagssäulen.

Asyl (S. 136): mehrdeutiger Begriff, unter dem man einen Zufluchtsort oder einen Schutz vor Verfolgung und Gefahr, aber auch eine (vorübergehende) Aufnahme von Verfolgten versteht (z. B. „Kirchenasyl"). Gemäß der Genfer Flüchtlingskonvention von 1951 sind → *Flüchtlinge* Menschen, die sich außerhalb ihres Heimatstaates aufhalten und eine berechtigte Furcht haben müssen, aufgrund ihrer Hautfarbe, Religion, Nationalität, politischen Gesinnung oder Zugehörigkeit zu einer (sozialen) Gruppe verfolgt zu werden.

Atmosphäre (S. 34): (griech.) nennt man die Lufthülle, die unsere Erde umgibt. Sie besteht aus Stickstoff (ca. 78 %) und Sauerstoff (ca. 21 %) sowie Spurengasen, Staub und Wasser.

Barometer (S. 32): Messgerät zur Bestimmung des Luftdrucks.

Beleuchtungszone (S. 30): → *Temperaturzonen*.

Bevölkerungspolitik (S. 130): Maßnahmen eines Staates mit dem Ziel, auf die Geburtenzahl, auf die Wanderung und insgesamt die Entwicklung der Bevölkerung Einfluss zu nehmen.

Bevölkerungswachstum (S. 126): Ergebnis des Zusammenspiels von Geburten, Sterbefällen und Wanderungen in einem Gebiet; bei positiver Änderung der Einwohnerzahl wird von „Bevölkerungswachstum", bei negativer Entwicklung von „Bevölkerungsrückgang" oder „Bevölkerungsabnahme" gesprochen.

Binnenflüchtling (S. 136): → *Flüchtling*, der innerhalb seines Heimatstaates seine Heimatregion verlassen hat.

Binnenmigration (S. 136): eine → *Migration* innerhalb der Grenzen eines Staates.

Bodenerosion (S. 79): ein Vorgang, bei dem lockere Teile der Erdoberfläche durch Wasser fortgespült oder Wind weggeweht werden. Dadurch werden Böden unfruchtbar. → *Brandrodung* kann den Prozess weiter verstärken.

Brandrodung (S. 64): Abbrennen von Wald, Busch- oder Grasland, damit es als Ackerland genutzt werden kann. Die Brandrodung ist hauptsächlich in den Tropen verbreitet.

Brettwurzel (S. 61): oberirdische, bis zu 10 m hohe, flügelförmige Wurzeln von hohen Bäumen im → *tropischen Regenwald*.

Bruttonationaleinkommen (BNE) (S. 154): Maß für die wirtschaftliche Leistung einer Volkswirtschaft in einem Jahr in Geldwerten; es umfasst den Wert der Sachgüter und Dienstleistungen, die über einen Markt abgesetzt werden, also nicht die Leistungen im Privathaushalt. Nicht einbezogen werden Produktionen ausländischer Unternehmer im Inland, wohl aber die Erträge von inländischen Unternehmen im Ausland.

Cash-Crop (S. 159): landwirtschaftliches Erzeugnis, das im Gegensatz zu Agrarprodukten für die Selbstversorgung für den (Welt-)Markt produziert wird.

Dauerfeldbau (S. 65): Bei ganzjähriger Vegetationsperiode in den immerfeuchten Tropen und Subtropen ist eine durchgehende Nutzung mit mehreren Ernten im Jahr möglich.

Deflation (S. 18): Abtragung von Lockermaterial durch Wind.

demographischer Wandel (S. 134): Die Demographie ist die Wissenschaft von der Bevölkerung. Die Zusammensetzung einer Bevölkerung wandelt sich ständig. In Deutschland wird der demographische Wandel zum Beispiel dadurch bestimmt, dass es immer weniger Kinder, immer mehr alte Menschen und zunehmende Zuwanderung aus dem Ausland gibt.

Düne (S. 19): Sandhügel, der vom Wind angeweht worden ist.

Dürre (S. 78): längere Trockenperiode mit sehr geringem Niederschlag und hohen Temperaturen.

Einstrahlungswinkel (S. 30): Winkel, unter dem die von der Sonne ausgesendeten Lichtstrahlen auf die Erdoberfläche treffen.

Emigrant (S. 136): Mensch, der ein Land verlässt (Auswanderer).

Entwicklungsland (S. 154): Land, das wirtschaftlich, politisch, sozial und technisch hinter dem Stand der → *Industrieländer* weit zurückliegt.

erneuerbare Energie (S. 158): mitunter auch als „regenerative Energie" bezeichnet. Sie wird aus nicht endlichen Quellen wie Sonne oder Wind gewonnen. Dies ist nicht nur umweltfreundlich, sondern auch eine wirtschaftliche Alternative zu umweltschädlichen und teuren konventionellen oder fossilen Energieträgern. Solarenergie, Windenergie, Wasserkraft und Geothermie sind Beispiele für erneuerbare Energien, die immer mehr an Bedeutung gewinnen.

Erosion (S. 11): Abtragung von verwittertem Material der Erdoberfläche (Ton, Schluff, Sand, Kies, Steine) durch Wasser, Wind und Eis.

exogene (erdäußere) Kraft (S. 11): die von außen auf die Erdoberfläche einwirkt, z. B. fließendes Wasser, Wind, Eis oder Temperaturunterschiede, und Vorgänge wie → *Verwitterung*, → *Erosion* und → *Sedimentation* bedingt.

Export (S. 67): die Ausfuhr von Rohstoffen, Waren und Dienstleistungen in das Ausland.

fairer Handel (S. 184): (engl. = fair trade) Bezeichnung für eine faire, also gerechte Handelsweise, welche die Lebens- und Arbeitsbedingungen der Produzentenfamilien in → Entwicklungsländern verbessern soll.

Flüchtling (S. 136): Mensch, der infolge außerordentlicher Not (Verfolgung) seinen Heimatstaat oder sein Herkunftsgebiet verlassen hat.

Fluorchlorkohlenwasserstoffe (FCKW) (S. 103): Wegen ihrer Beständigkeit und ihrer vergleichsweise geringen Giftigkeit werden sie vielseitig als Treibgas sowie als Kälte-, Verschäumungs- und Feuerlöschmittel eingesetzt. Die enthaltenen Chloratome sind mitverantwortlich für die Zerstörung der Ozonschicht.

Freihandelszone (S. 175): Wenn Staaten untereinander ihre wirtschaftlichen Beziehungen verbessern wollen, können sie ein sogenanntes Freihandelsabkommen vereinbaren. Ein solches Abkommen garantiert (z. B. durch Zollfreiheit) freien Handel zwischen Staaten und ermöglicht somit eine Steigerung des Außenhandels. Schließen sich mehrere Staaten zusammen, spricht man von einer Freihandelszone.

Front (S. 44): in der Meteorologie eine Grenze zwischen Luftmassen, an der sich Luftdruck, Temperatur und Windrichtung sprunghaft ändern (→ *Kaltfront*, → *Warmfront*).

Frontalzone (S. 45): außertropischer Atmosphärenbereich zwischen der subtropischen Warmluft und der subpolaren Kaltluft, in dem polwärts eine starke Luftdruckabnahme herrscht.

Frostsprengung (S. 20): Form der → *Verwitterung*: Gerät Wasser in Stein- oder Felsspalten, so gefriert es bei tiefen Temperaturen. Dabei dehnt sich das Eis aus. Durch den ständigen Wechsel von Hitze und Frost wird das Gestein so mürbe, dass es schließlich zerspringt.

Galeriewald (S. 72): geschlossene Waldstreifen im Bereich der äußeren Tropen, die sich entlang von Flusssystemen ausbilden, wo die Bäume das Grundwasser erreichen und sich deshalb nicht der Trockenzeit des wechselfeuchten Klimas anpassen müssen.

Geburtenrate (S. 126): Die Geburtenrate oder Geburtenziffer gibt die Anzahl der Lebendgeborenen pro 1000 Einwohner eines bestimmten Gebietes in einem bestimmten Zeitraum an.

Global City (S. 138): Großstadt mit Hauptsitzen von Unternehmen, die von hier aus ihr weltweites wirtschaftliches Handeln steuern und kontrollieren.

Global Player (S. 189): großes, internationales Unternehmen, das weltweit tätig ist und über weltweit angesiedelte Firmenstandorte verfügt. Diese Unternehmen sind in der Lage, ihre Standorte aufgrund von Unterschieden zwischen den Ländern (z. B. durch günstige Löhne in einer Region oder niedrige Steuern in einem Land) auswählen zu können und damit Wettbewerbsvorteile gegenüber kleineren Unternehmen zu nutzen.

Globalisierung (S. 176): Prozess der zunehmenden weltweiten Verflechtung und Vernetzung von Politik, Kultur, Umwelt, Produktion und Märkten.

Hackbau (S. 76): einfache Form der Landwirtschaft, bei der der Boden mit Hacken bearbeitet wird. Häufig in den Tropen praktiziert, typische Anbauprodukte sind Kartoffeln, Rüben, Maniok oder Yams.

Hektopascal (hPa) (S. 32): Maßeinheit, mit der bei einem → *Barometer* der Luftdruck angegeben wird.

Hochdruckgebiet (S. 32): Luftmasse mit einem Luftteilchenüberschuss an der Erdoberfläche und somit höherem Luftdruck. Aus dem Hochdruckgebiet fließen die Luftteilchen seitlich zum → *Tiefdruckgebiet* ab.

Human Development Index (HDI) (S. 154): Maßzahl für die menschliche Entwicklung eines Staates; der HDI wird jährlich von den Vereinten Nationen (UN) auf einer Skala von 0 bis 1 veröffentlicht. Er umfasst Werte für Einkommen, Lebenserwartung sowie Schulbildung und zeigt den durchschnittlichen Leistungsstand eines Landes an.

humid (S. 39): (lat. = feucht, nass) feuchte Gebiete oder Jahreszeiten, in denen mehr Niederschlag fällt als verdunstet und so eine hohe Luftfeuchtigkeit vorherrscht.

Humus (S. 61): oberste Bodenschicht, bestehend aus abgestorbenen und zersetzten Pflanzen, zum Teil auch aus Kleintieren; meist sehr fruchtbar.

Hurrikan (S. 42): tropischer Wirbelsturm, der mindestens Orkanstärke (Windstärke 12 = 118 km/h) hat und auf der nördlichen Hemisphäre (Erdhalbkugel) entstanden ist. Durch die hohen Windgeschwindigkeiten, die Wellen und schwere Niederschläge sowie eine Ausdehnung von mehreren Kilometern können Hurrikane Tausende von Quadratkilometern verwüsten.

Immigrant (S. 136): Mensch, der sich für eine längere Zeit oder den Rest seiner Lebenszeit in ein Land begibt (Einwanderer).

Industrialisierungspolitik (S. 158): politische Rahmenbedingungen des Industrialisierungsprozesses eines Raumes; die Industrialisierung kann z. B. durch staatliche Hilfen gefördert, aber auch durch gesetzliche Beschränkungen (z. B. im Rahmen des Naturschutzes) gehemmt werden. Die jeweilige Industrialisierungspolitik spielte vor allem bei der wirtschaftlichen Aufbauarbeit in den → *Entwicklungsländern* eine große Rolle.

Industrieland (S. 65, 154): Begriff, um die reichen, entwickelten Länder den → *Entwicklungsländern* gegenüberzustellen. Industrieländer zeichnen sich durch ein hohes Pro-Kopf-Einkommen und ein hohes → *Bruttonational-*

einkommen aus, das im Wesentlichen durch Dienstleistungen erzeugt wurde.

informeller Sektor (S. 141): wirtschaftliche Tätigkeiten der Menschen, die nicht staatlich registriert und kontrolliert sind (Schattenwirtschaft). Er ist eine Folge des Beschäftigungsproblems der → *Entwicklungsländer* und ist gekennzeichnet durch arbeitsintensive Produktion, einfache Tätigkeiten, schlechte Bezahlung und niedrige Qualifikationsanforderungen, die außerhalb des Schulsystems erworben werden.

innertropische Konvergenzzone (ITC) (S. 41): schmale Zone tiefen Luftdrucks, in der der Nordostpassat und der Südostpassat zusammenströmen, d. h. konvergieren.

internationale Arbeitsteilung (S. 174): weltweite Aufteilung der Arbeitsprozesse bei der Produktion von Gütern. Im Zuge der → *Globalisierung* werden heute Waren dort produziert, wo die Herstellungskosten am niedrigsten sind.

Inversionsschicht (S. 93): Luftschicht, in der die Lufttemperatur mit zunehmender Höhe zunimmt; sie wirkt als Sperrschicht.

Jahreszeitenklima (S. 59): durch deutliche Temperaturunterschiede zwischen Sommer und Winter entstehen vier Jahreszeiten mit Frühling und Herbst als Übergangszeiten.

Jet-Stream (S. 45): Westwindströmung in der hohen → *Atmosphäre*, die 100 bis 500 km/h schnell sein kann.

Kaltfront (S. 47): Wettererscheinung, bei der kältere Luft gegen Warmluft vordrängt und die wärmere Luft vom Boden verdrängt. Beim Durchzug einer Kaltfront dreht sich der Wind, die Temperatur sinkt und der Luftdruck steigt. Nach dem Frontdurchgang ist es windig und kühl (→ *Front*, → *Warmfront*).

Karawane (S. 78): Reisegesellschaft von Kaufleuten, die mit Kamelen die → *Wüsten* des Orients durchqueren.

Klimazone (S. 48): Zone mit gleichartigem Klima, die sich in einem breiten Gürtel um die Erde erstreckt; es werden polare, subpolare, gemäßigte, subtropische und tropische (wechselfeuchte und immerfeuchte) Klimazonen unterschieden.

Kohlenstoffdioxid (CO_2) (S. 34): ein Gas in der → *Atmosphäre*. Es entsteht bei der Verbrennung von Holz und fossilen Brennstoffen wie Erdöl, Kohle und Erdgas.

Kohlenstoffquelle (S. 90): Eine Kohlenstoffquelle führt der → *Atmosphäre* mehr → *Kohlenstoffdioxid* zu, als sie der Atmosphäre entnimmt.

Kohlenstoffsenke (S. 91): Eine Kohlenstoffsenke entzieht der → Atmosphäre → *Kohlenstoffdioxid*, z. B. Wald und Ozeane.

kontinentale Luftmasse (S. 44): Luftmassen, die in Hochdruckgebieten über dem Festland entstehen und trocken sind (→ *maritime Luftmassen*).

Korrasion (S. 18): Abtragung von Gestein durch Wind und das im Wind mittransportierte Material an Staub, Sand und Feinkies.

Landregen (S. 47): lange andauernder und ergiebiger Regen im Zusammenhang mit einer → *Warmfront*.

Lebenserwartung (S. 126): statistische Größe der durchschnittlichen Lebenslänge einer Bevölkerung.

Mangrovenwald (S. 157): Wald im gezeitenabhängigen Küstenbereich und Flussmündungen tropischer Küsten. Die Pflanzen im Mangrovenwald sind an die Gezeiten und den Salzgehalt des Wassers angepasst.

maritime Luftmasse (S. 44): Luftmassen, die in Hochdruckgebieten über dem Meer entstehen und feucht sind (→ *kontinentale Luftmassen*).

Megastadt (S. 138): Großstadt mit mehr als 10 Millionen Einwohnern.

Methan (CH_4) (S. 83): farb- und geruchloses, brennbares Gas, das Hauptbestandteil von Erd- und Biogas ist. Methan entsteht bei Fäulnis- und Zersetzungsprozessen von biologischem Material unter Luftabschluss.

Migration (S. 136): Wanderungen von Bevölkerungsgruppen oder einzelnen Personen. Die Migration kann innerhalb eines Landes erfolgen (→ *Binnenmigration*) oder grenzüberschreitend sein. Sie hat einen längerfristigen oder endgültigen Wohnortwechsel zum Ziel. Die Gründe sind wirtschaftlicher (z. B. Gastarbeiter) oder sozialer Art (z. B. Minderheiten in einem Land). Migrationen können auch erzwungen sein (z. B. Vertriebene oder → *Flüchtlinge*).

mineralischer Rohstoff (S. 158): Material, das mittels Förderung (Bergbau oder Abbau) aus Anreicherungen (Vorkommen) in der Erdschicht gewonnen wird. Die mineralischen Rohstoffe, oft auch als Bodenschätze bezeichnet, werden dabei unterteilt in Industrieminerale, Energierohstoffe und metallische Rohstoffe.

Mitternachtssonne (S. 108): Phänomen in den Polarregionen: Während des → *Polartags* geht die Sonne nicht unter. Sie ist also auch um Mitternacht sichtbar.

Modell des demographischen Übergang (S. 126): Beschreibung des Übergangs von hohen → *Geburten-* und → *Sterberaten* einer traditionellen Gesellschaft zu niedrigen Geburten- und Sterberaten einer modernen Gesellschaft.

Monokultur (S. 67): (lat. *mono* = eins) Feldbau, bei dem eine Nutzpflanze auf großen Flächen über viele Jahre angebaut wird.

Nomade (S. 74): Viehhalter, der mit der Herde von Naturweide zu Naturweide zieht, da die Futtergrundlage infolge der Trockenheit nicht für eine Dauernutzung ausreicht. Vollnomaden sind Tierhalter, die mit ihren Herden in jahreszeitlichen Wanderungen wechselnde Weideplätze aufsuchen. Bei Halbnomaden bewohnt ein Teil des Stammes Dauersiedlungen und betreibt etwas Ackerbau.

Nomadismus (S. 75): Wirtschaftsform, die von → *Nomaden* betrieben wird und auf der Wanderbewegung der Nomaden beruht.

Oase (S. 21): Gebiet in einer → *Wüste* oder an ihrem Rand, in dem durch dort vorhandenes Wasser üppiges Pflanzenwachstum möglich ist.

Ökosystem (S. 90): eine Landschaft mit einem kennzeichnenden Wirkungsgefüge der Bestandteile Klima, Wasser, Boden, Tier- und Pflanzenwelt.

Ozon (O_3) (S. 92): das Sauerstoffmolekül Ozon (O_3) ist für Menschen und Tiere giftig. Aber in 20 bis 30 km Höhe ist es als schützende Ozonschicht vorhanden. Sie filtert die von der Sonne ausgehende UV-Strahlung aus, die Hautkrebs auslösen kann, und Chlorophyll (das Grün der Blätter und Pflanzen) zerstört.

Ozonloch (S. 92): Ausdünnung der Ozonschicht in der → *Atmosphäre*, die aber über den Polen bereits einer weitgehenden Zerstörung gleichkommt. Hauptverursacher des Ozonabbaus sind → *Fluorchlorkohlenwasserstoffe* und → *Methan*.

Ozonsmog (S. 92): In den unteren Schichten der → *Atmosphäre* (bis 10 Kilometer Höhe) gibt es nur wenig natürlich vorhandenes Ozon. Durch starke Sonneneinstrahlung, hohe Temperaturen und bestimmte Luftverunreinigungen – vor allem durch Stickstoffoxide und Fluorchlorkohlenwasserstoffe (Hauptquellen für diese Schadstoffe sind, mit einem Anteil von sieben Zehnteln, der Autoverkehr sowie Industrie und Kraftwerke) – bildet sich zusätzliches Ozon. Ozonüberschüsse und Ozonsmog entstehen vor allem bei längeren hochsommerlichen Schönwetterperioden in großen Städten.

Passat (S. 41): mäßig starker und sehr beständig wehender Wind, der in tropischen Seegebieten rund um den Erdball auftritt. Man unterscheidet nach der Hauptwindrichtung den Nordostpassat auf der Nordhalbkugel und den Südostpassat auf der Südhalbkugel.

Permafrost (S. 110): bis 1500 m tief gefrorener Boden, der im Sommer nur bis zu etwa 1 m Tiefe auftaut.

Pflanzenschutzmittel (S. 67): Stoffe, die Pflanzen vor Schädlingen, wie Tieren, Mikroorganismen oder Krankheiten schützen.

Photosynthese (S. 90): Herstellung von Sauerstoff und energiereichem Traubenzucker aus → *Kohlenstoffdioxid* und Wasser durch grüne Pflanzen. Die dazu notwendige Energie nehmen die Pflanzen aus dem Sonnenlicht auf.

Plantage (S. 66): landwirtschaftlicher Großbetrieb in den Tropen mit einseitiger Ausrichtung (→ *Monokultur*) zum Erzeugen von Produkten für den Weltmarkt (z. B. Kaffee).

Polarnacht (S. 108): die Zeit, in der die Sonne länger als 24 Stunden lang nicht scheint, weil sie unter dem Horizont bleibt und nicht aufgeht. Diese Erscheinung tritt nur zwischen den Polarkreisen und den Polen auf. Ursache dafür ist die Neigung der Erdachse gegenüber ihrer Umlaufbahn um die Sonne.

Polartag (S. 108): die Zeit, in der die Sonne länger als 24 Stunden lang scheint, weil sie über dem Horizont bleibt. Je nach Lage ist der Polartag unterschiedlich lang. Während der Polartag am Polarkreis einen Tag dauert, ist er an den Polen ein halbes Jahr lang.

Regenfeldbau (S. 76): Ackerbau, bei dem der Wasserbedarf der Nutzpflanzen ausschließlich durch Niederschläge gedeckt wird.

Rotation (der Erde) (S. 32): die Drehung der Erde von Westen nach Osten um die eigene Achse in 24 Stunden. Dadurch entstehen Tag und Nacht.

Schelfeis (S. 107): große Eisplatte, die auf dem Meer schwimmt und mit einem Gletscher an Land fest verbunden ist. Am Rande des Schelfeises brechen Eisberge ab.

Schwellenland (S. 154): ein → *Entwicklungsland*, das in der Entwicklung seiner Wirtschaftskraft so schnelle Fortschritte macht, dass angenommen wird, es werde bald den Stand eines → *Industriestaates* erreicht haben, z. B. Indien und China.

Sedimentation (S. 11): Ablagerung von festen Stoffen, die an anderer Stelle abgetragen wurden, z. B. Sand (vgl. → *Akkumulation*).

Sekundärwald (S. 65): nach Rodung oder → *Brandrodung* nachwachsender Wald; weniger artenreich als der ursprüngliche Wald.

Slum (S. 140): (engl.) Bezeichnung für ein heruntergekommenes Wohn- oder Elendsviertel; in → *Entwicklungsländern* meist durch Barackensiedlungen am Rande oder innerhalb einer großen Stadt gebildet.

Sterberate (S. 126): Zahl der Gestorbenen pro 1000 Einwohner eines bestimmten Gebietes.

Stockwerkbau (S. 60): Aufbau von verschiedenen Pflanzen; in einer → *Oase* drei Stockwerke (Gemüse und Getreide, Obstbäume, Dattelpalmen), im → *tropischen Regenwald* vier Stockwerke (Bodenschicht, Strauchschicht und junge Bäume, ausgewachsene Bäume, Urwaldriesen).

Subvention (S. 187): an einen Zweck gebundene (finanzielle) Unterstützung für Unternehmen (Firmen); diese kann eine direkte Zahlung oder eine Steuererleichterung sein.

Tageszeitenklima (S. 59): In den Tropen sind die täglichen Schwankungen der Temperatur größer als die Jahresschwankung. Es gibt daher weder Sommer noch Winter.

Temperaturzone (S. 30): Abhängig von der Breitenlage beleuchtet die Sonne die Erde unterschiedlich stark. Diese Temperatur- oder Beleuchtungszonen sind parallele Streifen, in denen jeweils ähnlich hohe Temperaturen herrschen.

Terms of Trade (S. 186): (engl.) Verhältnis der Exportpreise und der Importpreise eines Landes, bezogen auf ein bestimmtes Basisjahr; Terms of Trade geben an, wie viele Mengeneinheiten an Importgütern ein Land für eine

Mengeneinheit seiner Exportgüter auf dem Weltmarkt kaufen kann.

Tiefdruckgebiet (S. 32): Luftmasse mit Mangel an Teilchen in der Lufthülle und geringerem Luftdruck. In das Tiefdruckgebiet der Nordhalbkugel fließen Moleküle entgegengesetzt zum Uhrzeigersinn vom → *Hochdruckgebiet* hinein.

Tornado (S. 42): vorwiegend im Sommer über Nordamerika auftretender Wirbelsturm mit wenigen hundert Metern Durchmesser.

Transport (S. 11): Bewegung von durch Erosion abgetragenem Gesteinsmaterial bis zur Ablagerung (→ *Sedimentation*).

Treibhausgas (S. 88): Gas in der → *Atmosphäre*, wie → *Kohlenstoffdioxid*, Wasserdampf, → *Methan*, → *Ozon*, das die Wärmerückstrahlung von der Erdoberfläche in das All verhindert. Die natürliche Treibhausgaskonzentration in der Atmosphäre sorgt dafür, dass auf unserem Planeten statt eisiger Weltraumkälte eine durchschnittliche Temperatur von 15 °C herrscht. Der zusätzliche Ausstoß von Treibhausgasen durch menschliche Aktivitäten heizt das Klima jedoch weiter auf und hat den Klimawandel zur Folge.

Trockengrenze (S. 76): Grenze zwischen Gebieten mit trockenem und feuchtem Klima. An ihr befinden sich Niederschlag und Verdunstung im Gleichgewicht.

Trogtal (S. 12): Wenn Gletscher in bestehende Flusstäler fließen, schleifen sie den Untergrund und die Seiten ab. Wenn die Gletscher schmelzen, sieht der Querschnitt eines solchen Tals wie ein großes U oder wie ein Trog aus.

tropischer Regenwald (S. 59): Immergrüner Wald der Tropen, der charakterisiert wird durch üppiges Wachstum, Artenreichtum und ausgeprägten → *Stockwerkbau*. Reichliche, über das ganze Jahr gleichmäßig verteilte Niederschläge (2000–4000 mm im Jahr) und gleichbleibend hohe Temperaturen (im Mittel um 25 °C) kennzeichnen das Klima.

Tundra (S. 110): baumlose Vegetationszone der Subpolargebiete mit Moosen, Flechten, Gräsern und Zwergsträuchern. Die Sommer sind kurz und kühl (6–10 °C), die Winter lang und kalt (unter –8 °C) mit einer Schneedecke bis zu 300 Tagen im Jahr. Charakteristisch ist der → *Permafrost*.

Überweidung (S. 79): Übernutzung von Weideland durch zu großen Viehbestand. Die Tiere fressen mehr Futter als nachwachsen kann und zertreten die Grasnarbe, wodurch es zu → *Bodenerosion* und Wüstenbildung kommen kann.

Vegetationszone (S. 49): Großraum der Erde mit gleicher Vegetation, die durch die weitgehend gleichen Klimabedingungen geprägt ist. Vegetationszonen lassen sich daher den → *Klimazonen* zuordnen.

Verstädterung (S. 138): Zunahme von Städten und des Wachstums von Städten nach Bevölkerungszahl und Fläche.

Verwitterung (S. 11): Zerkleinerung und Zersetzung festen Gesteins zu lockerem Material (Gesteinsschutt, Minerale), die durch physikalische, chemische und biologische Prozesse hervorgerufen werden.

Wachstumsrate (S. 126): Ergebnis des Vergleichs von → *Geburtenrate*, → *Sterberate* und Wanderungssaldo in einem Raum.

Wadi (S. 21): (arab.) Bezeichnung für ein Flusstal ohne Wasserführung in den → *Wüsten* Nordafrikas und Westasiens. Nach Niederschlägen kann es wieder Wasser führen.

Wanderfeldbau (S. 65): (engl. shifting cultivation) Verlegung der Anbauflächen und Siedlungen in tropischen Gebieten bei nachlassender Fruchtbarkeit der Böden. Neue Anbauflächen werden meist durch → *Brandrodung* gewonnen.

Warmfront (S. 47): Wettererscheinung, bei der an der Vorderseite eines Tiefs leichte Warmluft auf die schwere Kaltluft gleitet. Dabei entstehen Wolken, aus denen lange andauernde Niederschläge entstehen (→ *Front* ,→ *Kaltfront*, → *Landregen*).

Welthandel (S. 175): Gesamtheit der wirtschaftlichen Beziehungen, die zwischen den Volkswirtschaften der Länder in ihrem gegenseitigen Austausch von Waren, Kapital und Dienstleistungen bestehen.

Welthandelsgut (S. 67): Ware, die über den nationalen Handel hinaus Bedeutung als internationale Handelsware hat und somit über den Weltmarkt gehandelt wird, z. B. Kaffee, Kakao und Bananen.

Weltwirtschaft (S. 174): Gesamtwirtschaft der internationalen Wirtschaftsbeziehungen und Verflechtungen der Staaten der Welt.

Wüste (S. 20): Gebiet mit geringem oder keinem Pflanzenwachstum, bedingt durch Trockenheit oder durch Kälte.

Zenitalregen (S. 40): Mittagsgewitter der inneren Tropen. Wegen der starken Erwärmung schießt heiße Luft in große Höhe (bis 18 km). Dabei entstehen gewaltige Gewitterwolken, die sich am frühen Nachmittag in heftigen Schauern ausregnen.

Zenitstand (S. 40): der senkrechte Stand der Sonne über einem Ort in den Tropen zur Mittagszeit.

Zirkulation (S. 34): Beschreibung der globalen Druck- und Temperaturverhältnisse und der dadurch bedingten Luftströmungen.

Zollschranke (S. 187): staatliche Beschränkung von Wareneinfuhren aus dem Ausland durch einen hohen Zoll.

Zyklone (S. 46): großer Luftwirbel mit aufsteigender Luft und tiefem Luftdruck im Zentrum, der durch die Ausbildung einer Warm- und Kaltfront wesentlich die Wettergestaltung in ihrem Einzugsgebiet bestimmt (wandernde Tiefdruckgebiete in den gemäßigten Zonen).

Bildquellen

S. 3 li. ob.: Fotolia/Dmitry Pichugin
S. 3 re. un.: Fotolia/EugeneF
S. 4 li. ob.: Shutterstock/Denis Burdin
S. 4 re. un.: Shutterstock/deepspace
S. 5 li. ob.: Fotolia/djama
S. 8/9: F1online/imageBROKER/Wigbert Röth
S. 10 M 1: Lob & Koelle GbR, Straßlach-Dingharting
S. 11 M 2: Franz-Josef Domke, Hannover
S. 12 M 1: Picture-Alliance/ZB/dpa
S. 12 M 3: Hans Wunderlich, Berlin
S. 13 M 4: Picture-Alliance/Bibliographisches Institut
S. 13 M 5: Picture-Alliance/Bibliographisches Institut
S. 13 M 6: Picture-Alliance/Bildagentur-online/TIPS-Images
S. 14 M 1: Picture-Alliance/United Archiv
S. 14 M 2: Picture-Alliance/dpa
S. 14 M 3: Picture-Alliance/dpa
S. 15 M 6: Picture-Alliance/Arco Images GmbH
S. 17 M 3 1 li.: Hans Wunderlich, Berlin
S. 17 M 3 1 re.: Picture-Alliance/DUMONT Bildarchiv
S. 17 M 3 2 li.: Hans Wunderlich, Berlin
S. 17 M 3 2 re.: Volkhard Binder, Telgte
S. 17 M 3 3 li.: Hans Wunderlich, Berlin
S. 17 M 3 3 re.: Johann-Bernhard Haversath, Gießen
S. 17 M 3 4 li.: Hans Wunderlich, Berlin
S. 17 M 3 4 re.: Johann-Bernhard Haversath, Gießen
S. 18 M 1: Picture-Alliance/DUMONT Bildarchiv
S. 18 M 2: Picture-Alliance/Bildagentur-online
S. 19 M 4: Picture-Alliance/rp-images
S. 20 M 1: Shutterstock/Pichugin Dmitry
S. 21 M 3: Fotolia/faberfoto
S. 21 M 4: Shutterstock/Anibal Trejo
S. 22 li. m.: Franz-Josef Domke, Hannover
S. 22 li. un.: Franz-Josef Domke, Hannover
S. 22 re. ob.: Franz-Josef Domke, Hannover
S. 23 re. ob.: Franz-Josef Domke, Hannover
S. 23 re. un.: Franz-Josef Domke, Hannover
S. 24 M 1: Deutsches Zentrum für Luft- und Raumfahrt e. V. (DLR), Köln
S. 28/29: NASA, Washington D.C.
S. 31 M 4: Franz-Josef Domke, Hannover
S. 32 M 1: Franz-Josef Domke, Hannover
S. 32 M 2: Franz-Josef Domke, Hannover
S. 33 M 4: Fotolia/crimson
S. 36/37 Hintergrund: Colourbox/Grisha
S. 37 Mitte: Tessloff Verlag, Nürnberg/Eberhard Reimann
S. 36 li. ob.: © Frans Lemmens/Alamy Stock Photo
S. 36 li. m.: YourPhotoToday/PM/Uwe Moser
S. 36 li. un.: © B.A.E. Inc./Alamy Stock Photo
S. 37 r 1: Photoshot/TIPS/Alberto Nardi
S. 37 re. 2: Picture-Alliance/dpa
S. 37 re. 3: © Science Photo Library/NASA
S. 37 re. 4: Fotolia/A. Karnholz
S. 40 M 1: action press/ZUMA PRESS, INC.
S. 42 M 1: NASA, Washington, DC
S. 43 M 3: mauritius images/Cultura
S. 43 M 4: Hans Wunderlich, Berlin
S. 48 1: mauritius images/imageBROKER/Thomas Sbampato
S. 48 2: Shutterstock/Vlada Zhykharieva
S. 48 3: Shutterstock/Muskoka Stock Photos
S. 48 4: Picture-Alliance/Arco Images GmbH
S. 49 1: Picture-Alliance/dpa
S. 49 2: Fotolia/africa
S. 49 3: Fotolia/PRILL Mediendesign
S. 51 M 2: Franz-Josef Domke, Hannover
S. 52 M 2 A: mauritius images/imageBROKER/Thomas Sbampato
S. 52 M 2 B: akg-images/Herve Champollion
S. 52 M 2 C: Fotolia/africa
S. 52 M 2 D: Shutterstock/Protasov AN
S. 56: Mattias Klum, Uppsala
S. 58 M 1: mauritius images/Mint Images/Frans Lanting
S. 58 M 2: Picture-Alliance/dpa
S. 60 M 1: mauritius images/Minden Pictures/Mark Moffett
S. 62 Hintergrund: mauritius images/Mint Images/Frans Lanting
S. 62 li. ob.: Fotolia/© Jag_cz
S. 62 li. un.: Fotolia/© palino666
S. 62 re. ob.: Simon Dannhauer
S. 62 re. un.: Shutterstock/Patrick K. Campbell
S. 63 li. un.: Fotolia/Andreas Rose
S. 63 Mitte: Franz-Josef Domke, Hannover
S. 63 re. un.: OKAPIA KG/Fritz Pölking
S. 64 M 1: Picture-Alliance/NHPA/photoshot
S. 64 M 3 li. ob.: imago/imagebroker
S. 64 M 3 li. un.: Fotolia/robyelo357
S. 64 M 3 re. ob.: Picture-Alliance/Bildagentur-online
S. 64 M 3 re. un.: Shutterstock/goldenjack
S. 65 M 5: Picture-Alliance/dpa
S. 66 M 1 groß: Glow Images/? SuperStock
S. 66 M 1 klein: Picture-Alliance/dpa
S. 66 M 2: Picture-Alliance/dpa
S. 67 M 3: Picture-Alliance/dpa
S. 67 M 5: Picture-Alliance/dpa-infografik
S. 68 M 1: Horst Haitzinger
S. 69 M 4: Picture-Alliance/dpa
S. 70 M 1: Picture-Alliance/dpa
S. 71 M 2/M 3: USGS/EROS, Sioux Falls
S. 72 M 1: Picture-Alliance/OKAPIA KG
S. 72 M 2: Picture-Alliance/Norbert Guthier
S. 73 M 6: Hans Wunderlich, Berlin
S. 73 M 7: Hans Wunderlich, Berlin
S. 73 M 8: Hans Wunderlich, Berlin
S. 74 M 1: Franck Charton/hemis.fr/laif
S. 76 M 1: mauritius © Francesco Fiondella/Alamy Stock Photo
S. 77 M 3: Picture-Alliance/ZB
S. 77 M 4: Jens Grossmann/laif
S. 78 M 1: Picture-Alliance/dpa
S. 82 M 5: Alex Ignatius, Vancouver
S. 82 M 6: F1online/Age/spacephotos.com
S. 84/85: NASA, Washington D.C.
S. 87 M 3: Bayerische Akademie der Wissenschaft/Arbeitsgemeinschaft Vergleichende Hochgebirgsforschung/Ludwig Braun
S. 88 M 1: © Chappatte in NZZ am Sonntag, Zürich
S. 88 M 2: Picture-Alliance/dpa-infografik
S. 90 M 1: imageBROKER/vario images
S. 92 M 1: NASA Ozone Watch, Washington D.C.
S. 93 M 3: Fotolia/boophotography
S. 95 M 5 re. un.: Picture-Alliance/dpa
S. 96 M 1: Fotolia/Stephen Allen
S. 98 M 1: Franz-Josef Domke, Hannover
S. 98 M 2: ddp images
S. 100 M 1 Hintergrund: NASA, Washington D.C.
S. 100 M 1 oben 1: Picture-Alliance/dpa
S. 100 M 1 oben 2: Picture-Alliance/Reinhard Dirscherl
S. 100 M 1 oben 3: Picture-Alliance/dpa
S. 100 M 1 oben 4: Picture-Alliance/NHPA/photoshot
S. 100 M 1 unten 1: Picture-Alliance/dpa
S. 100 M 1 unten 2: Picture-Alliance/Arco Images GmbH
S. 100 M 1 unten 3: NASA, Washington, DC
S. 100 M 1 unten 4: Picture-Alliance/Arco Images GmbH
S. 100 M 2: Picture-Alliance/dpa-infografik
S. 101 M 4: F1online
S. 102 M 5: INTERFOTO/Danita Delimont/Steve Kazlowski
S. 102 M 6: dieKLEINERT.de/Jan Kunz
S. 102 M 7: Klaus Stuttmann, Berlin
S. 104/105: picture alliance/Minden Pictures
S. 106 M 1: NASA, Washington D.C.
S. 107 M 3: LOOK-foto/Konrad Wothe
S. 107 M 4: Picture-Alliance/dpa
S. 109 M 4: Picture-Alliance/Artcolor
S. 110 M 1: Picture-Alliance/NHPA/photosho
S. 110 M 2: Hans Wunderlich, Berlin
S. 112 M 1: OKAPIA/Alaska Stock/Patrick Endres
S. 113 M 4 links: © Patrick Endres/Alaska Stock/OKAPIA
S. 114 M 1: Jan Tomaschoff, Tölle Agentur
S. 115 M 4: Picture-Alliance/dpa-infografik
S. 116 M 1: Fotolia/Christian Schwier
S. 116 M 2: Shutterstock/commonthings
S. 118 M 3: Arcticphoto/laif
S. 119 M 4: © Ashley Cooper pics/Alamy Stock Photo
S. 119 M 5: Picture-Alliance/dpa-infografik
S. 120 M 2: Picture-Alliance/dpa
S. 121 M 4 oben: Picture-Alliance/united-archiv
S. 121 M 4 Mitte 1: Danita Delimont/FOTOFINDER.COM
S. 121 M 4 Mitte 2: Jeff Schultz/Design Pics/FOTOFINDER.COM
S. 121 M 4 Mitte 3: Picture-Alliance/OKAPIA KG
S. 121 M 4 Mitte 4: Picture-Alliance/OKAPIA KG
S. 121 M 4 unten 1: Picture-Alliance/NHPA/Photoshot
S. 121 M 4 unten 2: Glow Images/? 2010 SuperStock
S. 121 M 4 unten 3: imago/Bluegreen Pictures
S. 121 M 4 unten 4: mauritius images/Science Source/George Holton
S. 122 M 5: mauritius images/Science Faction/Steven Kazlowski
S. 122 M 6: Naturbild RM/F1online
S. 122 M 7: Interfoto/Danita Delimont/Keren Su
S. 124/125: Shutterstock/monotoomono
S. 128 M 1 links: Picture-Alliance/dpa
S. 128 M 1 Mitte: M.Harvey/WILDLIFE
S. 128 M 1 rechts: Picture-Alliance/dpa
S. 129 M 5: Picture-Alliance/united archiv
S. 130 M 1: mauritius images/Alamy/Lou Linwei
S. 134 M 1 oben: Picture-Alliance/dpa/UNICEF/UNI96433/Indrias Getachew
S. 134 M 1 unten: © UNICEF/NY-HQ2011-1456/Friedman-Rudovsky
S. 135 M 2: dpa-infografik
S. 136 M 1: Picture-Alliance/dpa/dpaweb
S. 138 M 1: Getty/Lars B. Misch
S. 138 M 3: Bergmoser & Höller Verlag AG, Aachen
S. 140 M 1: Picture-Alliance/dpa
S. 142 M 1/M 2: USGS/EROS, Sioux Falls
S. 142 M 4: Picture-Alliance/Ton Koene
S. 143 M 5 li. ob.: Picture-Alliance/Golden Pixels LLC
S. 143 M 5 li. un.: Picture-Alliance/BSIP/LISSAC
S. 143 M 5 re. ob.: akg-images/Picture-Contact
S. 143 M 5 re. un.: Picture-Alliance/dpa
S. 144 M 1: Picture-Alliance/dpa
S. 145 M 2: VISUM/Panos Pictures/Rob Huibers
S. 146 M 1: Picture-Alliance/dpa
S. 146 M 2: Picture-Alliance/dpa/dpaweb
S. 146 M 3: Picture-Alliance/dpa
S. 147 M 4: Picture-Alliance/Philipp Ziser
S. 150 M 7: mauritius images/dieKleinert/Schwarwel
S. 150 M 8: Horst Haitzinger
S. 152: Picture-Alliance/dpa/dpaweb
S. 153: Picture-Alliance/Bildagentur-online
S. 154 M 1: Deutsche Bahn AG
S. 154 M 2: Picture-Alliance/dpa
S. 156 M 1: Picture-Alliance/dpa
S. 156 M 2: Panos Pictures/VISUM
S. 158 M 1: Picture-Alliance/dpa
S. 162 M 1: © Waldemar Mandzel, Bochum
S. 163 M 4: Picture-Alliance/dpa
S. 164 M 1: Picture-Alliance/dpa
S. 164 M 3 links: Picture-Alliance/dpa
S. 166 M 2: Picture-Alliance/dpa-infografik
S. 166 M 3 1: terre des hommes Deutschland e. V., Osnabrück
S. 166 M 3 2: Deutsche Gesellschaft für Internationale Zusammenarbeit (GIZ) GmbH, Bonn
S. 166 M 3 3: KfW Entwicklungsbank, Frankfurt am Main
S. 166 M 3 4: Deutsche Stiftung Weltbevölkerung, Hannover
S. 166 M 3 5: Deutsche Welthungerhilfe e. V., Bonn
S. 166 M 3 6: Brot für die Welt – Evangelischer Entwicklungsdienst Evangelisches Werk für Diakonie und Entwicklung e. V., Berlin
S. 166 M 3 7: Bischöfliches Hilfswerk MISEREOR e. V., Aachen
S. 166 M 3 8: Bundesanstalt für Geowissenschaften und Rohstoffe (BGR), Hannover
S. 166 M 3 9: Physikalisch-Technische Bundesanstalt (PTB), Braunschweig
S. 166 M 4 re. ob.: Bundesministerium für wirtschaftliche Zusammenarbeit und Entwicklung, Berlin
S. 167 M 5: United Nations, New York
S. 169 M 4 1: Brot für die Welt – Evangelischer Entwicklungsdienst Evangelisches Werk für Diakonie und Entwicklung e. V., Berlin
S. 169 M 4 2: World Vision Deutschland e. V., Friedrichsdorf
S. 169 M 4 3: Gemeinsam für Afrika e. V., Tönisvorst
S. 169 M 4 4: Bischöfliches Hilfswerk MISEREOR e. V., Aachen
S. 169 M 4 5: terre des hommes Deutschland e. V., Osnabrück
S. 172/173: Picture-Alliance/dpa
S. 174 M 1: Picture-Alliance/dpa
S. 175 M 4: Gerhard Mester, Wiesbaden
S. 176 M 1: Picture-Alliance/dpa-infografik
S. 177 M 4: Picture-Alliance/dpa-infografik
S. 178 Hintergrund: Markus Hanke/VISUM
S. 178 M 2: Picture-Alliance/dpa-infografik
S. 179 M 4: Picture-Alliance/dpa-infografik
S. 180 M 1: F1online/Crocodile Images
S. 181 M 2: action press/Pierre Virot
S. 181 M 3: action press/Pierre Virot
S. 182 M 1 li. un.: mauritius images/Alamy/Stefan Hofecker
S. 182 M 1 re. ob.: LAIF/Tim Dirven/Reporters
S. 184 M 1: TransFair e. V. (Fairtrade Deutschland), Köln
S. 184 M 2: mauritius images/Alamy/Milla Kontkanen
S. 185 M 3: BanaFair e. V., Gelnhausen
S. 185 M 4: Franz-Josef Domke, Hannover
S. 187 M 3: Heiko Sakurai
S. 188 M 2: Picture-Alliance/dpa-infografik
S. 189 M 4: Gerhard Mester, Wiesbaden
S. 189 M 5: Shutterstock/Dmitry Melnikov

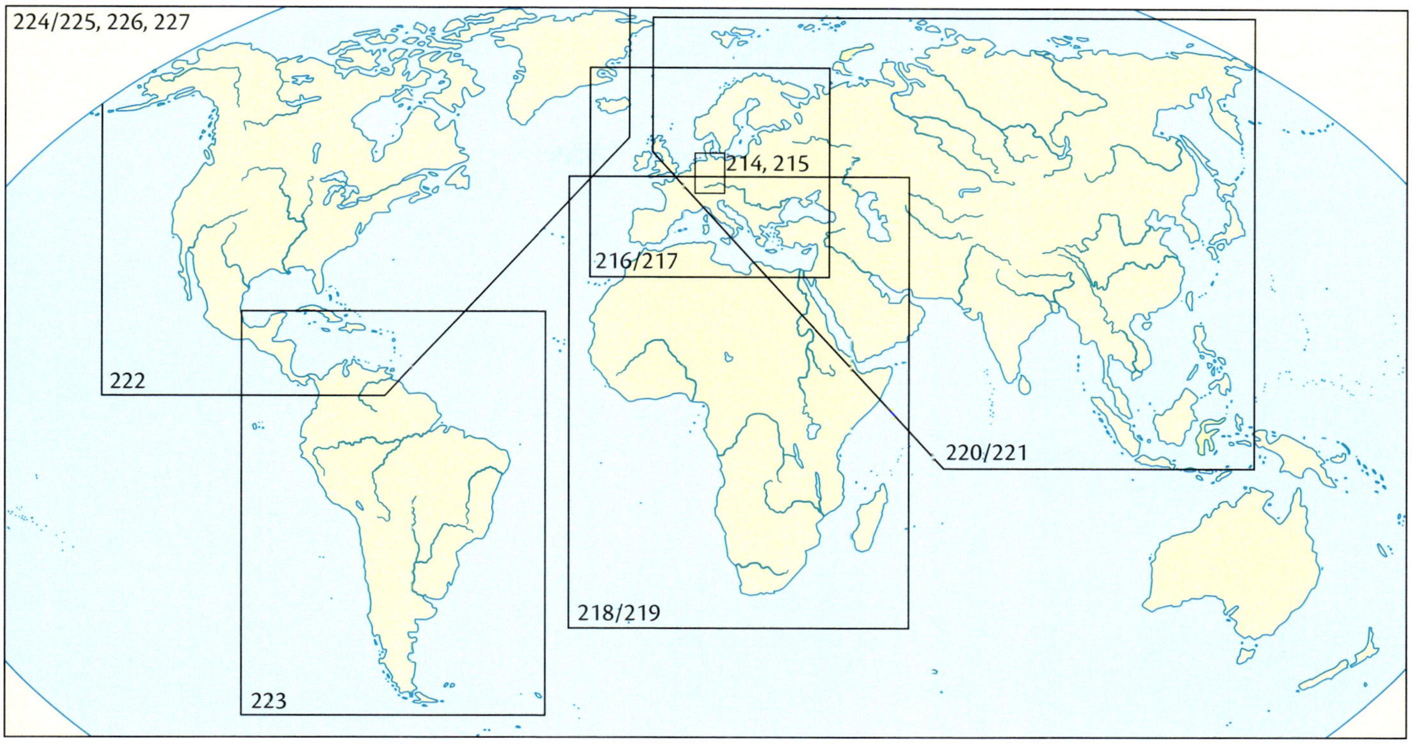
224/225, 226, 227
214, 215
216/217
222
220/221
218/219
223

1 : 3 300 000 0 50 100 150 200 km 1 cm ≙ 33 km

Dicht bebaute Siedlungsfläche
Ackerland mit guten Böden
Ackerland mit geringeren Böden (zum Teil von Grünland durchsetzt)
Obst
Gemüse
Zuckerrüben
Hopfen
Rinder
Schweine
Weinbau
Grünland
Wald
Heide, Dünen und Ödland
Fels- und Eisregion im Hochgebirge
DÄNEMARK
Ostsee
Nordsee
Nordfriesische Inseln
Ostfriesische Inseln
NIEDERLANDE
BELGIEN
LUXEMBURG
FRANKREICH
SCHWEIZ
LIECHTENSTEIN
ÖSTERREICH
TSCHECHISCHE REPUBLIK
POLEN
Sylt
Föhr
Amrum
Helgoland
Fehmarn
Lolland
Rügen
Usedom
Flensburg
Schleswig
Kiel
Neumünster
Lübeck
Wismar
Rostock
Stralsund
Greifswald
Sassnitz
Hamburg
Schwerin
Mecklenburg
Neubrandenburg
Uckermark
Prenzlau
Schwedt
Stettin
Swinemünde
Cuxhaven
Wilhelmshaven
Bremerhaven
Ostfriesland
Emden
Oldenburg
Bremen
Lüneburg
Lüneburger Heide
Uelzen
Wittenberge
Prignitz
Altmark
Stendal
Havelland
Berlin
Potsdam
Frankfurt
Oderbruch
Nienburg
Celle
Wolfsburg
Lingen
Nordhorn
Rheine
Osnabrück
Minden
Hannover
Braunschweig
Herford
Bielefeld
Salzgitter
Magdeburg
Fläming
Münster
Münsterland
Gütersloh
Paderborn
Goslar
Braunlage
Quedlinburg
Dessau-Roßlau
Cottbus
Spreewald
Senftenberg
Dortmund
Hamm
Soester Börde
Essen
Duisburg
Krefeld
Düsseldorf
Hagen
Wuppertal
Mönchengladbach
Arnsberg
Göttingen
Kassel
Halle
Leipzig
Dresden
Görlitz
Zittau
Mühlhausen
Thüringer Becken
Eisenach
Erfurt
Jena
Gera
Chemnitz
Zwickau
Köln
Bonn
Aachen
Siegen
Marburg
Herborn
Gießen
Bad Hersfeld
Fulda
Suhl
Neuwied
Koblenz
Wetzlar
Wetterau
Hof
Wiesbaden
Mainz
Frankfurt
Hanau
Aschaffenburg
Schweinfurt
Bayreuth
Bamberg
Darmstadt
Würzburg
Trier
Kaiserslautern
Ludwigshafen
Mannheim
Heidelberg
Erlangen
Nürnberg
Weiden
Neunkirchen
Saarbrücken
Heilbronn
Spalt
Regensburg
Karlsruhe
Kraichgau
Stuttgart
Aalen
Ries
Ingolstadt
Hallertau
Landshut
Passau
Baden-Baden
Offenburg
Tübingen
Reutlingen
Ulm
Augsburg
München
Kaiserstuhl
Freiburg
Villingen-Schwenningen
Alpenvorland
Rosenheim
Chiemsee
Salzburg
Kempten
Allgäu
Tettnang
Konstanz
Bodensee
Garmisch-Partenkirchen
Lörrach
Basel
Zürich
Innsbruck
Elbe
Weser
Rhein
Main
Donau
Oder
Mosel
Staatsgrenze
Landesgrenze
8 östl. Länge von Greenwich
© Cornelsen
1 : 3 300 000
0 50 100 150 200 km
1 cm ≙ 33 km

Europäisches Nordmeer
Norwegisches Becken
Nördlicher Polarkreis
3930
435
Reykjavík
Akureyri
ISLAND
Vatnajökull
2119
Reykjanesrücken
492
Island-becken
Färöer
91
Shetland-inseln
Orkney-inseln
Rockall
4070
ATLANTISCHER OZEAN
Britische Inseln
Hebriden
Ben Nevis
1343
Aberdeen
Glasgow
Edinburgh
Belfast
IRLAND
Dublin
Cork
Irische See
Sankt-Georgs-Kanal
Newcastle
Liverpool
Manchester
Sheffield
GROSS-BRITANNIEN
Birmingham
Bristol
Southampton
London
Land's End
Der Kanal
Straße von Dover
Nordsee
13
20
Bergen
Stavanger
Norwegische Rinne
Skagerrak
809
Kattegat
NORWEGEN
Trondheim
Galdhöpigg
2469
Oslo
Göteborg
Vänersee
SCHWEDEN
Uppsala
Lofotinseln
Vestfjord
DÄNEMARK
Kopenhagen
Malmö
Bornholm
Kiel
Hamburg
Rostock
Stettin (Szczecin)
Amsterdam
NIEDERLANDE
Rotterdam
Brüssel
BELGIEN
LUXEMBURG
Hannover
Berlin
Dortmund
Köln
Bonn
DEUTSCHLAND
Leipzig
Dresden
Frankfurt
Prag
TSCHECHISCHE REPUBLIK
Nürnberg
Stuttgart
München
Straßburg
Wien
ÖSTERREICH
Innsbruck
3797 Großglockner
Graz
Budapest
LIECHTENSTEIN
Bern
Zürich
SCHWEIZ
Genf
4807 Montblanc
Westeuropäisches Becken
6325
5668
Brest
Le Havre
Bretagne
Paris
Seine
Orléans
Loire
Nantes
FRANKREICH
Limoges
Zentral-massiv
1886
Lyon
Bordeaux
Golf von Biskaya
Garonne
Toulouse
Pyrenäen
Marseille
Nizza
MONACO
Turin
Mailand
Genua
Venedig
Bologna
SAN MARINO
Florenz
SLOWENIEN
Laibach (Ljubljana)
Zagreb
KROATIEN
BOSNIEN-HERZEGOWINA
Split
Dinarisches Gebirge
Adriatisches Meer
Korsika
2710
Sardinien
Cagliari
Rom (Roma)
ITALIEN
Apenninen
2914
Neapel
1277 Vesuv
Foggia
Bari
Tyrrhenisches Meer
3785
Palermo
Messina
Sizilien
Ätna
3340
Catania
Straße von Sizilien
MALTA
A Coruña
Kap Finisterre
Santander
Bilbao
2672
Porto
Duero
Ebro
Meseta
3404
Maladeta
ANDORRA
Zaragoza
Barcelona
Lissabon (Lisboa)
PORTUGAL
Madrid
Tajo
Guadiana
SPANIEN
Valencia
Balearen
Palma
Mallorca
Murcia
Sevilla
Guadalquivir
Sierra Nevada
3481
Málaga
Gibraltar
Straße von Gibraltar
Tanger
Tetuan
Azorenschwelle
24
Kenitra
Rabat
Casablanca
Meknès
Fès
Er-Rif
Ujda
Oran
Sidi-bel-Abbès
Algier
2308
Tellatlas
Skikda
Annaba
Kap Blanc
Biserta
Tunis
Hochland der Schotts
Setif
Constantine
2328
Biskra
Saharaatlas
ALGERIEN
TUNESIEN
Safi
Marrakesch
Beni Mellal
MAROKKO
Hoher Atlas
Dschebel Toubkal
4165
Agadir
Kanarische Inseln
Mittelmeer
Ionisches Meer
Sfax
Kleine Syrte
Gabès
Schott Dscherid
Dscherba
Tripolis
968
Misurata
LIBYEN
Große Syrte
Sirte
Orte
über 1000 000 Einwohner
500 000 – 1000 000 Einwohner
100 000 – 500 000 Einwohner
unter 100 000 Einwohner
Rom Hauptstadt eines Staates
Staatsgrenze
Eisenbahn
Fährverbindung
Autobahn und andere Fernverkehrsstraße
Kanal
Stausee
Sumpf, Moor
Salzbecken
Gletscher
•3797 Höhenzahl
5121 Tiefenzahl
Ruinenstätte
Meerestiefen
6000 4000 2000 200 0
Landhöhen
unter 0 0 100 200 500 1000 2000 4000 m
westl. 0 östl. Länge von Greenwich
1 : 16 500 000
0 100 200 300 400 500 600 700 800 900 1000 km
1 cm ≙ 165 km

Barentssee
Kolgujew
Kap Kanin Nos
Halbinsel Kanin
Narjan-Mar
Murmansk
Halbinsel Kola
Kandalakscha
Weißes Meer
Mesen
Timanrücken
Petschora
Uchta
Archangelsk
Sewerodwinsk
Belomorsk
Oulu
FINNLAND
Finnische Seenplatte
Karelien
Onegasee
Petrosawodsk
Ladogasee
Kotlas
Syktywkar
Wytschegda
Dwina
Suchona
Konoscha
Wologda
Kirow
Helsinki
Turku
Finnischer Meerbusen
Sankt Petersburg
Tallinn
ESTLAND
Dorpat
Peipussee
Ilmensee
Weliki Nowgorod
Pleskau
Rybinsker Stausee
Rybinsk
Kostroma
Jaroslawl
Iwanowo
Twer
Sergijew Possad
Wladimir
Nischni Nowgorod
Moskau (Moskwa)
Riga
LETTLAND
Dünaburg
LITAUEN
Kaunas
Wilna (Vilnius)
Witebsk
Smolensk
Kaluga
Rjasan
Tula
Minsk
WEISSRUSSLAND
Brjansk
Orel
Lipezk
Tambow
Gomel
Pripjetsümpfe
Tschernigow
Kursk
Woronesch
Brest
Wolynien
Sumy
Belgorod
Charkow
Kiew
Schitomir
Lemberg (Lwiw)
Ternopol
Winniza
UKRAINE
Dnjepropetrowsk
Donezk
Lugansk
Saporoschje
Kriwoi Rog
Czernowitz
Bessarabien
Chişinău
Iaşi
Nikolajew
Cherson
Odessa
Klausenburg (Cluj-Napoca)
RUMÄNIEN
Kronstadt (Braşov)
Bukarest
Walachei
Donau
Konstanza
Warna
BULGARIEN
Sofia
Rhodopen
Istanbul
Izmit
Bursa
Saloniki
GRIECHENLAND
Athen
Kykladen
Sporaden
Rhodos
Kreta
Krim
Simferopol
Sewastopol
Jalta
Kertsch
Asowsches Meer
Mariupol
Rostow
Schachty
Krasnodar
Noworossiisk
Stawropol
Pjatigorsk
Manytschniederung
Schwarzes Meer
Sotschi
Suchumi
Kutaissi
GEORGIEN
Tiflis (Tbilissi)
Batumi
Trabzon
Samsun
Zonguldak
Pontisches Gebirge
Erzurum
Gyumri
ARMENIEN
Eriwan
Ararat
Kaukasus
Elbrus
Grosny
Wladikawkas
Machatschkala
Sumgait
Baku
ASERBAIDSCHAN
Ankara
Sivas
Kayseri
TÜRKEI
Konya
Anatolien
Izmir
Eskişehir
Balikesir
Denizli
Antalya
Taurus
Adana
Mersin
Gaziantep
Urfa
Diyarbakır
Elâzığ
Van
Urmiasee
Täbris
Ardebil
Rescht
Kaswin
Teheran
Elbursgebirge
Damawand
Semnan
Babol
Ghom
Hamadan
Arak
Kermanschah
Isfahan
IRAN
Zagrosgebirge
Jesd
Ahwas
Abadan
Basra
Schiras
Buschir
KUWAIT
Kuwait
Persischer Golf
Al-Katif
Mosul
Arbil
Kirkuk
Mesopotamien
IRAK
Bagdad
Babylon
Nedschef
SYRIEN
Halab
Iskenderun
Lattakia
Homs
ZYPERN
Nikosia
LIBANON
Beirut
Damaskus
Syrische Wüste
ISRAEL
Tel Aviv-Jaffa
Jerusalem
Amman
JORDANIEN
SAUDI-ARABIEN
Port Said
Alexandria
Tanta
Al-Mansura
Kairo
Giseh
Sues
ÄGYPTEN
Sollum
Tobruk
Beida
Uljanowsk
Kasan
Tscheboksary
Samara
Togliatti
Sysran
Pensa
Saratow
Engels
Balakowo
Wolga
Wolgograd
Wolschski
Achtubinsk
Astrachan
Kaspische Senke
Kaspisches Meer
Atyrau
Kulsary
Aktau
Turkmenbaschi
Kara-Bogas-Bucht
TURKMENISTAN
Balkanabad
Aschgabad
Karakum
Esenguly
Gorgan
Usturt
USBEKISTAN
Nukus
Urgentsch
Chiwa
Amu-Darja
Sarykamyschsee
Turan Tiefland
Aralsee
Aralsk
Baikonur
Syr-Darja
Tschelkar
KASACHSTAN
Aktobe
Uralsk
Orenburg
Orsk
Emba
Ural
Magnitogorsk
Sterlitamak
Ufa
Jamantau
Nab. Tschelny
Ischewsk
Perm
Beresniki
Perwouralsk
Jekaterinburg
Nischni Tagil
Serow
Kamensk-Uralski
Tscheljabinsk
Slatoust
Kurgan
Kustanai
Tjumen
Tobolsk
Ischim
Petropawlowsk
Omsk
Irtysch
Koktschetaw
Astana
Atbassar
Arkalyk
Turgaisenke
Kartaly
Westsibirisches Tiefland
Surgut
Chanty-Mansiisk
Priobje
Wasjuganje
Baraba
Barabinsk
Ob
Narodnaja
Karasee
Kama
Belaja
Russland

ATLANTISCHER OZEAN
Westeuropäisches Becken
Nordatlantischer Rücken
Mittelmeer
Schwarzes Meer
Kaspisches Meer
Rotes Meer
Persischer Golf
Golf von Aden
Nordsee
Ostsee
RUSSLAND
KASACHSTAN
UKRAINE
WEISSRUSSLAND
POLEN
DEUTSCHLAND
FRANKREICH
SPANIEN
PORTUGAL
ITALIEN
GRIECHENLAND
TÜRKEI
SYRIEN
IRAK
IRAN
SAUDI-ARABIEN
JEMEN
ÄGYPTEN
LIBYEN
TUNESIEN
ALGERIEN
MAROKKO
MAURETANIEN
MALI
NIGER
TSCHAD
SUDAN
SENEGAL
SAHARA
Libysche Wüste
Arabische Wüste
Nubische Wüste
Große Arabische Wüste
Ahaggar
Tibesti
Atlas
Hoher Atlas
Apenninen
Pyrenäen
Kaukasus
Nil
Niger
Moskau
Kiew
Berlin
Paris
London
Madrid
Lissabon
Rom
Athen
Istanbul
Ankara
Kairo
Alexandria
Tripolis
Tunis
Algier
Rabat
Casablanca
Bagdad
Teheran
Damaskus
Beirut
Riad
Mekka
Sana
Khartum
Dakar
Bamako
Niamey
Nuakschott
Kanarische Inseln (span.)
Madeira (port.)
Kreta
Sizilien
Sardinien
Korsika
Zypern

1 : 27 500 000
1 cm ≙ 275 km
Orte
über 1 000 000 Einwohner
500 000 – 1 000 000 Einwohner
100 000 – 500 000 Einwohner
unter 100 000 Einwohner
Algier Hauptstadt eines Staates
Staatsgrenze
Meerestiefen
Eisenbahn
Autobahn und andere Fernverkehrsstraße
Piste
Stausee
Wasserfall
Sumpf, Salzbecken
Wadi
Periodischer Fluss
Oase
Höhenzahl
Tiefenzahl
Korallenriff
Nationalpark
Ruinenstätte
Landhöhen
westl. 0 östl. Länge v. Greenwich
ATLANTISCHER OZEAN
INDISCHER OZEAN
Golf von Guinea
SOMALIA
KENIA
TANSANIA
DEM. REP. KONGO
KONGO
GABUN
ANGOLA
SAMBIA
MALAWI
MOSAMBIK
SIMBABWE
BOTSUANA
NAMIBIA
SÜDAFRIKA
LESOTHO
SWASILAND
MADAGASKAR
KOMOREN
UGANDA
RUANDA
BURUNDI
Kalahari
Angolabecken
Kapbecken
Mosambikbecken
Madagaskarbecken
Südatlantischer Rücken
Walfischrücken
Straße von Mosambik
Sankt Helena (brit.)
Ascension (brit.)
Mogadischu
Nairobi
Mombasa
Daressalam
Dodoma
Kampala
Kigali
Bujumbura
Kinshasa
Brazzaville
Libreville
Luanda
Lusaka
Lilongwe
Harare
Maputo
Windhuk
Gaborone
Pretoria
Johannesburg
Kapstadt
Durban
Port Elizabeth
Antananarivo
Südlicher Wendekreis
Äquator

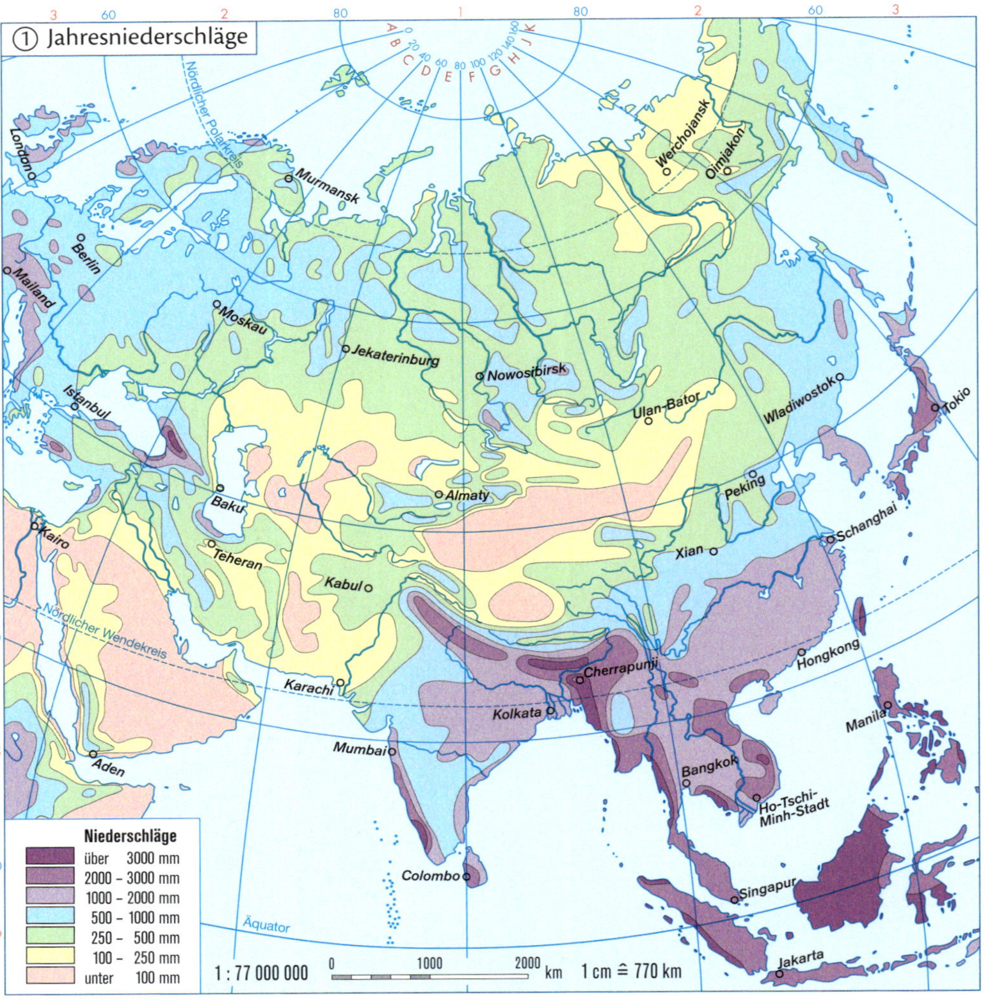

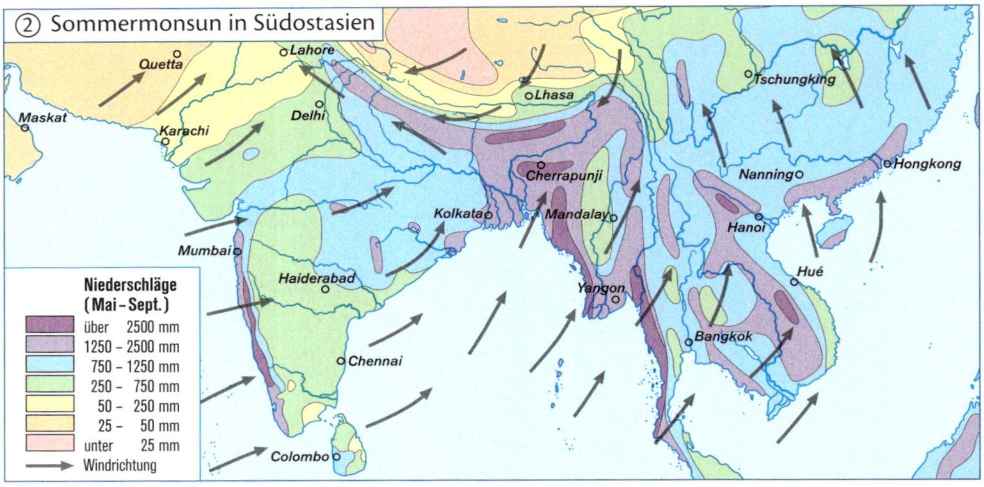

1 : 44 000 000 0 500 1000 1500 2000 km 1 cm ≙ 440 km

④ Physische Karte

1 : 38 500 000   0 500 1000 1500 2000 km   1 cm ≙ 385 km

90 östl. Länge von Greenwich

Orte		
▣	über 1 000 000 Einwohner	
■	500 000 – 1 000 000 Einwohner	
●	100 000 – 500 000 Einwohner	
○	unter 100 000 Einwohner	
Ottawa	Hauptstadt eines Staates	

Eisenbahn
Autobahn und andere Fernverkehrsstraße
Staatsgrenze
Wasserfall / Stausee
Sumpf
Korallenriff
Gletscher
• 3954 Höhenzahl
4376 Tiefenzahl
∴ Ruinenstätte
Pass

Meerestiefen: 8000 6000 4000 2000 200 0
Landhöhen: unter 0, 0 100 200 500 1000 2000 4000 m

1 : 33 000 000 — 0 500 1000 1500 km — 1 cm ≙ 330 km

Orte

■	über 1 000 000 Einwohner
■	500 000 – 1 000 000 Einwohner
●	100 000 – 500 000 Einwohner
○	unter 100 000 Einwohner
—	Staatsgrenze

Brasília Hauptstadt eines Staates
La Paz Regierungssitz eines Staates

Eisenbahn
Autobahn und andere Fernverkehrsstraße

Wasserfall / Stausee
Sumpf / Salzbecken
Korallenriff

Gletscher
• 6958 Höhenzahl
4636 Tiefenzahl
∴ Ruinenstätte
Pass

Meerestiefen: 8000 – 6000 – 4000 – 2000 – 200 – 0

Landhöhen: unter 0 – 0 – 100 – 200 – 500 – 1000 – 2000 – 4000 m

1 : 33 000 000 — 0 – 500 – 1000 – 1500 km — 1 cm ≙ 330 km

① Politische Gliederung

② Pflanzliche Primärproduktion

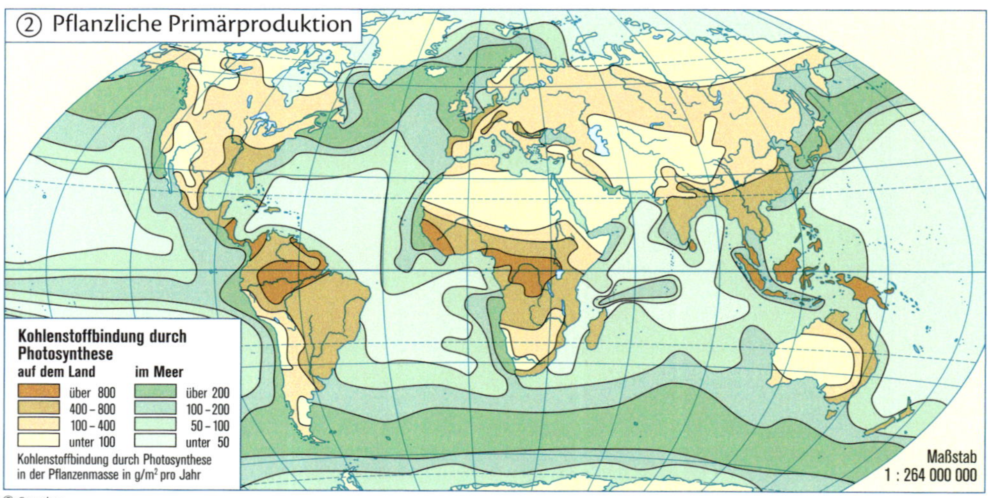

③ Kontinente und Ozeane

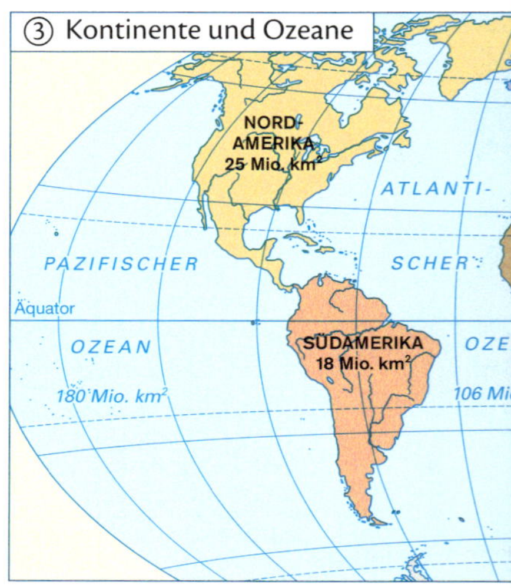

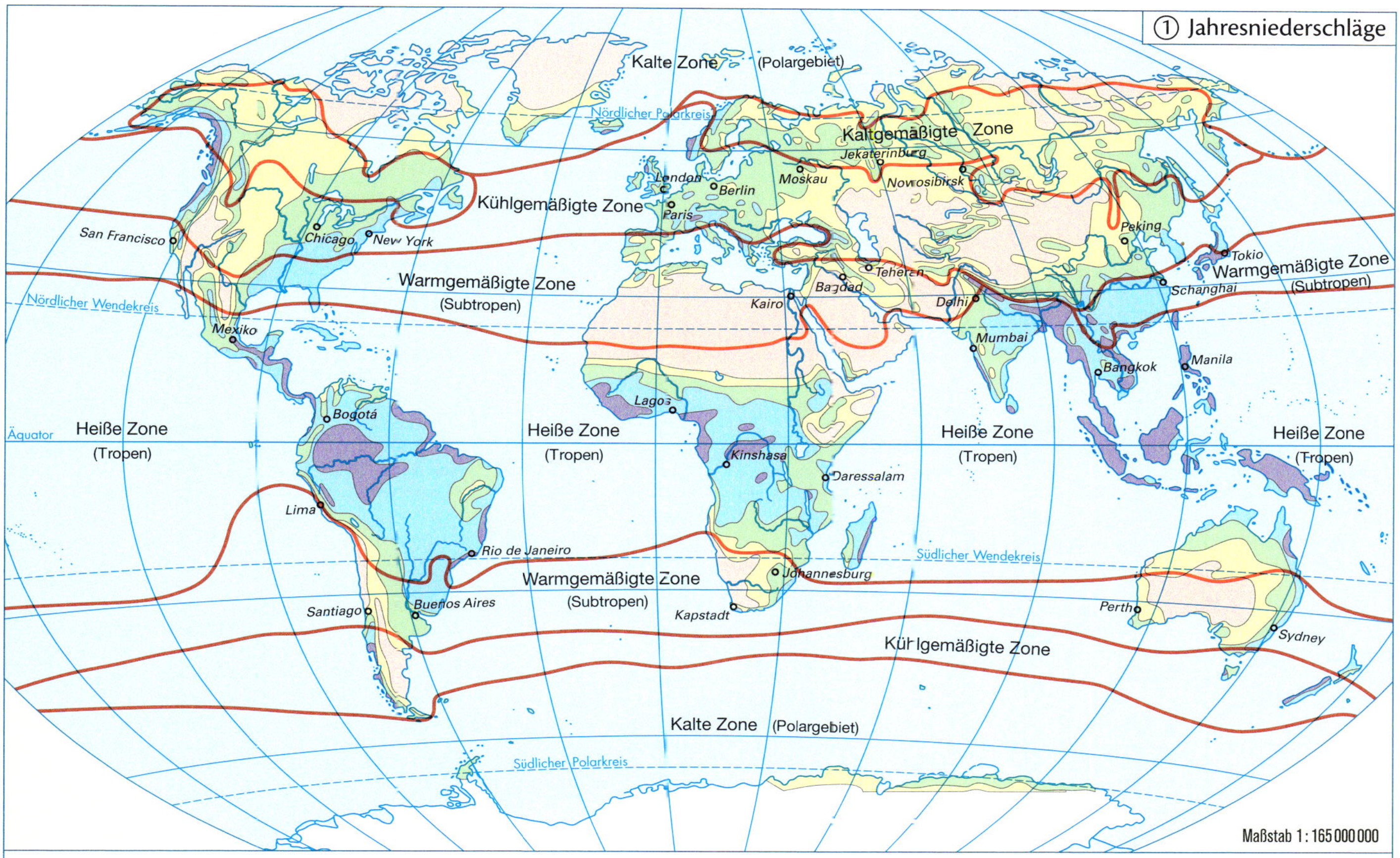

Jahresniederschläge

- unter 250 mm
- 250 – 500 mm
- 500 – 1000 mm
- 1000 – 2000 mm
- über 2000 mm
- Grenze der Klimazonen nach Troll/Paffen

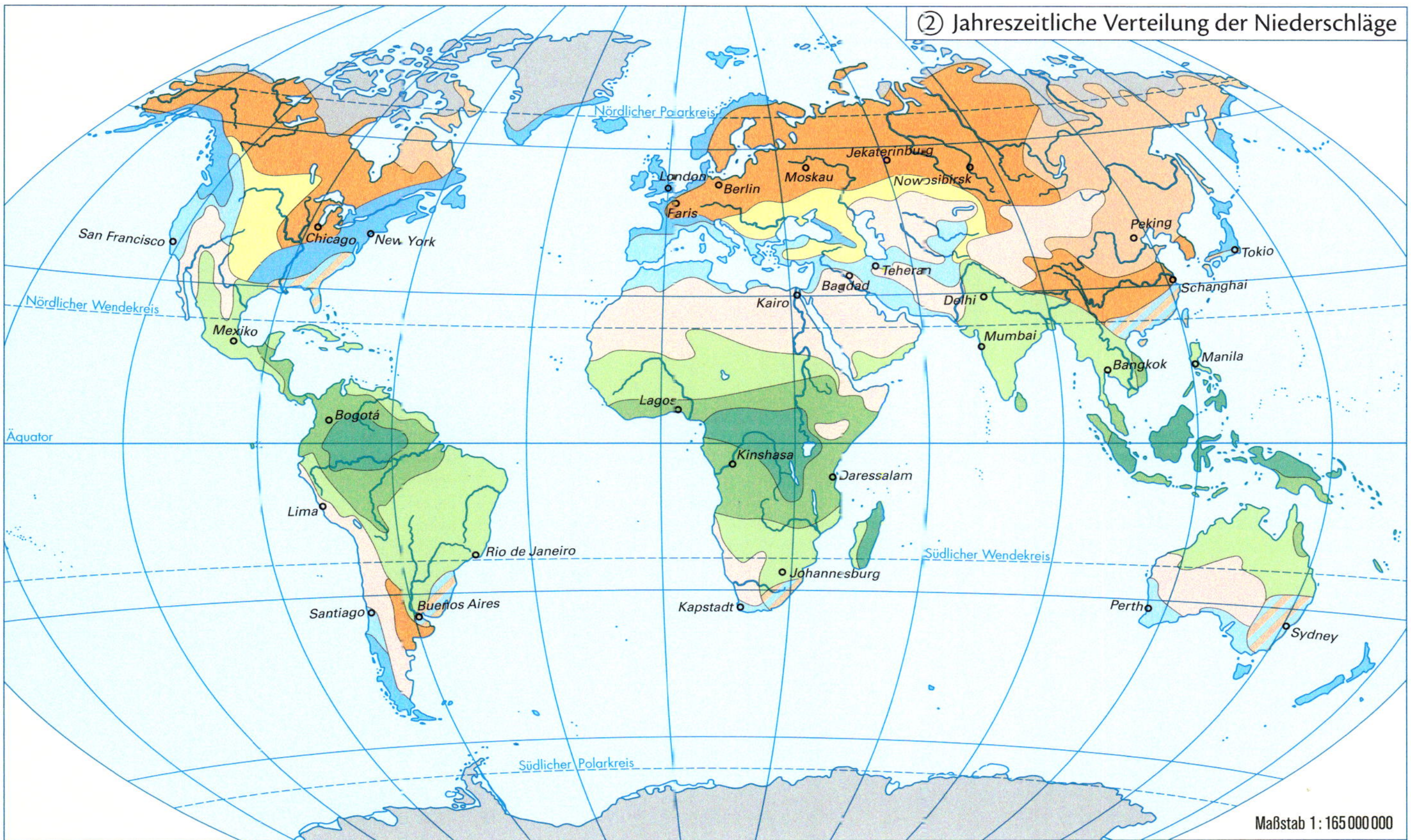

Niederschlagsverteilung

- Ganzjährige Niederschläge in den Tropen mit geringen Schwankungen
- Doppelte Regenzeit in den Tropen
- Einfache Regenzeit in den Tropen oder jahreszeitlich bedingte Niederschläge (z. B. Monsun)
- Ganzjährige Niederschläge mit Sommermaximum
- Ganzjährige Niederschläge mit Herbst- und Wintermaximum
- Niederschläge vorherrschend im Frühjahr
- Niederschläge vorherrschend im Sommer
- Niederschläge vorherrschend im Herbst und Winter

Niederschlagsarme Gebiete (< 200 mm/Jahr)

- in den Subtropen und in der Gemäßigten Zone
- in den Polargebieten

Atlasregister

A

B

K

L

M

N

O

P

Q

R

S

T

U

V

W

X

Y

Z